国家重点研发计划重点专项"中亚极端降水演变特征及预报方法研究"(2018YFC1507102)
科技部公益性行业(气象)专项"中亚低涡活动特点及对新疆强降水的影响"(GYHY201506009)
国家自然科学基金"中亚低涡背景下中尺度系统特征及其对新疆强对流天气的影响"(41565003)
中央级公益性科研院所基本科研业务费专项资金项目"新疆短时强降水中尺度系统特征和预警指标研究"(IDM2016001)

中亚低涡年鉴

(1971—2017)

主　编：杨莲梅

副主编：胡顺起　张云惠

气象出版社
China Meteorological Press

内 容 简 介

本年鉴分为四个部分。第一部分为中亚低涡活动特征,包括中亚低涡定义、分类、时空分布特征、生命史及其对新疆天气的影响。第二部分为中亚低涡纪要表,应用1971—2017年高空环流形势资料和新疆105个气象观测站逐日降水资料,筛选出640次中亚低涡过程,对每次过程进行编号,简要描述了中亚低涡过程的起止日期、中心最小位势高度、发现点经纬度和中心路径移动趋向。第三部分为造成明显降水的深厚型中亚低涡过程,共145次,给出了每次低涡过程的大尺度环流背景、低涡中心移动路径、低涡影响期间新疆过程累计降水量和总降水日数分布。第四部分为造成明显降水的浅薄型中亚低涡过程,共81次,给出了每次低涡过程的大尺度环流背景、低涡中心移动路径、低涡影响期间新疆过程累计降水量和总降水日数分布。

本年鉴比较全面地反映和记录了1971—2017年中亚低涡过程,既可为气象工作者开展中亚低涡天气的监测预报、科技攻关、灾害评估、预报总结等提供基础检索资料,也可供从事气象、水文、农业、生态、环境等方面的科研业务、教育培训、决策管理及相关人员参考。

图书在版编目(CIP)数据

中亚低涡年鉴. 1971—2017 / 杨莲梅主编. — 北京:
气象出版社,2019.1
　ISBN 978-7-5029-6880-9

Ⅰ.①中… Ⅱ.①杨… Ⅲ.①低涡-天气图-中亚-
1971—2017-年鉴　Ⅳ.①P447-54

中国版本图书馆CIP数据核字(2018)第277894号

ZHONGYA DIWO NIANJIAN(1971—2017)

中亚低涡年鉴(1971—2017)

出版发行:	气象出版社		
地　　址:	北京市海淀区中关村南大街46号	邮政编码:	100081
电　　话:	010-68407112(总编室)　010-68408042(发行部)		
网　　址:	http://www.qxcbs.com	E-mail:	qxcbs@cma.gov.cn
责任编辑:	王萃萃　李太宇	终　审:	吴晓鹏
责任校对:	王丽梅	责任技编:	赵相宁
封面设计:	博雅思企划		
印　　刷:	北京建宏印刷有限公司		
开　　本:	889 mm×1194 mm　1/16	印　张:	17.125
字　　数:	543千字		
版　　次:	2019年1月第1版	印　次:	2019年1月第1次印刷
定　　价:	150.00元		

本书如存在文字不清、漏印以及缺页、倒页、脱页等,请与本社发行部联系调换。

本书编委会

主　　编：杨莲梅

副 主 编：胡顺起　张云惠

参编人员：丑士连　陈　方　秦　贺　寇星霞

　　　　　谢璀毓　毛列尼　李建刚　张晋茹

前　言

中亚地区（哈萨克斯坦、吉尔吉斯斯坦、塔吉克斯坦、乌兹别克斯坦、土库曼斯坦以及中国新疆维吾尔自治区）是地中海气候与东亚季风气候的过渡带，区域天气气候与欧洲和东亚季风区迥异，区域内天山山脉、阿尔泰山脉、昆仑山和帕米尔高原等巨大地形以及塔克拉玛干沙漠、古尔班通古特沙漠等，构成沙漠—绿洲—冰雪独特的山盆复杂地形，山区及其周边年降水量达300~1000毫米，降水时空分布极不均匀，区域降水变率大。气象工作者通常把里海以东—新疆与乌拉尔山脊联系的天气尺度冷性涡旋系统称之为中亚低涡，中亚低涡是大尺度环流在该地区特定条件下的产物，具有明显的区域特色的环流系统，是造成新疆暴雨、短时强降水、冰雹、持续低温的重要天气尺度影响系统之一。

新疆气象科研业务人员针对中亚低涡天气过程进行一些个例分析，中国气象局乌鲁木齐沙漠气象研究所科研人员在国家重点研发计划重点专项"中亚极端降水演变特征及预报方法研究"（2018YFC1507102）、科技部公益性行业（气象）专项"中亚低涡活动特点及对新疆强降水的影响"（GYHY201506009）、国家自然科学基金"中亚低涡背景下中尺度系统特征及其对新疆强对流天气的影响"（41565003）和中央级公益性科研院所基本科研业务费专项资金项目"新疆短时强降水中尺度系统特征和预警指标研究"（IDM2016001）共同资助下对中亚低涡定义、分类、活动规律及其对新疆天气的影响开展了全面系统和深入的研究。为了让广大气象科研业务人员清晰地认识和全面地把握中亚低涡活动规律，本书编写人员统计并梳理出1971年至2017年中亚低涡过程个例，编写了《中亚低涡年鉴（1971—2017）》，以期为中亚区域科研业务、教育培训提供参考，也可为中亚低涡天气监测预报、防灾减灾、决策管理等提供服务。

《中亚低涡年鉴（1971—2017）》共分四部分。

第一部分为中亚低涡活动特征，给出了中亚低涡定义、分类、时空分布特征（1971—2010年）、生命史、活动规律及其对新疆天气的影响。

第二部分为中亚低涡纪要表，按中亚低涡天气发生的类型和时间建立索引。应用1971年至2017年中亚地区高空环流形势资料和新疆105个气象观测站逐日降水资料，筛选出640次中亚低涡天气过程，对每次过程进行编号，简要描述了中亚低涡过程的起止日期、中心最小位势高度、发现经纬度和中心路径移动趋向。

第三部分为深厚型中亚低涡造成明显降水的145次过程，给出每次过程中亚低涡强盛期的200百帕位势高度场、温度场和急流，500百帕位势高度场、温度场，700百帕温度场和风场，低涡中心移动路径，低涡影响期间新疆过程累计降水量（4月到9月默认为降雨，10月到次年3月默认为降雪）和总降水日数分布。

第四部分为浅薄型中亚低涡造成明显降水的81次过程，给出每次过程中亚低涡强盛期的200百帕位势高度场、温度场和急流，500百帕位势高度场、温度场和风场，700百帕温度场和风场，低涡中心移动路径，低涡影响期间新疆过程累计降水量（4月到9月默认为降雨，10月到次年3月默认为降雪）和总降水日数分布。

本书在编写过程中，参阅了大量相关文献资料，在此，对这些作者和编者表达衷心的感谢。

本书是在新疆维吾尔自治区气象局和山东省气象局的大力支持下完成的。中国气象局乌鲁木齐沙漠气象研究所承担本书撰写工作，中亚天气气候室的同事们和新疆维吾尔自治区气象台张云惠、张俊兰、秦贺等在本书编撰过程中给予了热情支持和帮助，气象出版社对本书的编写和出版提出了诸多建议和支持。在此，对以上单位和同仁致以衷心的感谢！

由于我们水平有限，编写时间仓促，书中不妥之处在所难免，敬请读者批评和指正。

作者
2018年10月

目 录

前言

第1章 中亚低涡活动特征 ……………………………（1）

  1.1 中亚低涡定义 ……………………………………（1）

  1.2 深厚型中亚低涡活动的时空分布特征 ……………（1）

  1.3 深厚型中亚低涡的影响分类及其移动路径 ………（4）

  1.4 浅薄型中亚低涡活动的时空分布特征 ……………（6）

  1.5 浅薄型中亚低涡的影响分类及其移动路径 ………（8）

第2章 中亚低涡纪要表 ……………………………（12）

  2.1 深厚型中亚低涡纪要表 …………………………（12）

  2.2 浅薄型中亚低涡纪要表 …………………………（25）

第3章 深厚型中亚低涡降水过程 …………………（36）

第4章 浅薄型中亚低涡湿涡降水过程 ……………（182）

参考文献 ……………………………………………（264）

第1章 中亚低涡活动特征

1.1 中亚低涡定义

深厚型中亚低涡定义为：(1)500 百帕高度场低压中心位置位于 60°—90°E，35°—55°N，低压中心至少能分析出 2 条以上闭合等值线(80 位势米)，并且有冷中心或明显冷槽配合的低压环流系统；(2)低涡在上述区域内至少维持 2 天或以上。此类低涡多存在于 700～200 百帕，因此，我们定义为深厚型中亚低涡，此类低涡更接近于东北冷涡特征，气象工作者通常指的中亚低涡即为深厚型中亚低涡。

浅薄型中亚低涡定义为：(1)500 百帕风场出现闭合气旋性环流，闭合气旋环流中心位于 65°—90°E，35°—42.5°N 范围内，并且有冷中心或明显冷槽配合的低压环流系统；(2)低涡在上述区域内至少维持 2 天或以上，此类低涡多存在于 700～500 百帕，此类低涡更接近于西南涡特征。

1.2 深厚型中亚低涡活动的时空分布特征

1.2.1 空间分布特征

1971—2010 年共出现 305 次深厚型中亚低涡过程，深厚型中亚低涡成熟期的日数为 1166 天，分析 1166 天深厚型中亚低涡低值中心活动的经、纬度位置，可以看出其空间分布随纬度存在两个高频次活动区域(图 1.1)：一是低涡中心在 47.5°—55°N 活动，本书定义为北涡，北涡共有 664 天，占深厚型中亚低涡总天数的 57％，并且有两个明显的活动中心，分别位于哈萨克丘陵地区和萨彦岭一带；二是在 35°—47.5°N 范围内活动的低涡，定义为南涡，有 502 天，占深厚型中亚低涡总天数的 43％，有两个高中心，分别位于咸海东部地区和塔什干地区。从图 1.1 可以看出，成熟期的深厚型中亚低涡大部分活动在中亚地区，统计表明，有 90％的深厚型中亚低涡减弱成低槽时进入新疆造成明显的降水天气过程，而 10％的低涡进入新疆后再逐渐减弱成槽。

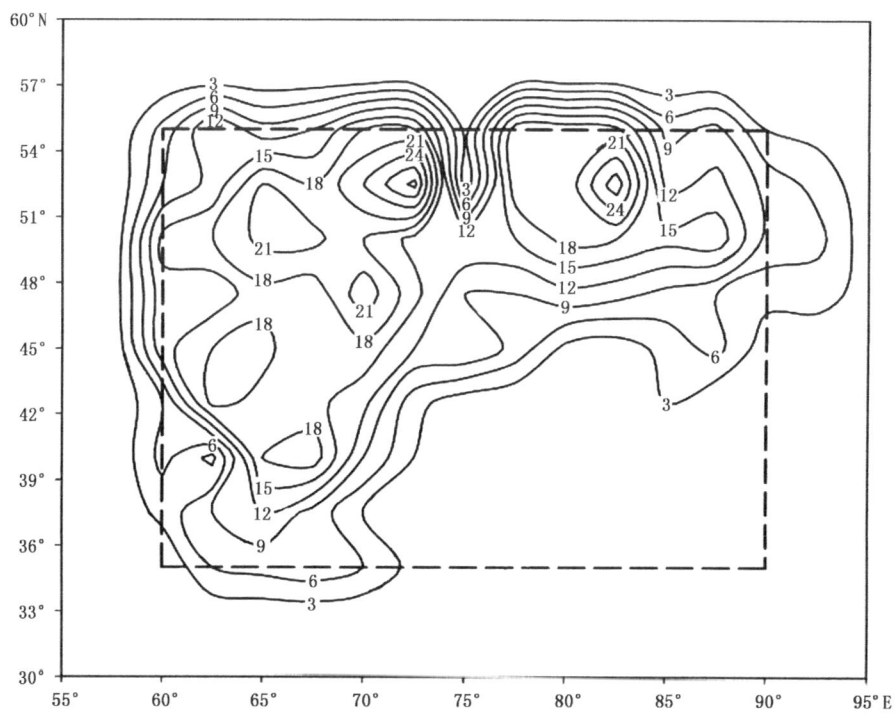

图 1.1 1971—2010 年深厚型中亚低涡活动空间分布(实线，单位:天)及其定义范围(虚线框)

深厚型中亚低涡活动空间分布也表现出明显的季节变化,南、北涡活动中心分布随季节变化而不同,春季南涡活动124天,北涡活动74天,低涡多活动于咸海至巴尔喀什湖一带的中亚地区,春季南涡活动的活跃与副热带锋区北抬有关;夏季北涡活动345天,比南涡113天明显偏多,主要活动于哈萨克丘陵地区至萨彦岭一带,同时巴尔喀什湖以东的中亚地区是南涡的一个活动中心,这与夏季副热带西风急流位于42.5°N和极锋锋区偏南有关;秋季和冬季南、北涡活动次数相当,北涡活动多位于哈萨克丘陵地区至萨彦岭一带,南涡活动多位于咸海至巴尔喀什湖之间的中亚地区。

1.2.2 月、季分布特征

图1.2a为深厚型中亚低涡活动频次的月分布特征,可以看出,深厚型中亚低涡活动的月际变化明显,出现最多的月份为7月共43次,平均达1.08次/月,其次为6月和8月,分别为0.975次/月和0.825次/月,这与新疆月降水量的分布特点是一致的,最少的4月为0.25次/月,3月和9月分别为0.70次/月和0.75次/月,其他月为0.425~0.55次/月。

由深厚型中亚低涡出现频次的季节分布(图1.2b)可见,夏季(6—8月)出现深厚型中亚低涡的频次最高,发生115次,占38%,达2.875次/季,与夏季降水量最多一致,其次是秋季(9—11月),出现74次,占24%,达1.85次/季,春季(3—5月)出现60次,约占20%,达1.5次/季,冬季(12月至次年2月)最少,发生56次,约占18%,达1.4次/季。

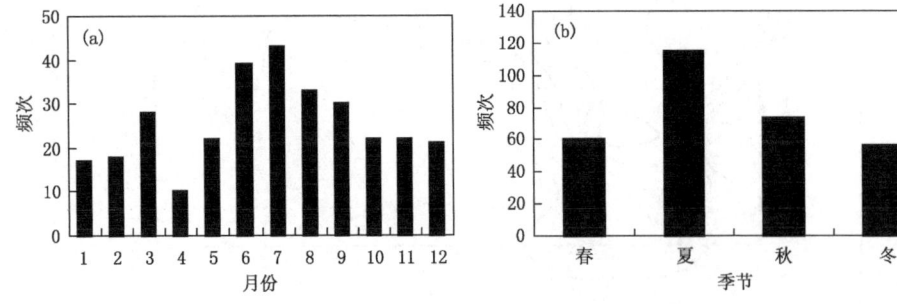

图1.2 1971—2010年深厚型中亚低涡活动频次(单位:次)
(a)月分布,(b)季分布

低涡活动的季节分布与北半球大气环流背景季节变化密切联系,夏季北半球中高纬为四槽四脊型,乌拉尔山地区为平均脊,中亚地区由冬季平均脊转为平均槽,60°N以北平均槽线在90°E附近,60°N以南平均槽线则趋近于80°E附近(巴尔喀什湖),因此,造成有利于中亚地区低涡活动的环流背景,此外,副热带西风急流夏季维持在40°N附近,低涡常生成于急流的左侧,由于急流左侧有明显的水平风速的气旋性切变,利于正涡度的发展和低涡的生成。冬季北半球中高纬为三槽三脊型,东欧至乌拉尔山为平均槽,极锋急流偏北、副热带西风急流偏南,中亚地区为平均脊控制,因此,造成不利于深厚型中亚低涡生成的环流背景。深厚型中亚低涡活动夏季频次最多和冬季频次最少,这与新疆夏季降水最多和冬季降水最少分布一致。

1.2.3 年际和年代际变化特征

305次深厚型中亚低涡过程,平均每年出现7.6次,低涡频次的年标准差为2.79次,可见低涡活动年际变率很大;深厚型中亚低涡成熟期的日数共1166天,平均每年29天。从图1.3可看出,近40年深厚型中亚低涡活动频次存在显著的年际变化,异常偏多的有6年,1972年、1989年、1994年和2005年均为13次,1996年和2009年均为11次,而异常偏少的有5年,1978年和1983年为4次,1971年和1975年为3次,最少的2002年仅有2次。40年来低涡活动频次呈显著增加趋势,通过90%显著性水平,线性增加趋势率为0.7次/10年。分析深厚型中亚低涡成熟期发生天数与次数的关系,两者的演变具有很好的一致性,相关系数达0.94。

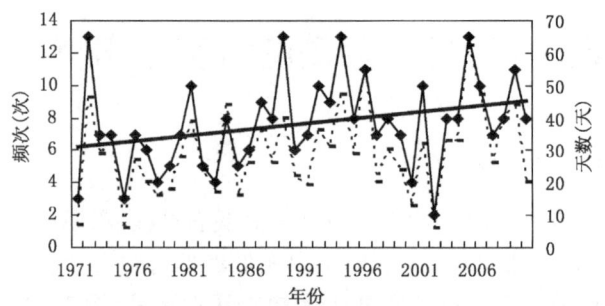

图1.3 1971—2010年深厚型中亚低涡出现频次(实线)和天数(虚线)

图1.4为各季节深厚型中亚低涡出现频次的情况,春季年际变化较大,且无明显的变化趋势,这与春季降水无明显变化趋势一致,其中1989年最多为6次,

8年春季没有出现深厚型中亚低涡活动,大多数年份出现1～3次/季;夏季大部分年份出现2～4次,1972年和2009年最多为8次,最少的1978年和1986年没出现,其活动频次多的夏季相应季降水量也偏多,活动频次少的夏季降水量也偏少;秋季大多年份出现1～3次,最多为1992年5次,最少的6年没出现,未呈现显著变化趋势,与秋季降水量变化一致;冬季低涡活动年际变化较大,1980年、2005年和2008年发生频次最多,均为4次,有14年冬季没有出现低涡活动,其他年份出现1～3次。上述分析表明,冬、春、秋季的深厚型中亚低涡出现频次的年际变化比较大,没有出现低涡的年份较多,而夏季低涡频次的变化相对小,这与季降水量变差系数变化是一致的。

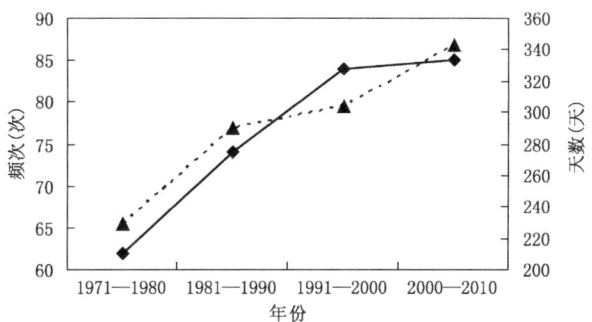

图1.5 深厚型中亚低涡活动频次(实线)和天数(虚线)的年代际变化

1.2.4 持续时间特征

深厚型中亚低涡维持时间的长短及其发展对天气演变有重要影响,305次深厚型中亚低涡过程成熟期共1166天,平均每次低涡成熟期维持时间为3.83天。图1.6a为低涡成熟期维持时间与出现频次的关系,由图可见,随着深厚型

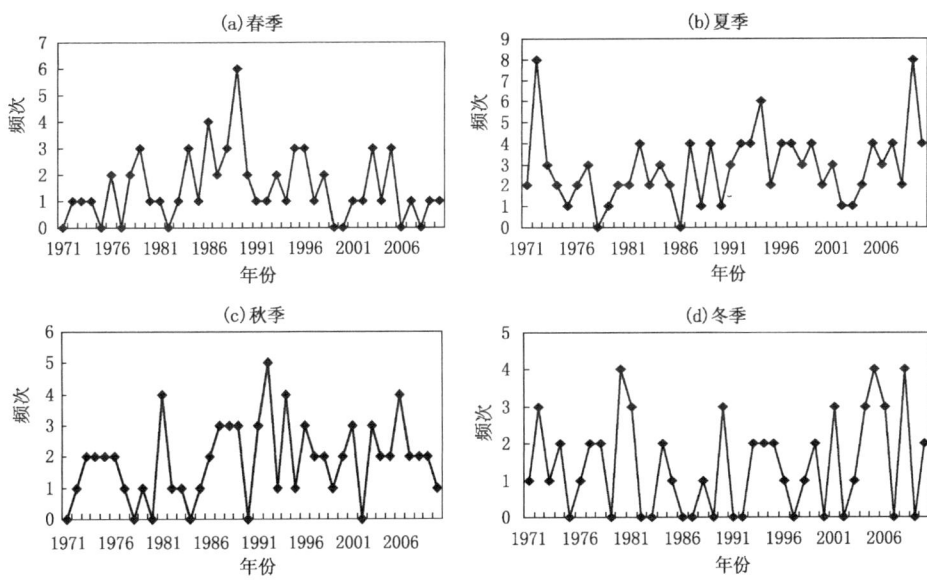

图1.4 1971—2010年不同季节深厚型中亚低涡活动频次(单位:次)

图1.5给出了深厚型中亚低涡发生次数和发生天数的年代际变化,可以看出,深厚型中亚低涡具有显著的年代际变化,并呈年代际递增的趋势。20世纪70年代有62次深厚型中亚低涡活动,20世纪80年代增至74次,20世纪90年代增至84次,21世纪前10年出现了85次,这与一些研究得出的新疆降水自1987年有年代际增多现象是一致的。

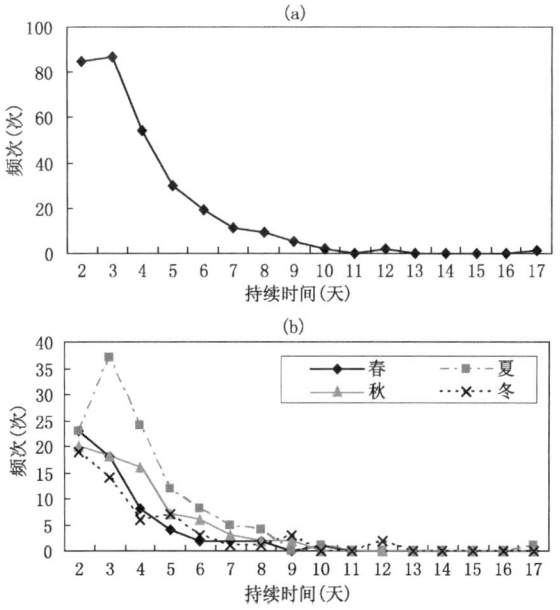

图1.6 深厚型中亚低涡出现频次与持续时间的关系
(a)年;(b)四季

中亚低涡维持时间的增加，其出现频次迅速减少。在我们统计范围内低涡成熟期维持时间为 2～3 天的深厚型中亚低涡活动有 172 次，占总数的 56%。由于这半里持续时间为两根等值线闭合低压过程，如果加上其形成和消亡过程，深厚型中亚低涡生命史至少 4 天以上；持续时间在 4～5 天的深厚型中亚低涡共有 84 次，占 27.5%，持续时间在 5 天以上的深厚型中亚低涡一共有 50 次，占总数的 16.5%，这些深厚型中亚低涡基本都是准静止活动后逐渐减弱东移，其中持续 12 天的有 2 次，持续 17 天的只有 1 次，此类长维持的低涡常造成新疆的大范围多次强降水或持续低温天气。

深厚型中亚低涡持续时间的季节分布差异较大。由图 1.6b 可看出，春、秋和冬季低涡成熟期持续时间以 2 天为最多，随着持续时间增加频次迅速减少，表明深厚型中亚低涡活动在这三个季节以持续 4～5 天时间尺度活动为多，而夏季以持续 3 天频次最多。210 次持续时间为 3～8 天的深厚型中亚低涡过程，夏季最多有 90 次，占 43%，秋季 52 次，占 25%，春、冬季相对较少，共有 68 次，占 32%。而持续时间 9 天以上的 10 次深厚型中亚低涡四季均出现，其中维持 10 天的 2 次，春、夏各 1 次，12 天的 2 次出现在冬季，17 天的 1 次出现在盛夏 7 月。

1.3 深厚型中亚低涡的影响分类及其移动路径

1.3.1 深厚型中亚低涡影响新疆天气的分类

深厚型中亚低涡对新疆天气的影响有两类，一类造成新疆明显降水天气过程，称之为"湿涡"，一类则造成大风降温和长时间低温天气，降水较弱，有时对新疆天气没有明显影响，称之为"干涡"。根据新疆气象业务对降水过程强弱及降水量级的规定，本书定义 24 小时新疆区域至少有 6 站以上降水量达中量（新疆短期天气业务中定义的中度降水天气过程）为湿涡，否则为干涡。按照上述规定，普查统计 305 次深厚型中亚低涡对应的新疆 105 个站日降水分布情况，结果见表 1.1，湿涡有 122 次，占 40%，干涡有 183 次，占 60%，其季节分布差异很大。夏季湿涡 70 次、干涡 45 次，深厚型中亚低涡系统在夏季造成降水过程比例较高，秋、春、冬季干涡远比湿涡过程多，尤其冬季湿涡只占总低涡过程的 5.3%。夏季湿涡过程是四季中最多的，占总湿涡过程的 57%，秋、春季次之，分别占 23% 和 18%，而冬季最少，仅占 2%，湿涡的季节分布特点与新疆降水季节分布

特点是一致的，而干涡的季节分布比较均匀。由此可见，虽然存在强的深厚型中亚低涡天气尺度系统，但造成新疆较强降水过程的只占 40%，这与新疆干旱、半干旱气候背景有关，虽然低涡系统能提供降水产生的有利动力条件和冷空气，由于干旱区水汽缺乏，如果水汽配合不好，则强的低涡系统造成降水天气较弱，但新疆出现持续性大范围暴雨过程却往往是由深厚型中亚低涡系统造成的。通过上述分析可知，深厚型中亚低涡中干涡比例较大，在实际预报业务中经常出现空报现象，因此，对干、湿涡进行深入研究对提高新疆天气预报水平是十分必要的。

表 1.1 深厚型中亚低涡湿涡和干涡频次的季节分布（单位：次）

分类	春	夏	秋	冬	全年
湿涡	21	70	28	3	122
干涡	39	45	46	53	183
合计	60	115	74	56	305

1.3.2 深厚型中亚低涡的移动路径及其影响

把每次中亚低涡每天低中心经纬度连线，作为这次中亚低涡过程的移动路径，并统计中亚低涡影响新疆天气现象时段，表明不同移动路径造成天气明显不同，这和环流配置及新疆特殊的地理位置有很大关系。

1.3.2.1 北涡移动路径及其影响

北涡 40 年来有 197 次，占低涡总数的 65%，其中湿涡过程 91 次，干涡过程 106 次，北涡的季节差异较大，夏季出现最多 93 次，其次是秋季，为 46 次，春季和冬季分别为 26 次和 32 次。按照其移动方向可分为东北、偏东和东南路径三类。

东北路径：低涡移动路径与纬圈夹角在东北方向大于 45°，有 28 次，湿涡 5 次，仅占 18%，干涡 23 次，占 82%，由于此移动路径的低涡向东北方向北缩明显，低涡主体未进入新疆，仅低涡底部对新疆北部有弱影响，主要影响新疆偏北地区降水，对其他地区降水影响概率最小且天气最弱。如 2008 年 1 月 12—16 日的中亚低涡过程，500 百帕高度场欧亚范围中高纬为二脊二槽的经向环流（图略），欧洲为高压脊，中亚低涡位于咸海附近，西西伯利亚为阻塞高压且与新疆脊同位相叠加形成强盛的长波脊，受其阻挡作用，中亚低涡减弱东移北上造成新疆偏北地区弱降雪。

偏东路径：低涡移动路径与纬圈基本平行，有 78 次，湿涡 24 次，占 31%，干涡 54 次，占 69%，此路径的低涡主体偏北，低涡底部位于天山山区，主要造成天山及其两侧降水。如 2006 年 6 月 22—28 日的中亚低涡过程，500 百帕高度场中

高纬环流为二脊一槽的经向环流（图略），欧洲和贝加尔湖为长波脊，中亚低涡生成于乌拉山南端，随着欧洲脊发展东移推动中亚低涡东移并减弱成槽进入新疆，造成天山山区及其北侧弱的降水过程。

东南路径：低涡移动路径在东南向与纬圈夹角呈 45°左右，有 91 次，湿涡 62次，占 68%，干涡 29 次，占 32%，低涡在向东南移动过程中主体逐渐进入新疆，移动路径见图 1.7，由于所用资料为 2.5°×2.5°经纬网格距，低涡移动路经有很多重复，图 1.7 为大多数低涡的移动路经。此外，统计表明，有 90%的中亚低涡在减弱成低槽时进入新疆，10%的低涡进入新疆后再减弱成低槽，因此，低涡中心进入新疆区域的路径较少，图 1.9 同样如此。东南移动路径的低涡对新疆降水影响最明显，降水范围和强度也大，往往造成新疆自西北向东南出现大范围强降水，尤其天山山区及其两侧降水过程最强。如 1996 年 7 月 5—25 日的中亚低涡过程是 40 年来持续时间最长的低涡过程，造成 7 月 15—16 日、17—21 日和24—28 日三次大范围暴雨过程，出现了中华人民共和国成立以来新疆最严重洪水灾害。低涡生成时 500 百帕高度场高纬环流为欧洲脊—乌拉尔槽—贝加尔湖脊的经向环流（图 1.8），低涡切断于乌拉山南部，同时副热带锋区很强，随后地中海高压脊和新疆脊强盛发展，低涡发展东南移到中亚地区形成强盛的中亚低涡，7 月 15 日达到强盛时期，造成新疆偏西地区暴雨过程，此后低涡减弱东南移至巴尔喀什湖—新疆地区，造成 17—21 日全新疆范围暴雨过程，其中天山及其两侧为大暴雨，24—28 日低涡减弱成槽东南移造成新疆东南地区暴雨过程。

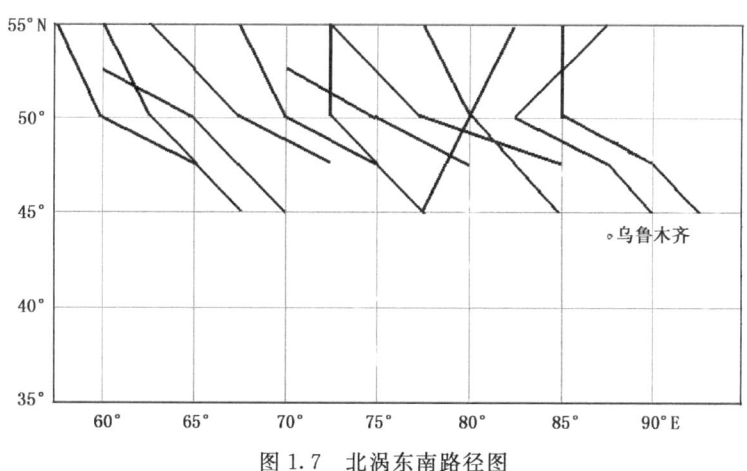

图 1.7　北涡东南路径图

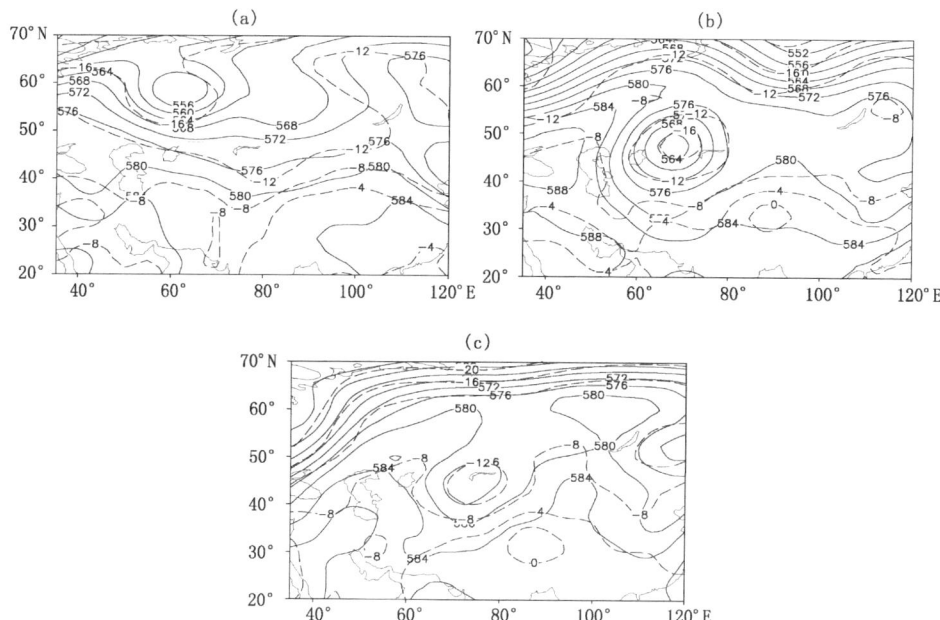

图 1.8　1996 年 7 月 500 百帕高度场（实线，单位：位势什米）和温度场（虚线，单位：℃）
(a) 6 日；(b) 15 日；(c) 18 日

1.3.2.2　南涡移动路径及其影响

南涡自 60°E 或以东东移，有 88 次占 29%，其中湿涡 23 次，干涡 65 次，此路径的季节差异相对较小，春、秋季出现最多，冬季次之。按照其东移方向可分为东北、偏东和东南三类移动路径。

东北路径：低涡移动路径与纬圈夹角在东北方向大于 45°，有 23 次，湿涡 7次，占 30%，干涡 16 次，占 70%，此路径的低涡主体虽然在 47.5°N 以南，但在移动过程中向东北方向收缩，主要造成北疆地区降水。如 1988 年 9 月 24—29 日中亚低涡过程，500 百帕高度场中高纬为两脊一槽的经向环流（图略），乌拉尔山和贝加尔湖为高压脊，西西伯利亚槽南端切涡于咸海与巴尔喀什湖之间，随着欧洲脊减弱东移和贝加尔湖脊发展东移，中亚低涡东北移进入新疆并打转减弱北上，27—29 日造成天山两侧大到暴雨过程。

偏东路径：低涡移动路径与纬圈基本平行，有 38 次，湿涡 12 次，占 32%，干涡 26 次，占 68%，此路径的低涡主体在 47.5°N 以南并逐渐东移，因此，可以影响新疆全境(图1.9),对新疆降水影响相对较强,主要造成南疆西部及天山两侧降水。如1982年6月30日—7月2日,500百帕高度场(图1.10)中亚低涡在副热带锋区上形成,随着里海脊发展推动中亚低涡东移,2—3日造成伊犁河谷小雨及南疆西部中雨天气。

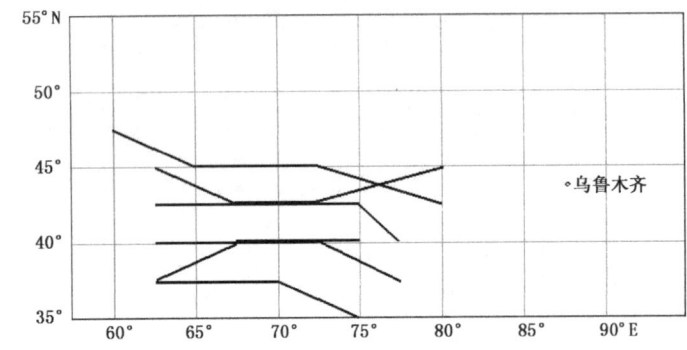

图1.9 南涡偏东路径图

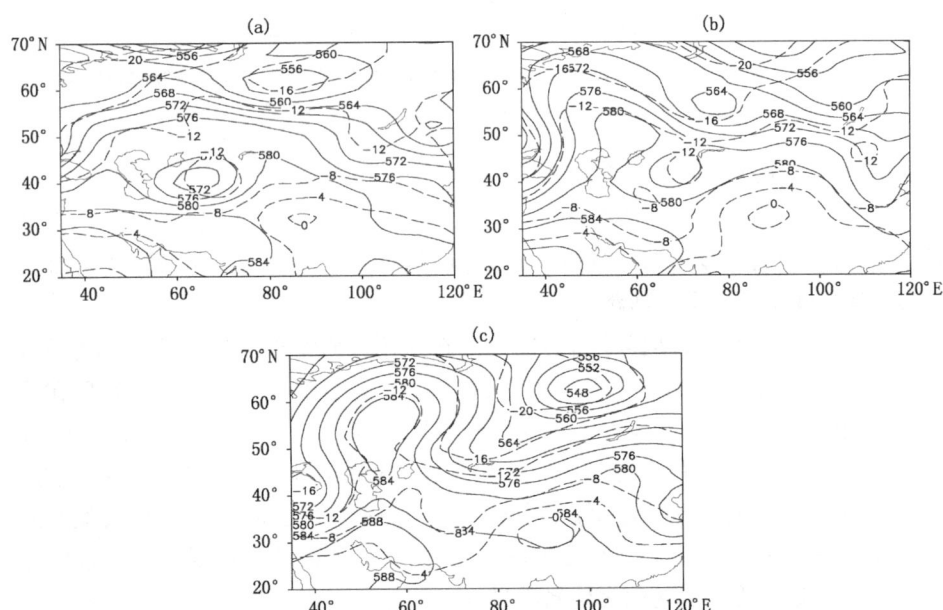

图1.10 1982年500百帕高度场(实线,单位:位势什米)和温度场(虚线,单位:℃)
(a)6月30日,(b)7月2日,(c)7月4日

东南路径:低涡移动路径在东南方向与纬圈夹角为45°左右,有27次,湿涡仅4次,占15%,干涡23次,占85%,由于此路径的低涡在东南移动过程主体位于新疆西南部,且受帕米尔高原和青藏高原阻挡作用减弱明显,对新疆大部地区基本无影响,主要造成新疆西南部的强降水。如2005年5月18—20日,500百帕高度场中高纬欧洲至贝加尔湖为宽广的长波脊,中亚低涡在副热带锋区上切出,低涡位于咸海与巴尔喀什湖南部,由于乌拉尔山高压脊的强盛维持,使得中亚低涡东南移后减弱成槽进入南疆西部,造成20日、22日南疆西部大到暴雨过程。

1.3.2.3 原地少动或打转

极锋锋区或副热带锋区上的低槽切涡于中亚地区,低涡常表现为孤立活动,原地少动或打转后减弱,此类最少,有20次,占6%,湿涡8次,占40%,干涡12次,占60%,此路径的季节差异也较明显,春、夏季较多,秋、冬季次之。此类虽然出现得少,但低涡位置随锋区低槽切涡而定,因此,降水区域并没有明显规律,低涡造成的天气预报也比较难把握。

1.4 浅薄型中亚低涡活动的时空分布特征

1.4.1 空间分布特征

根据浅薄型中亚低涡定义,1971—2010年共统计出318次浅薄型中亚低涡天气过程,用低涡中心每天出现的格点经纬度位置,统计低涡活动的空间分布。由图1.11可见,浅薄型中亚低涡活动频次分布存在两个高值区,大值中心分别位于67.5°E,40.0°N和72.5°E,35.0°N所在的格点。同时可见,低涡在77.5°E以东出现的频次很少,它影响南疆时多数会减弱成槽;有时低涡在南疆西部境外维持,以分裂波动东移的方式影响南疆;在某些特殊情况下也会有北方冷空气向南堆积,在新疆中天山一带被切断形成低涡,而后继续向南移动影响南疆地区。

1.4.2 月、季分布特征

1971—2010年间浅薄型中亚低涡活动最为频繁的季节是春季(3—5月),平均每年2.3次,其次是秋季(9—11月),夏季(6—8月)是低涡活动最少的季节,平均每年1.7次(图1.12a),从40年来四季低涡活动频次的年变化趋势来看(图略),春季低涡活动频次呈减少趋势,秋季相反,呈增多趋势,夏季和冬季并无明

第1章 中亚低涡活动特征

显的变化趋势。从浅薄型中亚低涡活动频次的月变化情况来看(图1.12b),一年中有两个频发时段,一个是4—6月,占33.0%;一个是9—10月,占19.8%;冬季的1—2月低涡活动也较多,为总频次的17.0%。

1.4.3 年际和年代际变化特征

按照确定的统计标准,在1971—2010年间共统计浅薄型中亚低涡活动过程318次,低涡盛期维持日数共985天,平均每年7.95次、24.6天。分析1971—2010年浅薄型中亚低涡活动频次和日数的年际变化(图1.13),发现低涡活动的年际变化较大,活动频次和日数的标准差分别为2.64次和8.79天,并且浅薄型中亚低涡活动的变化存在一定周期性,2000年以后浅薄型中亚低涡活动处于相对低发期,但有逐步增加的趋势。40年来浅薄型中亚低涡活动次数最多的年份分别为1982年和1995年,均达14次;浅薄型中亚低涡活动最少的年份为1976年,仅2次,且出现在冬季,其次是1985年,为3次,出现在夏季和秋季。

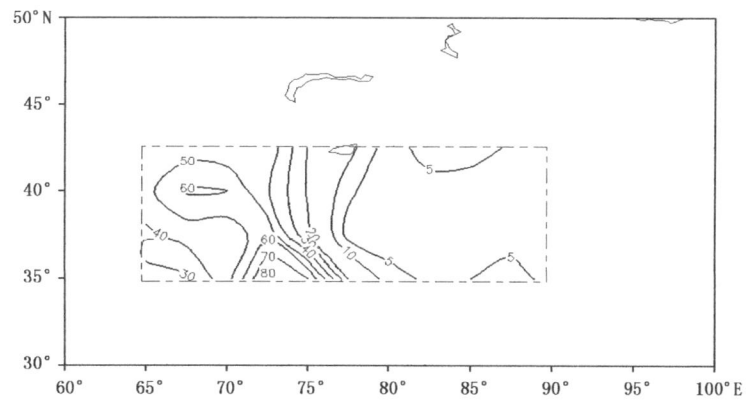

图1.11 1971—2010年浅薄型中亚低涡活动频次空间分布(实线,单位:天)及其定义范围(虚线框)

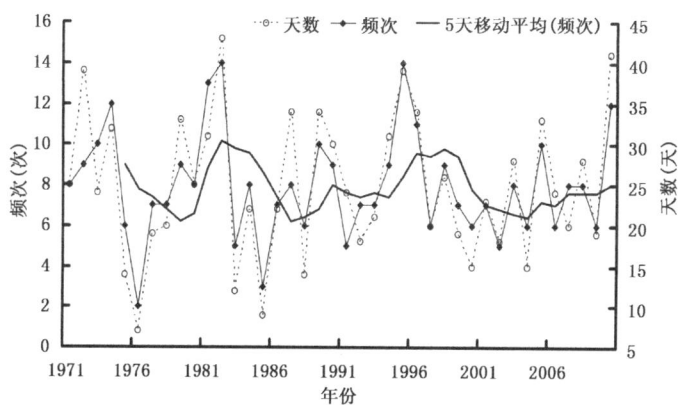

图1.13 1971—2010年浅薄型中亚低涡出现频次(实线)和天数(虚线)的变化

将近40年按年代分为20世纪70年代、20世纪80年代、20世纪90年代和21世纪前10年,图1.14显示了不同年代浅薄型中亚低涡活动的频次,20世纪80年代浅薄型中亚低涡活动最为频繁,由20世纪70年代的78次增加至83次,天数也增多至251天,这一时期是浅薄型中亚低涡活动频次的一个重要转折期。20世纪80年代后浅薄型中亚低涡活动频次逐渐减少,20世纪90年代为81次,

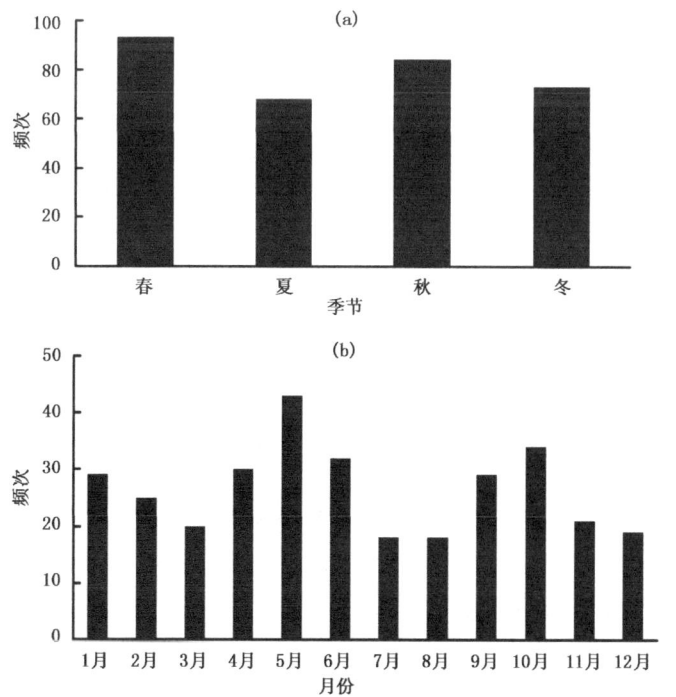

图1.12 1971—2010年季节(a)和逐月(b)浅薄型中亚低涡活动频次(单位:次)变化

21世纪前10年为76次,但近10年低涡活动的日数却较20世纪90年代有所增加,说明近10年低涡活动的持续时间平均而言有所增加。

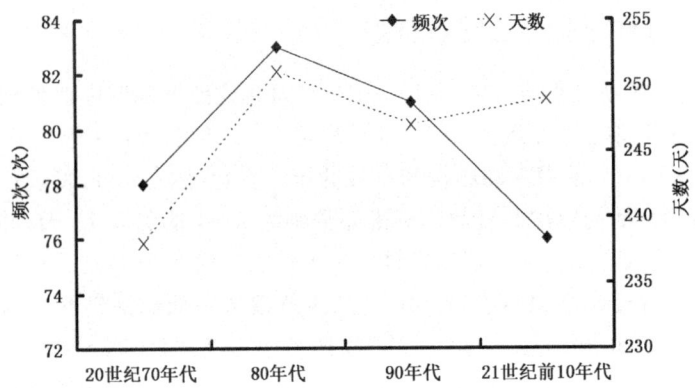

图1.14 浅薄型中亚低涡出现频次(实线)和天数(虚线)的年代际变化

从四季浅薄型中亚低涡活动的年代际变化来看(图略),从20世纪70年代到20世纪80年代,除春季低涡活动有所减少外,其余季节均略有增加,20世纪80年代到21世纪前10年,春季和夏季的低涡活动均有所减少,秋季是先增加再减少,而冬季是先减少再增加。

1.4.4 持续时间特征

由40年来浅薄型中亚低涡活动持续时间的平均状况可见(图1.15a),低涡成熟期的生命史绝大多数为2~3天,占总数的近3/4,2天的占了49.4%,仅有13.5%的浅薄型中亚低涡在成熟期能维持4天以上,四季均可能出现,其中8天有3次,9天有2次,10天有3次。这与大型环流系统的配置情况有一定关系,另外,研究区域的地形和帕米尔高原的热力和动力作用可能对其也有一定影响,这方面的研究工作有待逐步完成。图1.15b显示了不同季节浅薄型中亚低涡成熟期生命史的特征,低涡成熟期生命史在各季的表现与全年基本一致,冬季2~3天的低涡所占比例最高,为87.7%,其次是夏季,为72.1%;成熟期生命史5天以上的低涡在秋季所占比例最高,为13.1%,夏季次之,为11.8%。

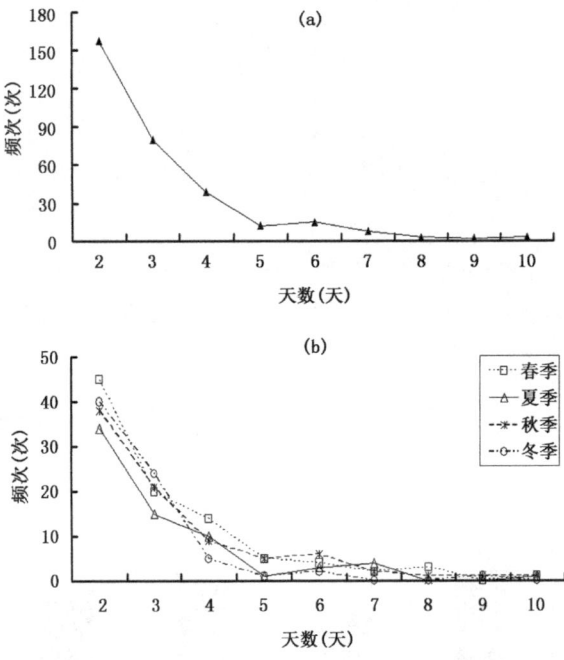

图1.15 全年(a)和季节(b)浅薄型中亚低涡持续时间与出现频次的关系

1.5 浅薄型中亚低涡的影响分类及其移动路径

1.5.1 浅薄型中亚低涡影响南疆天气的分类

以浅薄型中亚低涡所造成的南疆降水强度为依据,可将其分为两类,一类造成南疆显著降水天气,称之为"降水涡",另一类未造成南疆显著降水但可能伴有大风降温或长时间的低温天气,称之为"非降水涡"。判别是否为显著降水的依据是:以新疆降水量级标准为基础,当浅薄型中亚低涡影响南疆时,给影响区带来普遍小雨(雪),其中有4站或以上为中雨(雪)或以上量级降水,则视为显著降水。

统计发现(表1.2),1971—2010年,浅薄型中亚低涡中的非降水涡占76.7%,降水涡仅有23.3%,并且绝大多数降水涡造成的是南疆西部、阿克苏和巴音郭楞蒙古自治州北部地区的显著降水,这与新疆干旱气候密切联系。实际预报中低涡降水的空报率很高也与非降水涡所占比例大有关,因此,研究降水涡与非降水涡的异同对预报很重要。不同季节降水涡和非降水涡所占比例存在显著差异,秋季非降水涡所占比例最高,为 84.5%;夏季降水涡所占比例最高,为 41.2%,其次是春季,为 21.5%。从两类浅薄型中亚低涡所占比例的月变化来看(图略),7 月降水涡的比例最高,达 50%,其次是 6 月、5 月,再次是 2 月和 9 月。这与南疆多年平均月降水量的分布一致。

表 1.2　两类浅薄型中亚低涡频次的季节分布(单位:次)

分类	春	夏	秋	冬	全年
降水涡	20	28	13	13	74
非降水涡	73	40	71	60	244
合计	93	68	84	73	318

1.5.2　浅薄型中亚低涡的移动路径及其影响

1.5.2.1　低涡的移动路径特征

把每次浅薄型中亚低涡活动过程中低涡中心经、纬度做逐日连线,即为一次浅薄型中亚低涡活动的移动路径。按照其移动方向,可分为九种类型(见表 1.3)。统计发现,浅薄型中亚低涡移动以偏东路径为主,占 84%,其中有 3 次是先向偏西再向偏东移,有 2 次是先打转再向偏东移;偏西路径仅有 18 次,占 5.7%,原地打转的低涡 40 年来只出现了 6 次。

表 1.3　不同移动路径的浅薄型中亚低涡频次及其所占百分比

项目	东	东南	东北	西	西南	西北	南	北	原地打转
频次(次)	105	93	69	8	5	5	20	7	6
所占比例(%)	33	29.2	21.7	2.5	1.6	1.6	6.3	2.2	1.9

1.5.2.2　不同移动路径的低涡对南疆天气的影响

分析造成南疆不同降水强度的低涡的中心位置和移动路径情况,发现给南疆带来显著降水的 74 次浅薄型中亚低涡活动过程中有 66 次是偏东移动路径,占偏东路径低涡的 24.7%;有 5 次是偏西路径,占偏西路径低涡的 27.8%,这 5 次西移型低涡出现时的中心经度均在 72.5°E 附近,即低涡在南疆区域形成,其主体位于影响区,此型低涡比在南疆境外塔什干地区形成然后东移的低涡主体偏东,另外,西移和西南路径的低涡出现时中心纬度在 42.5°N,而西北路径的低涡中心纬度在 35°N。进一步分析发现,造成南疆显著降水的低涡中心纬度基本都在 35°N 以北,中心位于 35°N 的仅有 8 次。以上统计结果表明低涡所处位置和移动路径的不同给南疆带来的降水强度也有显著差异,这和环流配置及南疆特殊的地理位置有很大关系。如 2010 年 6 月 3—9 日,浅薄型中亚低涡两次影响了南疆地区,造成喀什地区、克孜勒苏柯尔克孜自治州、和田地区、阿克苏市普降大雨,局部出现暴雨,上述大部地区的最高气温由前期的 30 ℃左右降到了 18 ℃左右,最低气温也下降了 5 ℃左右。由于低涡两次影响南疆地区,它造成的强降水也出现在两个时段,分别为 6 月 4 日 20 时至 6 月 6 日 20 时和 6 月 8 日 14 时至 6 月 9 日 14 时,其中 6 月 5 日 13 时麦盖提县 1 小时雨量达 17.1 毫米,6 月 8 日 23 时泽普县 1 小时雨量达 32.6 毫米,强降水引发了多地洪水、泥石流灾害。图 1.16 显示了此次东移型低涡的 500 百帕环流特征,可见 6 月 3 日(图 1.16a),北支锋区位于 55°N 以北,伊朗副热带高压(简称"副高")逐渐向北发展,引导脊前短波槽向南加深,低涡处于形成期,南疆地区仍受弱脊控制,无降水;随后,由于北方冷空气自西北部侵袭高压脊,脊开始东移且脊线北部由准南北向转为东北西南向,促使成熟期低涡东南移影响南疆,6 月 5 日(图 1.16b)南疆已处于槽下,但低涡主体仍位于 70°—80°E 之间,强降水也就出现在南疆的西部地区,此时 80°E 附近等高面开始北抬,上游伊朗副高继续向南衰落,致使低涡西退,南疆降水区也逐渐西撤减小;6 月 7 日(图 1.16c)低涡中心已由 72.5°E 西退至 67.5°E,强度略有加强,之后伊朗副高又向北发展东扩,低涡于 8 日再次东移影响南疆,由于 80°E 附近高压脊的发展维持,低涡强度明显减弱,造成的降水也比之前要弱,这时的低涡逐渐步入衰退期。此次东移型低涡活动有两个显著特征:一是低涡出现时中心经度位于 70°E,且低涡中心纬度始终维持在 35°N 以北;二是低涡分两次影响了南疆,3—6 日东移影响南疆后又西退加强,8 日再次东移影响南疆,这其中的一个重要原因就是上游高压脊的南北振荡,同时有下游脊向北发展的配合。

2010 年 6 月 13—19 日,浅薄型中亚低涡造成喀什地区、克孜勒苏柯尔克孜白治州、和田地区、阿克苏地区普降小雨,由于低涡位置比较偏西,且东移影响新疆的过程中逐渐北抬减弱,它所造成的强降水主要集中在南疆偏西的喀什地区、克孜勒苏柯尔克孜自治州、阿克苏的部分地区,上述地区过程雨量达到了 14~35 毫米

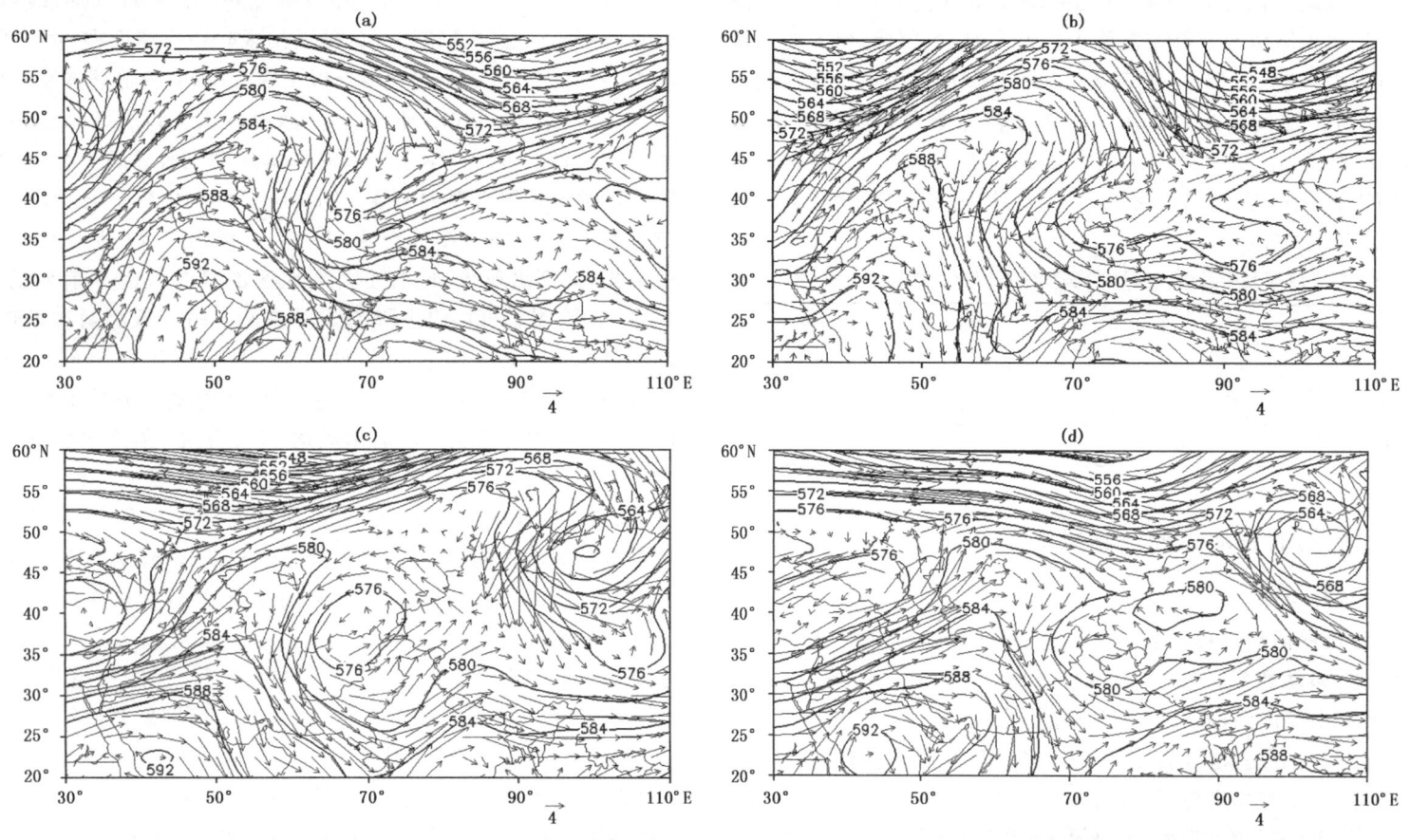

图 1.16　2010 年 6 月 500 百帕高度场(实线,单位:位势什米)和风场(矢量,单位:米/秒)
(a) 3 日,(b)5 日,(c)7 日,(d)9 日

米,引发了不同程度的洪涝灾害。低涡对影响区域最高气温的影响非常明显,过程累积降温达到了 8 ℃左右。图 1.17 为此次西北移低涡的 500 百帕环流特征,伊朗副高的向北发展在此次低涡的形成过程中仍起到了重要作用。6 月 15 日(图 1.17a)伊朗副高已非常强盛,中心强度达 592 位势什米,位于 50°E 附近,此时的浅薄型中亚低涡也已发展成熟,有显著的气旋式闭合环流,中心位于 72.5°E,35°N,南疆处于较宽的槽区,大部地区出现小雨,喀什地区、克孜勒苏柯尔克孜自治州、阿克苏地区的局部出现了大到暴雨;由于西风带上短波槽对伊朗副高的侵袭,17 日(图 1.17b)伊朗副高向南衰落,同时,大陆性副热带高压(简称"大陆副高")迅速发展西伸控制了新疆 80°E 以东的广大区域,致使低涡开始减弱北抬,其造成的降水范围也相应缩小;随后伊朗副高和大陆副高同时向北发展,且大陆副高的发展比伊朗副高略强,19 日(图 1.17c)浅薄型中亚低涡进一步减弱向西北方向移动,对南疆的影响逐渐结束。此次低涡移动路径与 6 月 3—9 日显著不同,主要由于大陆副高的发展西扩程度比 6 月 3—9 日要强得多。

第1章 中亚低涡活动特征

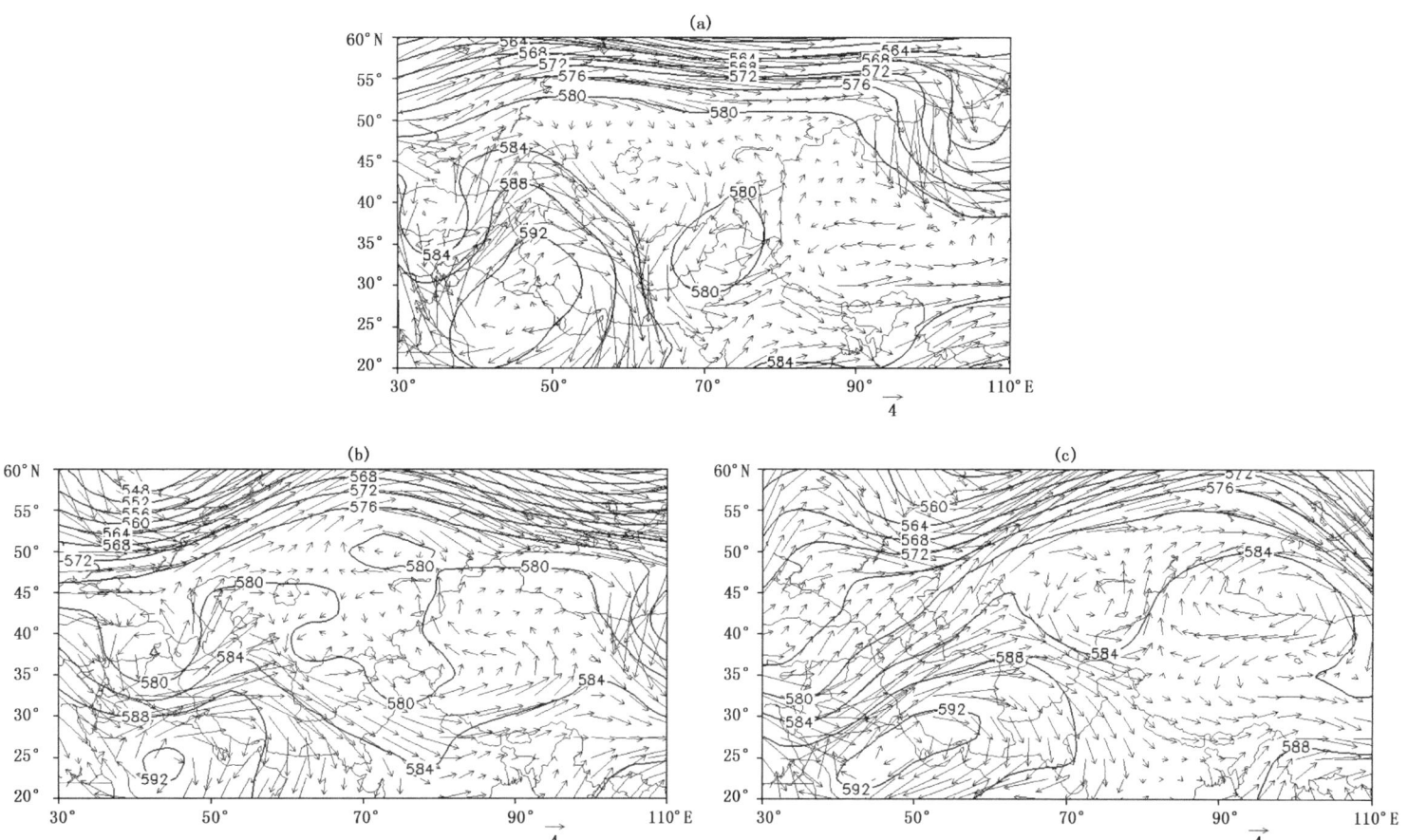

图1.17 2010年6月500百帕高度场(实线,单位:位势什米)和风场(矢量,单位:米/秒)
(a) 15日,(b) 17日,(c) 19日

第 2 章 中亚低涡纪要表

2.1 深厚型中亚低涡纪要表

序号	编号	起止日期	中心最小位势高度(位势什米)	发现点经纬度	路径趋向
1	D19710712	1971 年 7 月 12—14 日	556	65.0°E,52.5°N	东南
2	D19710807	1971 年 8 月 7—8 日	545	70.0°E,55.0°N	东
3	D19711202	1971 年 12 月 2—3 日	546	62.5°E,47.5°N	东北
4	D19720125	1972 年 1 月 25—29 日	509	60.0°E,50.0°N	东北
5	D19720223	1972 年 2 月 23—24 日	541	65.0°E,35.0°N	北
6	D19720328	1972 年 3 月 28—31 日	528	60.0°E,50.0°N	东北
7	D19720615	1972 年 6 月 15—19 日	544	60.0°E,55.0°N	东
8	D19720628	1972 年 6 月 28—30 日	560	60.0°E,52.5°N	东
9	D19720709	1972 年 7 月 9—12 日	552	80.0°E,55.0°N	东南
10	D19720715	1972 年 7 月 15—16 日	552	80.0°E,55.0°N	南
11	D19720726	1972 年 7 月 26—29 日	545	65.0°E,50.0°N	东
12	D19720806	1972 年 8 月 6—8 日	551	72.5°E,55.0°N	东
13	D19720811	1972 年 8 月 11—14 日	568	67.5°E,47.5°N	南
14	D19720827	1972 年 8 月 27—29 日	573	62.5°E,35.0°N	西北
15	D19720919	1972 年 9 月 19—22 日	561	65.0°E,35.0°N	东
16	D19721226	1972 年 12 月 26—27 日	541	60.0°E,37.5°N	东北
17	D19730130	1973 年 1 月 30 日—2 月 3 日	502	65.0°E,55.0°N	东
18	D19730308	1973 年 3 月 8—11 日	535	60.0°E,45.0°N	东南

续表

序号	编号	起止日期	中心最小位势高度(位势什米)	发现点经纬度	路径趋向
19	D19730616	1973年6月16—19日	558	72.5°E,52.5°N	东南
20	D19730808	1973年8月8—14日	557	65.0°E,55.0°N	东南
21	D19730820	1973年8月20—23日	551	77.5°E,55.0°N	东南
22	D19730912	1973年9月12—14日	563	85.0°E,47.5°N	东南
23	D19730926	1973年9月26—27日	534	65.0°E,50.0°N	东北
24	D19740223	1974年2月23日—3月1日	513	82.5°E,50.0°N	东北
25	D19740307	1974年3月7—9日	538	62.5°E,45.0°N	原地打转
26	D19740614	1974年6月14—16日	544	62.5°E,55.0°N	东
27	D19740830	1974年8月30—31日	541	70.0°E,55.0°N	东
28	D19741001	1974年10月1—3日	545	87.5°E,52.5°N	西南
29	D19741004	1974年10月4—11日	561	65.0°E,37.5°N	西北
30	D19741201	1974年12月1—6日	525	82.5°E,47.5°N	南
31	D19750729	1975年7月29—30日	550	72.5°E,52.5°N	东北
32	D19750906	1975年9月6—7日	551	80.0°E,50.0°N	东北
33	D19751105	1975年11月5—6日	517	65.0°E,52.5°N	东北
34	D19760303	1976年3月3—4日	519	60.0°E,47.5°N	东北
35	D19760325	1976年3月25—26日	521	82.5°E,52.5°N	东南
36	D19760618	1976年6月18—22日	558	72.5°E,52.5°N	东
37	D19760718	1976年7月18—25日	544	67.5°E,55.0°N	东
38	D19760911	1976年9月11—14日	547	62.5°E,55.0°N	东南
39	D19761109	1976年11月9—12日	538	62.5°E,50.0°N	东南
40	D19761221	1976年12月21—22日	502	75.0°E,55.0°N	东南
41	D19770120	1977年1月20—21日	511	70.0°E,55.0°N	西南
42	D19770125	1977年1月25—26日	532	60.0°E,40.0°N	东北
43	D19770628	1977年6月28日—7月2日	547	70.0°E,55.0°N	东南
44	D19770711	1977年7月11—15日	553	62.5°E,52.5°N	东南
45	D19770801	1977年8月1—3日	551	80.0°E,55.0°N	东南
46	D19770912	1977年9月12—14日	567	80.0°E,47.5°N	东北

续表

序号	编号	起止日期	中心最小位势高度(位势什米)	发现点经纬度	路径趋向
47	D19780204	1978年2月4—6日	500	82.5°E,55.0°N	东南
48	D19780219	1978年2月19—20日	548	80.0°E,42.5°N	北
49	D19780317	1978年3月17—24日	545	65.0°E,40.0°N	东
50	D19780416	1978年4月16—18日	545	60.0°E,45.0°N	东北
51	D19790305	1979年3月5—6日	545	62.5°E,37.5°N	源地生消
52	D19790507	1979年5月7—9日	556	75.0°E,45.0°N	东
53	D19790701	1979年7月1—8日	551	72.5°E,52.5°N	东北
54	D19790915	1979年9月15—17日	547	67.5°E,50.0°N	东南
55	D19800202	1980年2月2—5日	537	65.0°E,47.5°N	南
56	D19800207	1980年2月7—10日	535	80.0°E,50.0°N	东南
57	D19800223	1980年2月23—26日	523	60.0°E,50.0°N	东北
58	D19800510	1980年5月10—17日	554	65.0°E,47.5°N	东南
59	D19800627	1980年6月27—30日	549	75.0°E,52.5°N	东南
60	D19800728	1980年7月28—29日	553	80.0°E,52.5°N	西北
61	D19801227	1980年12月27—28日	553	62.5°E,37.5°N	东
62	D19810126	1981年1月26—28日	528	77.5°E,52.5°N	东南
63	D19810530	1981年5月30日—6月3日	550	62.5°E,47.5°N	东
64	D19810611	1981年6月11—15日	558	62.5°E,50.0°N	西南
65	D19810830	1981年8月30日—9月4日	552	87.5°E,55.0°N	南
66	D19811005	1981年10月5—8日	560	65.0°E,45.0°N	东
67	D19811108	1981年11月8—11日	547	65.0°E,47.5°N	东南
68	D19811118	1981年11月18—20日	531	75.0°E,50.0°N	东
69	D19811125	1981年11月25—27日	528	67.5°E,50.0°N	东
70	D19811220	1981年12月20—22日	539	60.0°E,45.0°N	东北
71	D19811228	1981年12月28—30日	544	62.5°E,42.5°N	源地生消
72	D19820607	1982年6月7—9日	545	77.5°E,55.0°N	北
73	D19820615	1982年6月15—20日	566	75.0°E,45.0°N	西
74	D19820630	1982年6月30日—7月2日	569	60.0°E,42.5°N	东

续表

序号	编号	起止日期	中心最小位势高度(位势什米)	发现点经纬度	路径趋向
75	D19820824	1982年8月24—26日	568	67.5°E,40.0°N	东
76	D19821116	1982年11月16—24日	544	60.0°E,42.5°N	东北
77	D19830327	1983年3月27—30日	545	65.0°E,45.0°N	西南
78	D19830620	1983年6月20—25日	563	87.5°E,47.5°N	东北
79	D19830823	1983年8月23—24日	541	60.0°E,55.0°N	东
80	D19831016	1983年10月16—20日	540	67.5°E,47.5°N	东北
81	D19840203	1984年2月3—14日	516	65.0°E,50.0°N	东南
82	D19840301	1984年3月1—10日	542	62.5°E,47.5°N	东南
83	D19840329	1984年3月29—30日	522	67.5°E,55.0°N	东
84	D19840504	1984年5月4—6日	534	62.5°E,55.0°N	东
85	D19840611	1984年6月11—14日	552	92.5°E,52.5°N	西北
86	D19840616	1984年6月16—22日	555	62.5°E,50.0°N	东北
87	D19840721	1984年7月21—22日	554	77.5°E,55.0°N	东南
88	D19841226	1984年12月26—29日	535	72.5°E,50.0°N	西南
89	D19850211	1985年2月11—12日	510	65.0°E,52.5°N	东
90	D19850310	1985年3月10—12日	535	60.0°E,42.5°N	东北
91	D19850611	1985年6月11—12日	547	77.5°E,55.0°N	东
92	D19850827	1985年8月27—28日	562	60.0°E,45.0°N	源地生消
93	D19851107	1985年11月7—13日	534	75.0°E,50.0°N	东北
94	D19860314	1986年3月14—16日	528	60.0°E,45.0°N	东北
95	D19860323	1986年3月23—29日	529	60.0°E,45.0°N	东南
96	D19860420	1986年4月20—21日	540	72.5°E,55.0°N	东南
97	D19860515	1986年5月15—18日	537	62.5°E,55.0°N	东南
98	D19860902	1986年9月2—5日	556	82.5°E,52.5°N	东南
99	D19861116	1986年11月16—20日	524	60.0°E,52.5°N	东南
100	D19870501	1987年7月1—5日	528	65.0°E,55.0°N	东南
101	D19870524	1987年5月24—27日	548	90.0°E,52.5°N	西南
102	D19870621	1987年6月21—22日	564	75.0°E,42.5°N	北

续表

序号	编号	起止日期	中心最小位势高度(位势什米)	发现点经纬度	路径趋向
103	D19870712	1987年7月12—14日	574	70.0°E,40.0°N	东
104	D19870730	1987年7月30日—8月2日	556	87.5°E,55.0°N	西南
105	D19870822	1987年8月22—24日	558	65.0°E,52.5°N	东
106	D19870907	1987年9月7—9日	539	60.0°E,52.5°N	东南
107	D19871007	1987年10月7—14日	535	75.0°E,55.0°N	东南
108	D19871128	1987年11月28日—12月1日	540	75.0°E,55.0°N	东南
109	D19880225	1988年2月25—26日	528	85.0°E,47.5°N	东南
110	D19880312	1988年3月12—13日	528	70.0°E,52.5°N	东
111	D19880318	1988年3月18—21日	540	70.0°E,47.5°N	东南
112	D19880518	1988年5月18—20日	549	62.5°E,55.0°N	东南
113	D19880822	1988年8月22—24日	561	60.0°E,47.5°N	东
114	D19880924	1988年9月24—29日	560	62.5°E,45.0°N	东北
115	D19881011	1988年10月11—14日	548	87.5°E,47.5°N	东北
116	D19881115	1988年11月15—16日	522	60.0°E,50.0°N	东北
117	D19890303	1989年3月3—4日	548	85.0°E,42.5°N	源地生消
118	D19890323	1989年3月23—25日	525	60.0°E,50.0°N	东北
119	D19890416	1989年4月16—17日	547	65.0°E,47.5°N	东南
120	D19890429	1989年4月29—30日	515	67.5°E,52.5°N	东
121	D19890501	1989年5月1—5日	548	65.0°E,40.0°N	东南
122	D19890530	1989年5月30日—6月1日	549	65.0°E,52.5°N	东北
123	D19890618	1989年6月18—20日	557	77.5°E,50.0°N	东
124	D19890701	1989年7月1—2日	561	85.0°E,52.5°N	南
125	D19890710	1989年7月10—13日	564	60.0°E,52.5°N	东南
126	D19890724	1989年7月24—26日	575	72.5°E,42.5°N	西
127	D19890902	1989年9月2—6日	560	65.0°E,50.0°N	东南
128	D19891004	1989年10月4—7日	558	85.0°E,50.0°N	东北
129	D19891107	1989年11月7—8日	543	62.5°E,45.0°N	东北
130	D19900114	1990年1月14—16日	500	62.5°E,50.0°N	东北

续表

序号	编号	起止日期	中心最小位势高度(位势什米)	发现点经纬度	路径趋向
131	D19900215	1990年2月15—18日	525	67.5°E,47.5°N	东北
132	D19900302	1990年3月2—4日	545	87.5°E,45.0°N	西
133	D19900529	1990年5月29日—6月3日	571	67.5°E,42.5°N	南
134	D19900704	1990年7月4—7日	555	62.5°E,52.5°N	东南
135	D19901222	1990年12月22—23日	525	62.5°E,47.5°N	东北
136	D19910311	1991年3月11—12日	504	65.0°E,55.0°N	东
137	D19910624	1991年6月24—26日	571	67.5°E,40.0°N	东北
138	D19910712	1991年7月12—13日	547	65.0°E,55.0°N	东
139	D19910719	1991年7月19—21日	564	65.0°E,55.0°N	东南
140	D19910916	1991年9月16—17日	541	62.5°E,52.5°N	东
141	D19910927	1991年9月27—30日	566	62.5°E,37.5°N	东南
142	D19911120	1991年11月20—22日	543	62.5°E,42.5°N	东北
143	D19920316	1992年3月16—21日	537	77.5°E,50.0°N	东南
144	D19920617	1992年6月17—19日	550	85.0°E,55.0°N	东
145	D19920714	1992年7月14—20日	558	60.0°E,50.0°N	东北
146	D19920728	1992年7月28—31日	552	62.5°E,52.5°N	东北
147	D19920812	1992年8月12—14日	554	62.5°E,55.0°N	东
148	D19920901	1992年9月1—2日	578	60.0°E,37.5°N	东北
149	D19920907	1992年9月7—8日	556	72.5°E,55.0°N	南
150	D19920911	1992年9月11—13日	546	82.5°E,55.0°N	东南
151	D19920917	1992年9月17—18日	541	80.0°E,55.0°N	东
152	D19921118	1992年11月18—21日	556	60.0°E,45.0°N	东南
153	D19930226	1993年2月26日—3月2日	525	65.0°E,50.0°N	东北
154	D19930424	1993年4月24—25日	533	62.5°E,50.0°N	东北
155	D19930531	1993年5月31日—6月1日	550	67.5°E,52.5°N	东
156	D19930614	1993年6月14—16日	541	60.0°E,55.0°N	东
157	D19930706	1993年7月6—11日	553	65.0°E,55.0°N	东南
158	D19930731	1993年7月31日—8月2日	556	80.0°E,50.0°N	东

续表

序号	编号	起止日期	中心最小位势高度(位势什米)	发现点经纬度	路径趋向
159	D19930819	1993年8月19—21日	558	70.0°E,52.5°N	东
160	D19931124	1993年11月24—26日	541	60.0°E,47.5°N	东
161	D19931201	1993年12月1—4日	526	60.0°E,45.0°N	东北
162	D19940208	1994年2月8—10日	491	60.0°E,55.0°N	东
163	D19940406	1994年4月6—7日	538	70.0°E,47.5°N	南
164	D19940605	1994年6月5—8日	565	87.5°E,45.0°N	源地生消
165	D19940710	1994年7月10—15日	549	62.5°E,55.0°N	东南
166	D19940728	1994年7月28日—8月2日	548	62.5°E,55.0°N	东南
167	D19940807	1994年8月7—10日	553	67.5°E,50.0°N	东北
168	D19940816	1994年8月16—19日	557	85.0°E,55.0°N	东南
169	D19940830	1994年8月30日—9月1日	558	77.5°E,52.5°N	东
170	D19940911	1994年9月11—12日	539	70.0°E,55.0°N	东南
171	D19940917	1994年9月17—21日	555	70.0°E,50.0°N	西南
172	D19941006	1994年10月6—8日	556	85.0°E,50.0°N	南
173	D19941025	1994年10月25—26日	568	62.5°E,37.5°N	东
174	D19941209	1994年12月9—11日	523	87.5°E,55.0°N	源地生消
175	D19950117	1995年1月17—18日	541	80.0°E,47.5°N	西
176	D19950303	1995年3月3—8日	543	62.5°E,42.5°N	东南
177	D19950330	1995年3月30日—4月2日	544	75.0°E,52.5°N	东南
178	D19950524	1995年5月24—27日	557	70.0°E,47.5°N	西南
179	D19950806	1995年8月6—9日	567	80.0°E,50.0°N	东
180	D19950830	1995年8月30日—9月2日	555	85.0°E,52.5°N	西
181	D19951122	1995年11月22—23日	562	70.0°E,40.0°N	东北
182	D19951205	1995年12月5—6日	518	62.5°E,52.5°N	东北
183	D19960224	1996年2月24日—3月3日	515	67.5°E,47.5°N	东北
184	D19960307	1996年3月7—9日	545	70.0°E,47.5°N	东南
185	D19960501	1996年5月1—2日	547	67.5°E,47.5°N	东
186	D19960505	1996年5月5—6日	565	70.0°E,37.5°N	西北

第2章 中亚低涡纪要表

续表

序号	编号	起止日期	中心最小位势高度（位势什米）	发现点经纬度	路径趋向
187	D19960612	1996年6月12—15日	546	62.5°E,55.0°N	东
188	D19960617	1996年6月17—19日	569	67.5°E,40.0°N	北
189	D19960703	1996年7月3—4日	559	77.5°E,55.0°N	东南
190	D19960707	1996年7月7—23日	556	65.0°E,55.0°N	东南
191	D19961010	1996年10月10—13日	545	62.5°E,45.0°N	东北
192	D19961111	1996年11月11—14日	543	85.0°E,47.5°N	东
193	D19961116	1996年11月16—20日	559	65.0°E,40.0°N	东南
194	D19970325	1997年3月25—26日	555	77.5°E,45.0°N	东
195	D19970626	1997年6月26—29日	560	82.5°E,52.5°N	西南
196	D19970731	1997年7月31日—8月2日	565	67.5°E,50.0°N	南
197	D19970808	1997年8月8—9日	551	65.0°E,55.0°N	东南
198	D19970811	1997年8月11—13日	551	87.5°E,55.0°N	东南
199	D19970912	1997年9月12—13日	562	85.0°E,52.5°N	东南
200	D19970915	1997年9月15—18日	556	60.0°E,50.0°N	东北
201	D19980118	1998年1月18—23日	519	60.0°E,45.0°N	东北
202	D19980301	1998年3月1—3日	541	62.5°E,42.5°N	东北
203	D19980306	1998年3月6—8日	539	62.5°E,42.5°N	东南
204	D19980614	1998年6月14—19日	571	75.0°E,45.0°N	西
205	D19980719	1998年7月19—22日	565	85.0°E,55.0°N	南
206	D19980815	1998年8月15—17日	556	65.0°E,50.0°N	东北
207	D19980917	1998年9月17—19日	578	60.0°E,37.5°N	东北
208	D19981026	1998年10月26—27日	560	65.0°E,42.5°N	源地生消
209	D19990222	1999年2月22—26日	525	60.0°E,47.5°N	东北
210	D19990531	1999年5月31日—6月2日	549	67.5°E,50.0°N	东北
211	D19990620	1999年6月20—24日	552	65.0°E,52.5°N	西南
212	D19990713	1999年7月13—17日	552	60.0°E,50.0°N	东北
213	D19990721	1999年7月21—22日	566	70.0°E,45.0°N	东
214	D19991026	1999年10月26—27日	546	60.0°E,45.0°N	东北

续表

序号	编号	起止日期	中心最小位势高度（位势什米）	发现点经纬度	路径趋向
215	D19991118	1999年11月18—19日	510	60.0°E,55.0°N	东
216	D20000611	2000年6月11—13日	563	82.5°E,50.0°N	东
217	D20000619	2000年6月19—20日	570	87.5°E,50.0°N	源地生消
218	D20001012	2000年10月12—16日	538	65.0°E,52.5°N	东
219	D20001120	2000年11月20—22日	522	75.0°E,55.0°N	东
220	D20010129	2001年1月29—30日	545	62.5°E,35.0°N	东
221	D20010312	2001年3月12—13日	553	62.5°E,37.5°N	东
222	D20010714	2001年7月14—20日	553	80.0°E,55.0°N	西南
223	D20010806	2001年8月6—8日	548	62.5°E,52.5°N	东北
224	D20010829	2001年8月29—30日	545	65.0°E,52.5°N	东北
225	D20010907	2001年9月7—9日	547	62.5°E,55.0°N	东
226	D20010914	2001年9月14—19日	546	80.0°E,55.0°N	西南
227	D20011030	2001年10月30—31日	544	67.5°E,47.5°N	东
228	D20011208	2001年12月8—9日	511	80.0°E,55.0°N	东南
229	D20011216	2001年12月16—18日	530	87.5°E,50.0°N	东南
230	D20020221	2002年2月21—23日	538	82.5°E,47.5°N	东
231	D20020727	2002年7月27—29日	565	82.5°E,50.0°N	东北
232	D20030405	2003年4月5—7日	529	62.5°E,52.5°N	东南
233	D20030414	2003年4月14—15日	510	87.5°E,55.0°N	东南
234	D20030509	2003年5月9—13日	550	85.0°E,47.5°N	东
235	D20030726	2003年7月26—29日	557	80.0°E,52.5°N	东南
236	D20030905	2003年9月5—7日	578	67.5°E,40.0°N	西南
237	D20030923	2003年9月23—28日	539	75.0°E,55.0°N	东南
238	D20031013	2003年10月13—16日	556	75.0°E,47.5°N	南
239	D20031229	2003年12月29日—1月3日	547	62.5°E,42.5°N	东南
240	D20040122	2004年1月22—24日	536	65.0°E,45.0°N	北
241	D20040127	2004年1月27—29日	514	80.0°E,55.0°N	东南
242	D20040528	2004年5月28—29日	567	65.0°E,45.0°N	东

续表

序号	编号	起止日期	中心最小位势高度(位势什米)	发现点经纬度	路径趋向
243	D20040627	2004年6月27—30日	558	82.5°E,55.0°N	西南
244	D20040730	2004年7月30日—8月1日	556	60.0°E,52.5°N	东南
245	D20041005	2004年10月5—6日	535	60.0°E,52.5°N	东
246	D20041008	2004年10月8—10日	566	67.5°E,40.0°N	东南
247	D20041217	2004年12月17—28日	519	67.5°E,55.0°N	东南
248	D20050114	2005年1月14—16日	534	62.5°E,45.0°N	东南
249	D20050122	2005年1月22—26日	516	85.0°E,55.0°N	东南
250	D20050216	2005年2月16—17日	544	67.5°E,37.5°N	南
251	D20050425	2005年4月25—26日	571	67.5°E,37.5°N	东南
252	D20050518	2005年5月18—20日	560	67.5°E,42.5°N	东南
253	D20050526	2005年5月26—28日	537	80.0°E,55.0°N	东南
254	D20050624	2005年6月24—25日	543	72.5°E,52.5°N	东北
255	D20050712	2005年7月12—15日	546	60.0°E,55.0°N	东南
256	D20050721	2005年7月21—30日	564	82.5°E,52.5°N	西
257	D20050825	2005年8月25—30日	552	60.0°E,50.0°N	东
258	D20051012	2005年10月12—16日	564	67.5°E,45.0°N	东南
259	D20051110	2005年11月10—18日	538	60.0°E,50.0°N	东南
260	D20051204	2005年12月4—11日	523	62.5°E,55.0°N	东南
261	D20060103	2006年1月3—5日	544	67.5°E,40.0°N	源地生消
262	D20060118	2006年1月18—19日	497	60.0°E,50.0°N	东北
263	D20060220	2006年2月20—24日	535	60.0°E,50.0°N	东
264	D20060606	2006年6月6—10日	566	77.5°E,47.5°N	西南
265	D20060622	2006年6月22—29日	560	65.0°E,52.5°N	东
266	D20060711	2006年7月11—17日	556	70.0°E,47.5°N	东北
267	D20060902	2006年9月2—5日	570	77.5°E,45.0°N	西南
268	D20061009	2006年10月9—10日	534	62.5°E,55.0°N	东
269	D20061119	2006年11月19—23日	522	62.5°E,50.0°N	东
270	D20061126	2006年11月26日—12月1日	515	82.5°E,55.0°N	西

续表

序号	编号	起止日期	中心最小位势高度(位势什米)	发现点经纬度	路径趋向
271	D20070518	2007年5月18—19日	564	67.5°E,42.5°N	源地生消
272	D20070629	2007年6月29日—7月3日	556	77.5°E,55.0°N	原地打转
273	D20070705	2007年7月5—9日	560	62.5°E,52.5°N	东
274	D20070712	2007年7月12—15日	564	62.5°E,50.0°N	东南
275	D20070819	2007年8月19—20日	564	82.5°E,52.5°N	东
276	D20070919	2007年9月19—24日	547	62.5°E,50.0°N	东北
277	D20071019	2007年10月19—20日	558	65.0°E,47.5°N	东
278	D20080112	2008年1月12—16日	517	62.5°E,47.5°N	东北
279	D20080118	2008年1月18—26日	536	67.5°E,42.5°N	东南
280	D20080617	2008年6月17—19日	551	82.5°E,55.0°N	东南
281	D20080628	2008年6月28—29日	553	70.0°E,50.0°N	东北
282	D20081023	2008年10月23—25日	550	62.5°E,47.5°N	东南
283	D20081027	2008年10月27日—11月2日	553	65.0°E,45.0°N	东南
284	D20081208	2008年12月8—9日	558	60.0°E,37.5°N	东北
285	D20081217	2008年12月17—25日	527	60.0°E,47.5°N	东北
286	D20090306	2009年3月6—8日	527	60.0°E,47.5°N	东
287	D20090604	2009年6月4—6日	570	65.0°E,37.5°N	东
288	D20090607	2009年6月7—9日	562	85.0°E,50.0°N	西
289	D20090612	2009年6月12—13日	549	77.5°E,55.0°N	东
290	D20090709	2009年7月9—16日	553	62.5°E,55.0°N	东南
291	D20090721	2009年7月21—24日	548	75.0°E,55.0°N	东南
292	D20090801	2009年8月1—4日	553	67.5°E,55.0°N	东
293	D20090818	2009年8月18—22日	560	65.0°E,50.0°N	东北
294	D20090825	2009年8月25—27日	559	62.5°E,47.5°N	东北
295	D20090904	2009年9月4—10日	557	75.0°E,50.0°N	南
296	D20091009	2009年10月9—10日	554	67.5°E,45.0°N	东北
297	D20100206	2010年2月6—8日	509	82.5°E,52.5°N	东
298	D20100512	2010年5月12—13日	537	85.0°E,55.0°N	西南

第 2 章　中亚低涡纪要表

续表

序号	编号	起止日期	中心最小位势高度（位势什米）	发现点经纬度	路径趋向
299	D20100628	2010 年 6 月 28—30 日	559	82.5°E,52.5°N	东南
300	D20100710	2010 年 7 月 10—11 日	552	77.5°E,55.0°N	东南
301	D20100714	2010 年 7 月 14—16 日	560	60.0°E,50.0°N	东
302	D20100724	2010 年 7 月 24—25 日	566	72.5°E,47.5°N	北
303	D20100919	2010 年 9 月 19—21 日	572	70.0°E,42.5°N	东北
304	D20101206	2010 年 12 月 6—7 日	557	65.0°E,35.0°N	东
305	D20110105	2011 年 1 月 5—7 日	532	85.0°E,45.0°N	东
306	D20110121	2011 年 1 月 21—25 日	517	60.0°E,47.5°N	东南
307	D20110225	2011 年 2 月 25 日—3 月 2 日	523	65.0°E,42.5°N	东北
308	D20110717	2011 年 7 月 17—19 日	564	67.5°E 47.5°N	东南
309	D20110722	2011 年 7 月 22—25 日	558	65.0°E,47.5°N	东
310	D20110923	2011 年 9 月 23—25 日	536	67.5°E 52.5°N	东
311	D20111205	2011 年 12 月 5—6 日	550	65.0°E,42.5°N	东
312	D20111217	2011 年 12 月 17—22 日	526	77.0°E,51.5°N	西南
313	D20120130	2012 年 1 月 30 日—2 月 5 日	514	83.0°E 54.0°N	西南
314	D20120221	2012 年 2 月 21—25 日	528	69.0°E 49.0°N	东
315	D20120607	2012 年 6 月 7—10 日	552	75.0°E,54.0°N	南
316	D20120801	2012 年 8 月 1—2 日	554	66.0°E,49.5°N	东
317	D20120810	2012 年 8 月 10—11 日	562	82.0°E,52.5°N	东南
318	D20121213	2012 年 12 月 13—18 日	512	82.5°E,55.0°N	西南
319	D20130103	2013 年 1 月 3—8 日	522	64.0°E,49.5°N	东北
320	D20130716	2013 年 7 月 16—23 日	554	67.5°E 53.0°N	东南
321	D20130808	2013 年 8 月 8—11 日	556	60.0°E,52.5°N	东南
322	D20130817	2013 年 8 月 17—18 日	556	84.0°E,50.0°N	东
323	D20131109	2013 年 11 月 9—10 日	548	85.0°E,46.5°N	西南
324	D20140412	2014 年 4 月 12—13 日	542	68.0°E,49.5°N	东南
325	D20140415	2014 年 4 月 15—16 日	548	81.0°E,48.0°N	东
326	D20140702	2014 年 7 月 2—3 日	552	72.5°E 52.5°N	东

续表

序号	编号	起止日期	中心最小位势高度(位势什米)	发现点经纬度	路径趋向
327	D20140814	2014年8月14—15日	558	68.0°E,53.0°N	东
328	D20150202	2015年2月2—4日	548	68.0°E,44.0°N	东北
329	D20150329	2015年3月29—31日	524	69.0°E,49.5°N	东南
330	D20150618	2015年6月18—21日	568	85.0°E,47.0°N	东
331	D20150624	2015年6月24日—7月1日	570	67.5°E 44.0°N	东北
332	D20150926	2015年9月26—28日	542	83.0°E,55.0°N	东南
333	D20151022	2015年10月22—23日	528	67.5°E 52.0°N	东
334	D20160213	2016年2月13—15日	540	71.0°E,51.0°N	西南
335	D20160701	2016年7月1—4日	550	72.5°E 55.0°N	东
336	D20160716	2016年7月16—22日	556	69.0°E,55.0°N	东南
337	D20170303	2017年3月3—6日	548	72.5°E 43.0°N	原地打转
338	D20170310	2017年3月10—13日	538	72.5°E 47.0°N	西南
339	D20170318	2017年3月18—21日	540	85.0°E,51.0°N	西南
340	D20170426	2017年4月26—27日	562	89.0°E,47.0°N	西南
341	D20170428	2017年4月28—29日	554	67.0°E,48.5°N	东南
342	D20170824	2017年8月24—25日	576	79.0°E,44.0°N	源地生消
343	D20171130	2017年11月30日—12月7日	538	64.0°E,47.0°N	东
344	D20171210	2017年12月10—12日	524	67.0°E,52.0°N	东
345	D20171217	2017年12月17—19日	552	69.0°E,45.0°N	西

2.2 浅薄型中亚低涡纪要表

序号	编号	起止日期	中心最小位势高度(位势什米)	发现点经纬度	路径趋向
1	D19710125	1971年1月25—26日	548	65.0°E,40.0°N	东南
2	D19710130	1971年1月30日—2月1日	544	75.0°E,42.5°N	原地打转
3	D19710326	1971年3月26—27日	561	65.0°E,37.5°N	东
4	D19710430	1971年4月30日—5月2日	566	67.5°E,42.5°N	东
5	D19710704	1971年7月4—6日	569	70.0°E,40.0°N	东北
6	D19710906	1971年9月6—8日	576	65.0°E,37.5°N	东北
7	D19710911	1971年9月11—15日	569	70.0°E,40.0°N	东
8	D19711022	1971年10月22—25日	564	67.5°E,42.5°N	东
9	D19720202	1972年2月2—3日	542	65.0°E,37.5°N	东南
10	D19720429	1972年4月29日—5月2日	569	75.0°E,35.0°N	西
11	D19720524	1972年5月24—29日	565	67.5°E,40.0°N	东南
12	D19720605	1972年6月5—6日	568	75.0°E,40.0°N	西北
13	D19720918	1972年9月18—27日	561	65.0°E,37.5°N	东南
14	D19721019	1972年10月19—25日	563	72.5°E,37.5°N	东南
15	D19721028	1972年10月28—29日	572	77.5°E,35.0°N	东
16	D19721127	1972年11月27—29日	565	75.0°E,35.0°N	东
17	D19730119	1973年1月19—20日	538	65.0°E,35.0°N	东
18	D19730303	1973年3月3—4日	542	77.5°E,42.5°N	源地生消
19	D19730414	1972年4月14—16日	561	67.5°E,35.0°N	东
20	D19730509	1973年5月9—11日	565	72.5°E,35.0°N	东
21	D19730531	1973年5月31日—6月1日	573	80.0°E,40.0°N	东
22	D19730615	1973年6月15—16日	566	82.5°E,42.5°N	东
23	D19731024	1973年10月24—26日	573	70.0°E,35.0°N	东
24	D19731216	1973年12月16—18日	555	65.0°E,37.5°N	东北
25	D19731226	1973年12月26—27日	563	72.5°E,35.0°N	源地生消
26	D19740205	1974年2月5—6日	543	72.5°E,37.5°N	南

续表

序号	编号	起止日期	中心最小位势高度(位势什米)	发现点经纬度	路径趋向
27	D19740315	1974年3月15—16日	563	67.5°E,37.5°N	东南
28	D19740504	1974年5月4—5日	564	72.5°E,42.5°N	源地生消
29	D19740520	1974年5月20—24日	575	87.5°E,35.0°N	原地打转
30	D19740526	1974年5月26—27日	573	70.0°E,35.0°N	源地生消
31	D19740606	1974年6月6—7日	571	70.0°E,40.0°N	东北
32	D19740622	1974年6月22—23日	568	72.5°E,42.5°N	西南
33	D19740702	1974年7月2—7日	571	65.0°E,42.5°N	东南
34	D19740928	1974年9月28—30日	566	67.5°E,40.0°N	东南
35	D19741216	1974年12月16—17日	554	67.5°E,40.0°N	东北
36	D19750410	1975年4月10—13日	560	67.5°E,37.5°N	东南
37	D19750427	1975年4月27—28日	569	67.5°E,37.5°N	东南
38	D19750505	1975年5月5—6日	559	70.0°E,42.5°N	东
39	D19750530	1975年5月30—31日	576	75.0°E,35.0°N	源地生消
40	D19750601	1975年6月1—2日	573	72.5°E,40.0°N	北
41	D19750827	1975年8月27—28日	574	65.0°E,40.0°N	东北
42	D19760127	1976年1月27—29日	555	70.0°E,40.0°N	东
43	D19761202	1976年12月2—5日	553	65.0°E,40.0°N	南
44	D19770220	1977年2月20—21日	559	75.0°E,37.5°N	东
45	D19770406	1977年4月6—8日	563	75.0°E,40.0°N	西北
46	D19770502	1977年5月2—5日	568	67.5°E,37.5°N	东南
47	D19770530	1977年5月30—31日	573	65.0°E,37.5°N	东北
48	D19770613	1977年6月13—15日	574	72.5°E,42.5°N	东南
49	D19771128	1977年11月28—30日	563	65.0°E,35.0°N	东
50	D19780103	1978年1月3—5日	556	82.5°E,35.0°N	东北
51	D19780114	1978年1月14—18日	545	67.5°E,37.5°N	东北
52	D19780327	1978年3月27—28日	560	65.0°E,40.0°N	源地生消
53	D19780331	1978年3月31日—4月1日	561	72.5°E,40.0°N	北
54	D19781006	1978年10月6—7日	572	65.0°E,37.5°N	源地生消

续表

序号	编号	起止日期	中心最小位势高度（位势什米）	发现点经纬度	路径趋向
55	D19790130	1979年1月30日—2月1日	553	67.5°E,37.5°N	东北
56	D19790520	1979年5月20—22日	576	70.0°E,35.0°N	东
57	D19790725	1979年7月25—27日	578	82.5°E,42.5°N	东
58	D19790806	1979年8月6—9日	577	67.5°E,42.5°N	东南
59	D19790828	1979年8月28日—9月2日	577	65.0°E,40.0°N	东南
60	D19790918	1979年9月18—19日	572	77.5°E,42.5°N	源地生消
61	D19791109	1979年11月9—10日	568	75.0°E,40.0°N	南
62	D19791111	1979年11月11—17日	564	65.0°E,42.5°N	东南
63	D19791121	1979年11月21—23日	562	75.0°E,42.5°N	西南
64	D19800411	1980年4月11—14日	569	65.0°E,35.0°N	东
65	D19800519	1980年5月19—24日	574	65.0°E,35.0°N	东
66	D19800612	1980年6月12—13日	571	65.0°E,42.5°N	东
67	D19800713	1980年7月13—16日	583	72.5°E,37.5°N	东南
68	D19800720	1980年7月20—21日	582	75.0°E,35.0°N	东
69	D19800817	1980年8月17—19日	579	70.0°E,37.5°N	东南
70	D19800903	1980年9月3—4日	577	65.0°E,40.0°N	东南
71	D19810123	1981年1月23—25日	548	72.5°E,42.5°N	西南
72	D19810206	1981年2月6—7日	564	75.0°E,35.0°N	东
73	D19810306	1981年3月6—7日	565	70.0°E,37.5°N	东
74	D19810604	1981年6月4—5日	574	80.0°E,35.0°N	东
75	D19810705	1981年7月5—7日	579	75.0°E,35.0°N	源地生消
76	D19810828	1981年8月28—29日	575	67.5°E,42.5°N	东
77	D19810905	1981年9月5—6日	579	70.0°E,40.0°N	源地生消
78	D19811015	1981年10月15—16日	565	67.5°E,42.5°N	源地生消
79	D19811025	1981年10月25—28日	572	65.0°E,35.0°N	东北
80	D19811102	1981年11月2—3日	567	67.5°E,37.5°N	东
81	D19811112	1981年11月12—13日	558	82.5°E,42.5°N	东
82	D19811213	1981年12月13—15日	558	65.0°E,40.0°N	东北

续表

序号	编号	起止日期	中心最小位势高度（位势什米）	发现点经纬度	路径趋向
83	D19820407	1982年4月7—8日	564	82.5°E,42.5°N	东
84	D19820416	1982年4月16—18日	567	70.0°E,37.5°N	东南
85	D19820426	1982年4月26—29日	570	67.5°E,40.0°N	东
86	D19820511	1982年5月11—16日	569	72.5°E,37.5°N	东南
87	D19820530	1982年5月30日—6月1日	575	70.0°E,35.0°N	东
88	D19820622	1982年6月22—24日	579	75.0°E,35.0°N	东
89	D19820909	1982年9月9—10日	581	67.5°E,40.0°N	源地生消
90	D19820923	1982年9月23—26日	570	70.0°E,40.0°N	源地生消
91	D19821026	1982年10月26—27日	550	72.5°E,42.5°N	东
92	D19821212	1982年12月12—13日	564	65.0°E,35.0°N	东
93	D19821218	1982年12月18—20日	566	72.5°E,40.0°N	东南
94	D19830108	1983年1月8—9日	550	67.5°E,37.5°N	东南
95	D19830413	1983年4月13—15日	559	65.0°E,40.0°N	南
96	D19830712	1983年7月12—13日	581	72.5°E,37.5°N	源地生消
97	D19831014	1983年10月14—15日	567	75.0°E,37.5°N	东南
98	D19831223	1983年12月23—25日	556	67.5°E,37.5°N	东南
99	D19840105	1984年1月5—8日	554	72.5°E,35.0°N	东北
100	D19840114	1984年1月14—16日	549	70.0°E,42.5°N	西
101	D19840121	1984年1月21—22日	543	72.5°E,42.5°N	源地生消
102	D19840219	1984年2月19—21日	542	67.5°E,37.5°N	东
103	D19840512	1984年5月12—15日	566	70.0°E,42.5°N	西南
104	D19840704	1984年7月4—5日	582	72.5°E,37.5°N	南
105	D19841029	1984年10月29—30日	567	70.0°E,37.5°N	东
106	D19841122	1984年11月22—23日	557	65.0°E,40.0°N	东北
107	D19850620	1985年6月20—21日	578	65.0°E,40.0°N	北
108	D19851014	1985年10月14—16日	567	67.5°E,40.0°N	东南
109	D19851127	1985年11月27—30日	563	70.0°E,40.0°N	东北
110	D19860102	1986年1月2—4日	554	77.5°E,42.5°N	东

第2章 中亚低涡纪要表

续表

序号	编号	起止日期	中心最小位势高度（位势什米）	发现点经纬度	路径趋向
111	D19860329	1986年3月29日—4月3日	546	65.0°E,42.5°N	东南
112	D19860422	1986年4月22—25日	560	65.0°E,42.5°N	东南
113	D19860429	1986年4月29—30日	561	70.0°E,42.5°N	源地生消
114	D19860519	1986年5月19—20日	566	75.0°E,35.0°N	源地生消
115	D19860530	1986年5月30日—6月1日	571	67.5°E,40.0°N	源地打转
116	D19860822	1986年8月22—23日	578	65.0°E,42.5°N	源地生消
117	D19870122	1987年1月22—23日	552	72.5°E,40.0°N	东北
118	D19870217	1987年2月17—18日	544	67.5°E,40.0°N	东
119	D19870510	1987年5月10—16日	571	72.5°E,40.0°N	东南
120	D19870610	1987年6月10—11日	569	82.5°E,42.5°N	东
121	D19870612	1987年6月12—18日	572	70.0°E,40.0°N	东南
122	D19870712	1987年7月12—21日	574	70.0°E,40.0°N	东
123	D19870927	1987年9月27—28日	579	72.5°E,35.0°N	东
124	D19871017	1987年10月17—18日	570	65.0°E,35.0°N	东
125	D19880227	1988年2月27—28日	552	65.0°E,37.5°N	北
126	D19880602	1988年6月2—5日	574	72.5°E,40.0°N	东北
127	D19880608	1988年6月8—9日	576	67.5°E,40.0°N	东南
128	D19880829	1988年8月29—30日	574	65°E,42.5°N	源地生消
129	D19881003	1988年10月3—4日	570	70.0°E,37.5°N	东南
130	D19881030	1988年10月30—31日	572	70.0°E,40.0°N	东北
131	D19890206	1989年2月6—7日	544	70.0°E,42.5°N	东南
132	D19890306	1989年3月6—10日	555	67.5°E,42.5°N	东
133	D19890403	1989年4月3—5日	560	70.0°E,35.0°N	东
134	D19890523	1989年5月23—26日	572	70.0°E,42.5°N	东南
135	D19890606	1989年6月6—7日	572	72.5°E,42.5°N	西
136	D19890609	1989年6月9—10日	569	65.0°E,42.5°N	东
137	D19891014	1989年10月14—16日	572	70.0°E,37.5°N	东南
138	D19900127	1990年1月27—28日	552	70.0°E,35.0°N	东

续表

序号	编号	起止日期	中心最小位势高度(位势什米)	发现点经纬度	路径趋向
139	D19900227	1990年2月27—28日	551	70.0°E,35.0°N	东
140	D19900321	1990年3月21—22日	548	67.5°E,42.5°N	东南
141	D19900324	1990年3月24—25日	558	75.0°E,37.5°N	东北
142	D19900327	1990年3月27—29日	560	67.5°E,35.0°N	西
143	D19900503	1990年5月3—4日	579	77.5°E,35.0°N	源地生消
144	D19900926	1990年9月26—30日	579	77.5°E,37.5°N	西
145	D19901213	1990年12月13—16日	553	67.5°E,42.5°N	东南
146	D19910219	1991年2月19—20日	549	85.0°E,42.5°N	东
147	D19910225	1991年2月25—27日	553	67.5°E,42.5°N	东南
148	D19910929	1991年9月29日—10月3日	568	67.5°E,35.0°N	北
149	D19911021	1991年10月21—29日	571	72.5°E,35.0°N	东北
150	D19920110	1992年1月10—11日	553	67.5°E,35.0°N	东
151	D19920219	1992年2月19—22日	553	65.0°E,35.0°N	东北
152	D19920517	1992年5月17—18日	570	65.0°E,40.0°N	东南
153	D19920624	1992年6月24—27日	575	72.5°E,40.0°N	东北
154	D19920710	1992年7月10—11日	583	65.0°E,35.0°N	东
155	D19930107	1993年1月7—8日	545	70.0°E,35.0°N	北
156	D19930220	1993年2月20—21日	553	77.5°E,35.0°N	源地生消
157	D19930625	1993年6月25—27日	577	70.0°E,35.0°N	原地打转
158	D19930810	1993年8月10—13日	572	70.0°E,42.5°N	东
159	D19930917	1993年9月17—19日	580	72.5°E,37.5°N	东南
160	D19931008	1993年10月8—10日	563	65.0°E,40.0°N	东南
161	D19931016	1993年10月16—19日	572	67.5°E,40.0°N	东南
162	D19940103	1994年1月3—5日	548	67.5°E,42.5°N	东南
163	D19940409	1994年4月9—11日	557	70.0°E,37.5°N	东
164	D19940420	1994年4月20—23日	561	70.0°E,42.5°N	东南
165	D19940523	1994年5月23—24日	573	67.5°E,40.0°N	东
166	D19940924	1994年9月24—29日	577	72.5°E,37.5°N	西北

续表

序号	编号	起止日期	中心最小位势高度(位势什米)	发现点经纬度	路径趋向
167	D19941006	1994年10月6—11日	569	67.5°E,40.0°N	东南
168	D19941229	1994年12月29—30日	554	72.5°E,37.5°N	东南
169	D19950219	1995年2月19—21日	545	72.5°E,40.0°N	东北
170	D19950222	1995年2月22—23日	554	72.5°E,40.0°N	东南
171	D19950227	1995年2月27日—3月1日	551	67.5°E,35.0°N	东北
172	D19950405	1995年4月5—7日	557	77.5°E,42.5°N	南
173	D19950410	1995年4月10—11日	569	70.0°E,40.0°N	东南
174	D19950414	1995年4月14—15日	561	72.5°E,42.5°N	东
175	D19950621	1995年6月21—23日	574	72.5°E,37.5°N	东南
176	D19950907	1995年9月7—8日	576	72.5°E,42.5°N	西
177	D19950919	1995年9月19—20日	582	75.0°E,35.0°N	源地生消
178	D19951002	1995年10月2—5日	572	67.5°E,42.5°N	东
179	D19951120	1995年11月20—21日	562	75.0°E,42.5°N	西
180	D19951128	1995年11月28—29日	555	70.0°E,35.0°N	东北
181	D19951228	1995年12月28—29日	567	72.5°E,37.5°N	西
182	D19960214	1996年2月14—15日	539	65.0°E,42.5°N	东
183	D19960510	1996年5月10—11日	566	70.0°E,40.0°N	源地生消
184	D19960516	1996年5月16—17日	574	72.5°E,42.5°N	源地生消
185	D19960525	1996年5月25—26日	581	72.5°E,35.0°N	东
186	D19961004	1996年10月4—5日	571	70.0°E,35.0°N	东北
187	D19961118	1996年11月18—23日	559	67.5°E,37.5°N	东北
188	D19961125	1996年11月25—26日	564	75.0°E,35.0°N	北
189	D19961204	1996年12月4—9日	551	70.0°E,40.0°N	东南
190	D19970414	1997年4月14—17日	559	65.0°E,40.0°N	东南
191	D19970508	1997年5月8—9日	566	72.5°E,37.5°N	东北
192	D19970526	1997年5月26日—6月2日	574	75.0°E,35.0°N	西北
193	D19970921	1997年9月21—22日	573	70.0°E,42.5°N	东
194	D19971014	1997年10月14—15日	573	75.0°E,42.5°N	南

续表

序号	编号	起止日期	中心最小位势高度(位势什米)	发现点经纬度	路径趋向
195	D19980409	1998年4月9—10日	568	70.0°E,35.0°N	源地生消
196	D19980506	1998年5月6—7日	568	67.5°E,40.0°N	东南
197	D19980528	1998年5月28—29日	572	72.5°E,37.5°N	源地生消
198	D19980621	1998年6月21—26日	577	72.5°E,40.0°N	南
199	D19980830	1998年8月30—31日	581	70.0°E,37.5°N	东南
200	D19981026	1998年10月26—30日	560	65.0°E,42.5°N	东南
201	D19981104	1998年11月4—5日	575	72.5°E,35.0°N	东
202	D19990130	1999年1月30日—2月1日	549	65.0°E,37.5°N	东南
203	D19990412	1999年4月12—13日	562	67.5°E,40.0°N	南
204	D19990529	1999年5月29—31日	570	72.5°E,37.5°N	东南
205	D19990602	1999年6月2—4日	574	75.0°E,35.0°N	东
206	D19990818	1999年8月18—19日	587	72.5°E,35.0°N	源地生消
207	D19990824	1999年8月24—26日	583	67.5°E,40.0°N	东
208	D19991008	1999年10月8—10日	570	72.5°E,40.0°N	西
209	D20000113	2000年1月13—15日	548	67.5°E,35.0°N	东
210	D20000126	2000年1月26—28日	554	72.5°E,42.5°N	东
211	D20000301	2000年3月1—2日	548	67.5°E,40.0°N	西北
212	D20000403	2000年4月3—4日	559	65.0°E,42.5°N	东南
213	D20000726	2000年7月26—27日	580	67.5°E,37.5°N	北
214	D20000908	2000年9月8—10日	573	72.5°E,42.5°N	东南
215	D20010211	2001年2月11—13日	550	72.5°E,37.5°N	西南
216	D20010521	2001年5月21—25日	571	70.0°E,40.0°N	东南
217	D20010617	2001年6月17—23日	575	72.5°E,37.5°N	东
218	D20010729	2001年7月29—30日	571	72.5°E,42.5°N	南
219	D20010814	2001年8月14—15日	577	65.0°E,40.0°N	东
220	D20011102	2001年11月2—3日	559	65.0°E,42.5°N	东南
221	D20020206	2002年2月6—7日	546	67.5°E,35.0°N	东
222	D20020518	2002年5月18—19日	563	70.0°E,40.0°N	原地打转

续表

序号	编号	起止日期	中心最小位势高度(位势什米)	发现点经纬度	路径趋向
223	D20020712	2002年7月12—13日	578	65.0°E,40.0°N	南
224	D20020917	2002年9月17—20日	575	75.0°E,42.5°N	东南
225	D20020924	2002年9月24日—10月1日	576	72.5°E,35.0°N	东
226	D20030201	2003年2月1—2日	555	72.5°E,37.5°N	东北
227	D20030503	2003年5月3—4日	556	72.5°E,35.0°N	东
228	D20030807	2003年8月7—10日	576	67.5°E,42.5°N	东南
229	D20030812	2003年8月12—14日	581	72.5°E,40.0°N	西南
230	D20030903	2003年9月3—8日	578	72.5°E,42.5°N	南
231	D20031105	2003年11月5—7日	557	65.0°E,42.5°N	东
232	D20031223	2003年12月23—24日	557	70.0°E,37.5°N	北
233	D20040229	2004年2月29日—3月1日	555	65.0°E,42.5°N	东
234	D20040413	2004年4月13—14日	570	72.5°E,37.5°N	东
235	D20040430	2004年4月30日—5月3日	564	70.0°E,37.5°N	东北
236	D20040523	2004年5月23—24日	574	72.5°E,37.5°N	源地生消
237	D20040716	2004年7月16—17日	574	65.0°E,42.5°N	东
238	D20050407	2005年4月7—10日	554	67.5°E,35.0°N	东
239	D20050530	2005年5月30日—6月2日	577	65.0°E,35.0°N	东南
240	D20050610	2005年6月10—11日	574	65.0°E,35.0°N	东
241	D20050704	2005年7月4—5日	577	72.5°E,35.0°N	东北
242	D20051127	2005年11月27日—12月1日	559	67.5°E,37.5°N	东南
243	D20060410	2006年4月10—19日	560	72.5°E,37.5°N	东南
244	D20060528	2006年5月28—29日	571	65.0°E,40.0°N	北
245	D20060610	2006年6月10—13日	573	70.0°E,42.5°N	东南
246	D20061025	2006年10月25—26日	572	65.0°E,42.5°N	东
247	D20070103	2007年1月3—6日	556	70.0°E,37.5°N	东南
248	D20070112	2007年1月12—13日	549	65.0°E,42.5°N	东南
249	D20070129	2007年1月29—30日	570	72.5°E,35.0°N	东
250	D20070301	2007年3月1—3日	550	67.5°E,42.5°N	东

续表

序号	编号	起止日期	中心最小位势高度(位势什米)	发现点经纬度	路径趋向
251	D20070804	2007年8月4—6日	576	65.0°E,42.5°N	源地生消
252	D20071029	2007年10月29—30日	570	70.0°E,42.5°N	东南
253	D20071211	2007年12月11—12日	550	65.0°E,40.0°N	东北
254	D20080206	2008年2月6—7日	549	70.0°E,35.0°N	东
255	D20080329	2008年3月29—30日	566	72.5°E,42.5°N	南
256	D20080425	2008年4月25—26日	577	75.0°E,37.5°N	东南
257	D20080525	2008年5月25—26日	574	67.5°E,37.5°N	源地生消
258	D20080816	2008年8月16—17日	575	65.0°E,40.0°N	东南
259	D20081113	2008年11月13—15日	560	65.0°E,37.5°N	源地生消
260	D20090618	2009年6月18—19日	577	75.0°E,40.0°N	西南
261	D20091014	2009年10月14—19日	572	72.5°E,37.5°N	西
262	D20091116	2009年11月16—17日	560	70.0°E,37.5°N	东
263	D20091125	2009年11月25—27日	556	65.0°E,42.5°N	东
264	D20091227	2009年12月27—28日	553	65.0°E,42.5°N	南
265	D20100213	2010年2月13—15日	538	65.0°E,42.5°N	东南
266	D20100422	2010年4月22—24日	571	67.5°E,37.5°N	东南
267	D20100603	2010年6月3—9日	574	70.0°E,40.0°N	东南
268	D20100613	2010年6月13—19日	578	75.0°E,35.0°N	西北
269	D20100903	2010年9月3—4日	582	70.0°E,37.5°N	西南
270	D20100906	2010年9月6—7日	581	65.0°E,37.5°N	东
271	D20100922	2010年9月22—24日	576	65.0°E,40.0°N	东
272	D20100929	2010年9月29—30日	576	65.0°E,40.0°N	东北
273	D20101021	2010年10月21—24日	556	72.5°E,42.5°N	东南
274	D20101209	2010年12月9—10日	564	75.0°E,35.0°N	东
275	D20111231	2011年12月31日—2012年1月1日	560	70.0°E,38.5°N	西北
276	D20120320	2012年3月20—21日	552	70.0°E,36.0°N	东北
277	D20120605	2012年6月5—7日	576	70.0°E,38.0°N	东南
278	D20120804	2012年8月4—6日	578	71.0°E,36.5°N	东南

第2章　中亚低涡纪要表

续表

序号	编号	起止日期	中心最小位势高度(位势什米)	发现点经纬度	路径趋向
279	D20121020	2012年10月20—21日	570	68.0°E,38.5°N	东
280	D20130429	2013年4月29日—5月1日	566	66.0°E,37.0°N	东南
281	D20130526	2013年5月26—29日	568	69.0°E,41.0°N	东南
282	D20131112	2013年11月12—13日	560	74.0°E,41.5°N	南
283	D20131228	2013年12月28—31日	544	66.0°E,41.0°N	东南
284	D20140513	2014年5月13—14日	568	71.0°E,37.0°N	东北
285	D20140831	2014年8月31日—9月1日	582	82.0°E,40.0°N	东
286	D20141013	2014年10月13—14日	572	65.0°E,34.5°N	东北
287	D20150408	2015年4月8—11日	568	72.5°E,42.5°N	西南
288	D20151025	2015年10月25—26日	568	71.0°E,39.0°N	西南
289	D20151213	2015年12月13—15日	556	72.5°E,40.0°N	东北
290	D20160421	2016年4月21—23日	564	65°E,40.5°N	东南
291	D20170106	2017年1月6—9日	548	69.0°E,42.0°N	东南
292	D20170303	2017年3月3—4日	548	71.0°E,42.5°N	东南
293	D20170503	2017年5月3—4日	574	65.0°E,41.0°N	东北
294	D20170702	2017年7月2—3日	580	67.5°E,37.5°N	东
295	D20171204	2017年12月4—5日	544	65.5°E,42.5°N	东南

第3章　深厚型中亚低涡降水过程

本章选取深厚型中亚低涡造成新疆明显降水个例145个,给出其强盛期200百帕位势高度场、温度场和急流,500百帕位势高度场和温度场,700百帕温度场和风场,低涡中心移动路径,低涡影响期间新疆过程累计降水量分布和总降水日数分布,从中可以了解深厚型中亚低涡高空、低空环流配置及其造成降水情况。

过程编号:D19710712

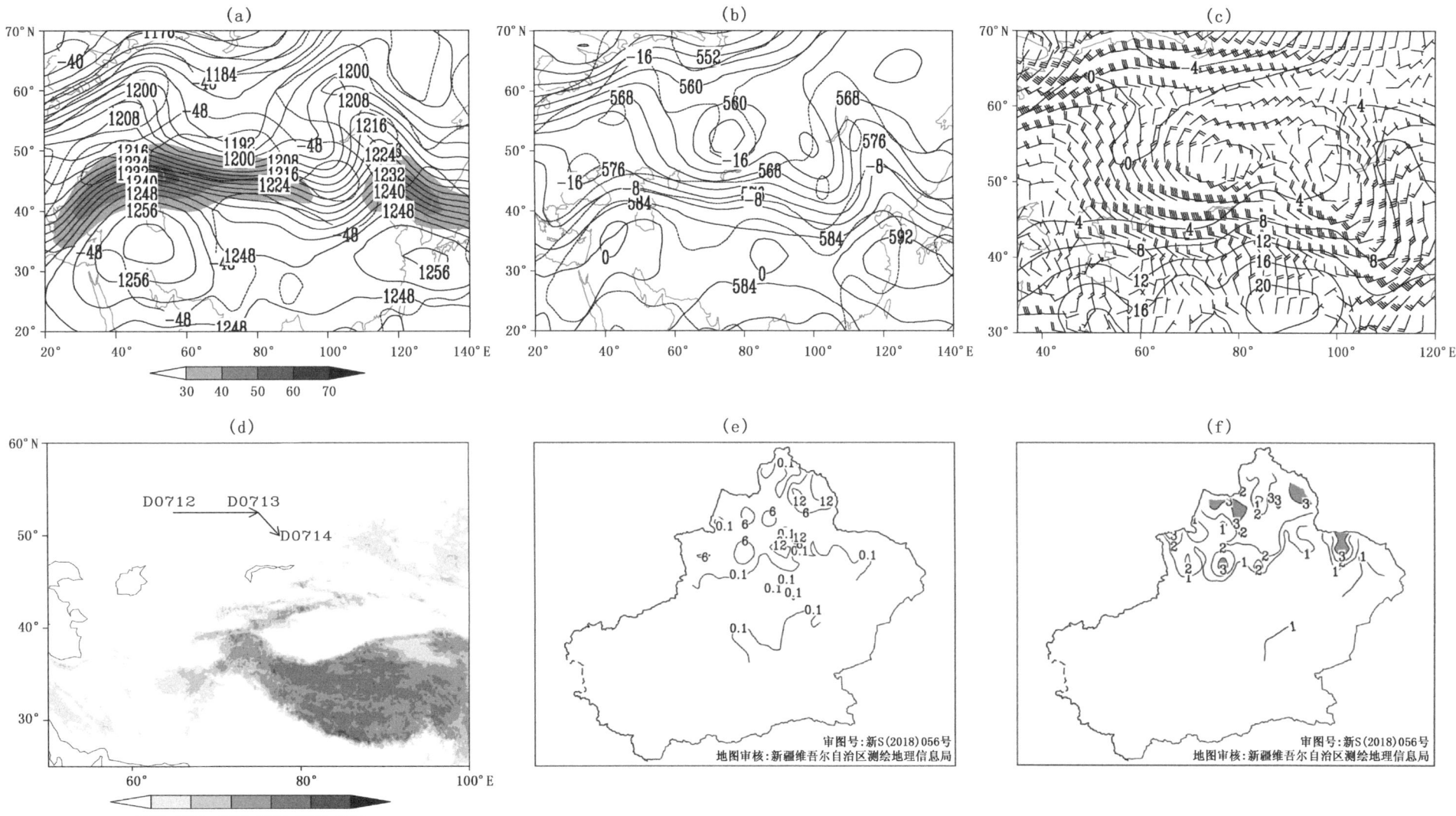

图3.1 1971年7月13日20时位势高度场(实线,单位:位势什米),温度场(虚线,单位:℃),阴影表示风速大于或等于30米/秒急流区;(a)200百帕;(b)500百帕;(c)700百帕温度场(实线,单位:℃),风场(单位:米/秒),(d)低涡中心移动路径(阴影表示地形海拔高度,单位:米);(e)过程累计降水量(单位:毫米);(f)总降水日数(单位:天,阴影表示大于或等于3天区域)

中亚低涡年鉴 (1971—2017)

过程编号:D19720328

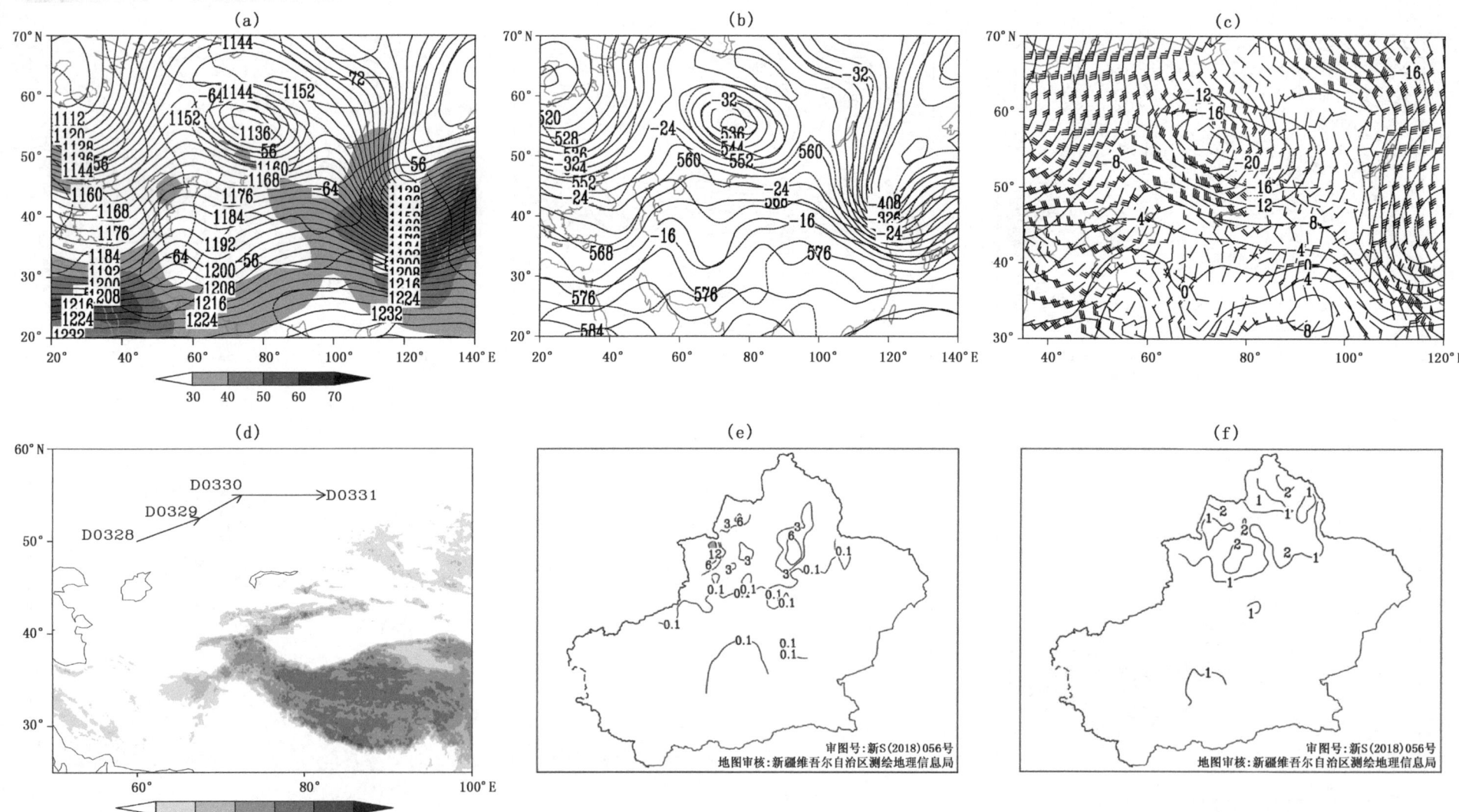

图3.2 1972年3月30日20时位势高度场(实线,单位:位势什米),温度场(虚线,单位:℃),阴影表示风速大于或等于30米/秒急流区;(a)200百帕;(b)500百帕;(c)700百帕温度场(实线,单位:℃),风场(单位:米/秒);(d)低涡中心移动路径(阴影表示地形海拔高度,单位:米);(e)过程累计降水量(单位:毫米,阴影表示暴雨或暴雪及以上量级区域);(f)总降水日数(单位:天)

过程编号:D19720615

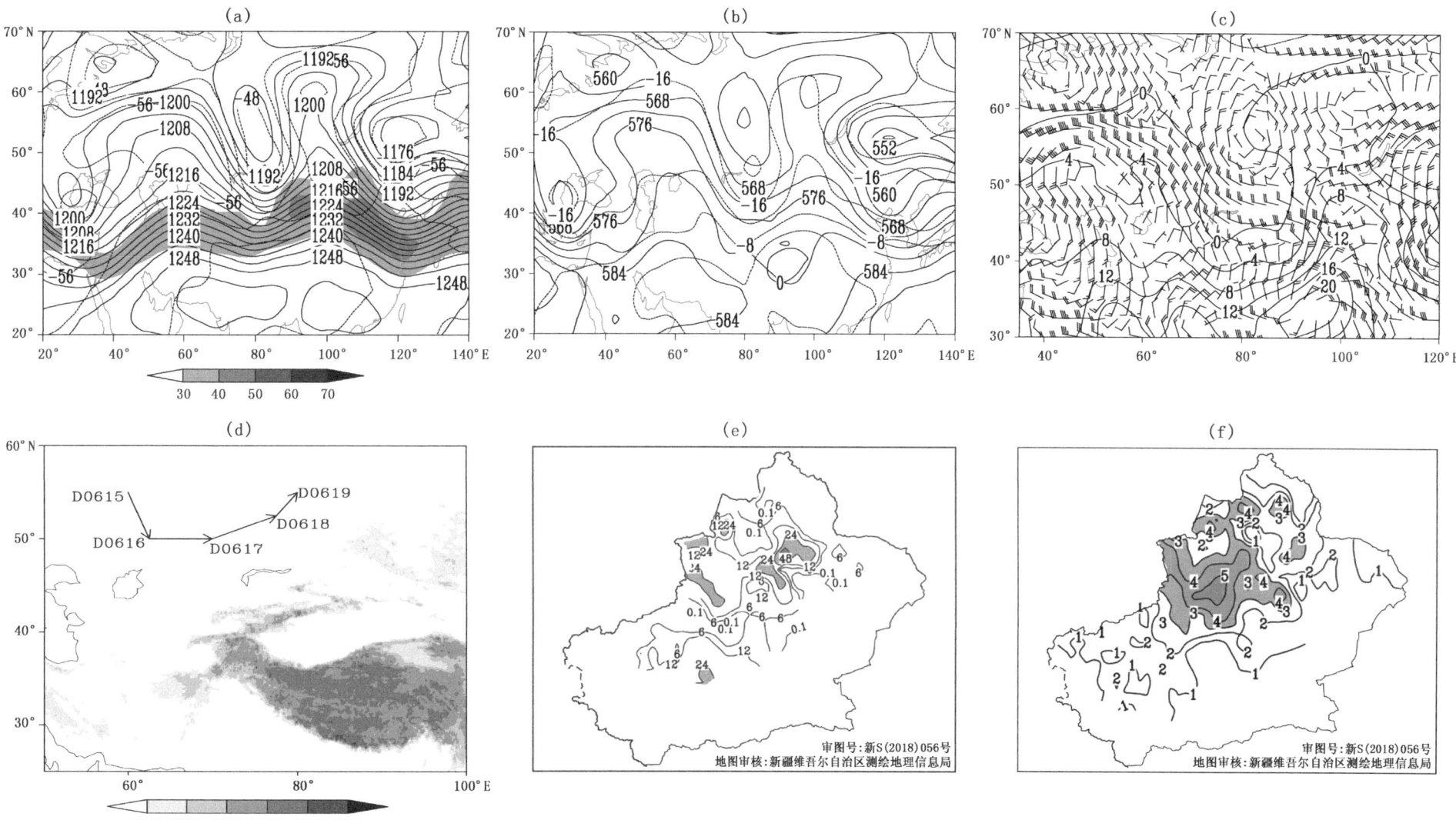

图 3.3 1972年6月19日20时位势高度场(实线,单位:位势什米),温度场(虚线,单位:℃),阴影表示风速大于或等于30米/秒急流区;(a)200百帕;(b)500百帕;(c)700百帕温度场(实线,单位:℃),风场(单位:米/秒);(d)低涡中心移动路径(阴影表示地形海拔高度,单位:米);(e)过程累计降水量(单位:毫米,阴影表示暴雨或暴雪及以上量级区域);(f)总降水日数(单位:天,阴影表示大于或等于3天区域)

中亚低涡年鉴 (1971—2017)
ZHONGYA DIWO NIANJIAN

过程编号:D19720628

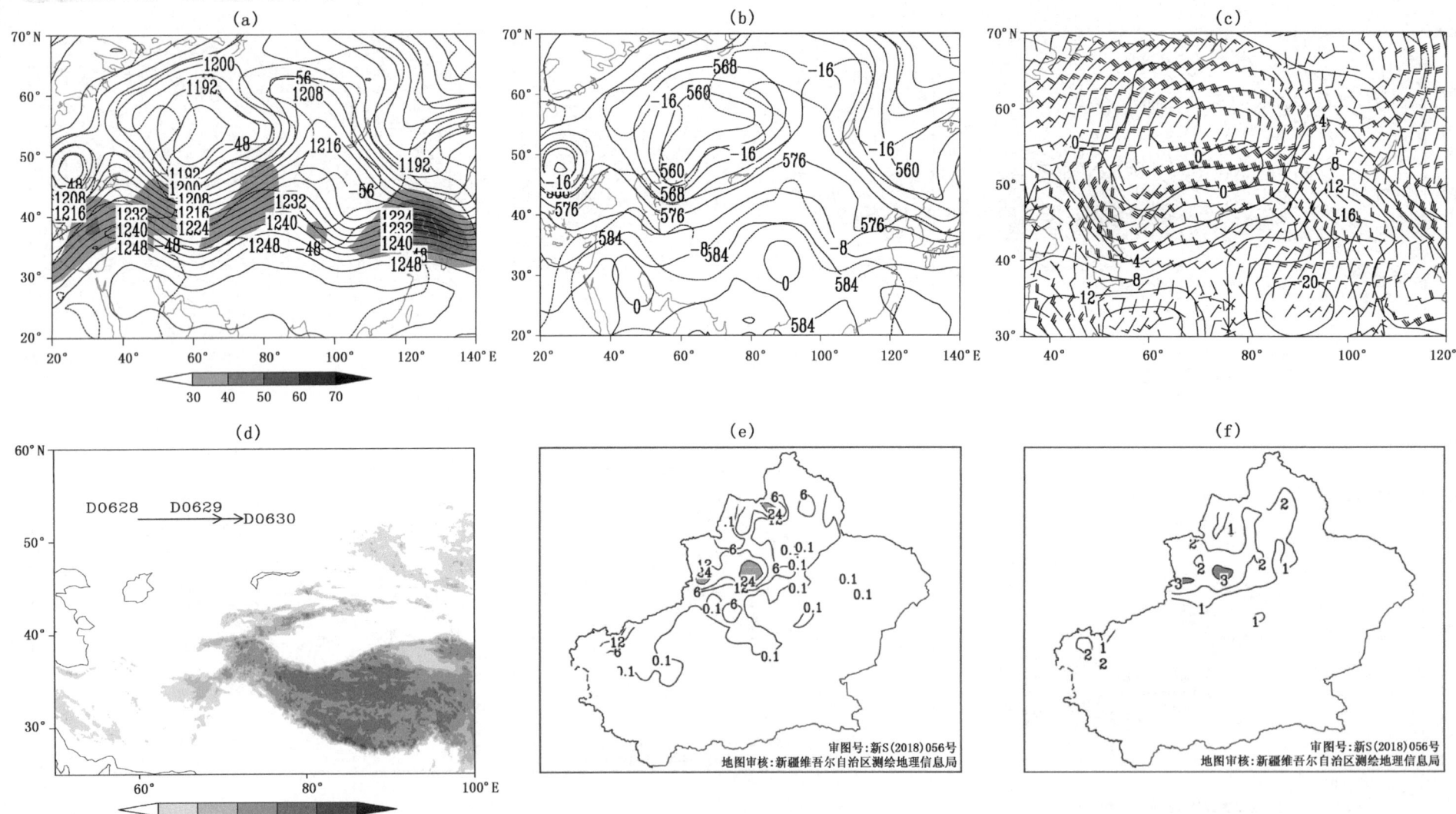

图 3.4　1972年6月27日20时位势高度场(实线,单位:位势什米),温度场(虚线,单位:℃),阴影表示风速大于或等于30米/秒急流区;(a)200百帕;(b)500百帕;(c)700百帕温度场(实线,单位:℃),风场(单位:米/秒);(d)低涡中心移动路径(阴影表示地形海拔高度,单位:米);(e)过程累计降水量(单位:毫米,阴影表示暴雨或暴雪及以上量级区域);(f)总降水日数(单位:天,阴影表示大于或等于3天区域)

过程编号:D19720709

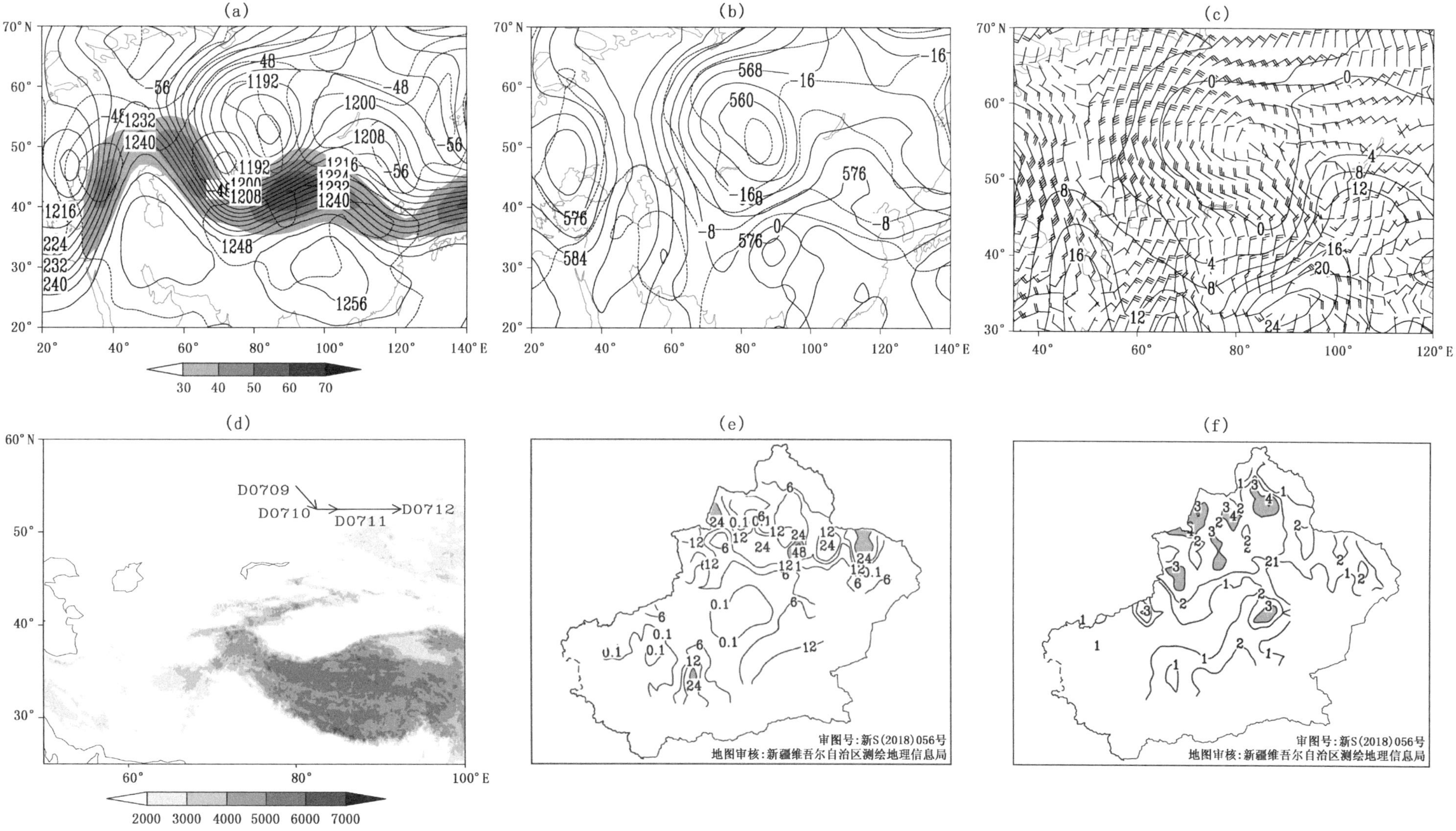

图 3.5 1972 年 7 月 11 日 20 时位势高度场(实线,单位:位势什米),温度场(虚线,单位:℃),阴影表示风速大于或等于 30 米/秒急流区;(a)200 百帕;(b)500 百帕;(c)700 百帕温度场(实线,单位:℃),风场(单位:米/秒);(d)低涡中心移动路径(阴影表示地形海拔高度,单位:米);(e)过程累计降水量(单位:毫米,阴影表示暴雨或暴雪及以上量级区域);(f)总降水日数(单位:天,阴影表示大于或等于 3 天区域)

中亚低涡年鉴 (1971—2017)
ZHONGYA DIWO NIANJIAN

过程编号:D19720726

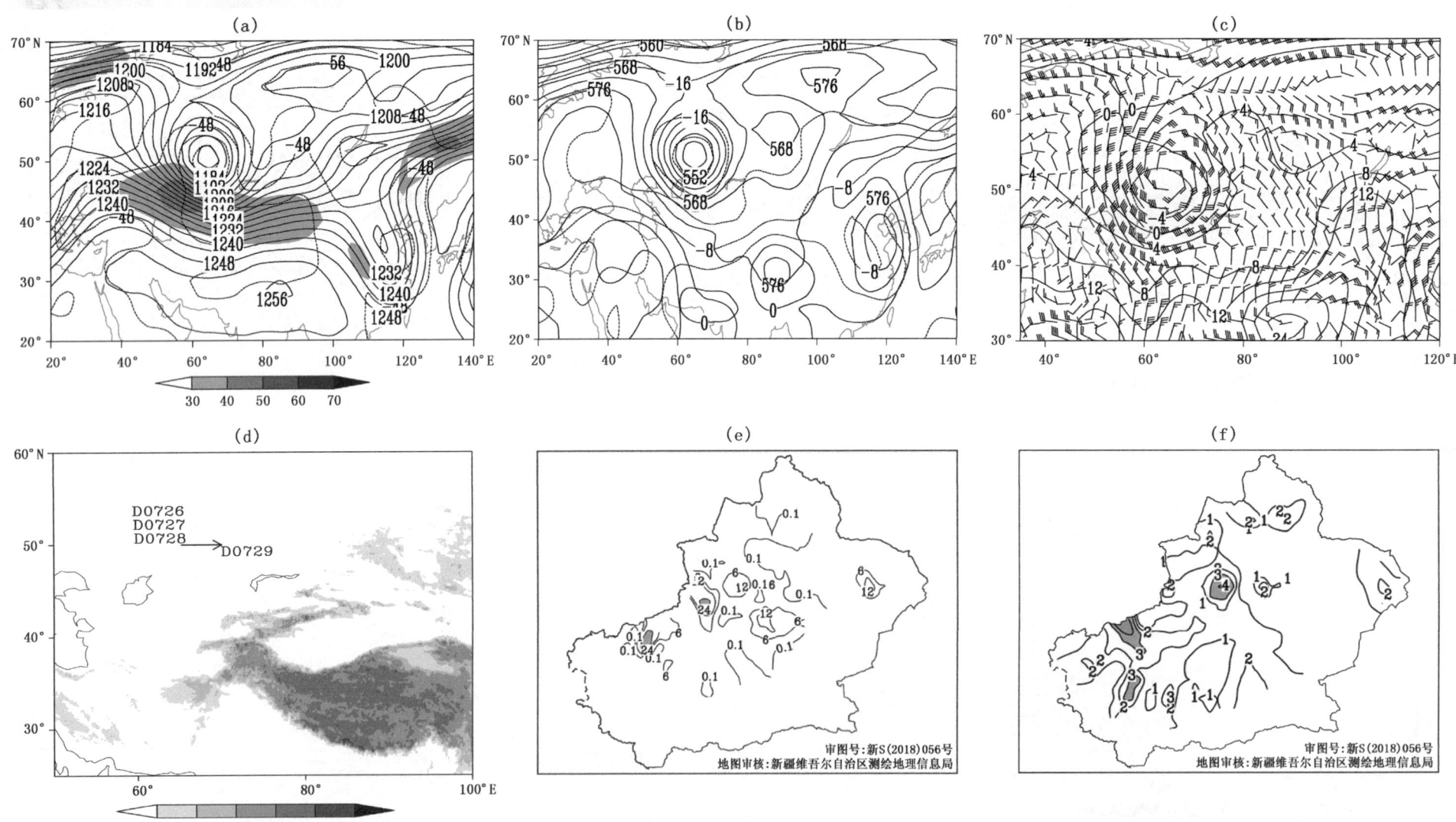

图 3.6　1972年7月26日20时位势高度场(实线,单位:位势什米),温度场(虚线,单位:℃),阴影表示风速大于或等于30米/秒急流区;(a)200百帕;(b)500百帕;(c)700百帕温度场(实线,单位:℃),风场(单位:米/秒);(d)低涡中心移动路径(阴影表示地形海拔高度,单位:米);(e)过程累计降水量(单位:毫米,阴影表示暴雨或暴雪及以上量级区域);(f)总降水日数(单位:天,阴影表示大于或等于3天区域)

过程编号:D19720806

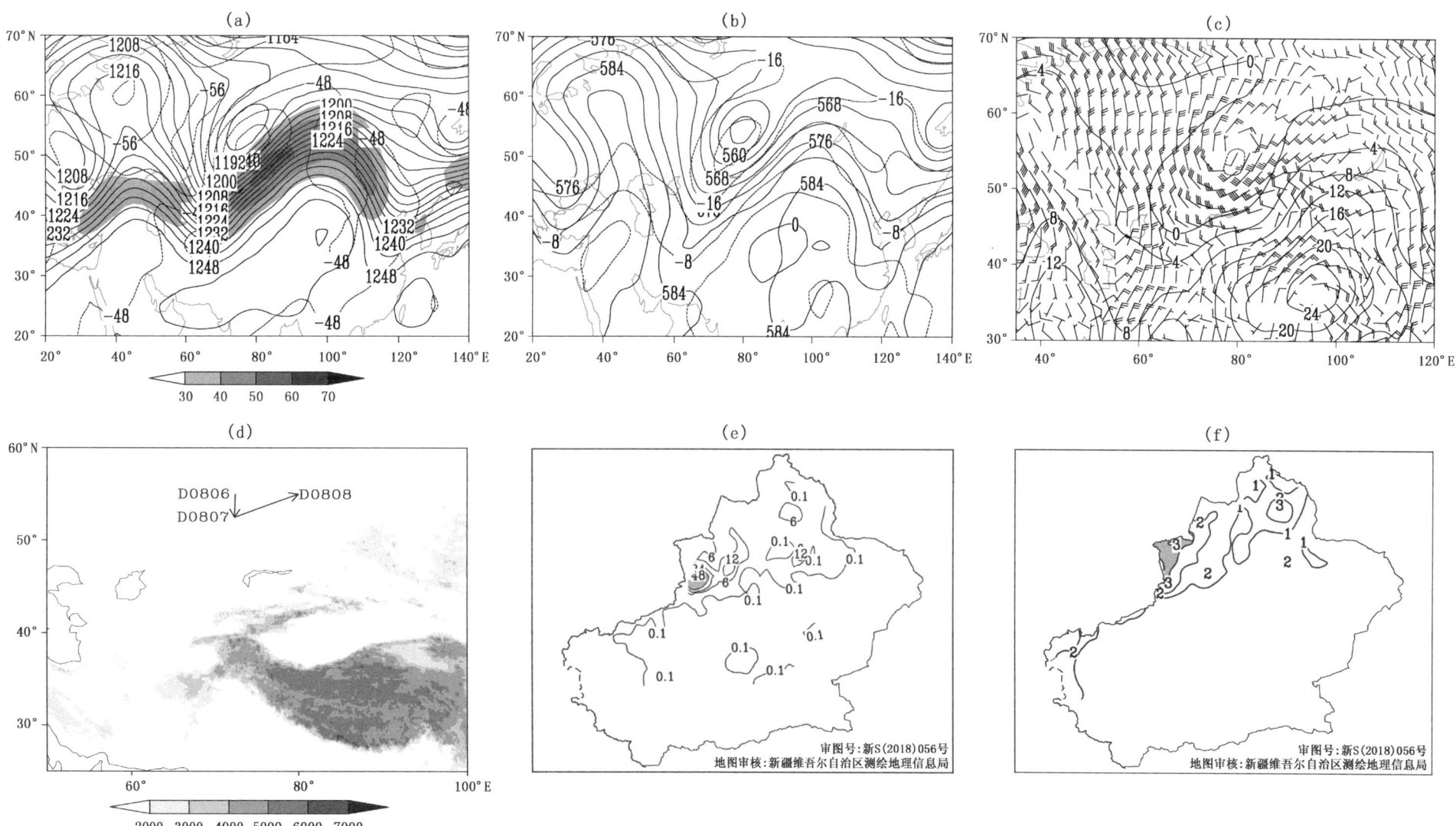

图 3.7 1972年8月8日20时位势高度场(实线,单位:位势什米),温度场(虚线,单位:℃),阴影表示风速大于或等于30米/秒急流区;(a)200百帕;(b)500百帕;(c)700百帕温度场(实线,单位:℃),风场(单位:米/秒);(d)低涡中心移动路径(阴影表示地形海拔高度,单位:米);(e)过程累计降水量(单位:毫米,阴影表示暴雨或暴雪及以上量级区域);(f)总降水日数(单位:天,阴影表示大于或等于3天区域)

过程编号：D19720811

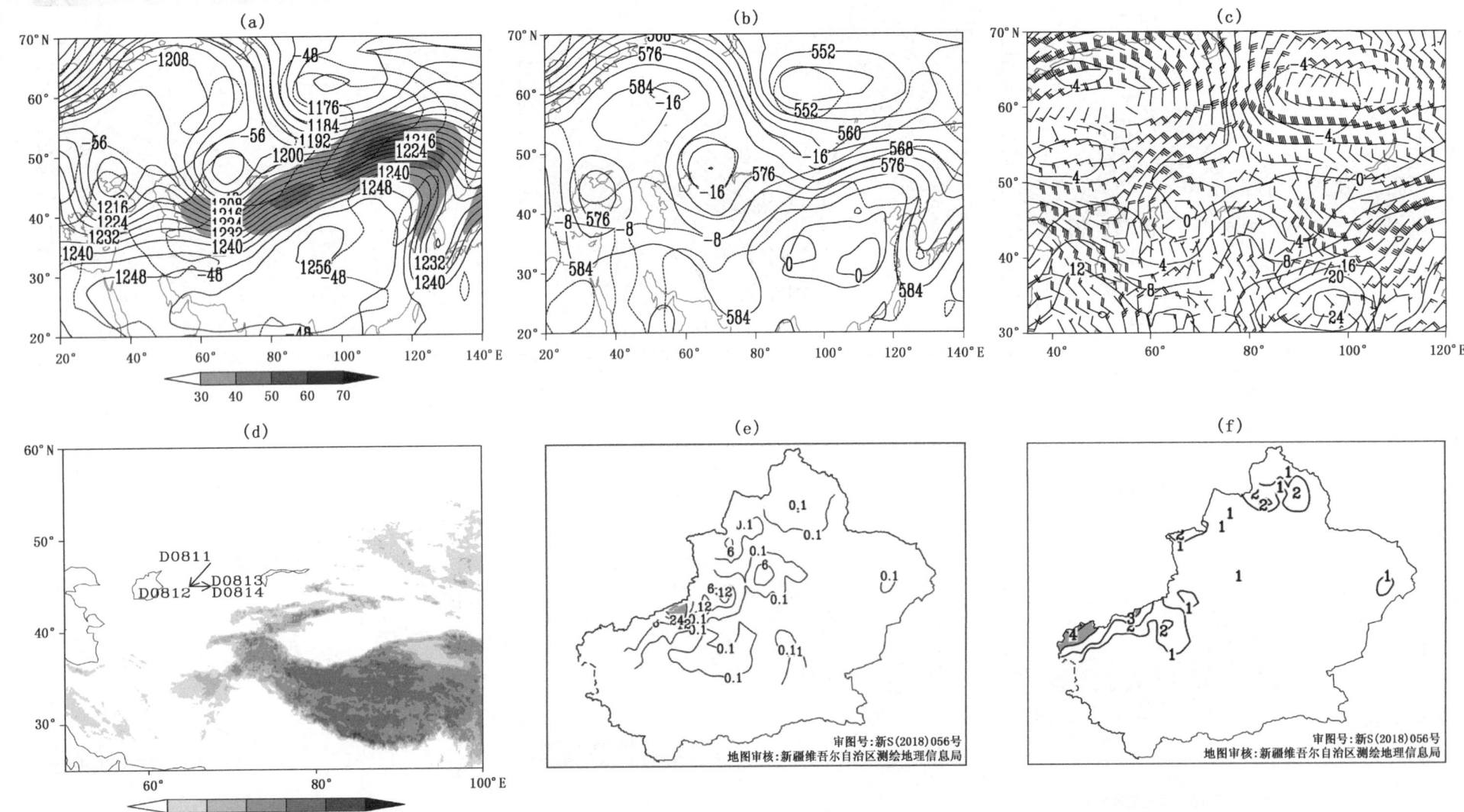

图3.8 1972年8月11日14时位势高度场(实线,单位:位势什米),温度场(虚线,单位:℃),阴影表示风速大于或等于30米/秒急流区；(a)200百帕；(b)500百帕；(c)700百帕温度场(实线,单位:℃),风场(单位:米/秒);(d)低涡中心移动路径(阴影表示地形海拔高度,单位:米);(e)过程累计降水量(单位:毫米,阴影表示暴雨或暴雪及以上量级区域);(f)总降水日数(单位:天,阴影表示大于或等于3天区域)

过程编号:D19730616

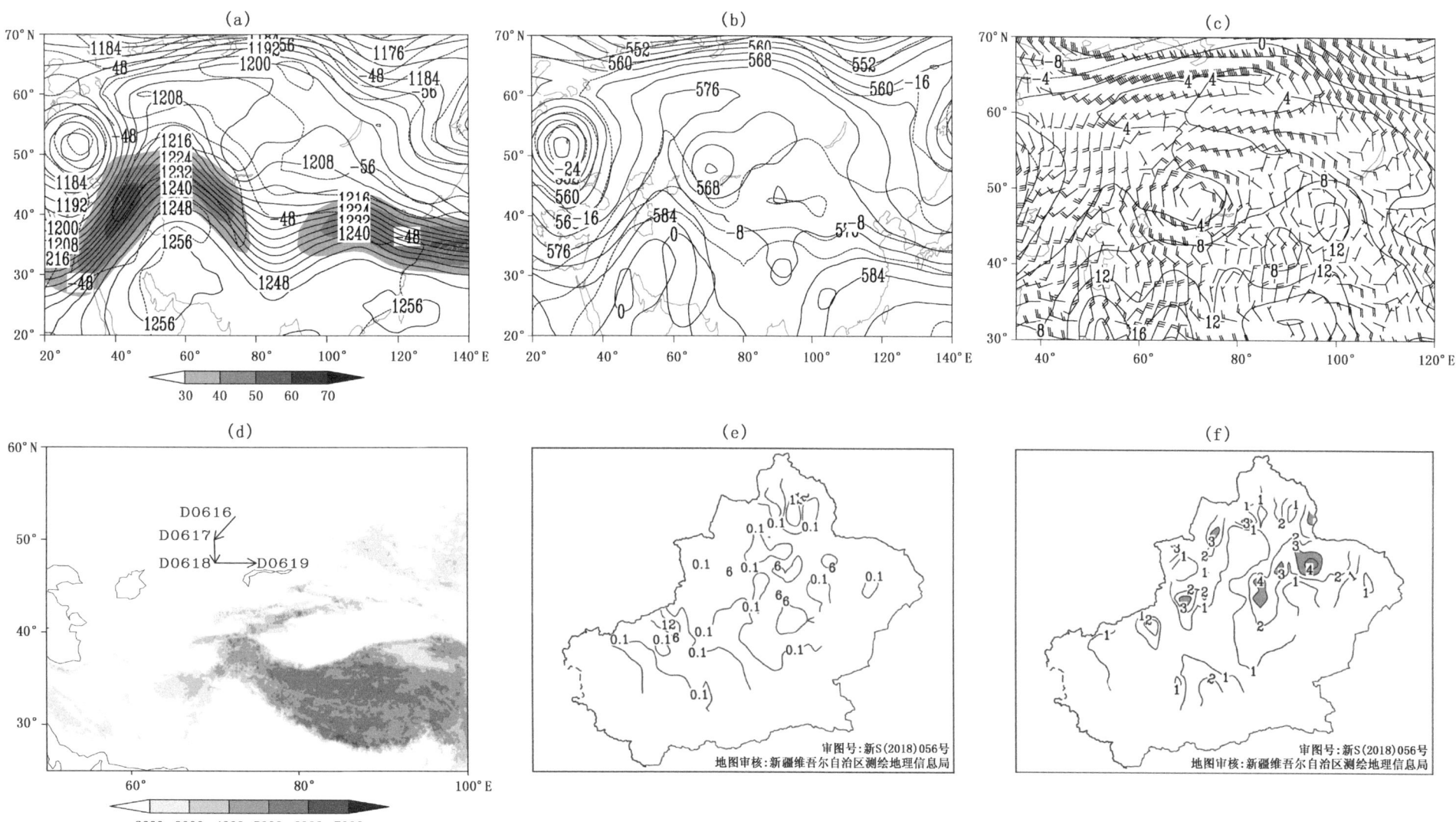

图3.9 1973年6月18日20时位势高度场(实线,单位:位势什米),温度场(虚线,单位:℃),阴影表示风速大于或等于30米/秒急流区:(a)200百帕;(b)500百帕;(c)700百帕温度场(实线,单位:℃),风场(单位:米/秒);(d)低涡中心移动路径(阴影表示地形海拔高度,单位:米);(e)过程累计降水量(单位:毫米);(f)总降水日数(单位:天,阴影表示大于或等于3天区域)

中亚低涡年鉴 (1971—2017)

过程编号：D19730808

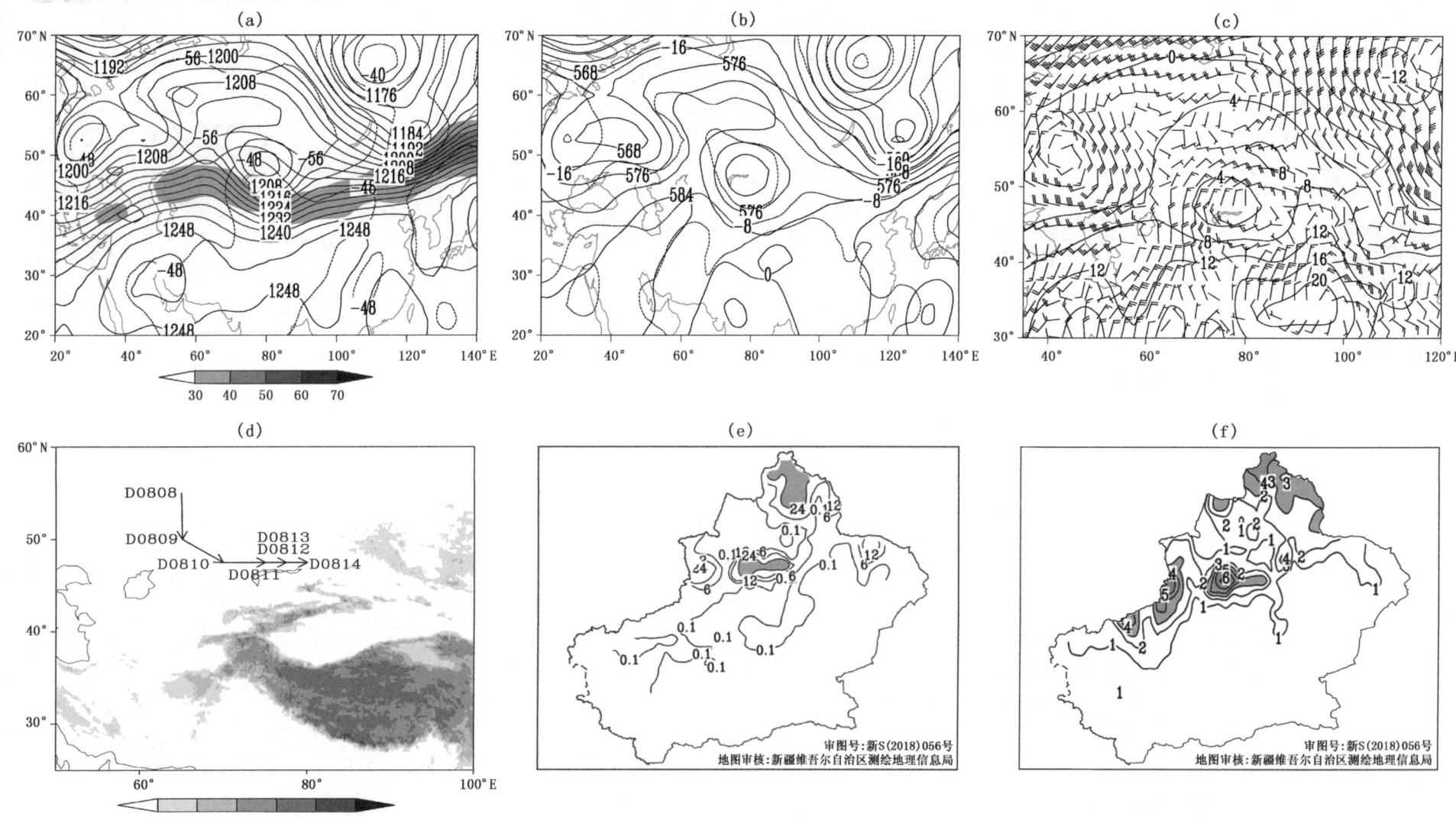

图 3.10　1973 年 8 月 13 日 20 时位势高度场（实线，单位：位势什米），温度场（虚线，单位：℃），阴影表示风速大于或等于 30 米/秒急流区；(a) 200 百帕；(b) 500 百帕；(c) 700 百帕温度场（实线，单位：℃），风场（单位：米/秒）；(d) 低涡中心移动路径（阴影表示地形海拔高度，单位：米）；(e) 过程累计降水量（单位：毫米，阴影表示暴雨或暴雪及以上量级区域）；(f) 总降水日数（单位：天，阴影表示大于或等于 3 天区域）

过程编号:D19730820

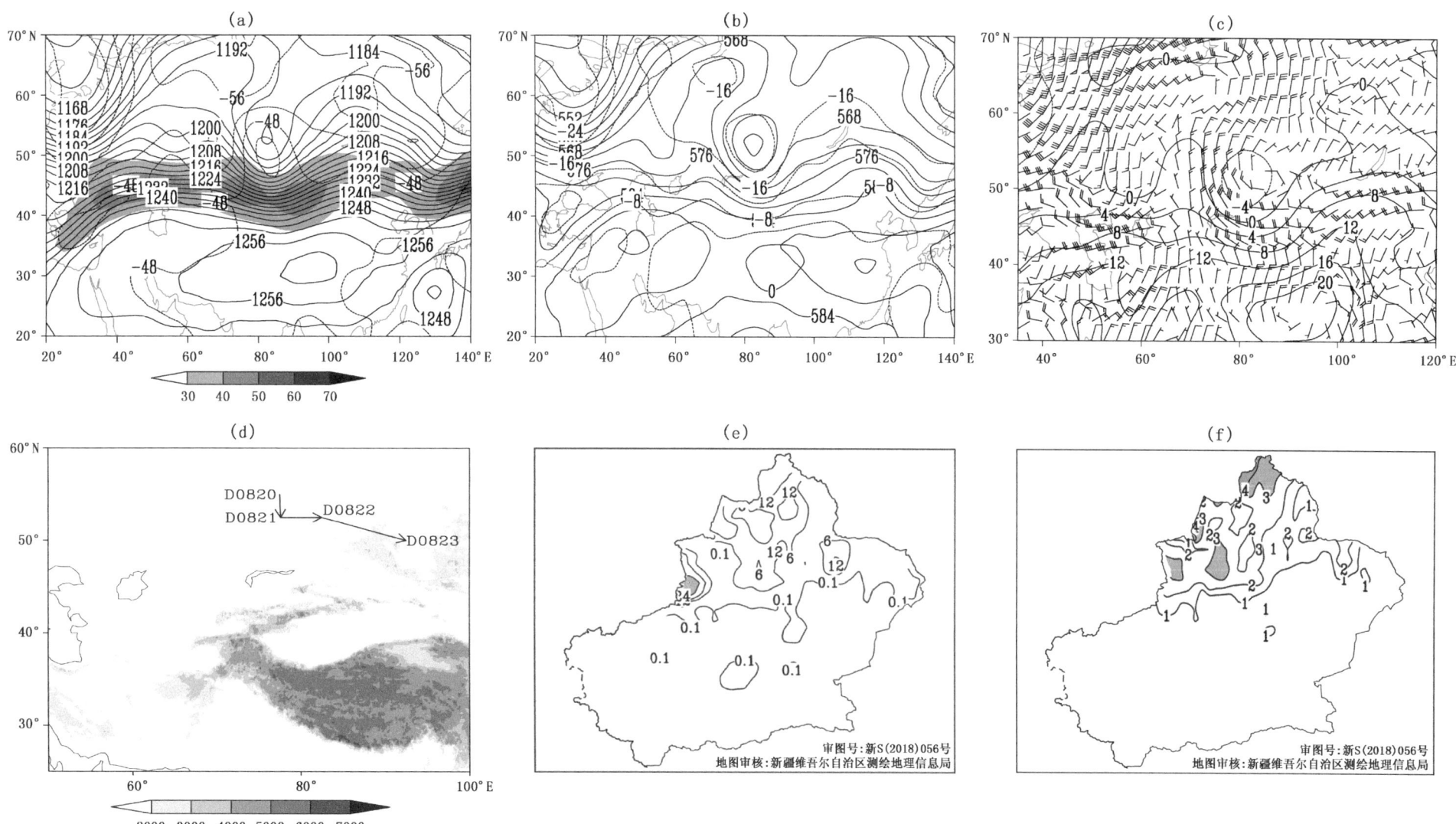

图 3.11 1973 年 8 月 22 日 20 时位势高度场(实线,单位:位势什米),温度场(虚线,单位:℃),阴影表示风速大于或等于 30 米/秒急流区;(a)200 百帕;(b)500 百帕;(c)700 百帕温度场(实线,单位:℃),风场(单位:米/秒);(d)低涡中心移动路径(阴影表示地形海拔高度,单位:米);(e)过程累计降水量(单位:毫米,阴影表示暴雨或暴雪及以上量级区域);(f)总降水日数(单位:天,阴影表示大于或等于 3 天区域)

过程编号:D19730912

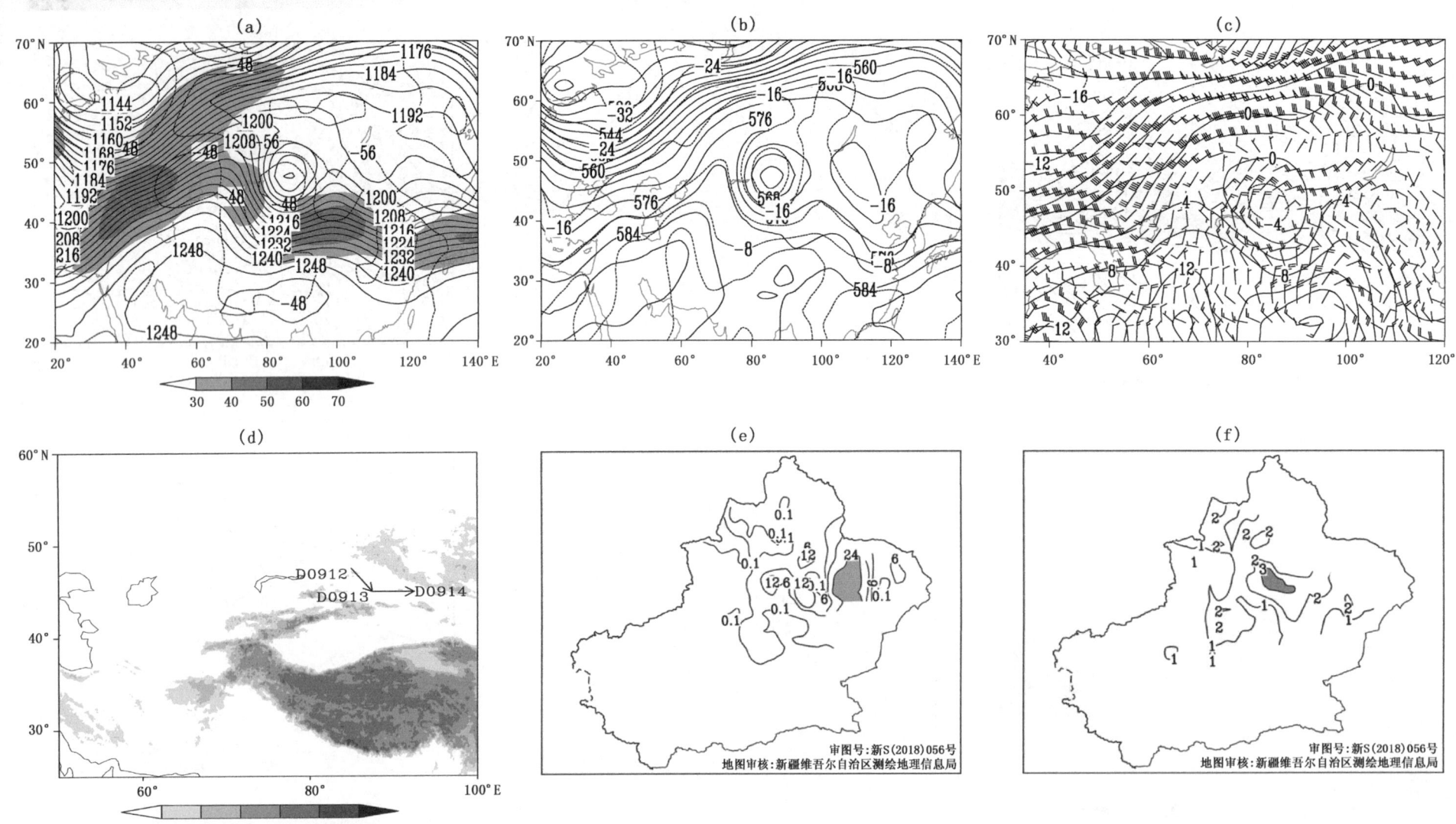

图3.12 1973年9月12日20时位势高度场(实线,单位:位势什米),温度场(虚线,单位:℃),阴影表示风速大于或等于30米/秒急流区;(a)200百帕;(b)500百帕;(c)700百帕温度场(实线,单位:℃),风场(单位:米/秒);(d)低涡中心移动路径(阴影表示地形海拔高度,单位:米);(e)过程累计降水量(单位:毫米,阴影表示暴雨或暴雪及以上量级区域);(f)总降水日数(单位:天,阴影表示大于或等于3天区域)

过程编号:D19741201

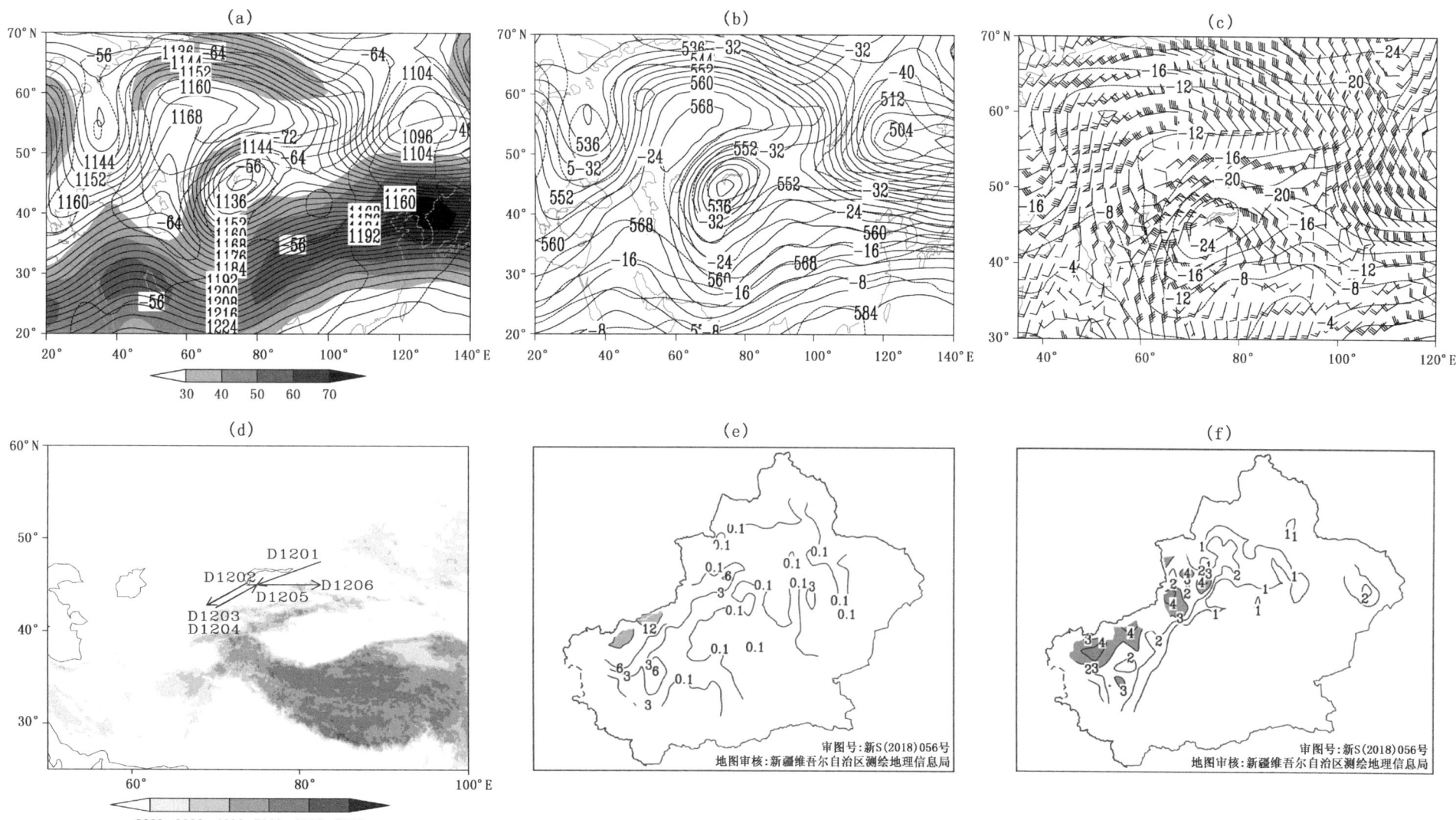

图3.13 1974年12月2日20时位势高度场(实线,单位:位势什米),温度场(虚线,单位:℃),阴影表示风速大于或等于30米/秒急流区;(a)200百帕;(b)500百帕;(c)700百帕温度场(实线,单位:℃),风场(单位:米/秒);(d)低涡中心移动路径(阴影表示地形海拔高度,单位:米);(e)过程累计降水量(单位:毫米,阴影表示暴雨或暴雪及以上量级区域);(f)总降水日数(单位:天,阴影表示大于或等于3天区域)

中亚低涡年鉴（1971—2017）
ZHONGYA DIWO NIANJIAN

过程编号：D19750906

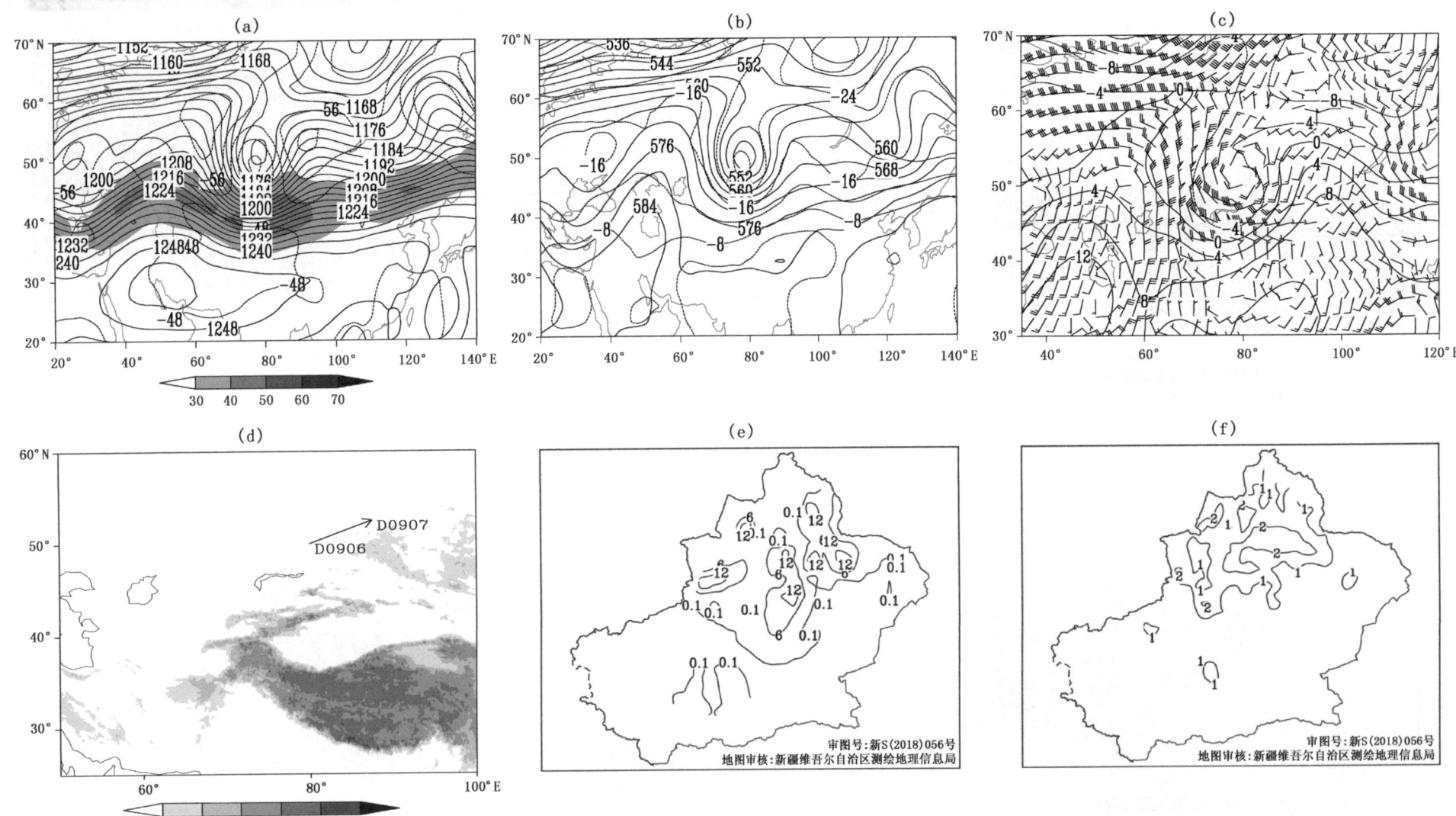

图 3.14 1975年9月6日8时位势高度场（实线，单位：位势什米），温度场（虚线，单位：℃），阴影表示风速大于或等于30米/秒急流区；(a)200百帕；(b)500百帕；(c)700百帕温度场（实线，单位：℃），风场（单位：米/秒）；(d)低涡中心移动路径（阴影表示地形海拔高度，单位：米）；(e)过程累计降水量（单位：毫米）；(f)总降水日数（单位：天）

过程编号：D19760325

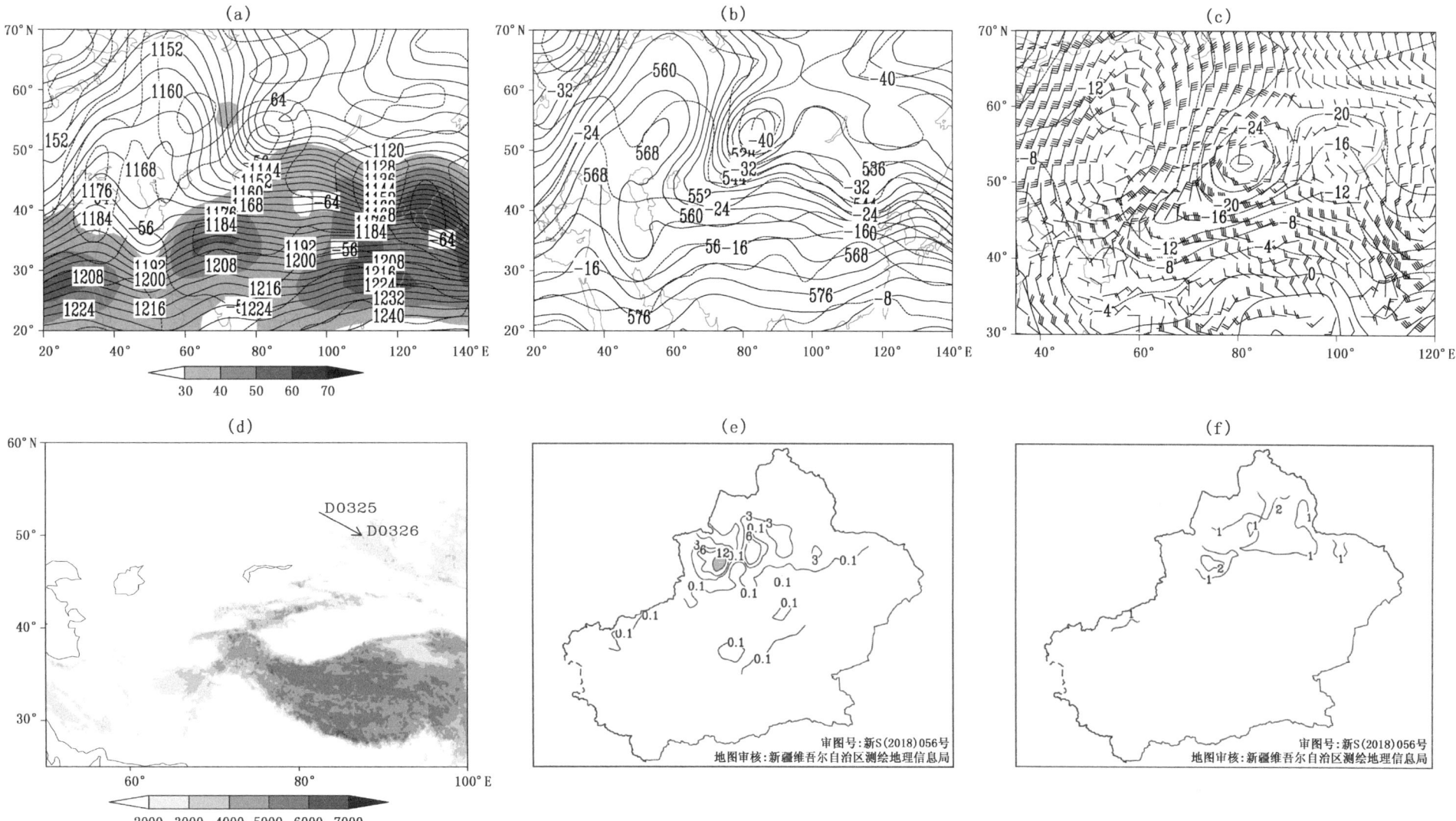

图 3.15　1976 年 3 月 25 日 20 时位势高度场(实线,单位:位势什米),温度场(虚线,单位:℃),阴影表示风速大于或等于 30 米/秒急流区;(a)200 百帕;(b)500 百帕;(c)700 百帕温度场(实线,单位:℃),风场(单位:米/秒);(d)低涡中心移动路径(阴影表示地形海拔高度,单位:米);(e)过程累计降水量(单位:毫米,阴影表示暴雨或暴雪及以上量级区域);(f)总降水日数(单位:天)

中亚低涡年鉴 (1971—2017)
ZHONGYA DIWO NIANJIAN

过程编号:D19760618

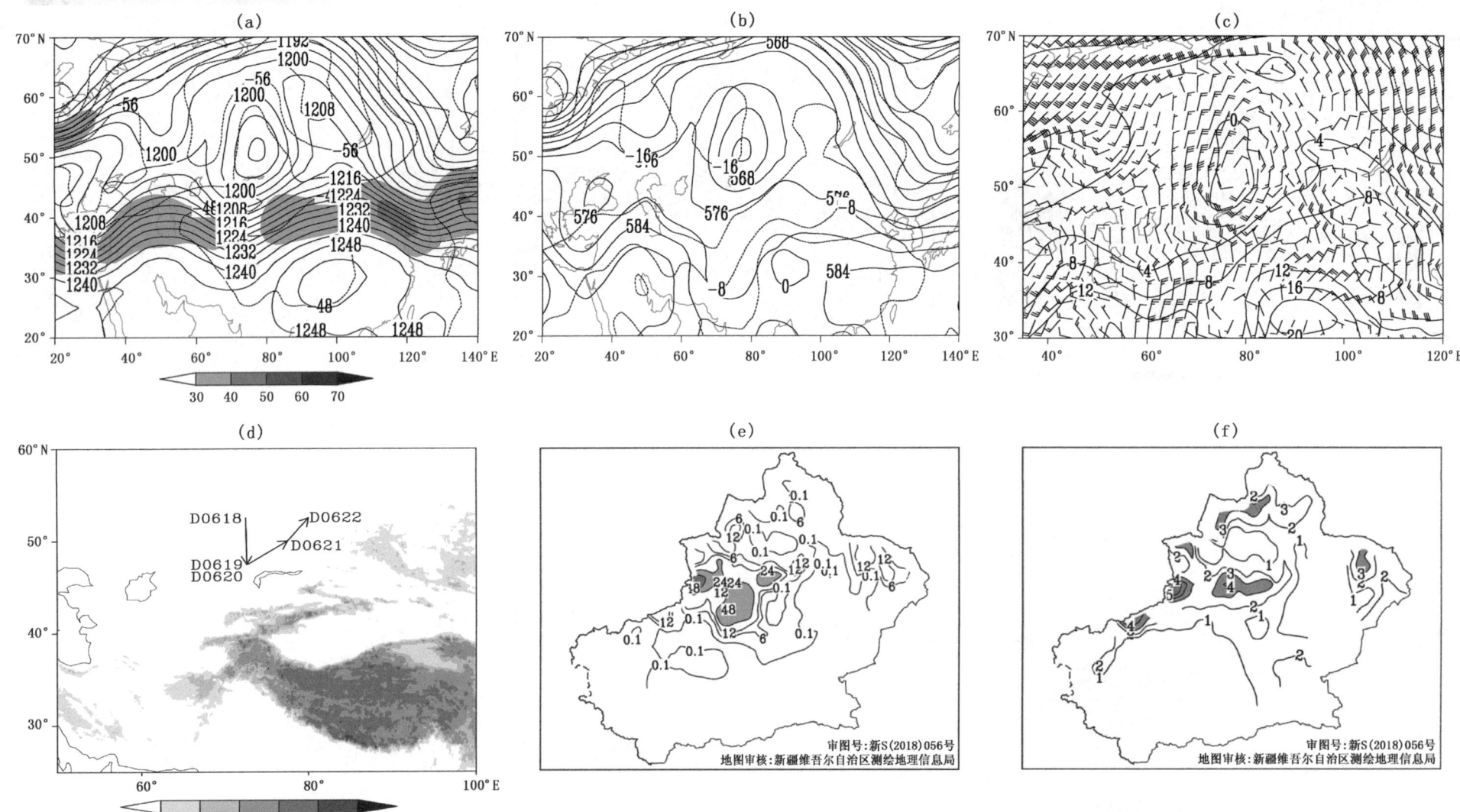

图 3.16 1976 年 6 月 21 日 20 时位势高度场(实线,单位:位势什米),温度场(虚线,单位:℃),阴影表示风速大于或等于 30 米/秒急流区;(a)200 百帕;(b)500 百帕;(c)700 百帕温度场(实线,单位:℃),风场(单位:米/秒);(d)低涡中心移动路径(阴影表示地形海拔高度,单位:米);(e)过程累计降水量(单位:毫米,阴影表示暴雨或暴雪及以上量级区域);(f)总降水日数(单位:天,阴影表示大于或等于 3 天区域)

第3章 深厚型中亚低涡降水过程

过程编号:D19760911

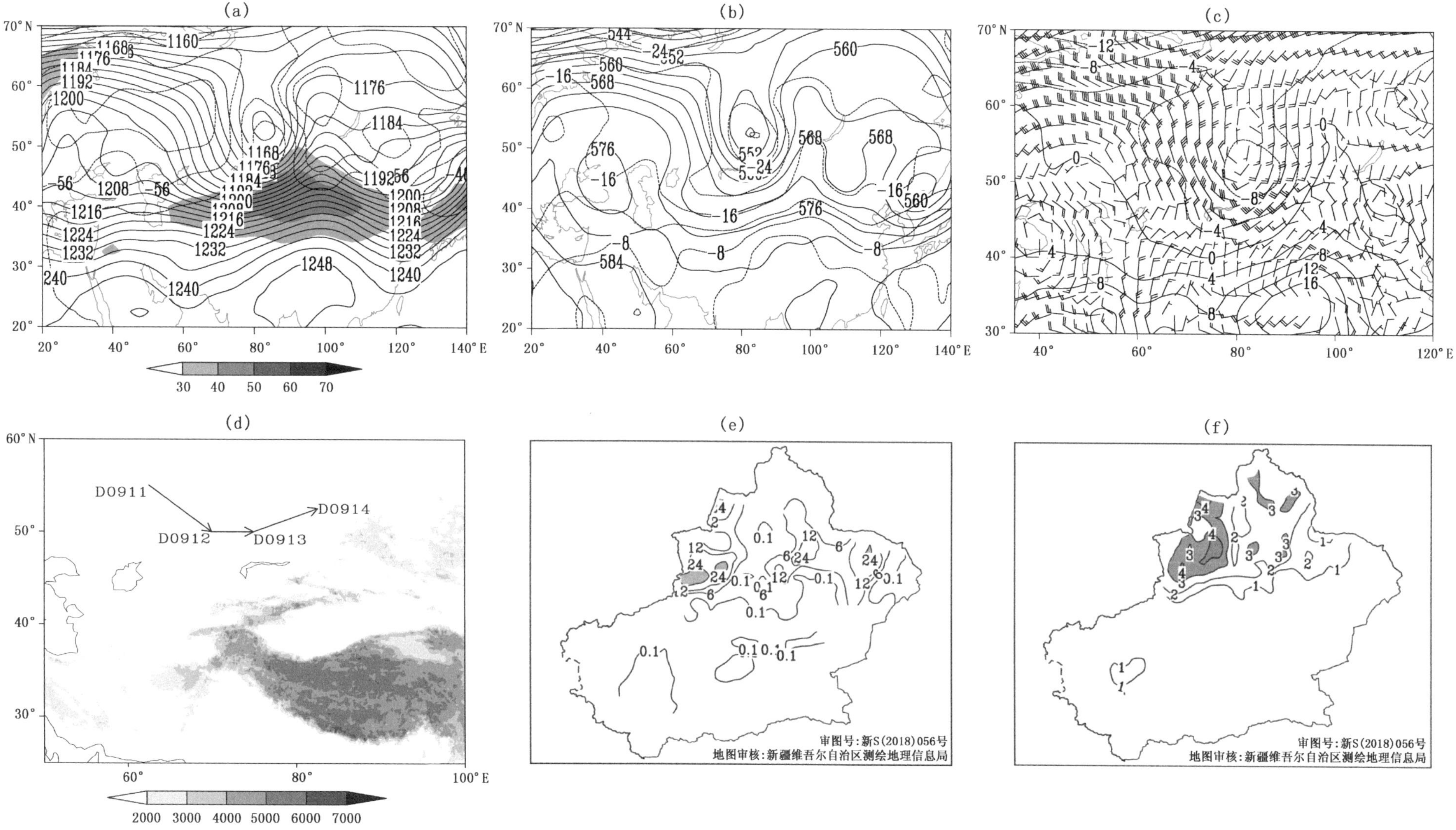

图3.17 1976年9月14日20时位势高度场(实线,单位:位势什米),温度场(虚线,单位:℃),阴影表示风速大于或等于30米/秒急流区;(a)200百帕;(b)500百帕;(c)700百帕温度场(实线,单位:℃),风场(单位:米/秒);(d)低涡中心移动路径(阴影表示地形海拔高度,单位:米);(e)过程累计降水量(单位:毫米,阴影表示暴雨或暴雪及以上量级区域);(f)总降水日数(单位:天,阴影表示大于或等于3天区域)

中亚低涡年鉴 (1971—2017)
ZHONGYA DIWO NIANJIAN

过程编号：D19770711

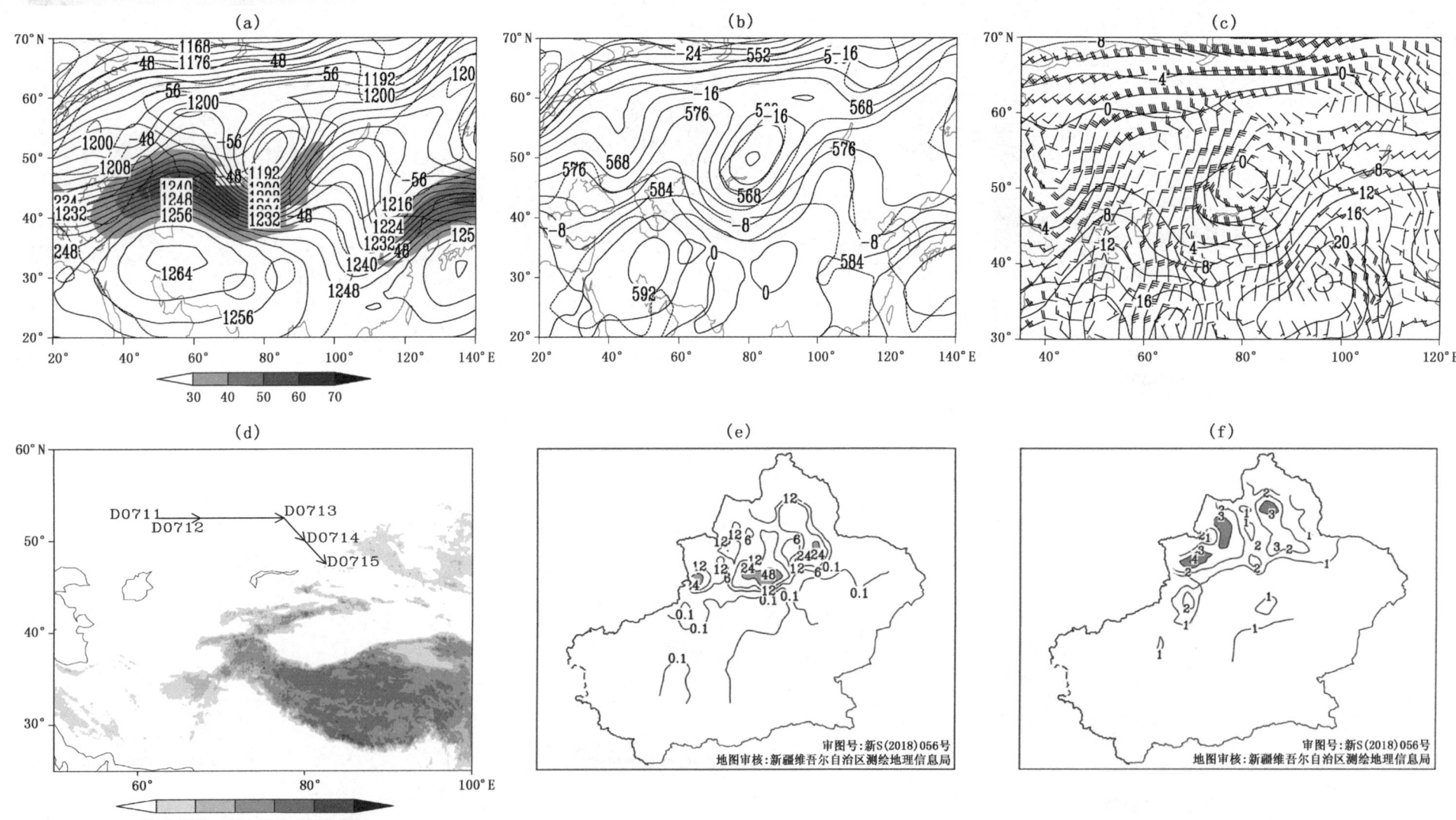

图 3.18 1977年7月14日20时位势高度场（实线，单位：位势什米），温度场（虚线，单位：℃），阴影表示风速大于或等于30米/秒急流区；(a) 200百帕；(b) 500百帕；(c) 700百帕温度场（实线，单位：℃），风场（单位：米/秒）；(d) 低涡中心移动路径（阴影表示地形海拔高度，单位：米）；(e) 过程累计降水量（单位：毫米，阴影表示暴雨或暴雪及以上量级区域）；(f) 总降水日数（单位：天，阴影表示大于或等于3天区域）

第3章 深厚型中亚低涡降水过程

过程编号：D19770912

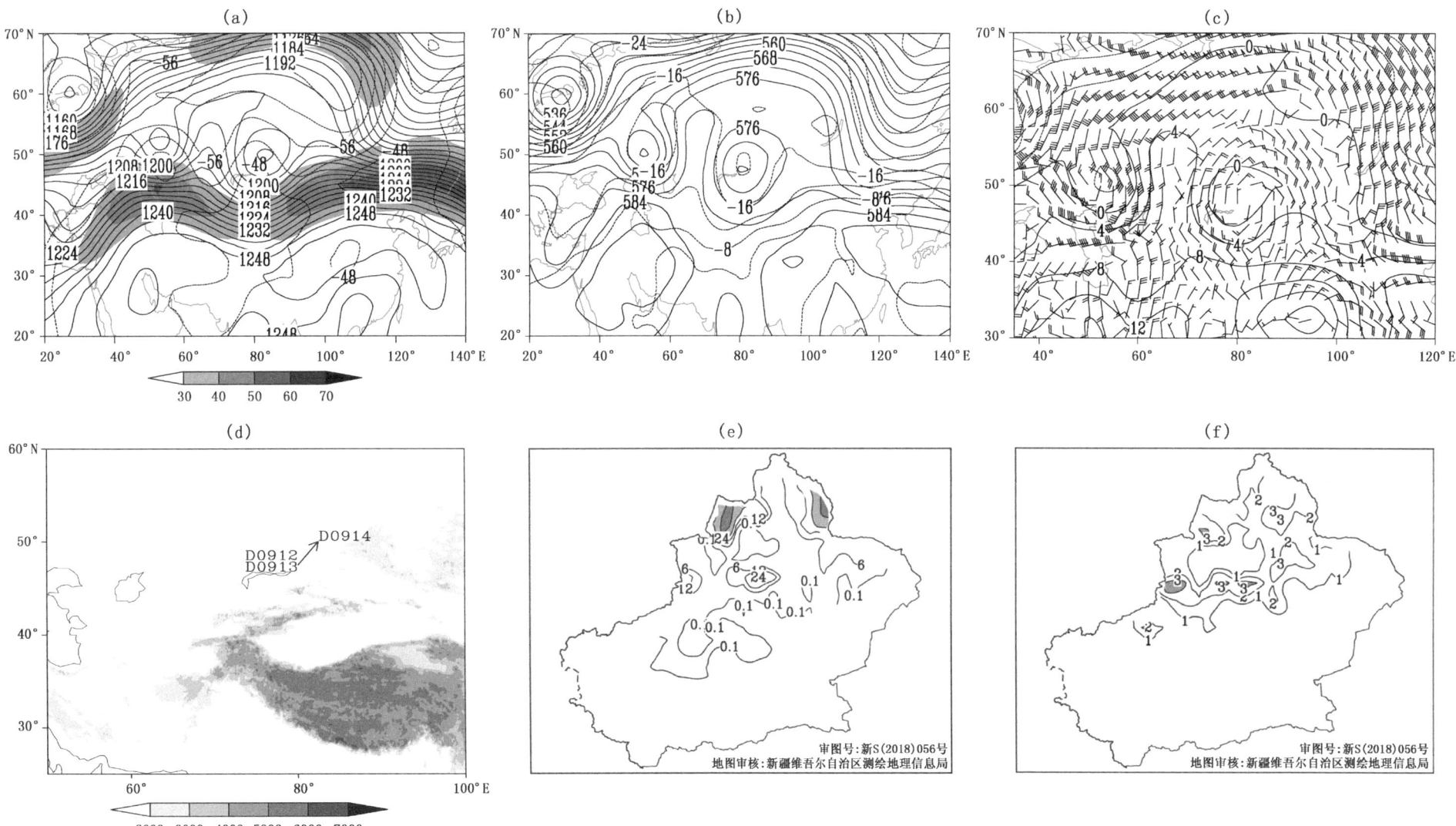

图 3.19 1977年9月13日20时位势高度场(实线,单位:位势什米),温度场(虚线,单位:℃),阴影表示风速大于或等于30米/秒急流区;(a)200百帕;(b)500百帕;(c)700百帕温度场(实线,单位:℃),风场(单位:米/秒);(d)低涡中心移动路径(阴影表示地形海拔高度,单位:米);(e)过程累计降水量(单位:毫米,阴影表示暴雨或暴雪及以上量级区域);(f)总降水日数(单位:天,阴影表示大于或等于3天区域)

中亚低涡年鉴 (1971—2017)
ZHONGYA DIWO NIANJIAN

过程编号：D19780317

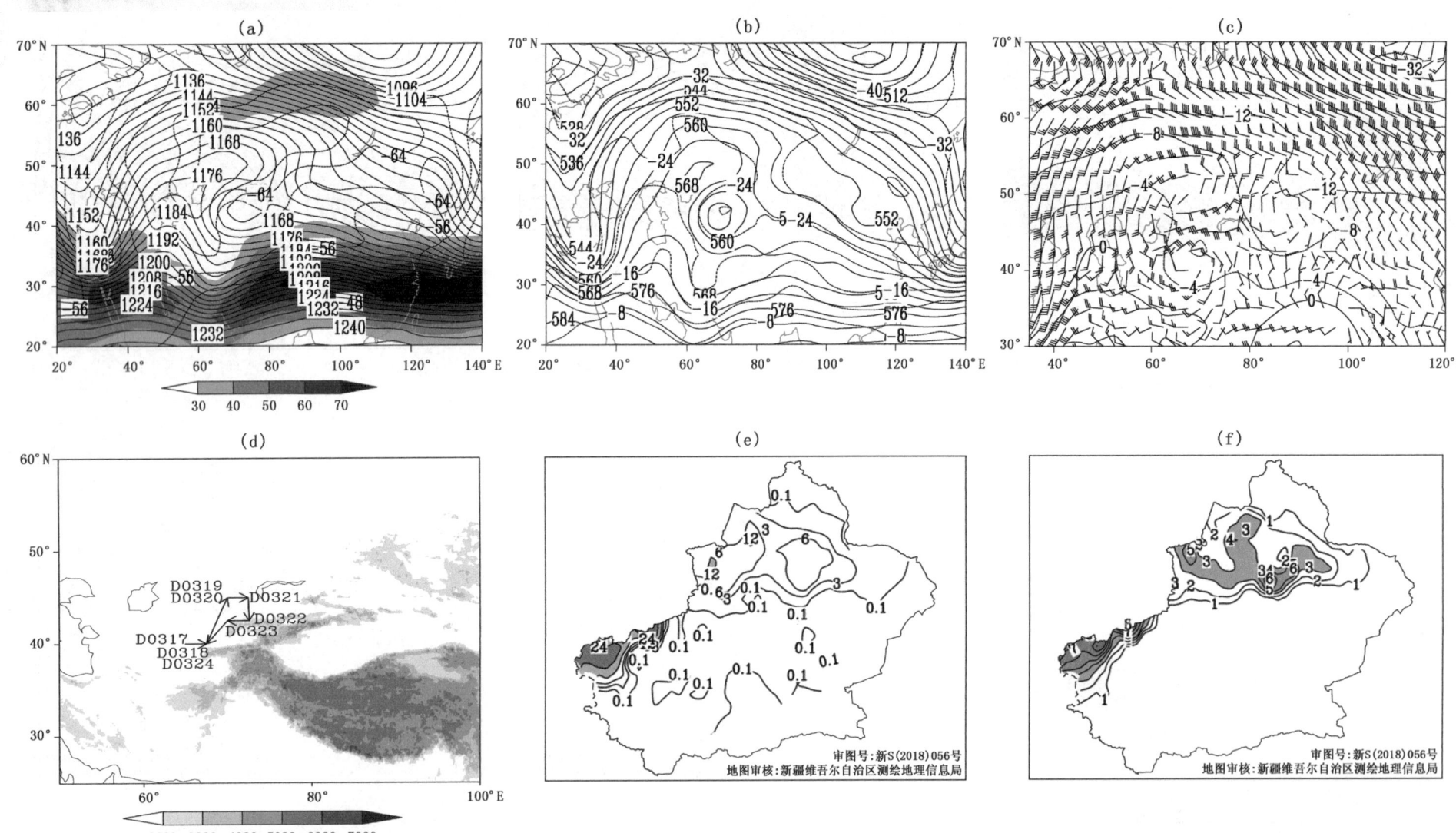

图 3.20 1978 年 3 月 23 日 20 时位势高度场（实线，单位：位势什米），温度场（虚线，单位：℃），阴影表示风速大于或等于 30 米/秒急流区；(a) 200 百帕；(b) 500 百帕；(c) 700 百帕温度场（实线，单位：℃），风场（单位：米/秒）；(d) 低涡中心移动路径（阴影表示地形海拔高度，单位：米）；(e) 过程累计降水量（单位：毫米，阴影表示暴雨或暴雪及以上量级区域）；(f) 总降水日数（单位：天，阴影表示大于或等于 3 天区域）

第3章 深厚型中亚低涡降水过程

过程编号:D19790915

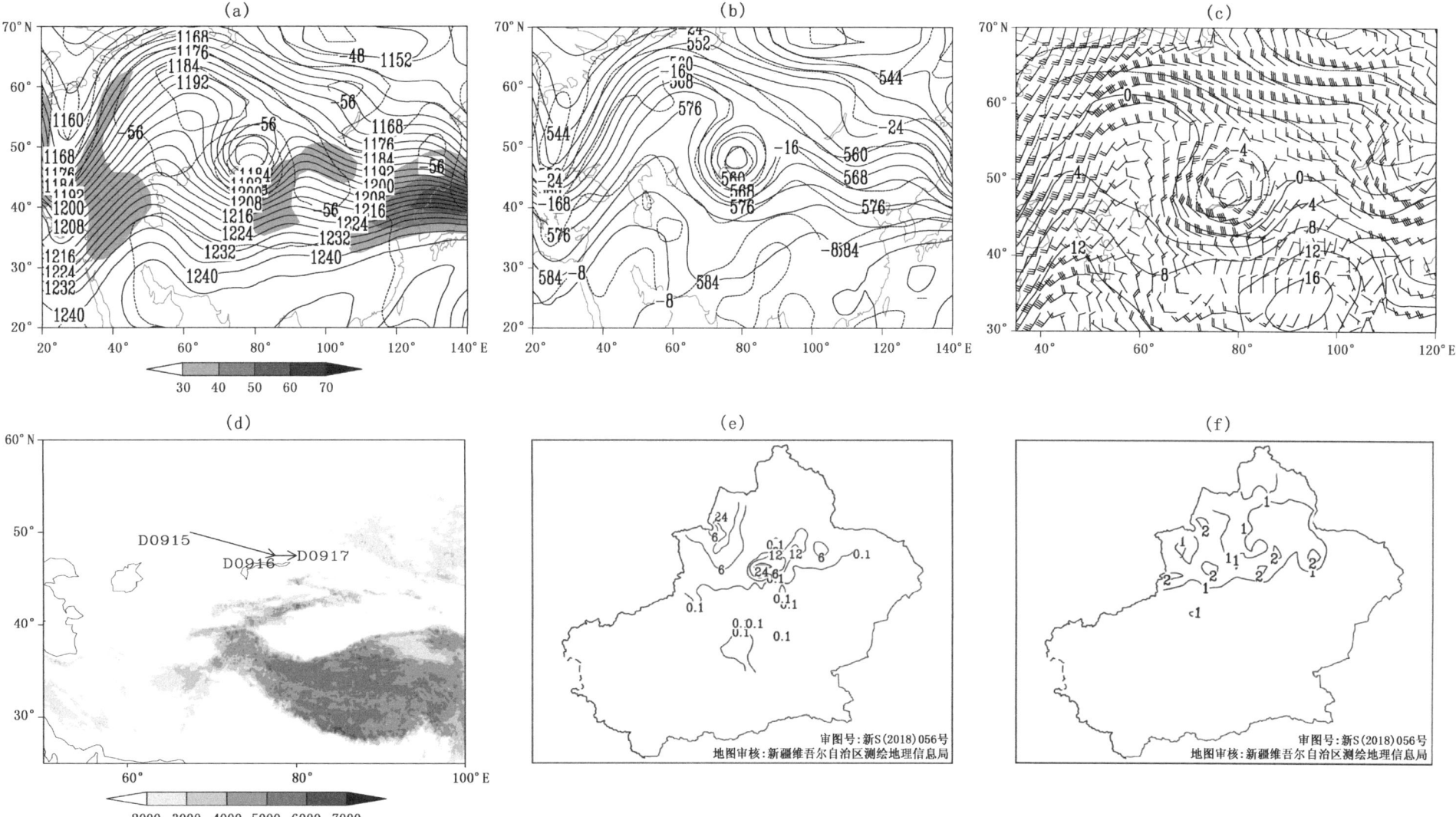

图 3.21 1979 年 9 月 16 日 20 时位势高度场(实线,单位:位势什米),温度场(虚线,单位:℃),阴影表示风速大于或等于 30 米/秒急流区;(a)200 百帕;(b)500 百帕;(c)700 百帕温度场(实线,单位:℃),风场(单位:米/秒);(d)低涡中心移动路径(阴影表示地形海拔高度,单位:米);(e)过程累计降水量(单位:毫米,阴影表示暴雨或暴雪及以上量级区域);(f)总降水日数(单位:天)

中亚低涡年鉴 (1971—2017)
ZHONGYA DIWO NIANJIAN

过程编号：D19800510

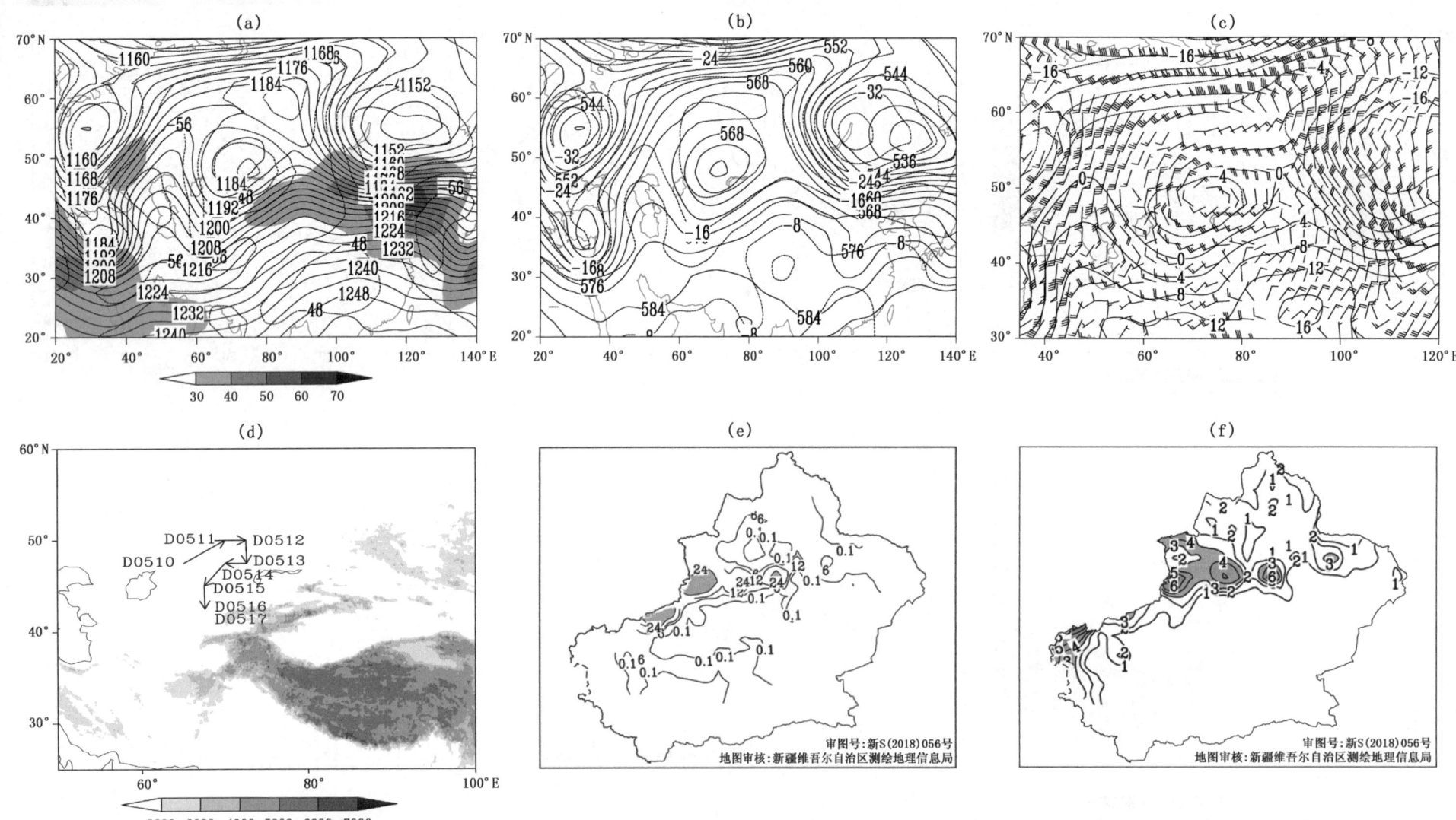

图 3.22 1980年5月13日20时位势高度场（实线，单位：位势什米），温度场（虚线，单位：℃），阴影表示风速大于或等于30米/秒急流区；(a)200百帕；(b)500百帕；(c)700百帕温度场（实线，单位：℃），风场（单位：米/秒）；(d)低涡中心移动路径（阴影表示地形海拔高度，单位：米）；(e)过程累计降水量（单位：毫米，阴影表示暴雨或暴雪及以上量级区域）；(f)总降水日数（单位：天，阴影表示大于或等于3天区域）

过程编号:D19800627

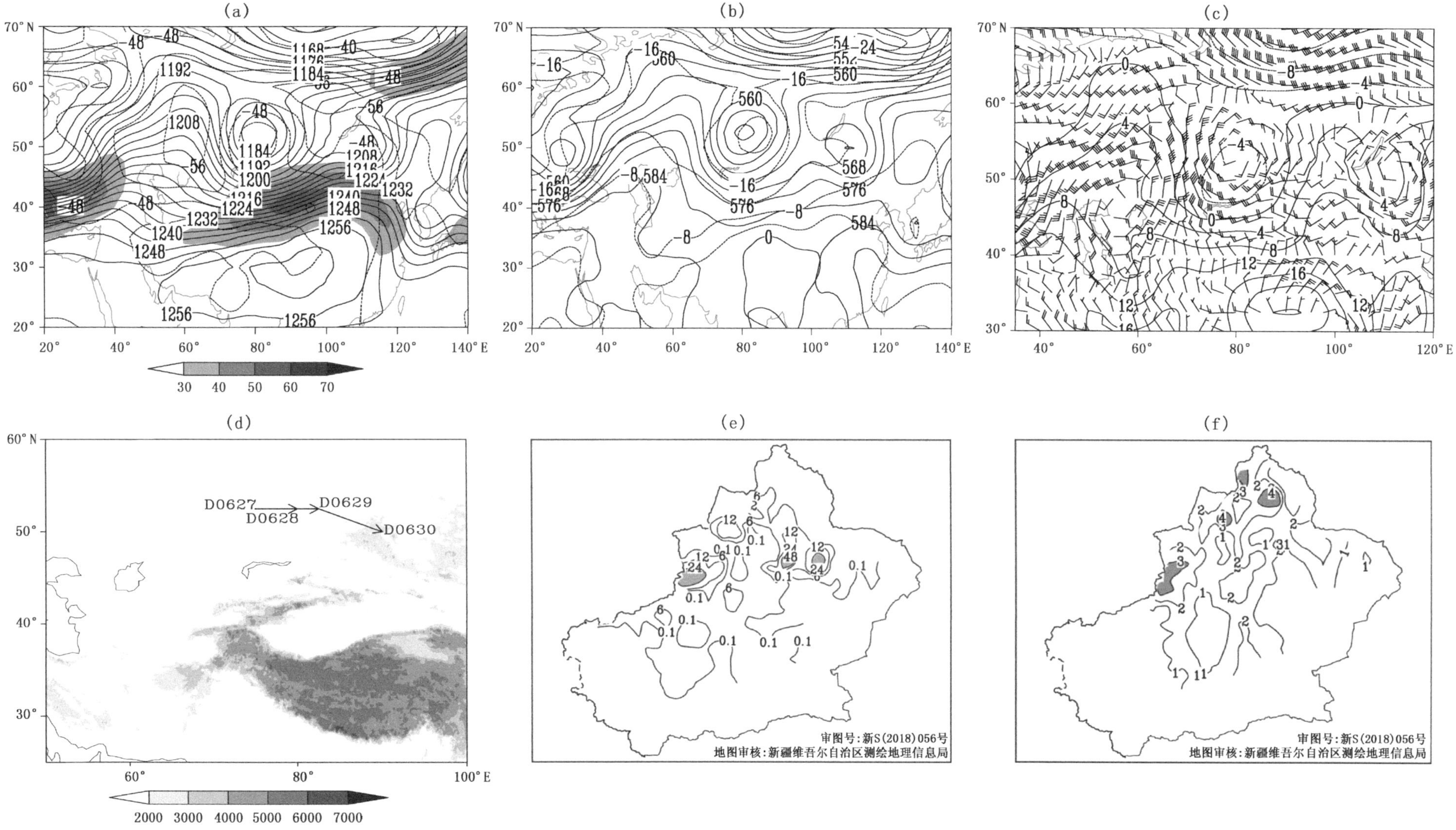

图 3.23 1980年6月28日20时位势高度场(实线,单位:位势什米),温度场(虚线,单位:℃),阴影表示风速大于或等于30米/秒急流区;(a)200百帕;(b)500百帕;(c)700百帕温度场(实线,单位:℃),风场(单位:米/秒);(d)低涡中心移动路径(阴影表示地形海拔高度,单位:米);(e)过程累计降水量(单位:毫米,阴影表示暴雨或暴雪及以上量级区域);(f)总降水日数(单位:天,阴影表示大于或等于3天区域)

中亚低涡年鉴 (1971—2017)
ZHONGYA DIWO NIANJIAN

过程编号：D19810530

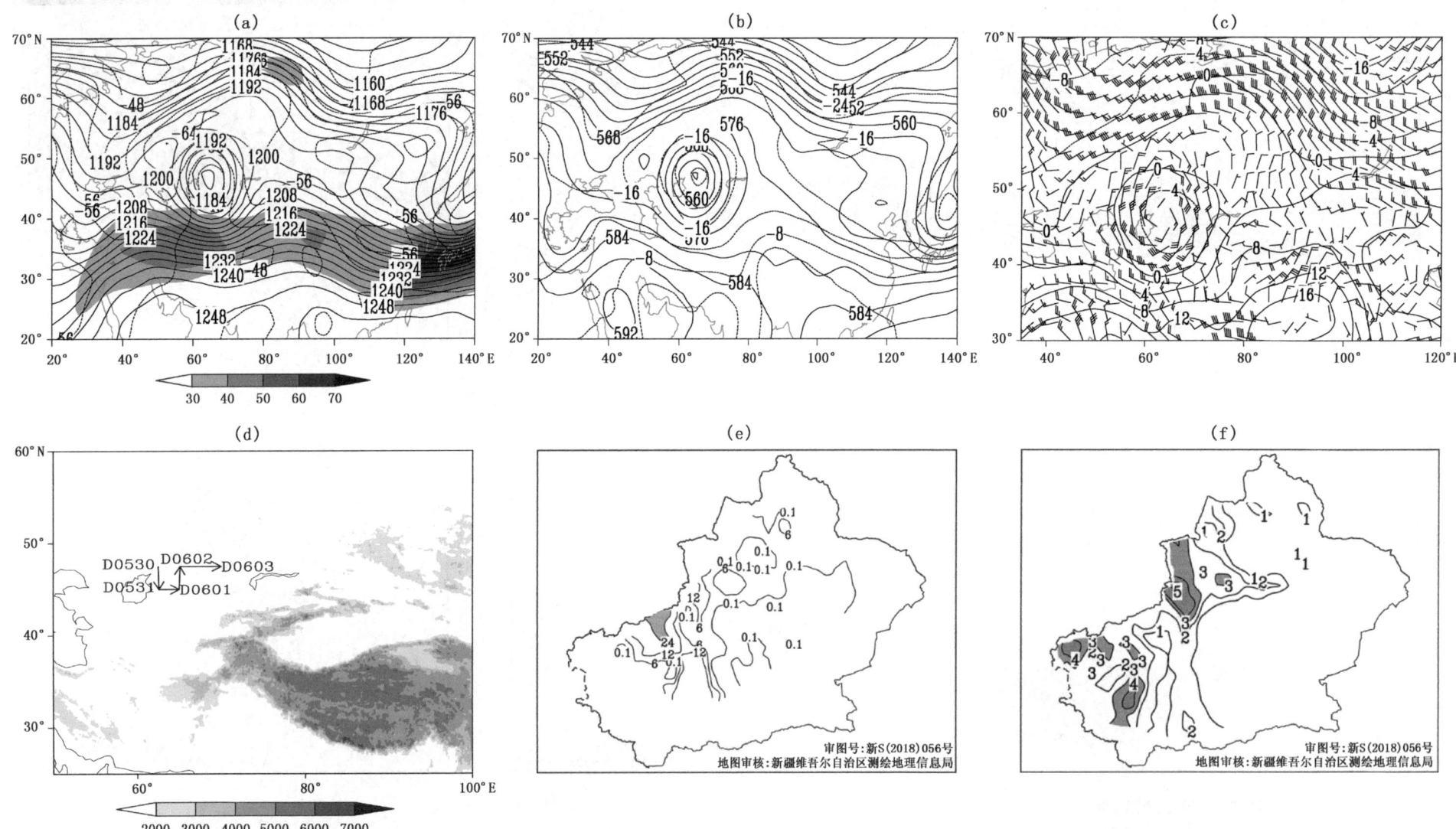

图3.24　1981年6月1日20时位势高度场(实线,单位:位势什米),温度场(虚线,单位:℃),阴影表示风速大于或等于30米/秒急流区；(a)200百帕；(b)500百帕；(c)700百帕温度场(实线,单位:℃),风场(单位:米/秒)；(d)低涡中心移动路径(阴影表示地形海拔高度,单位:米)；(e)过程累计降水量(单位:毫米,阴影表示暴雨或暴雪及以上量级区域)；(f)总降水日数(单位:天,阴影表示大于或等于3天区域)

过程编号:D19810830

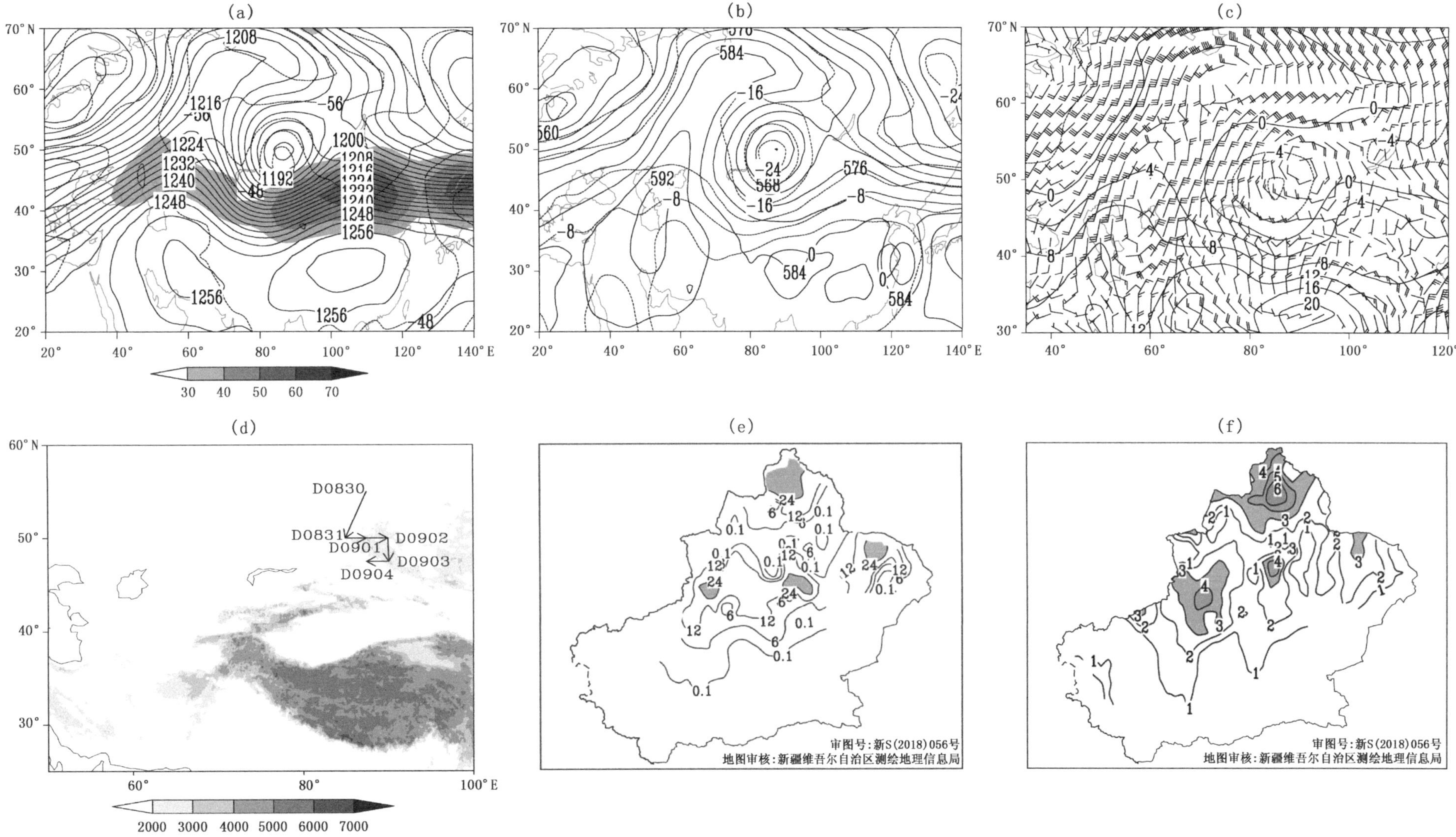

图 3.25 1981年9月1日20时位势高度场(实线,单位:位势什米),温度场(虚线,单位:℃),阴影表示风速大于或等于30米/秒急流区;(a)200百帕;(b)500百帕;(c)700百帕温度场(实线,单位:℃),风场(单位:米/秒);(d)低涡中心移动路径(阴影表示地形海拔高度,单位:米);(e)过程累计降水量(单位:毫米,阴影表示暴雨或暴雪及以上量级区域);(f)总降水日数(单位:天,阴影表示大于或等于3天区域)

中亚低涡年鉴 (1971—2017)
ZHONGYA DIWO NIANJIAN

过程编号:D19820607

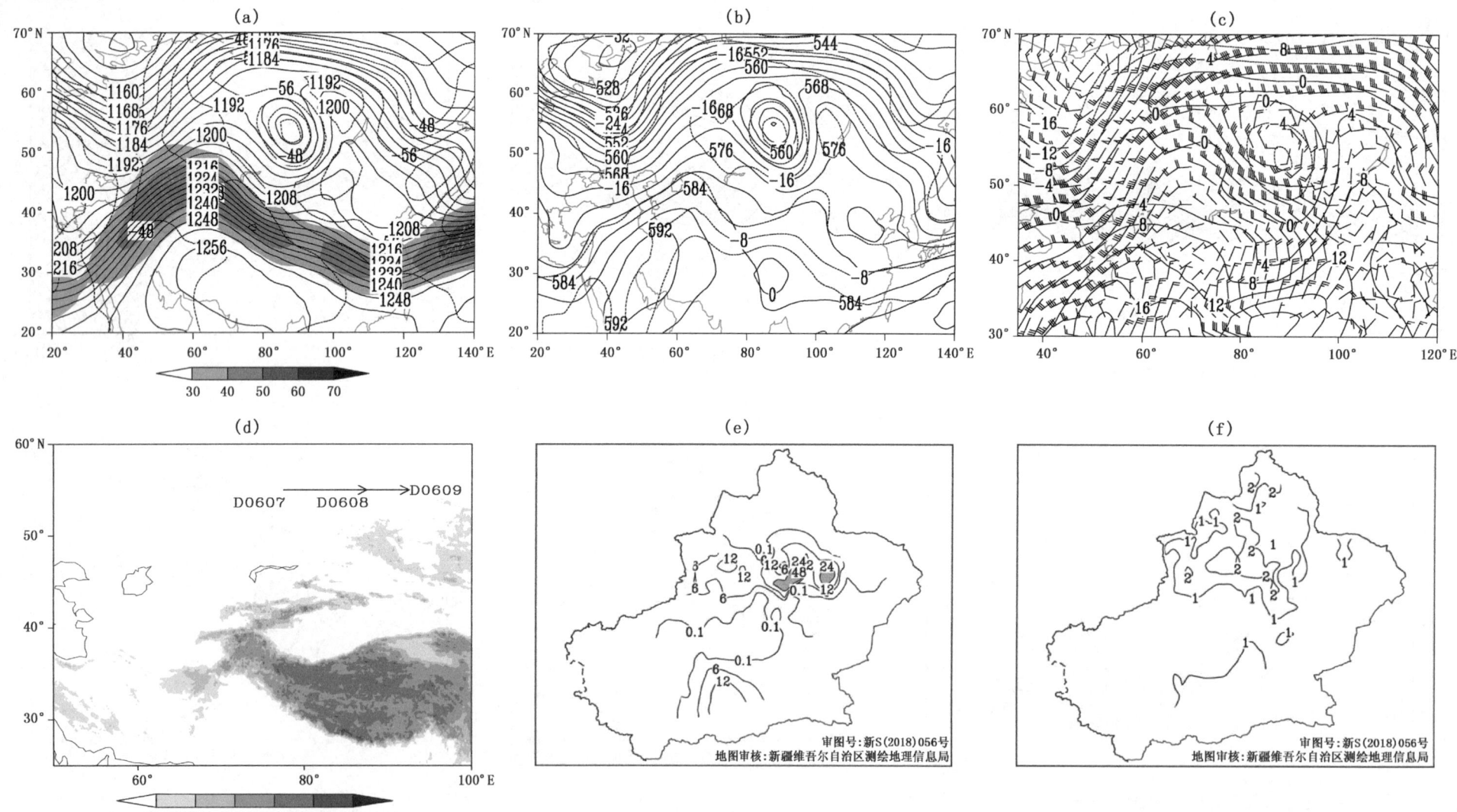

图 3.26　1982 年 6 月 8 日 20 时位势高度场(实线,单位:位势什米),温度场(虚线,单位:℃),阴影表示风速大于或等于 30 米/秒急流区;(a)200 百帕;(b)500 百帕;(c)700 百帕温度场(实线,单位:℃),风场(单位:米/秒);(d)低涡中心移动路径(阴影表示地形海拔高度,单位:米);(e)过程累计降水量(单位:毫米,阴影表示暴雨或暴雪及以上量级区域);(f)总降水日数(单位:天)

过程编号:D19820615

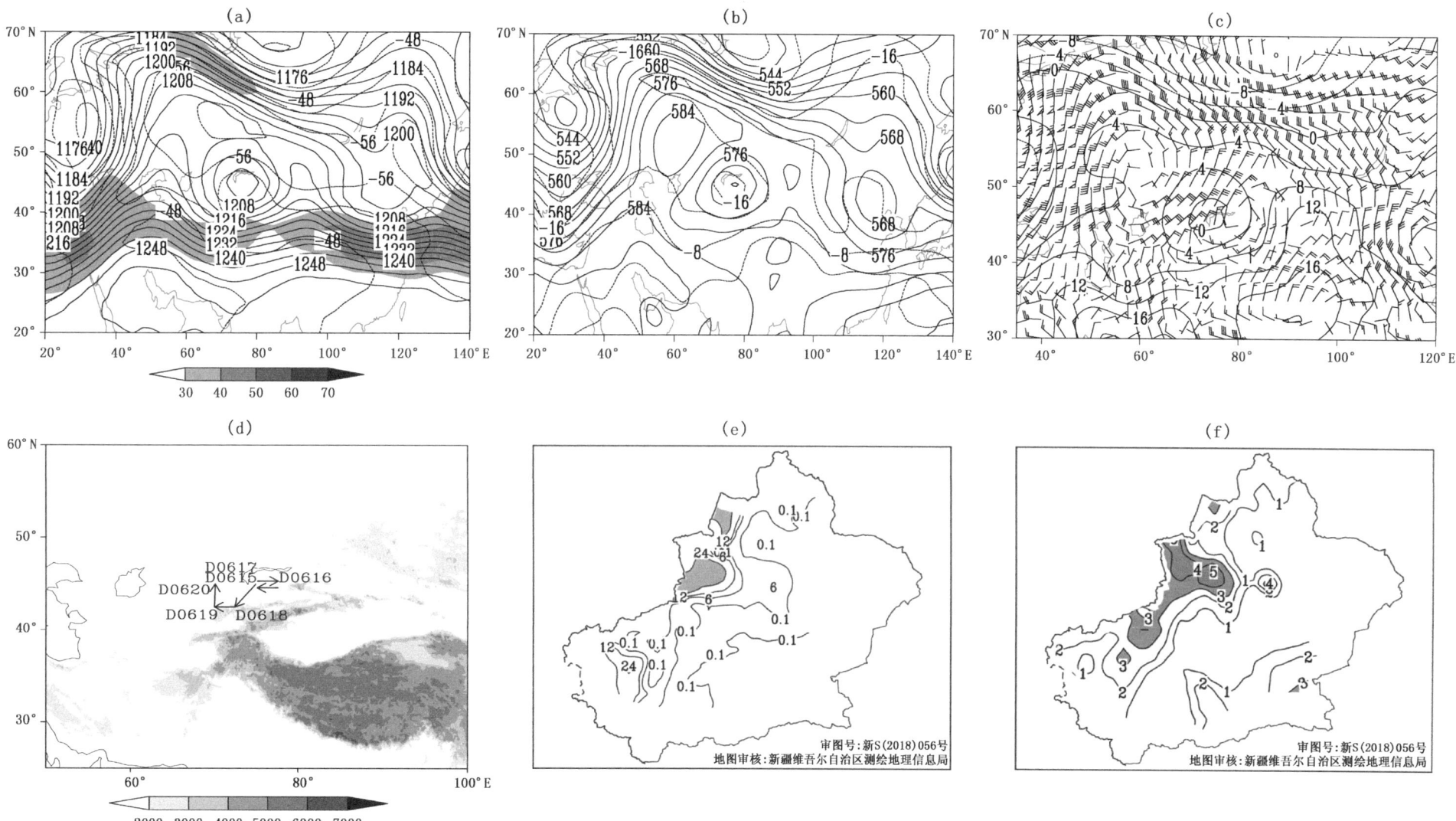

图3.27 1982年6月16日20时位势高度场(实线,单位:位势什米),温度场(虚线,单位:℃),阴影表示风速大于或等于30米/秒急流区;(a)200百帕;(b)500百帕;(c)700百帕温度场(实线,单位:℃),风场(单位:米/秒);(d)低涡中心移动路径(阴影表示地形海拔高度,单位:米);(e)过程累计降水量(单位:毫米,阴影表示暴雨或暴雪及以上量级区域);(f)总降水日数(单位:天,阴影表示大于或等于3天区域)

中亚低涡年鉴 (1971—2017)
ZHONGYA DIWO NIANJIAN

过程编号：D19820630

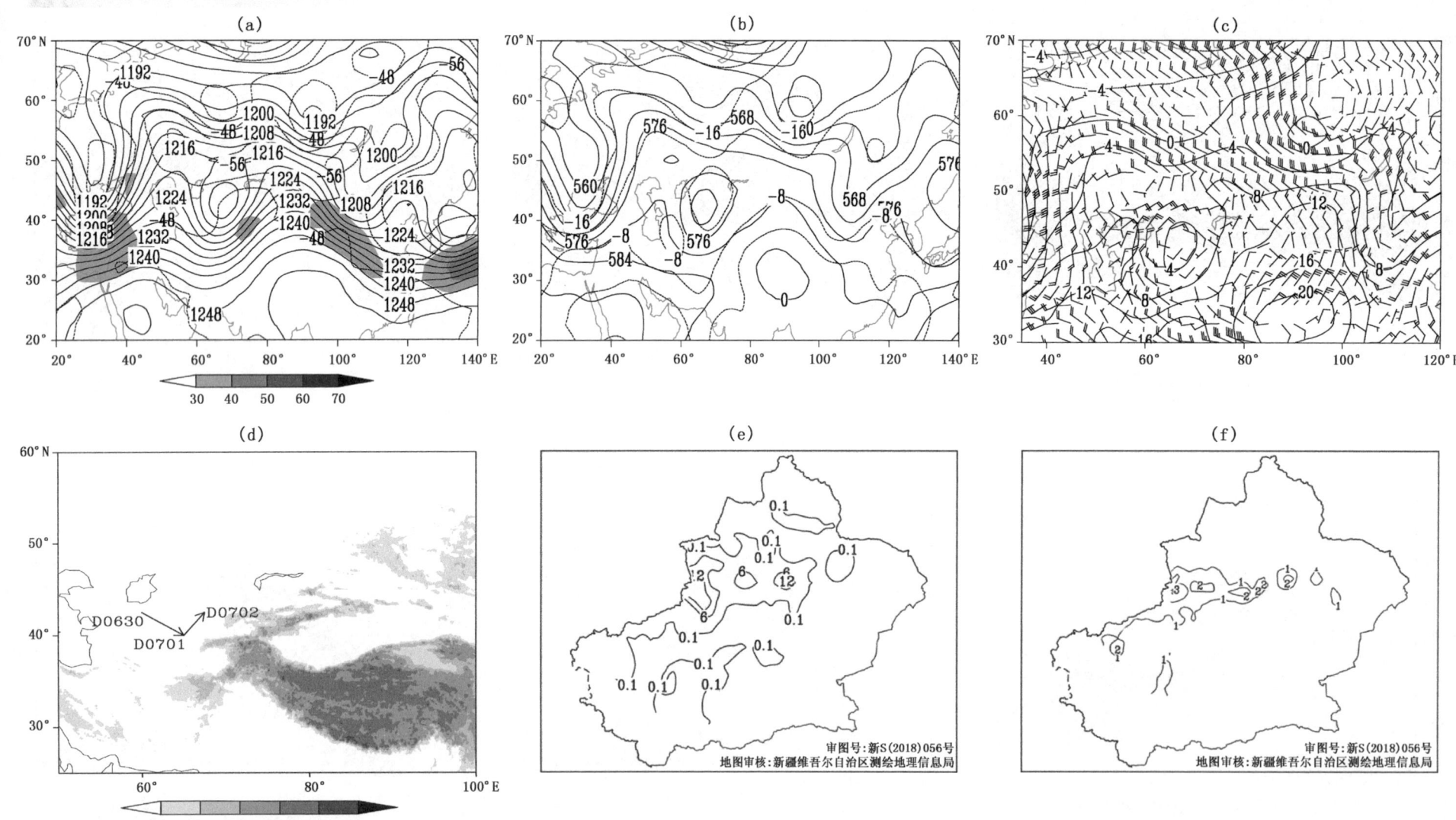

图 3.28 1982 年 7 月 2 日 20 时位势高度场（实线，单位：位势什米），温度场（虚线，单位：℃），阴影表示风速大于或等于 30 米/秒急流区；(a) 200 百帕；(b) 500 百帕；(c) 700 百帕温度场（实线，单位：℃），风场（单位：米/秒）；(d) 低涡中心移动路径（阴影表示地形海拔高度，单位：米）；(e) 过程累计降水量（单位：毫米）；(f) 总降水日数（单位：天）

过程编号:D19820824

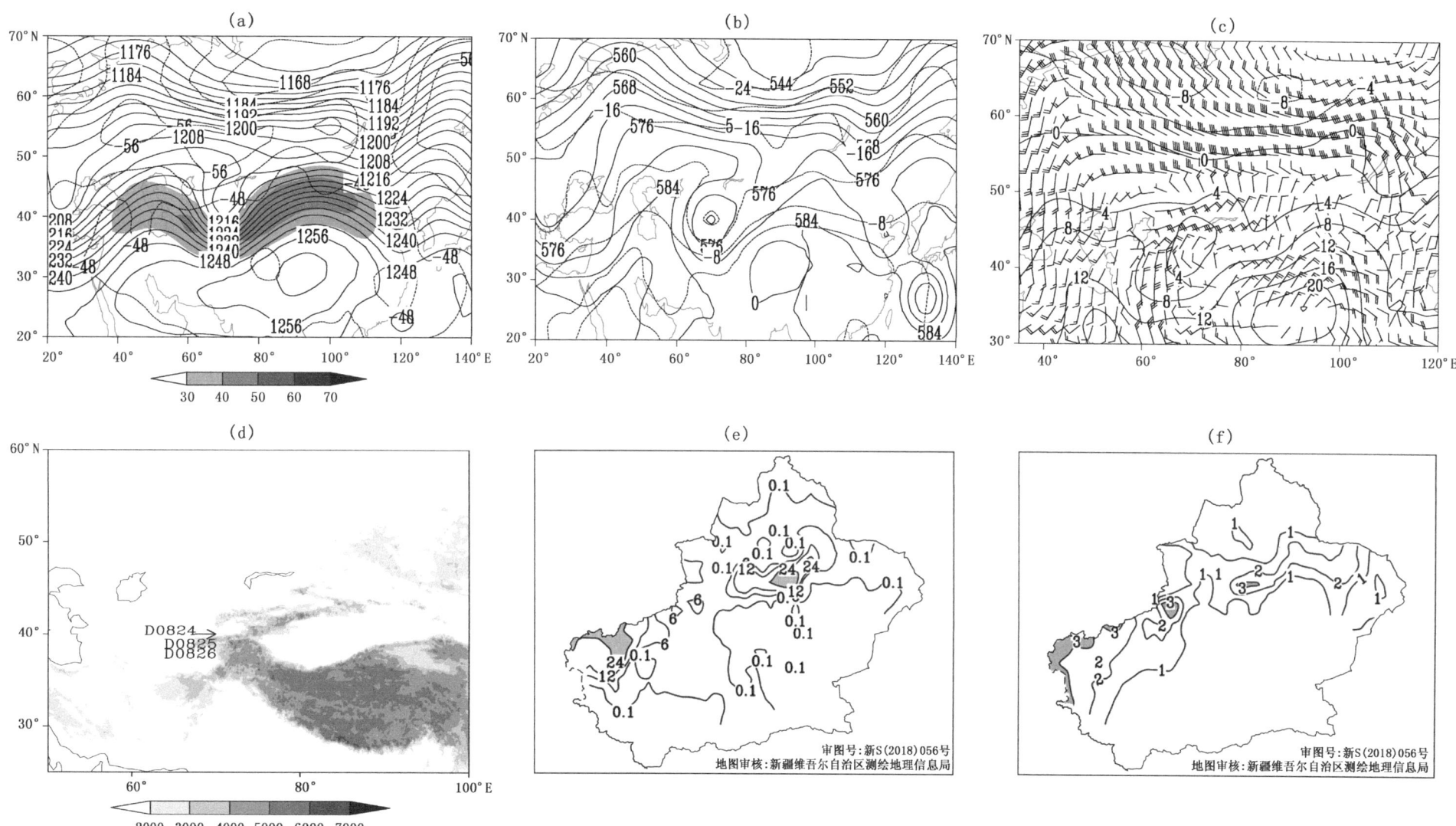

图 3.29 1982年8月25日20时位势高度场(实线,单位:位势什米),温度场(虚线,单位:℃),阴影表示风速大于或等于30米/秒急流区;(a)200百帕;(b)500百帕;(c)700百帕温度场(实线,单位:℃),风场(单位:米/秒);(d)低涡中心移动路径(阴影表示地形海拔高度,单位:米);(e)过程累计降水量(单位:毫米,阴影表示暴雨或暴雪及以上量级区域);(f)总降水日数(单位:天,阴影表示大于或等于3天区域)

中亚低涡年鉴 (1971—2017)
ZHONGYA DIWO NIANJIAN

过程编号:D19830620

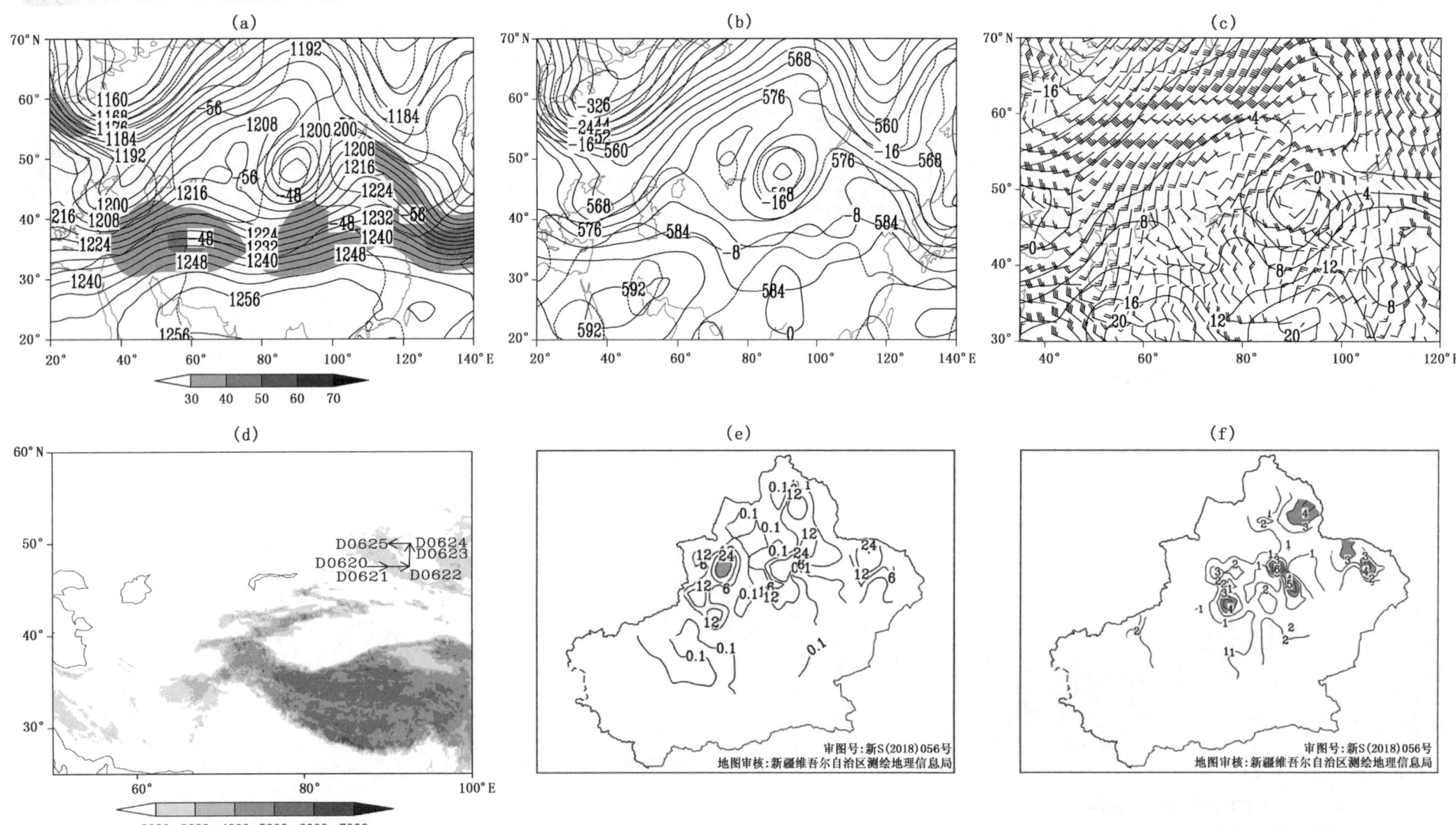

图3.30 1983年6月21日20时位势高度场(实线,单位:位势什米),温度场(虚线,单位:℃),阴影表示风速大于或等于30米/秒急流区;(a)200百帕;(b)500百帕;(c)700百帕温度场(实线,单位:℃),风场(单位:米/秒);(d)低涡中心移动路径(阴影表示地形海拔高度,单位:米);(e)过程累计降水量(单位:毫米,阴影表示暴雨或暴雪及以上量级区域);(f)总降水日数(单位:天,阴影表示大于或等于3天区域)

过程编号:D19831016

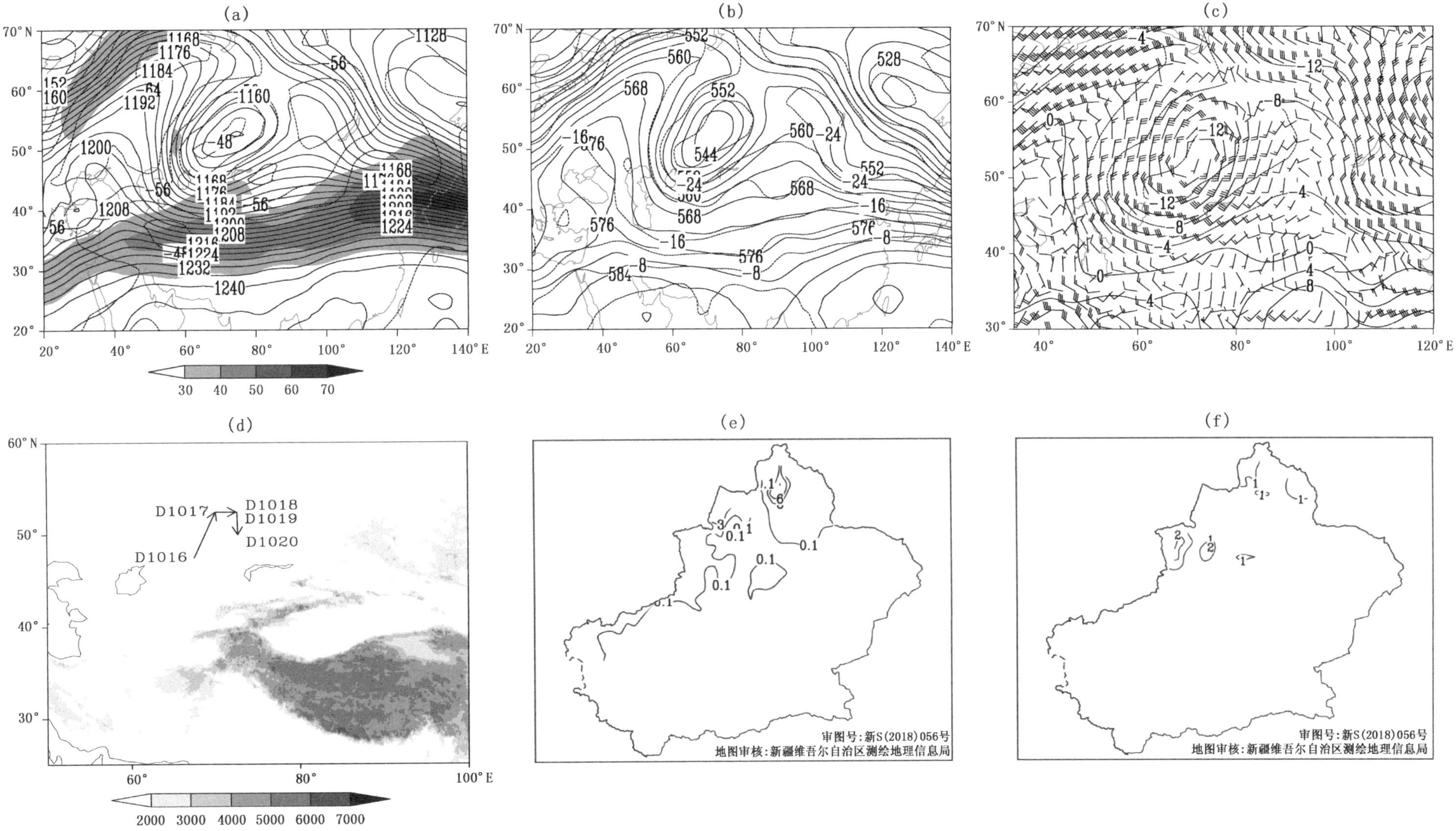

图 3.31 1983年10月18日20时位势高度场(实线,单位:位势什米),温度场(虚线,单位:℃),阴影表示风速大于或等于30米/秒急流区;(a)200百帕;(b)500百帕;(c)700百帕温度场(实线,单位:℃),风场(单位:米/秒);(d)低涡中心移动路径(阴影表示地形海拔高度,单位:米);(e)过程累计降水量(单位:毫米);(f)总降水日数(单位:天)

过程编号：D19840329

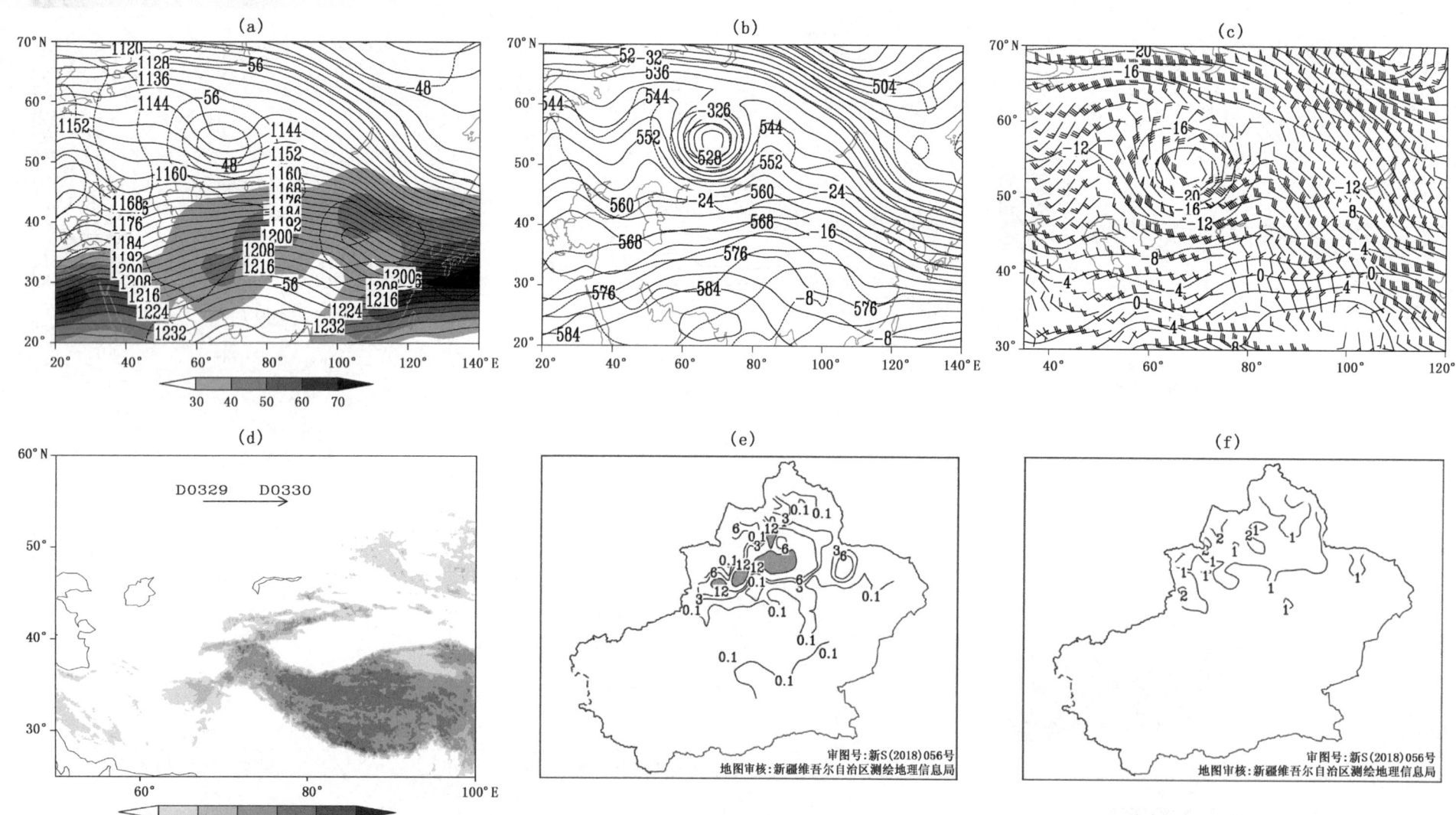

图3.32 1984年3月29日20时位势高度场（实线，单位：位势什米），温度场（虚线，单位：℃），阴影表示风速大于或等于30米/秒急流区；(a)200百帕；(b)500百帕；(c)700百帕温度场(实线，单位：℃)，风场(单位：米/秒)；(d)低涡中心移动路径(阴影表示地形海拔高度，单位：米)；(e)过程累计降水量(单位：毫米，阴影表示暴雨或暴雪及以上量级区域)；(f)总降水日数(单位：天)

过程编号:D19840611

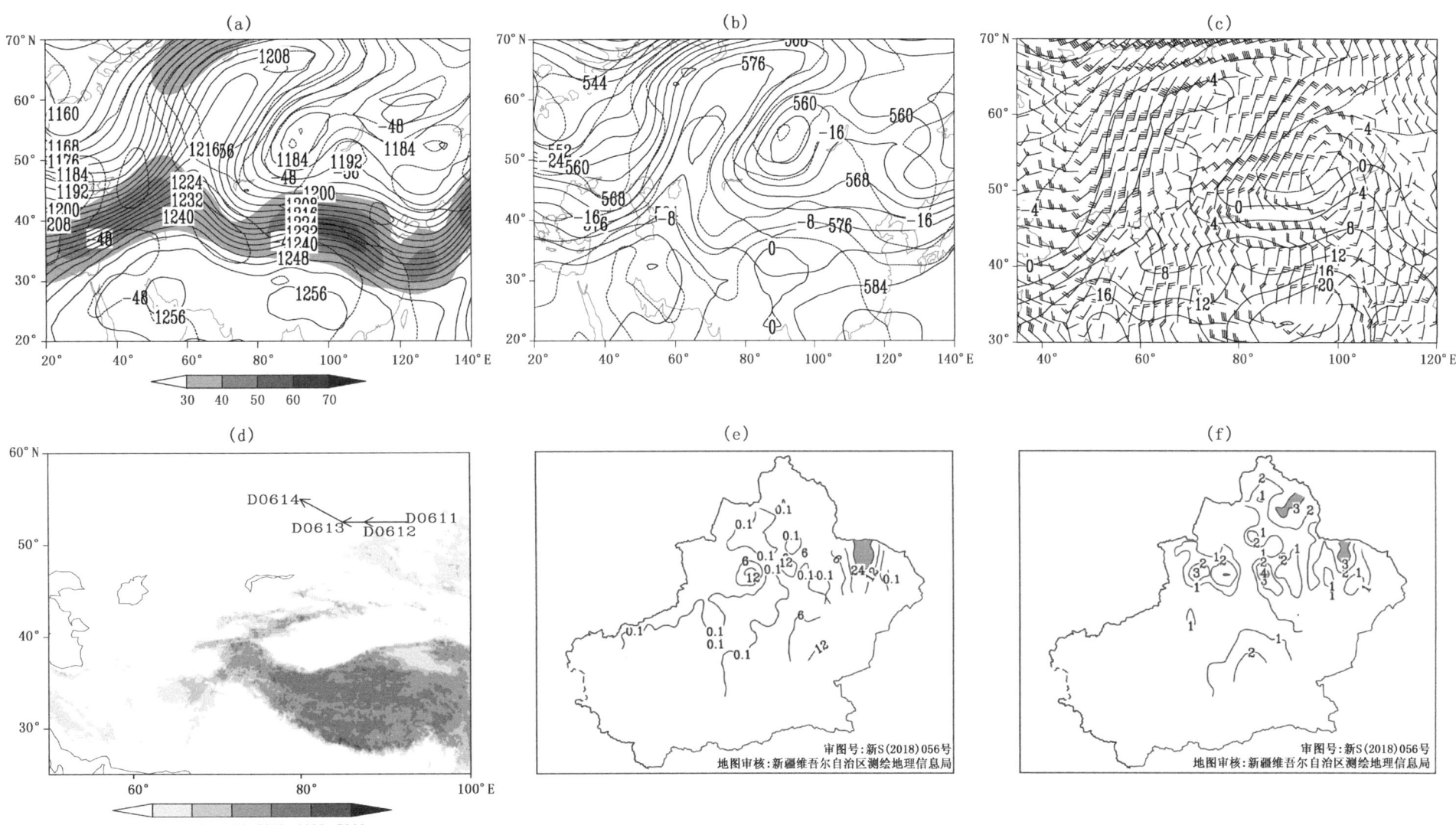

图3.33 1984年6月11日20时位势高度场(实线,单位:位势什米),温度场(虚线,单位:℃),阴影表示风速大于或等于30米/秒急流区;(a)200百帕;(b)500百帕;(c)700百帕温度场(实线,单位:℃),风场(单位:米/秒);(d)低涡中心移动路径(阴影表示地形海拔高度,单位:米);(e)过程累计降水量(单位:毫米,阴影表示暴雨或暴雪及以上量级区域);(f)总降水日数(单位:天,阴影表示大于或等于3天区域)

中亚低涡年鉴 (1971—2017)
ZHONGYA DIWO NIANJIAN

过程编号：D19840616

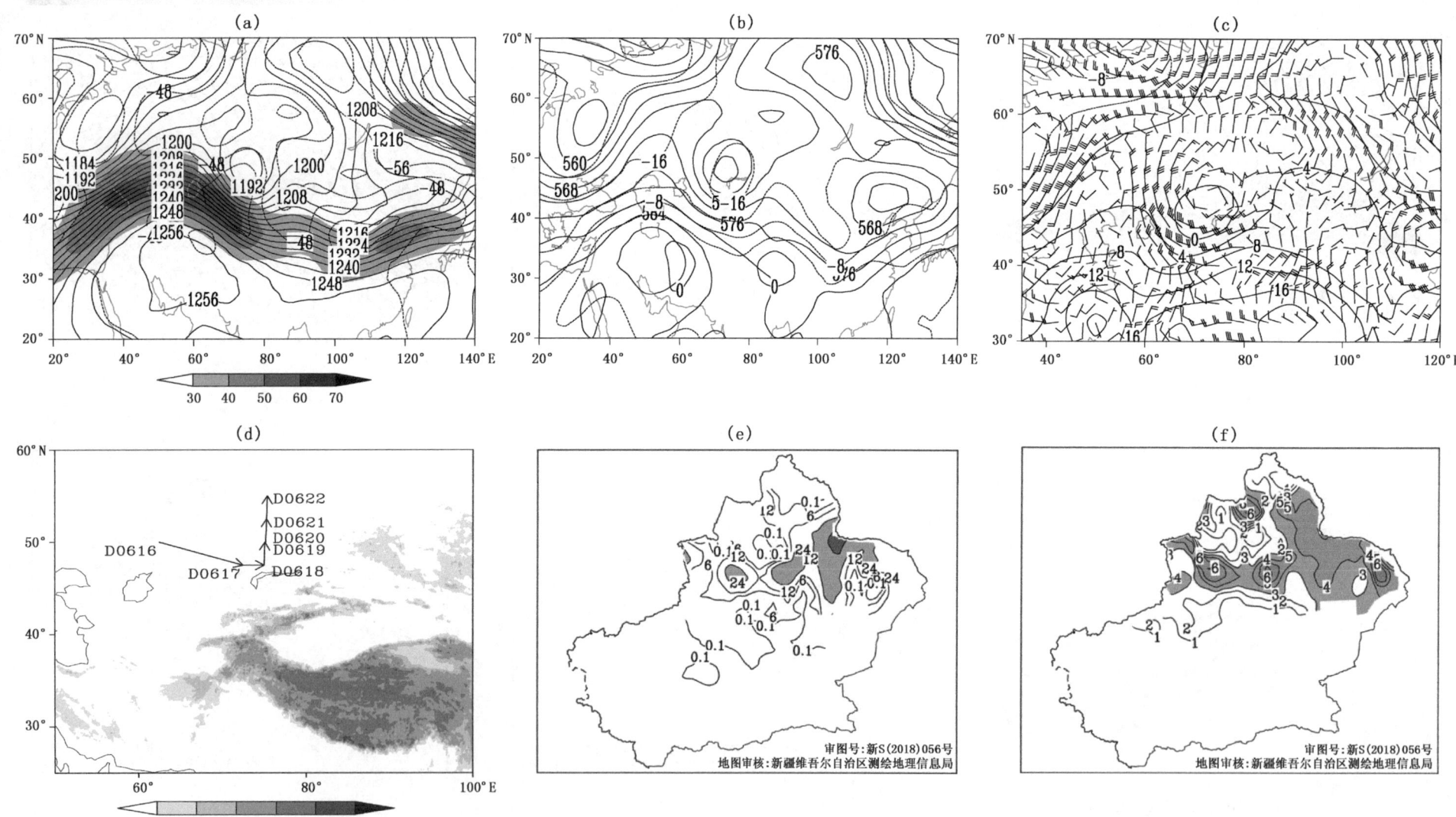

图3.34 1984年6月17日20时位势高度场(实线,单位:位势什米),温度场(虚线,单位:℃),阴影表示风速大于或等于30米/秒急流区;(a)200百帕;(b)500百帕;(c)700百帕温度场(实线,单位:℃),风场(单位:米/秒);(d)低涡中心移动路径(阴影表示地形海拔高度,单位:米);(e)过程累计降水量(单位:毫米,阴影表示暴雨或暴雪及以上量级区域);(f)总降水日数(单位:天,阴影表示大于或等于3天区域)

过程编号:D19840721

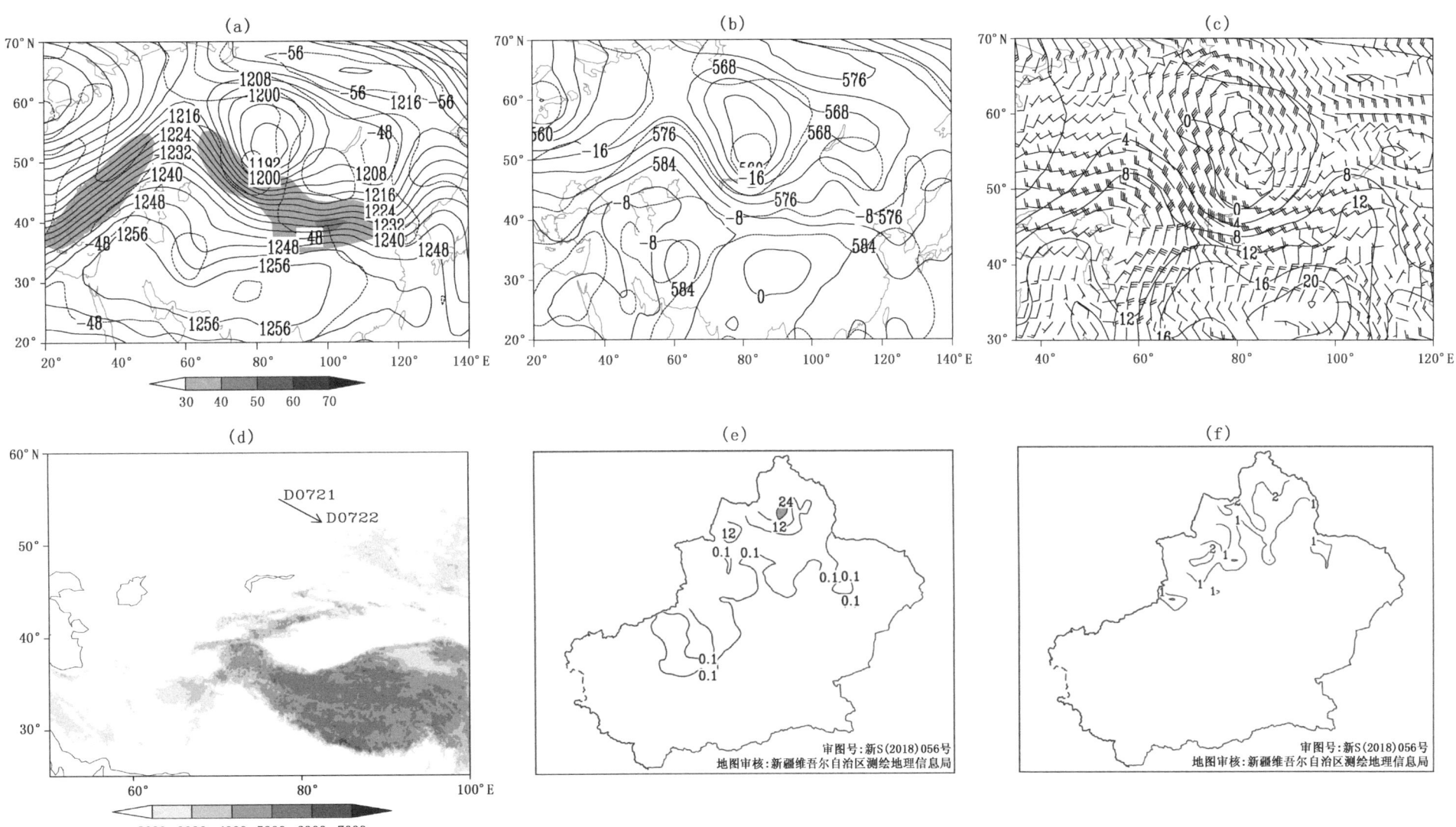

图 3.35 1984年7月22日20时位势高度场(实线,单位:位势什米),温度场(虚线,单位:℃),阴影表示风速大于或等于30米/秒急流区;(a)200百帕;(b)500百帕;(c)700百帕温度场(实线,单位:℃),风场(单位:米/秒);(d)低涡中心移动路径(阴影表示地形海拔高度,单位:米);(e)过程累计降水量(单位:毫米,阴影表示暴雨或暴雪及以上量级区域);(f)总降水日数(单位:天)

过程编号：D19851107

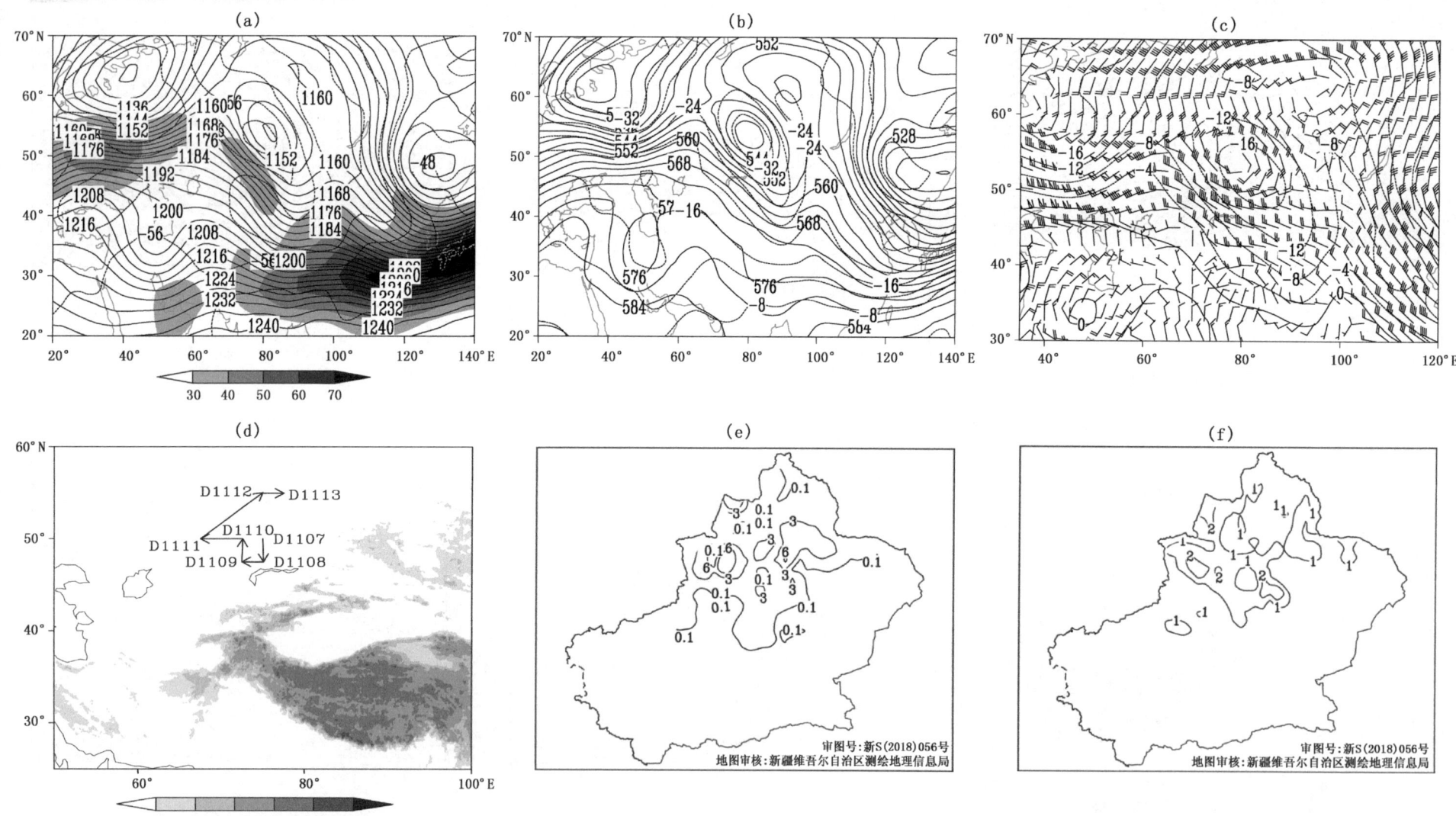

图3.36 1985年11月13日20时位势高度场（实线，单位：位势什米），温度场（虚线，单位：℃），阴影表示风速大于或等于30米/秒急流区；(a)200百帕；(b)500百帕；(c)700百帕温度场（实线，单位：℃），风场（单位：米/秒）；(d)低涡中心移动路径（阴影表示地形海拔高度，单位：米）；(e)过程累计降水量（单位：毫米）；(f)总降水日数（单位：天）

过程编号:D19860420

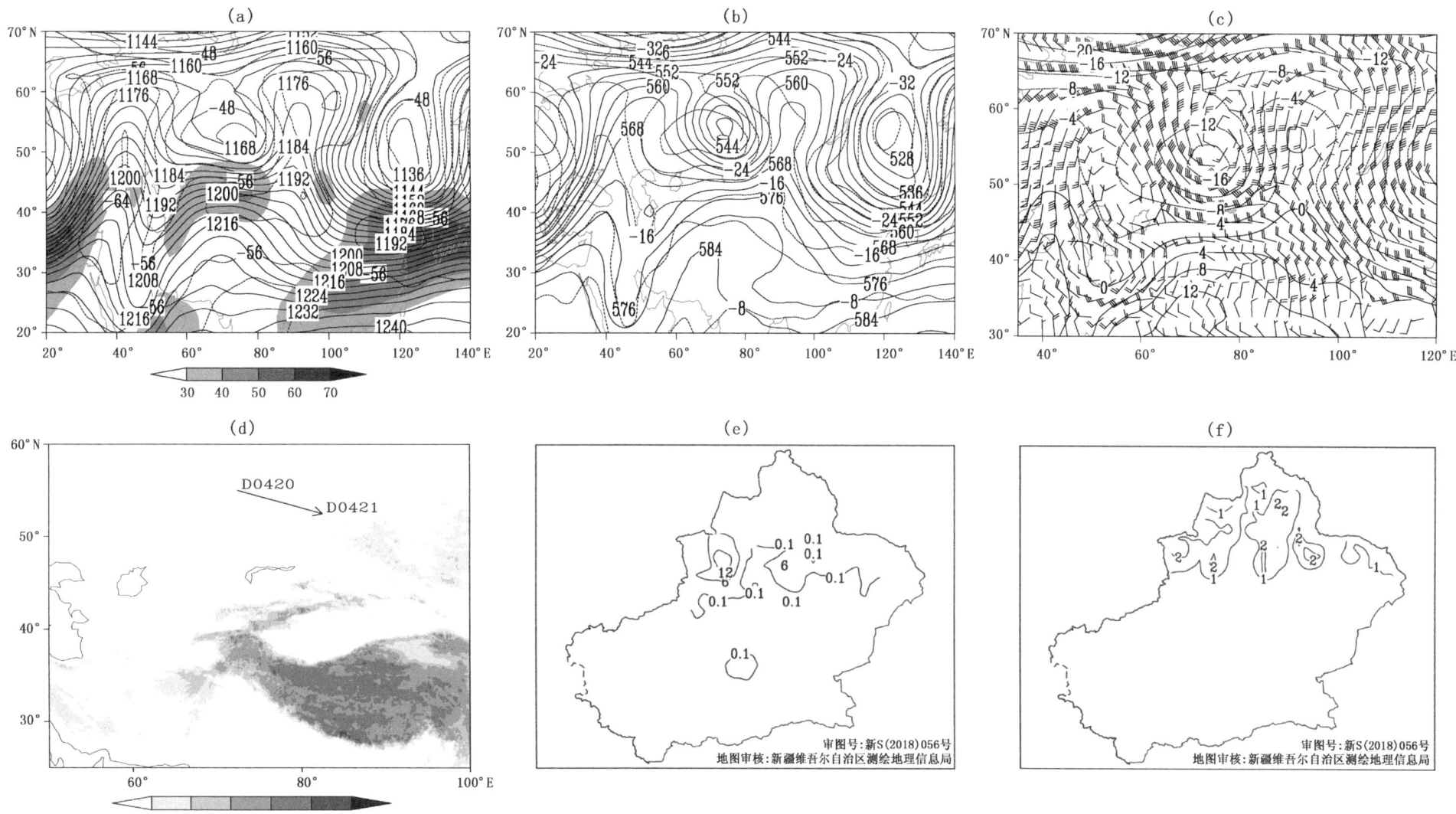

图 3.37　1986 年 4 月 20 日 20 时位势高度场(实线,单位:位势什米),温度场(虚线,单位:℃),阴影表示风速大于或等于 30 米/秒急流区;(a)200 百帕;(b)500 百帕;(c)700 百帕温度场(实线,单位:℃),风场(单位:米/秒);(d)低涡中心移动路径(阴影表示地形海拔高度,单位:米);(e)过程累计降水量(单位:毫米);(f)总降水日数(单位:天)

中亚低涡年鉴 (1971—2017)
ZHONGYA DIWO NIANJIAN

过程编号:D19860515

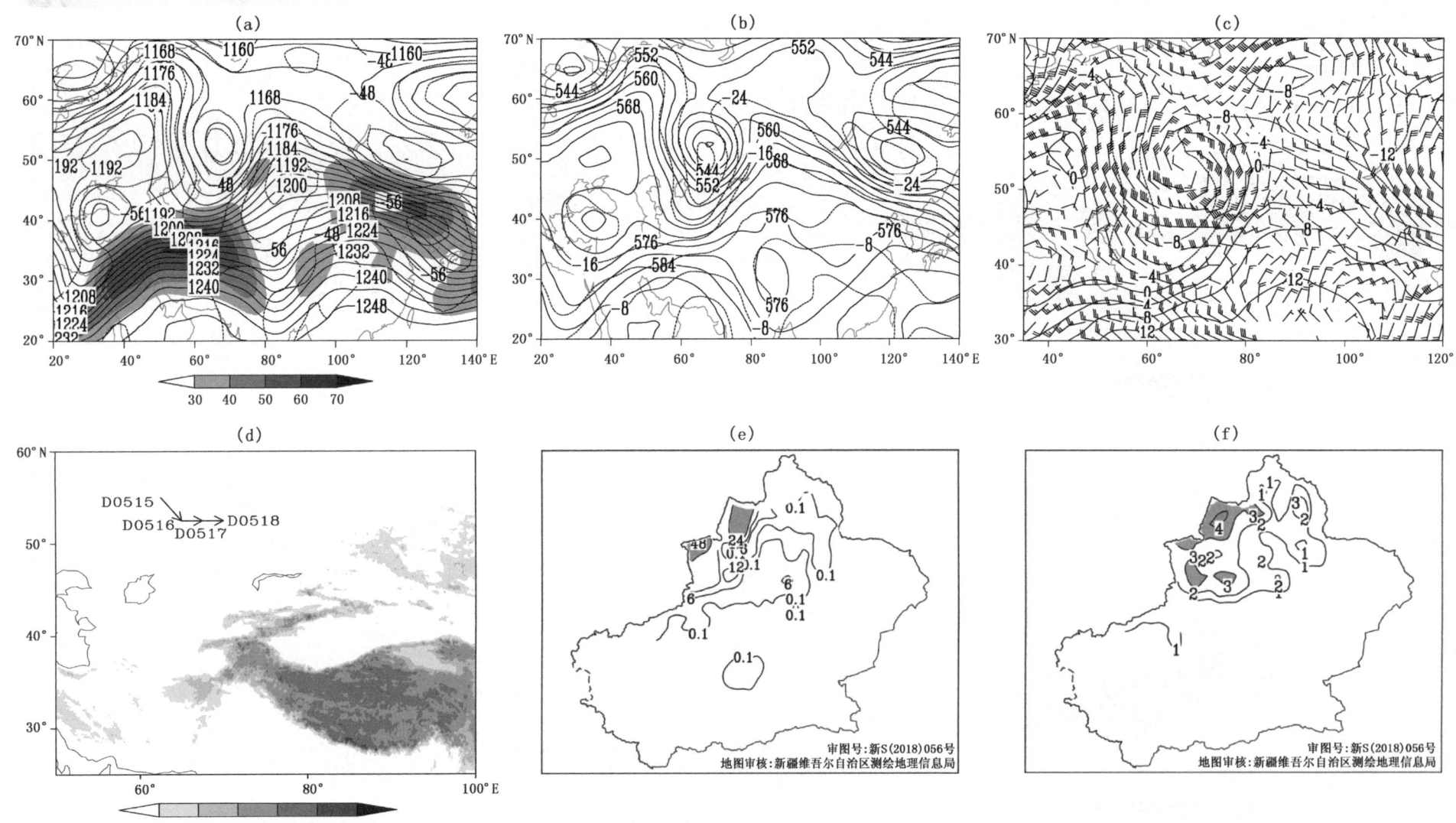

图 3.38 1986年5月17日20时位势高度场(实线,单位:位势什米),温度场(虚线,单位:℃),阴影表示风速大于或等于30米/秒急流区;(a)200百帕;(b)500百帕;(c)700百帕温度场(实线,单位:℃),风场(单位:米/秒);(d)低涡中心移动路径(阴影表示地形海拔高度,单位:米);(e)过程累计降水量(单位:毫米,阴影表示暴雨或暴雪及以上量级区域);(f)总降水日数(单位:天,阴影表示大于或等于3天区域)

过程编号:D19860902

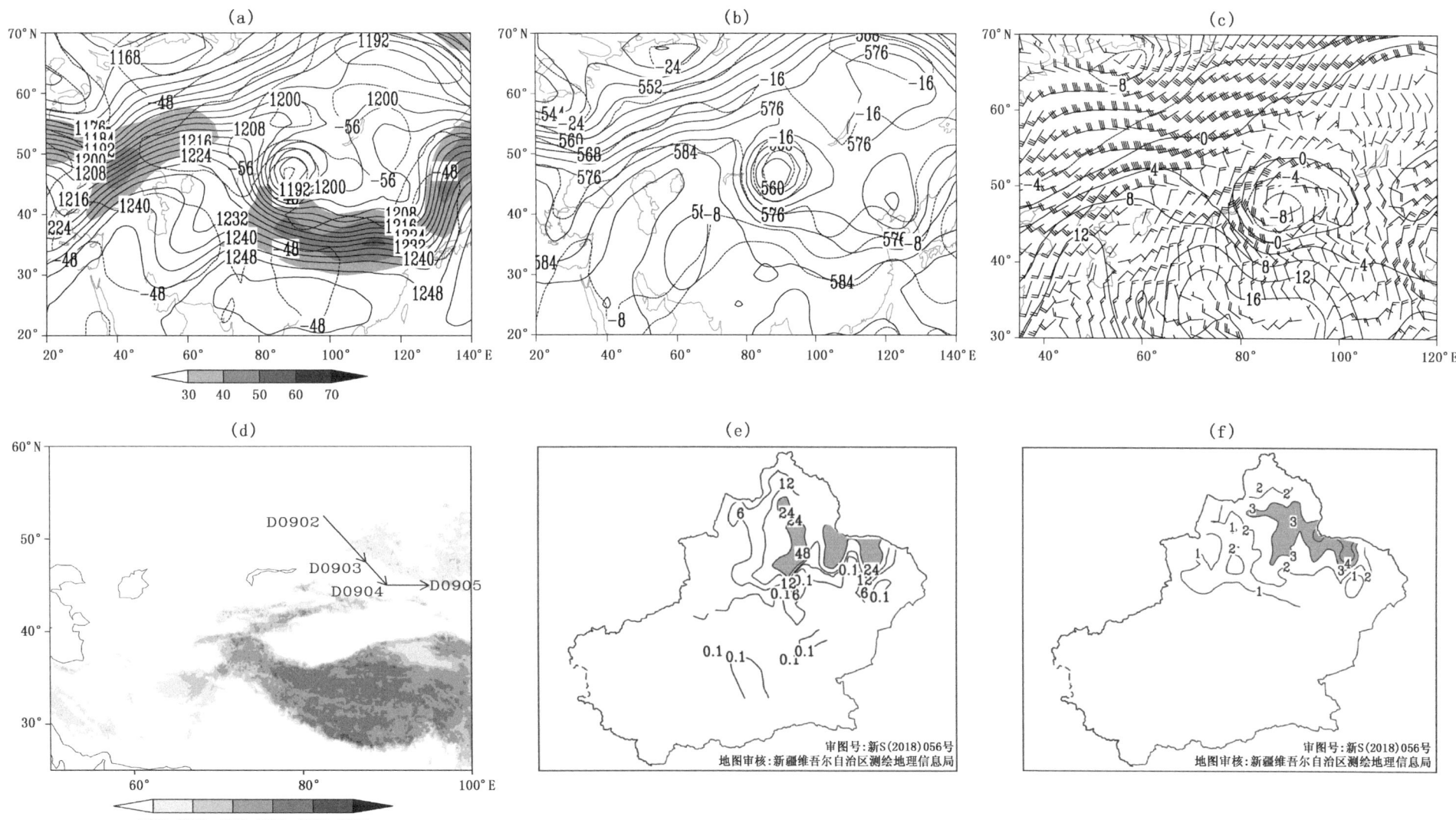

图3.39 1986年9月3日20时位势高度场(实线,单位:位势什米),温度场(虚线,单位:℃),阴影表示风速大于或等于30米/秒急流区;(a)200百帕;(b)500百帕;(c)700百帕温度场(实线,单位:℃),风场(单位:米/秒);(d)低涡中心移动路径(阴影表示地形海拔高度,单位:米);(e)过程累计降水量(单位:毫米,阴影表示暴雨或暴雪及以上量级区域);(f)总降水日数(单位:天,阴影表示大于或等于3天区域)

过程编号：D19870501

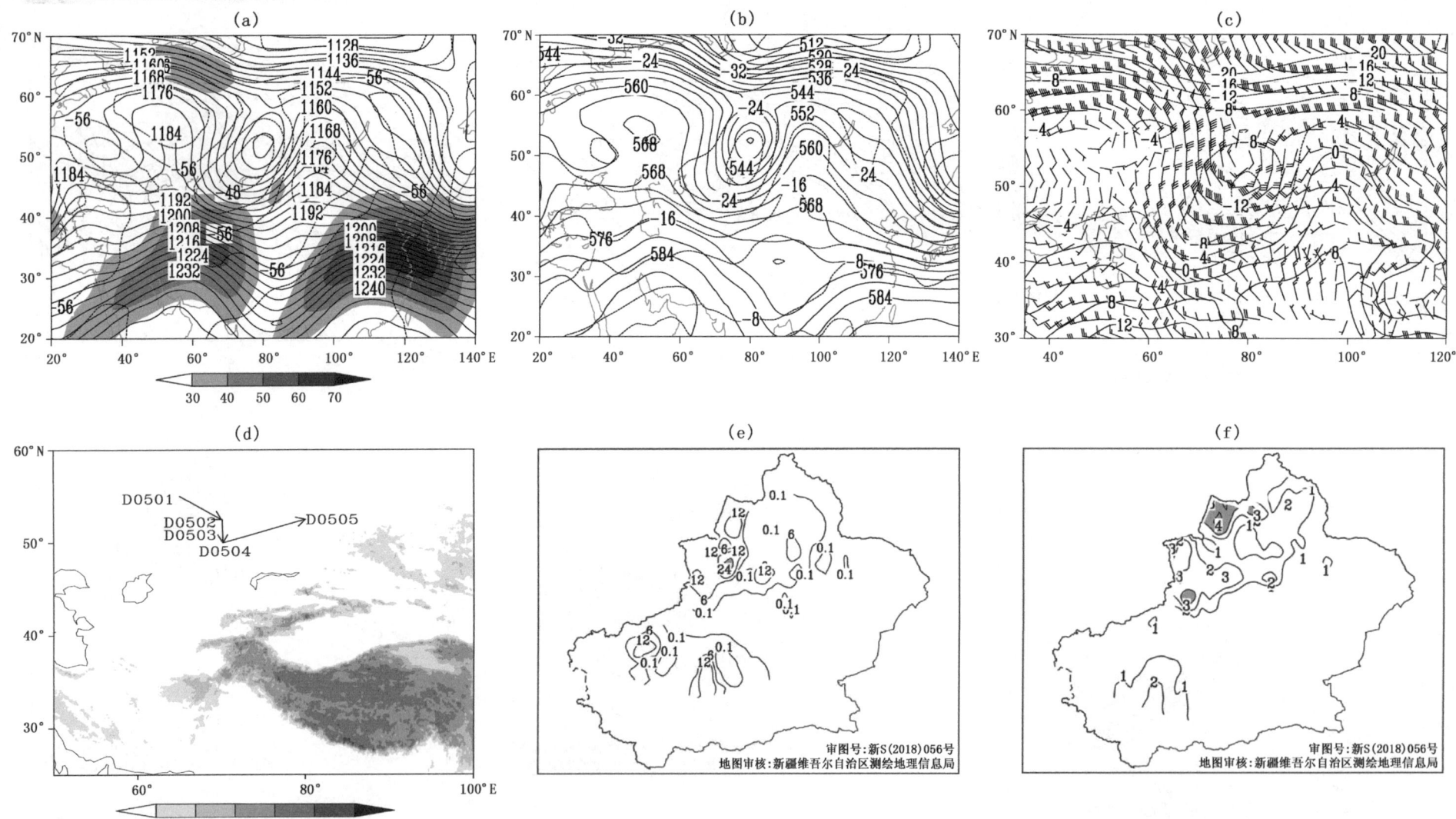

图 3.40　1987 年 5 月 5 日 20 时位势高度场（实线，单位：位势什米），温度场（虚线，单位：℃），阴影表示风速大于或等于 30 米/秒急流区；(a) 200 百帕；(b) 500 百帕；(c) 700 百帕温度场（实线，单位：℃），风场（单位：米/秒）；(d) 低涡中心移动路径（阴影表示地形海拔高度，单位：米）；(e) 过程累计降水量（单位：毫米，阴影表示暴雨或暴雪及以上量级区域）；(f) 总降水日数（单位：天，阴影表示大于或等于 3 天区域）

过程编号:D19870524

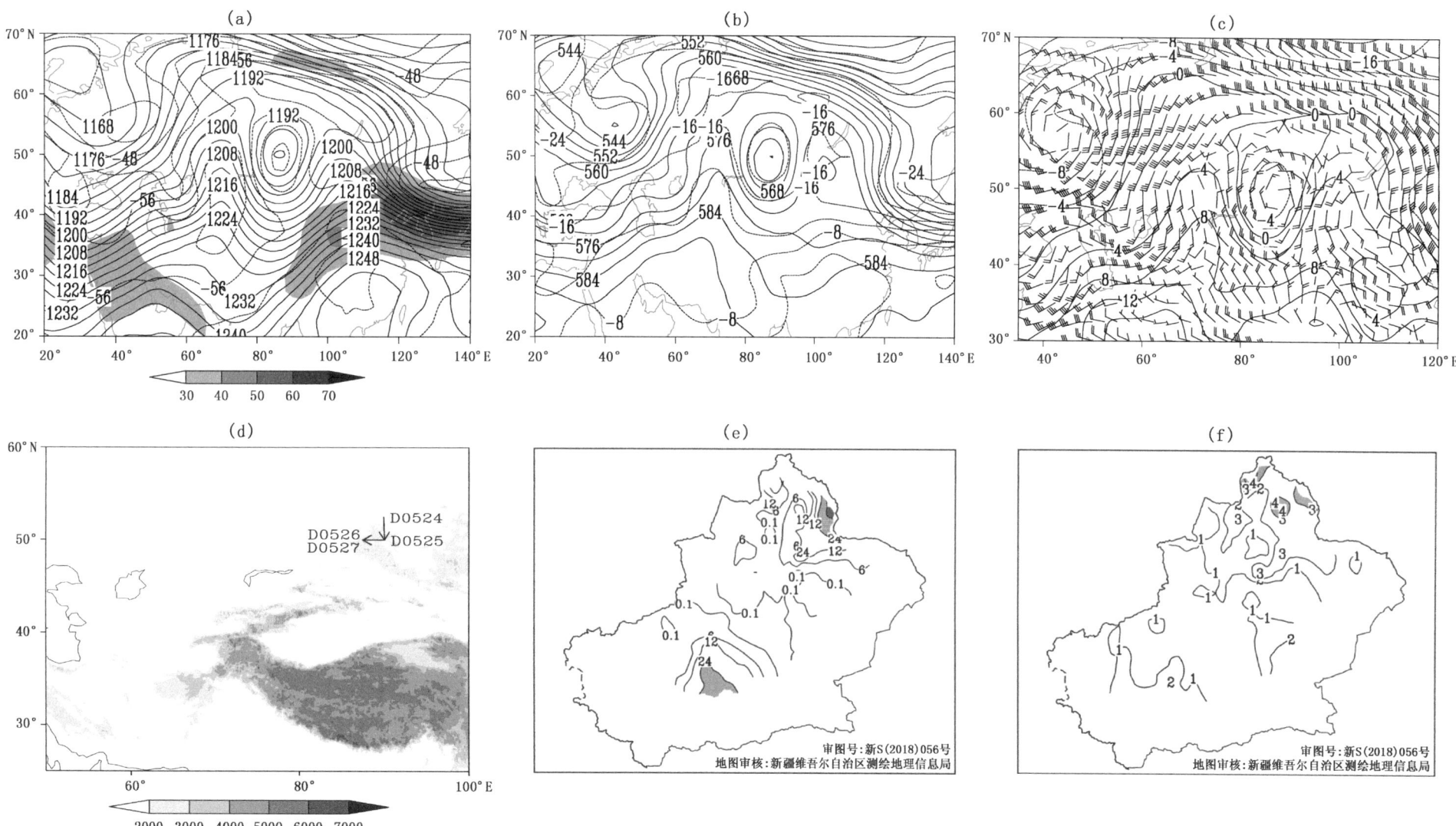

图 3.41 1987年5月26日20时位势高度场(实线,单位:位势什米),温度场(虚线,单位:℃),阴影表示风速大于或等于30米/秒急流区;(a)200百帕;(b)500百帕;(c)700百帕温度场(实线,单位:℃),风场(单位:米/秒);(d)低涡中心移动路径(阴影表示地形海拔高度,单位:米);(e)过程累计降水量(单位:毫米,阴影表示暴雨或暴雪及以上量级区域);(f)总降水日数(单位:天,阴影表示大于或等于3天区域)

中亚低涡年鉴 (1971—2017)

过程编号：D19870621

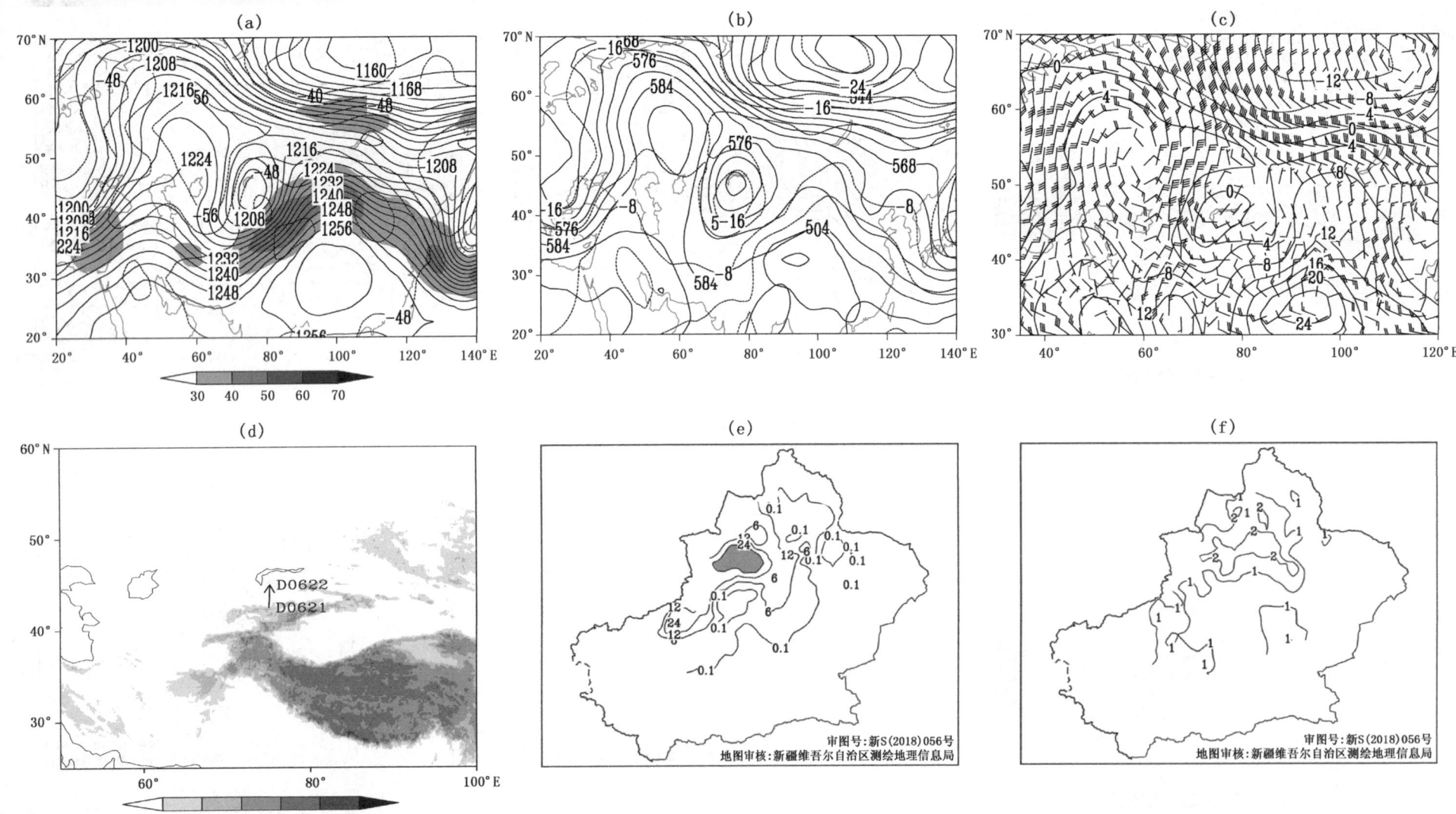

图3.42 1987年6月22日20时位势高度场(实线,单位:位势什米),温度场(虚线,单位:℃),阴影表示风速大于或等于30米/秒急流区；(a)200百帕；(b)500百帕；(c)700百帕温度场(实线,单位:℃),风场(单位:米/秒)；(d)低涡中心移动路径(阴影表示地形海拔高度,单位:米)；(e)过程累计降水量(单位:毫米,阴影表示暴雨或暴雪及以上量级区域)；(f)总降水日数(单位:天)

过程编号:D19870712

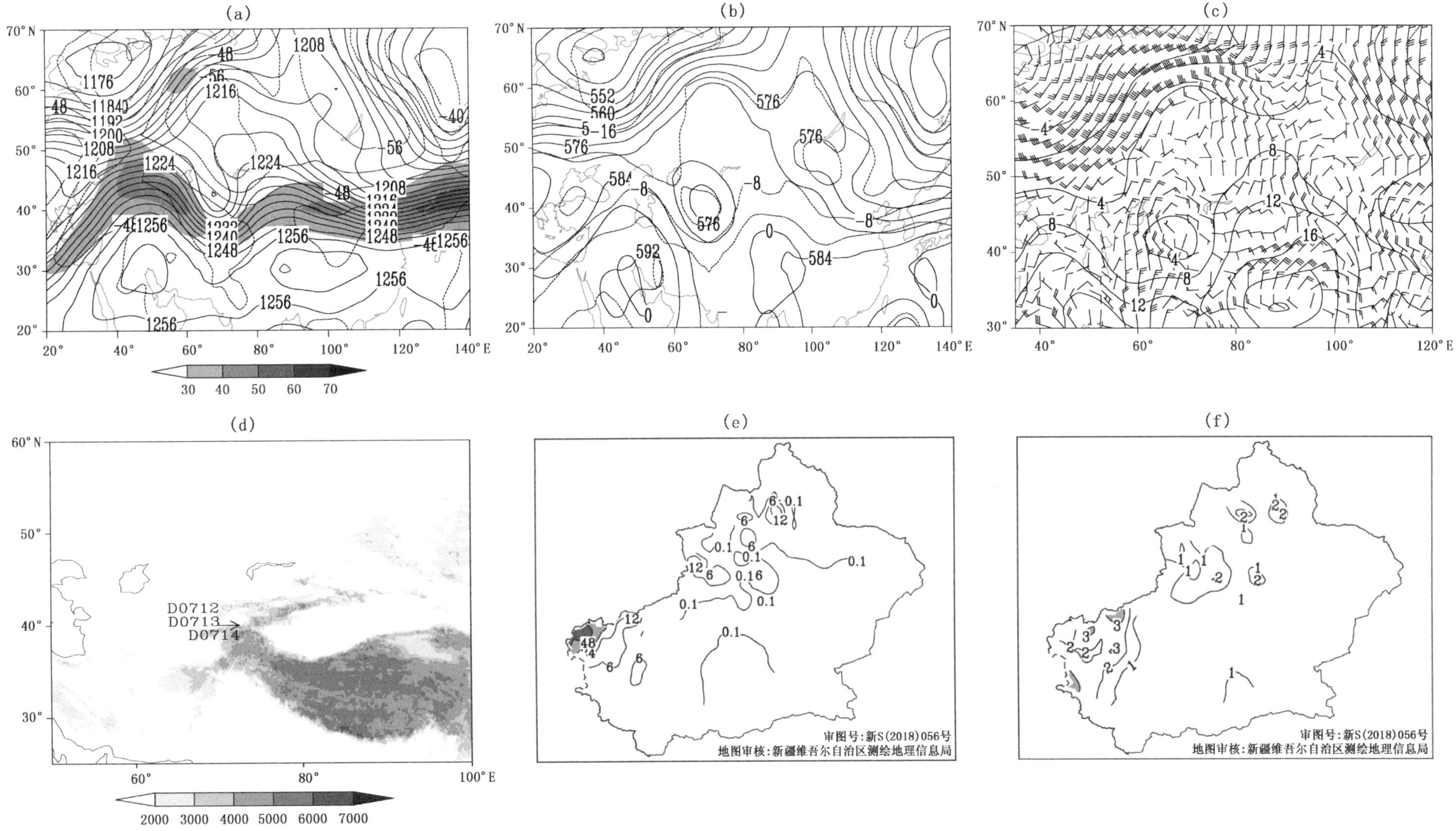

图 3.43 1987年7月12日20时位势高度场(实线,单位:位势什米),温度场(虚线,单位:℃),阴影表示风速大于或等于30米/秒急流区;(a)200百帕;(b)500百帕;(c)700百帕温度场(实线,单位:℃),风场(单位:米/秒);(d)低涡中心移动路径(阴影表示地形海拔高度,单位:米);(e)过程累计降水量(单位:毫米,阴影表示暴雨或暴雪及以上量级区域);(f)总降水日数(单位:天,阴影表示大于或等于3天区域)

中亚低涡年鉴 (1971—2017)

过程编号：D19870730

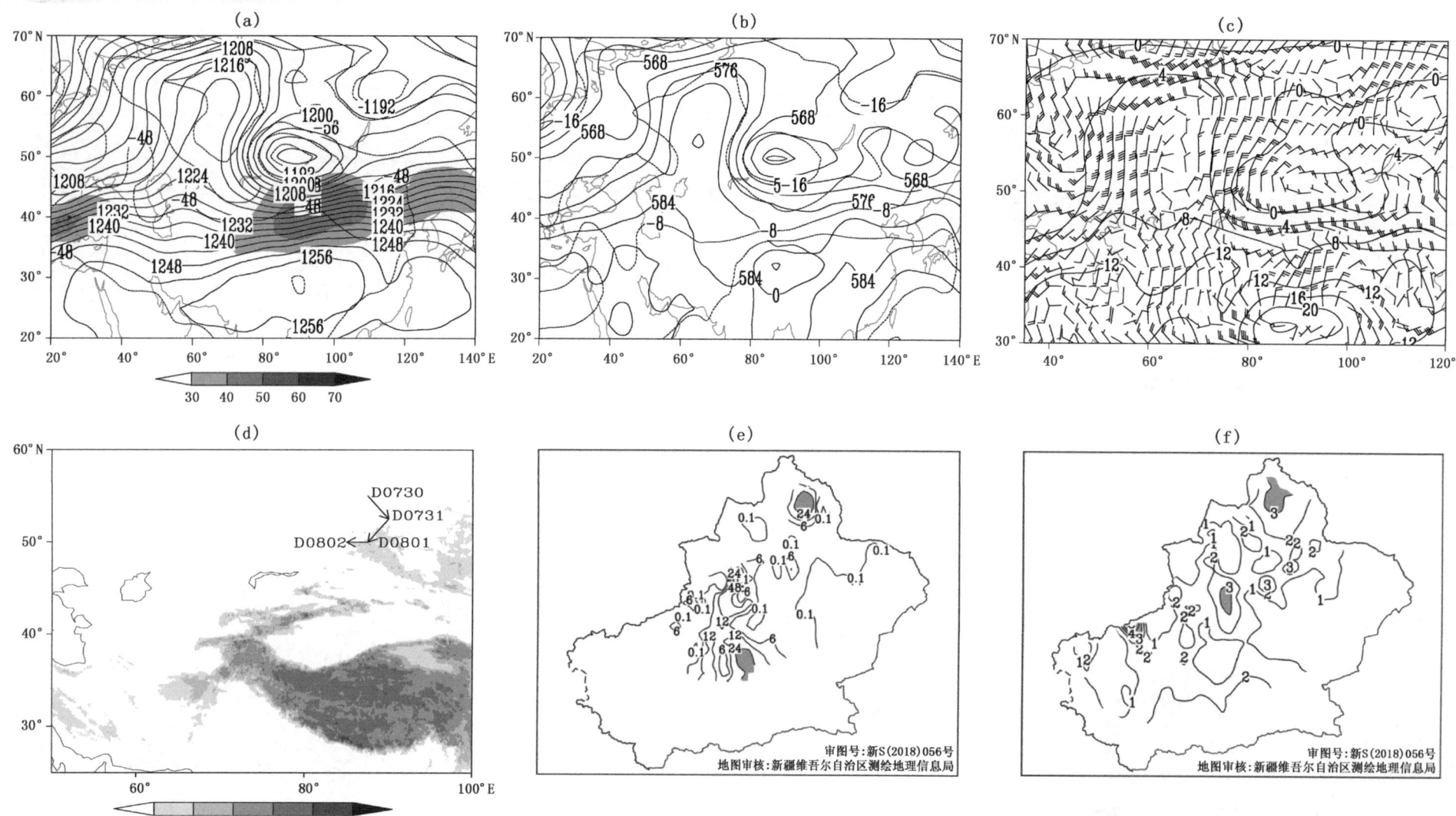

图 3.44　1987 年 8 月 1 日 20 时位势高度场（实线，单位：位势什米），温度场（虚线，单位：℃），阴影表示风速大于或等于 30 米/秒急流区；(a) 200 百帕；(b) 500 百帕；(c) 700 百帕温度场（实线，单位：℃），风场（单位：米/秒）；(d) 低涡中心移动路径（阴影表示地形海拔高度，单位：米）；(e) 过程累计降水量（单位：毫米，阴影表示暴雨或暴雪及以上量级区域）；(f) 总降水日数（单位：天，阴影表示大于或等于 3 天区域）

第3章 深厚型中亚低涡降水过程

过程编号:D19870907

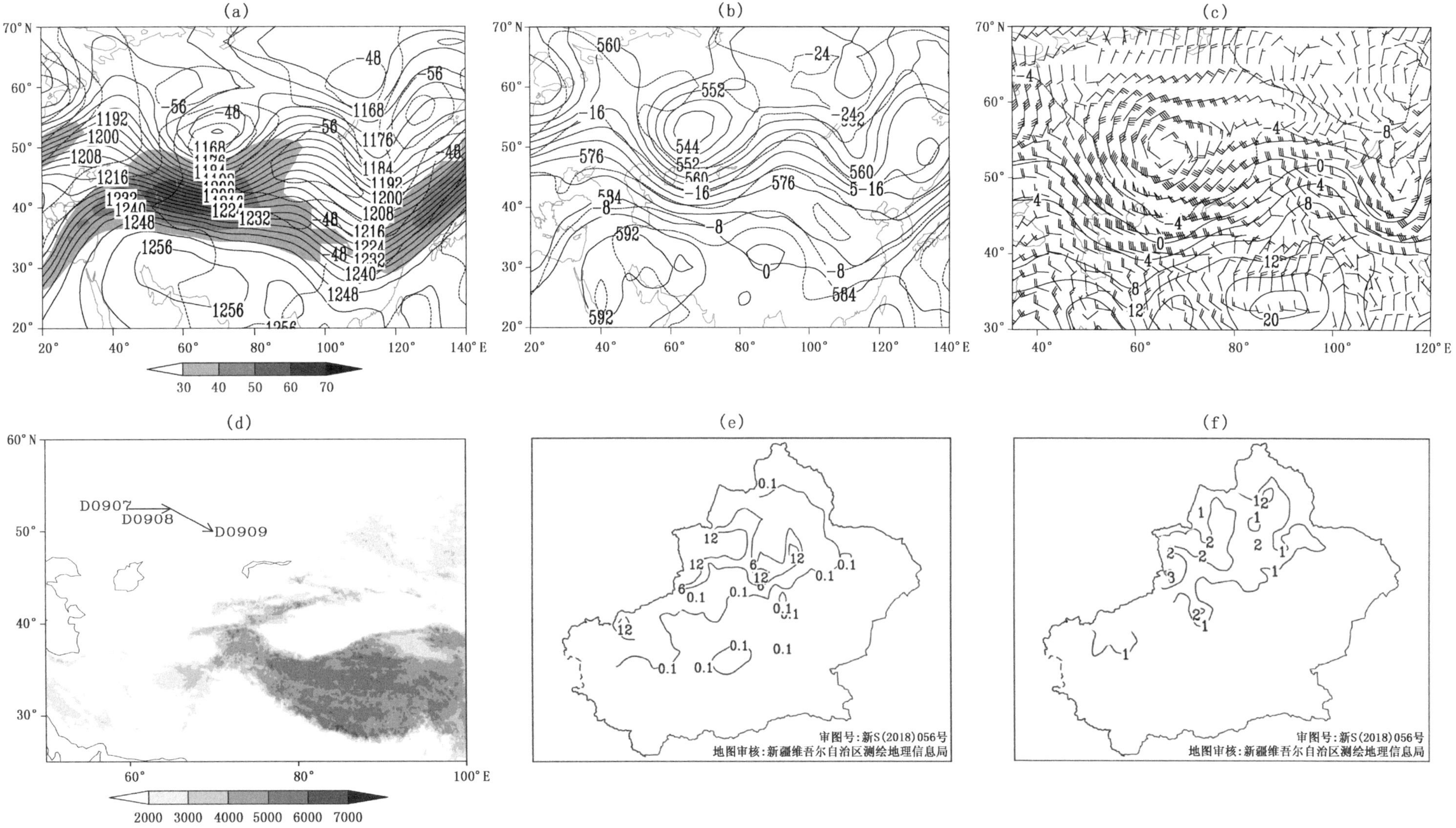

图 3.45　1987年9月8日20时位势高度场(实线,单位:位势什米),温度场(虚线,单位:℃),阴影表示风速大于或等于30米/秒急流区;(a)200百帕;(b)500百帕;(c)700百帕温度场(实线,单位:℃),风场(单位:米/秒);(d)低涡中心移动路径(阴影表示地形海拔高度,单位:米);(e)过程累计降水量(单位:毫米);(f)总降水日数(单位:天)

中亚低涡年鉴 (1971—2017)

过程编号:D19871007

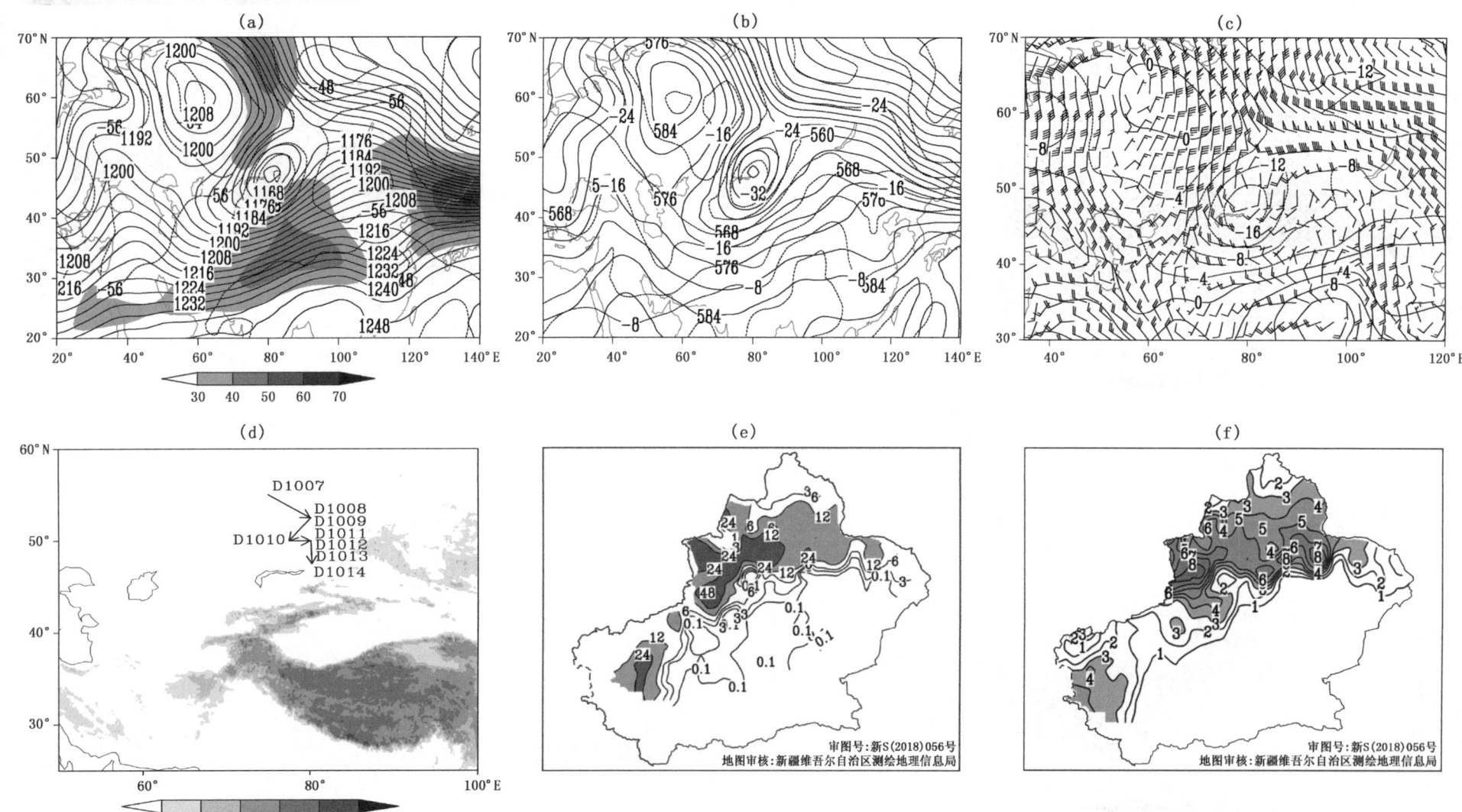

图3.46 1987年10月14日20时位势高度场(实线,单位:位势什米),温度场(虚线,单位:℃),阴影表示风速大于或等于30米/秒急流区;(a)200百帕;(b)500百帕;(c)700百帕温度场(实线,单位:℃),风场(单位:米/秒);(d)低涡中心移动路径(阴影表示地形海拔高度,单位:米);(e)过程累计降水量(单位:毫米,阴影表示暴雨或暴雪及以上量级区域);(f)总降水日数(单位:天,阴影表示大于或等于3天区域)

过程编号：D19880318

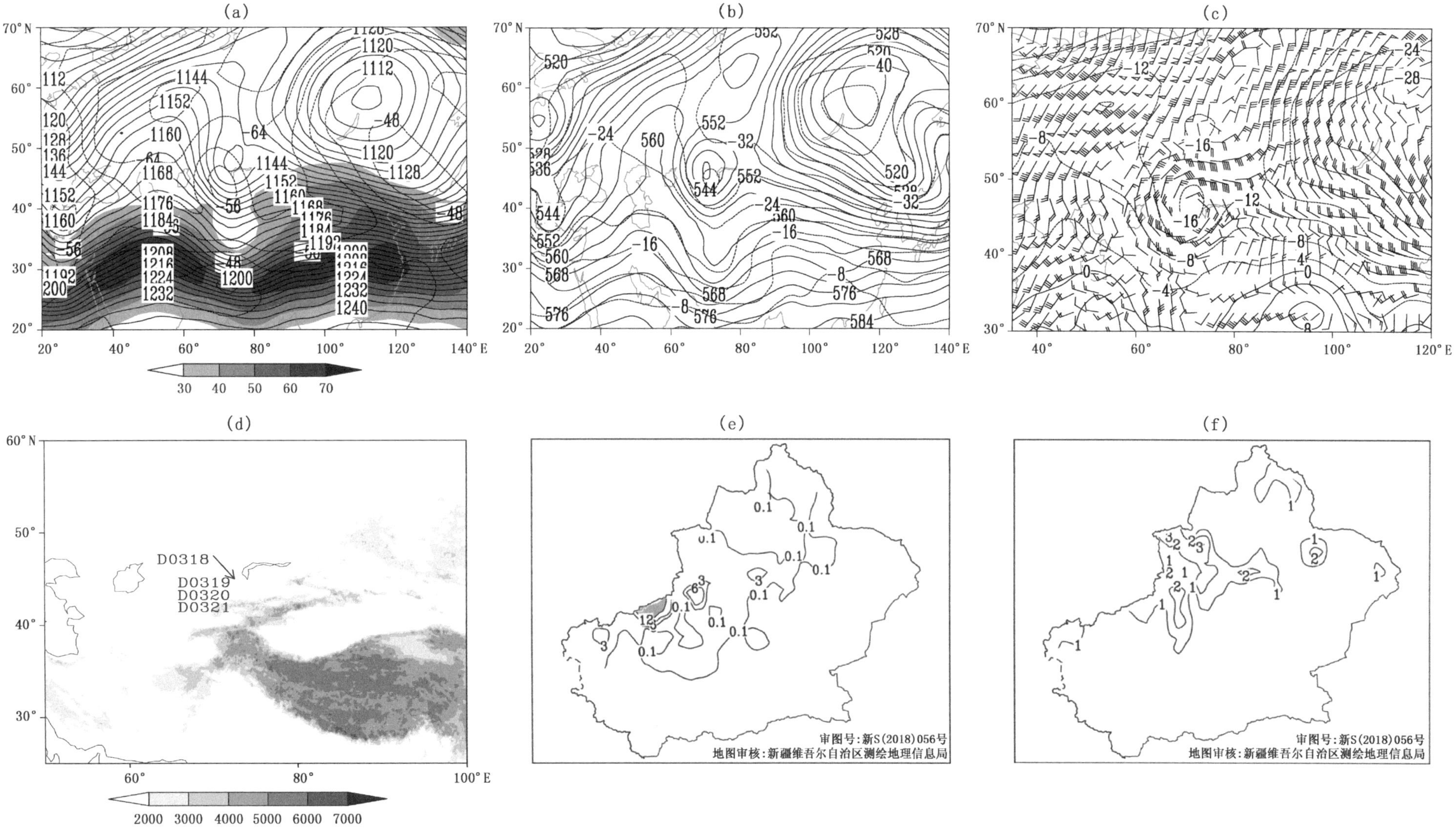

图 3.47 1988年3月18日20时位势高度场(实线,单位:位势什米),温度场(虚线,单位:℃),阴影表示风速大于或等于30米/秒急流区:(a)200百帕;(b)500百帕;(c)700百帕温度场(实线,单位:℃),风场(单位:米/秒);(d)低涡中心移动路径(阴影表示地形海拔高度,单位:米);(e)过程累计降水量(单位:毫米,阴影表示暴雨或暴雪及以上量级区域);(f)总降水日数(单位:天)

中亚低涡年鉴 (1971—2017)

过程编号:D19880518

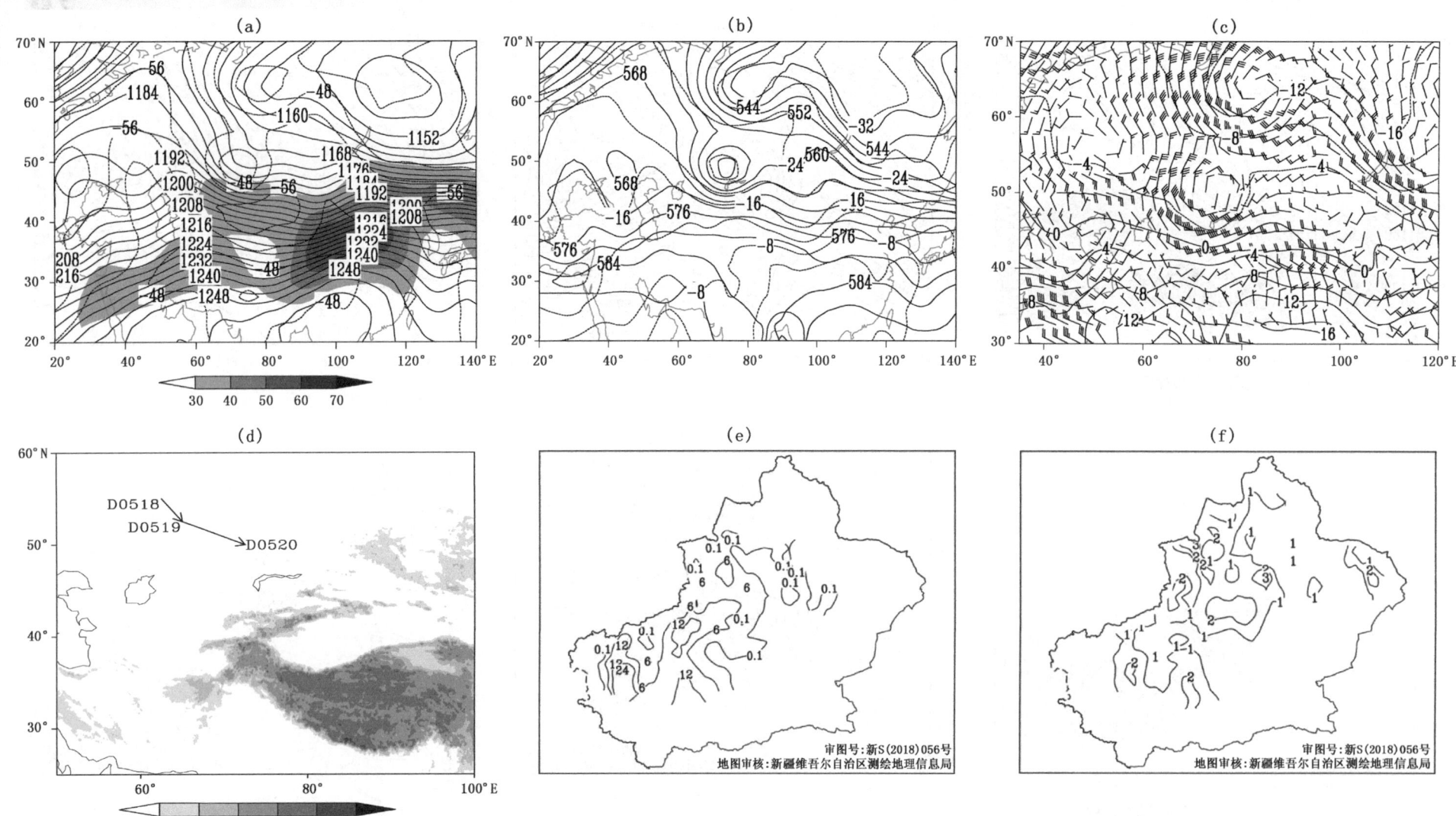

图 3.48 1988年5月20日20时位势高度场(实线,单位:位势什米),温度场(虚线,单位:℃),阴影表示风速大于或等于30米/秒急流区;(a)200百帕;(b)500百帕;(c)700百帕温度场(实线,单位:℃),风场(单位:米/秒);(d)低涡中心移动路径(阴影表示地形海拔高度,单位:米);(e)过程累计降水量(单位:毫米);(f)总降水日数(单位:天)

过程编号:D19880924

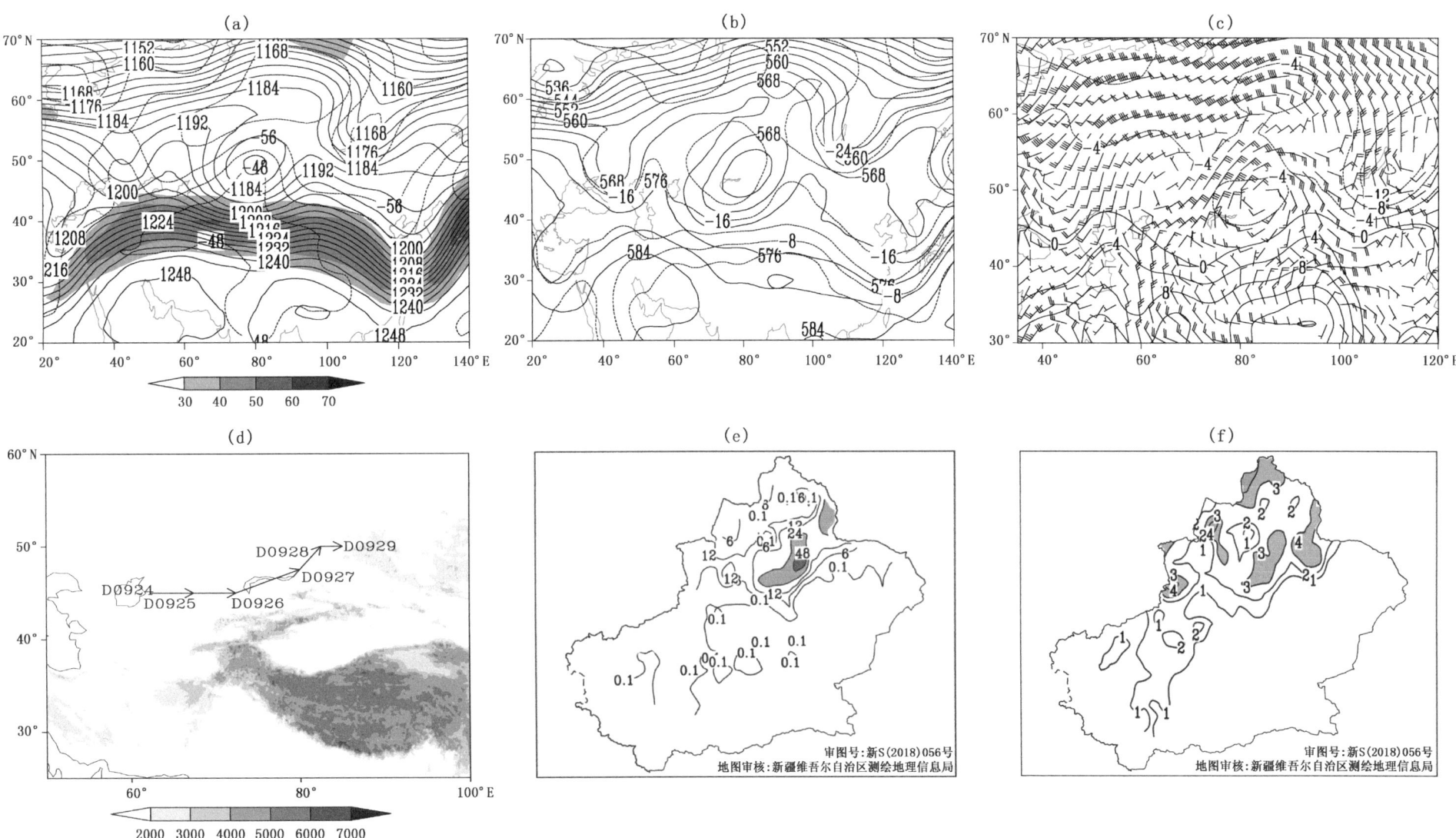

图3.49 1988年9月27日20时位势高度场(实线,单位:位势什米),温度场(虚线,单位:℃),阴影表示风速大于或等于30米/秒急流区;(a)200百帕;(b)500百帕;(c)700百帕温度场(实线,单位:℃),风场(单位:米/秒);(d)低涡中心移动路径(阴影表示地形海拔高度,单位:米);(e)过程累计降水量(单位:毫米,阴影表示暴雨或暴雪及以上量级区域);(f)总降水日数(单位:天,阴影表示大于或等于3天区域)

中亚低涡年鉴 (1971—2017)

过程编号:D19890618

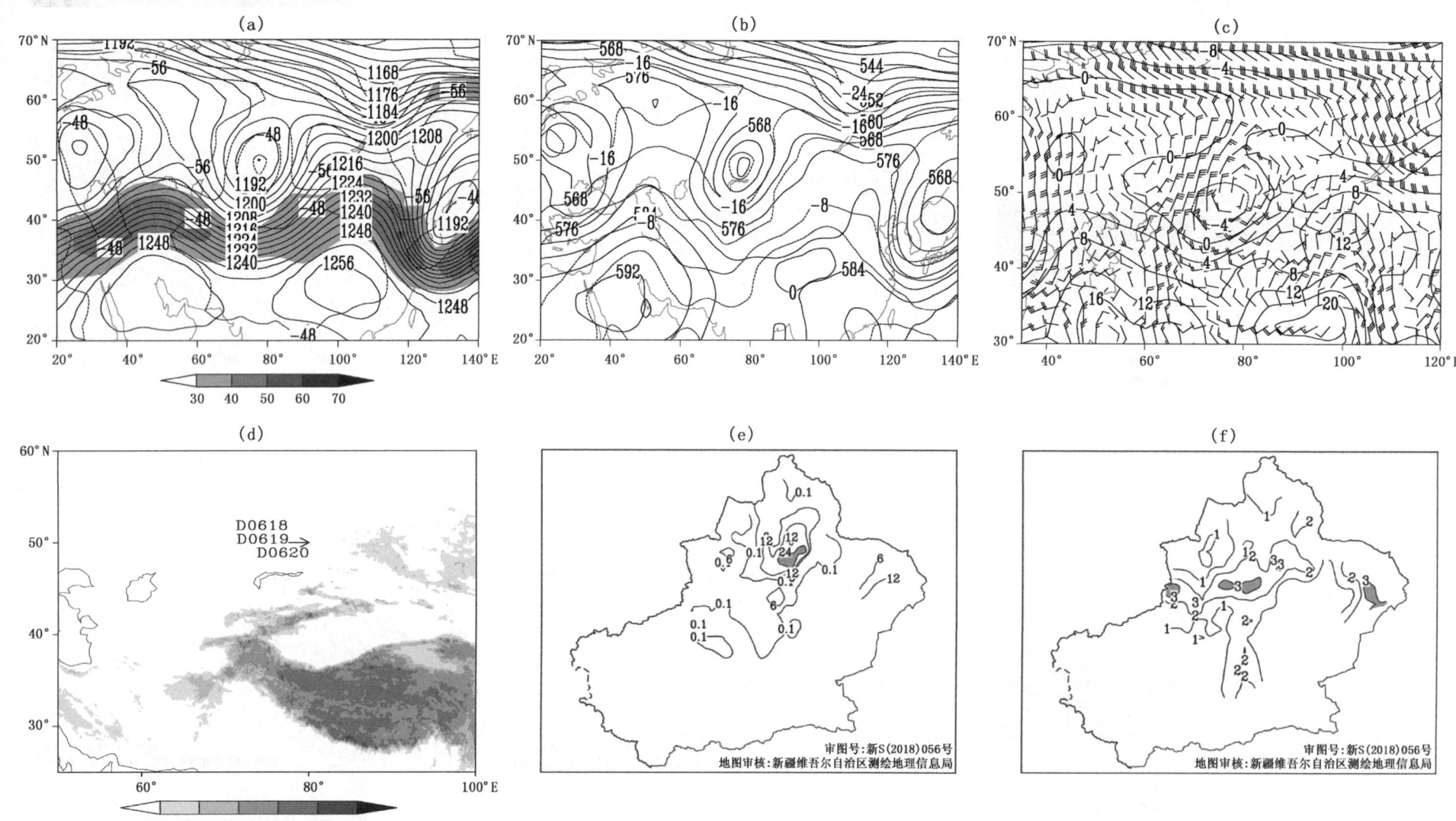

图 3.50　1989 年 6 月 19 日 20 时位势高度场(实线,单位:位势什米),温度场(虚线,单位:℃),阴影表示风速大于或等于 30 米/秒急流区;(a)200 百帕;(b)500 百帕;(c)700 百帕温度场(实线,单位:℃),风场(单位:米/秒);(d)低涡中心移动路径(阴影表示地形海拔高度,单位:米);(e)过程累计降水量(单位:毫米,阴影表示暴雨或暴雪及以上量级区域);(f)总降水日数(单位:天,阴影表示大于或等于 3 天区域)

过程编号:D19890701

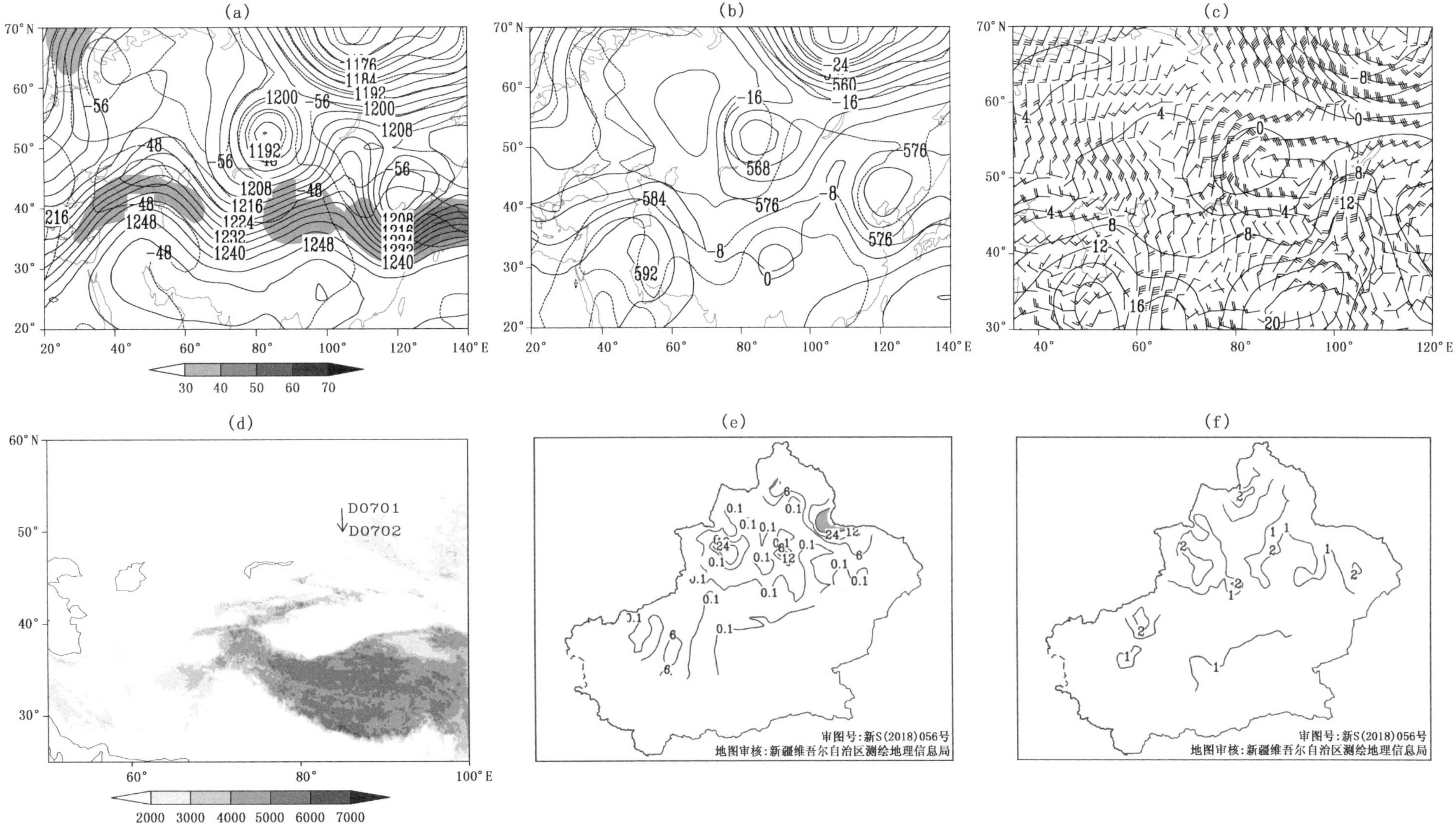

图 3.51 1989年7月1日20时位势高度场(实线,单位:位势什米),温度场(虚线,单位:℃),阴影表示风速大于或等于30米/秒急流区;(a)200百帕;(b)500百帕;(c)700百帕温度场(实线,单位:℃),风场(单位:米/秒);(d)低涡中心移动路径(阴影表示地形海拔高度,单位:米);(e)过程累计降水量(单位:毫米,阴影表示暴雨或暴雪及以上量级区域);(f)总降水日数(单位:天)

中亚低涡年鉴 (1971—2017)
ZHONGYA DIWO NIANJIAN

过程编号:D19890710

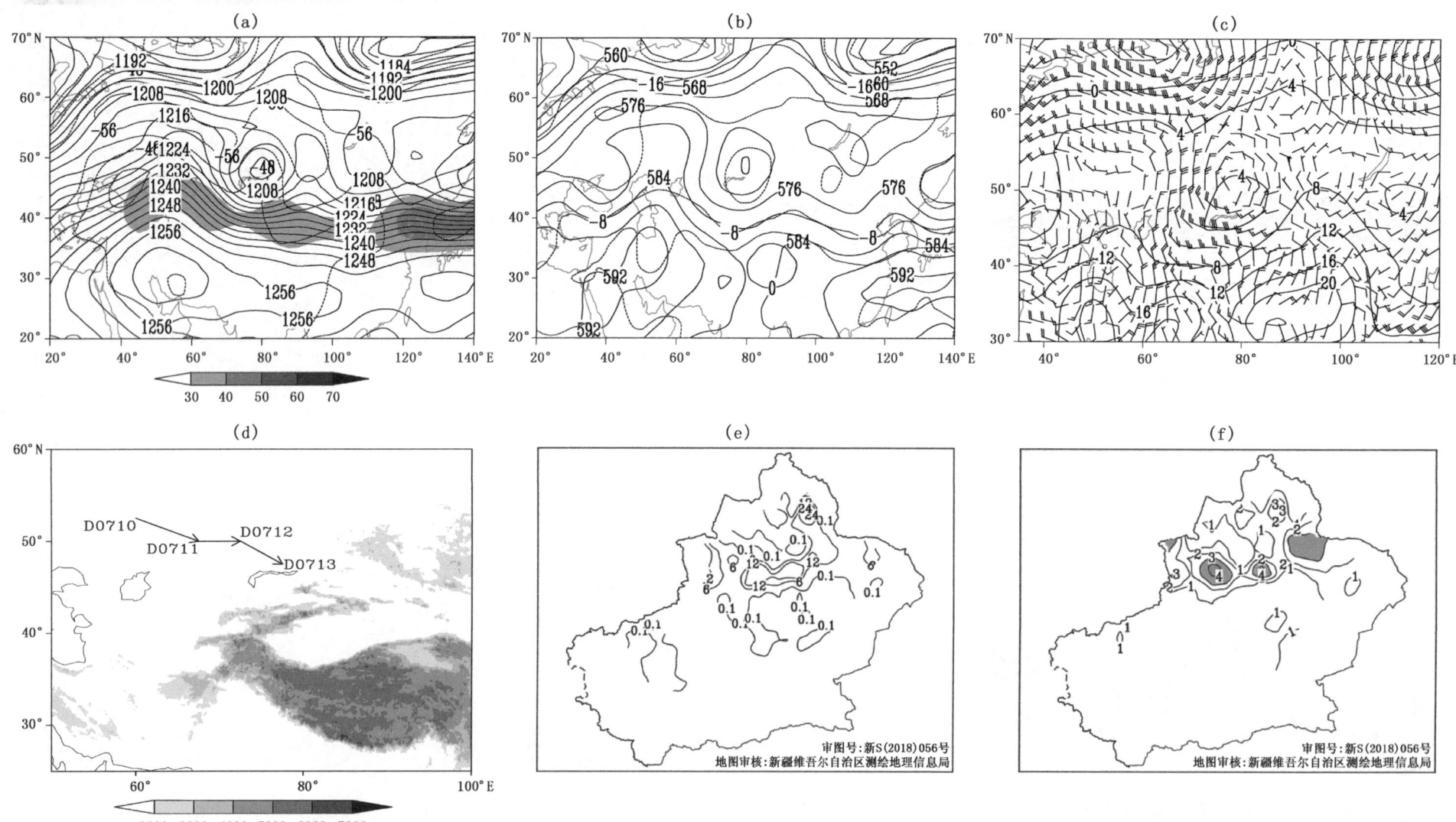

图3.52　1989年7月13日20时位势高度场(实线,单位:位势什米),温度场(虚线,单位:℃),阴影表示风速大于或等于30米/秒急流区:(a)200百帕;(b)500百帕;(c)700百帕温度场(实线,单位:℃),风场(单位:米/秒);(d)低涡中心移动路径(阴影表示地形海拔高度,单位:米);(e)过程累计降水量(单位:毫米);(f)总降水日数(单位:天,阴影表示大于或等于3天区域)

过程编号:D19890902

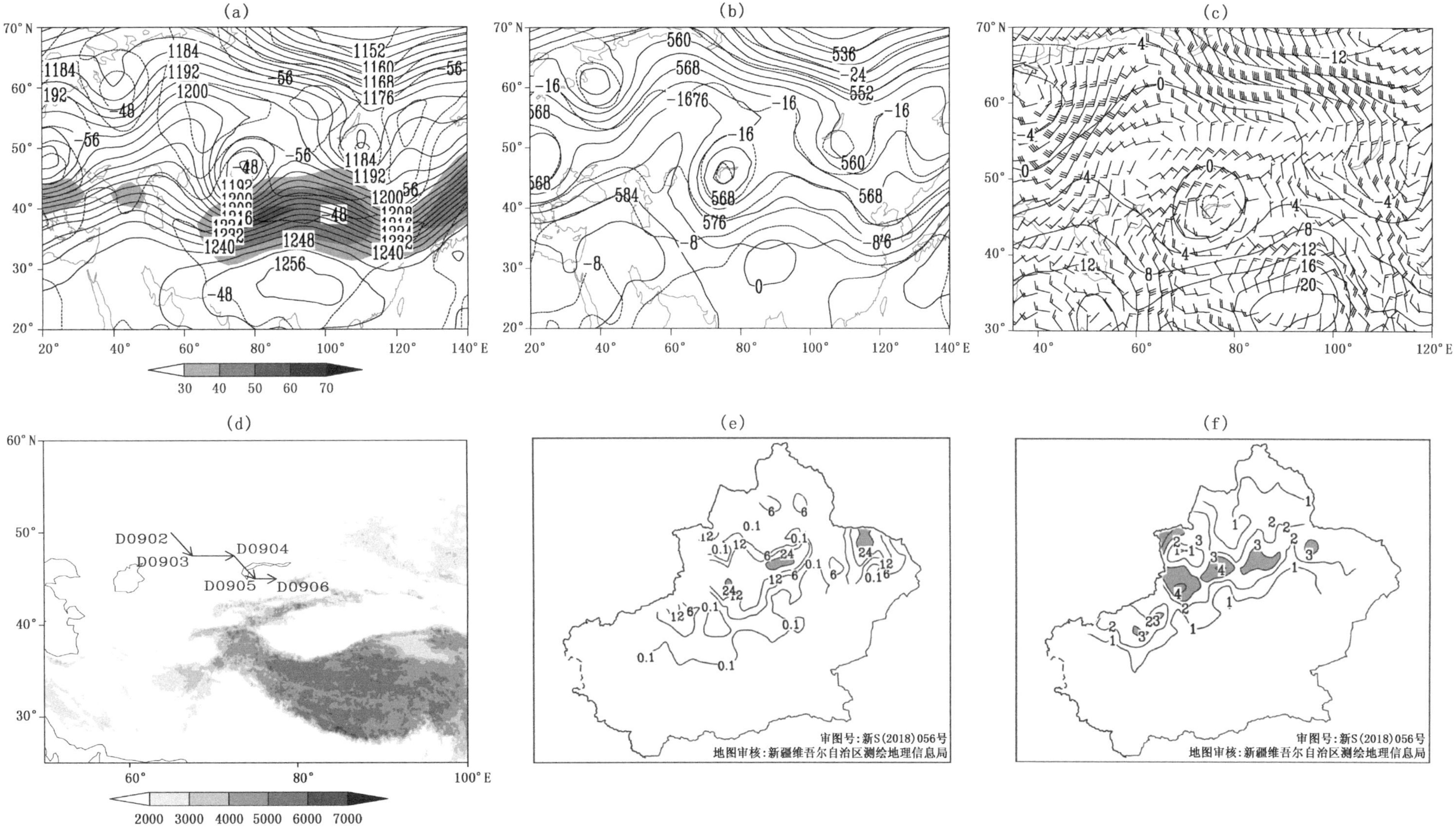

图3.53 1989年9月5日20时位势高度场(实线,单位:位势什米),温度场(虚线,单位:℃),阴影表示风速大于或等于30米/秒急流区;(a)200百帕;(b)500百帕;(c)700百帕温度场(实线,单位:℃),风场(单位:米/秒);(d)低涡中心移动路径(阴影表示地形海拔高度,单位:米);(e)过程累计降水量(单位:毫米,阴影表示暴雨或暴雪及以上量级区域);(f)总降水日数(单位:天,阴影表示大于或等于3天区域)

过程编号：D19900704

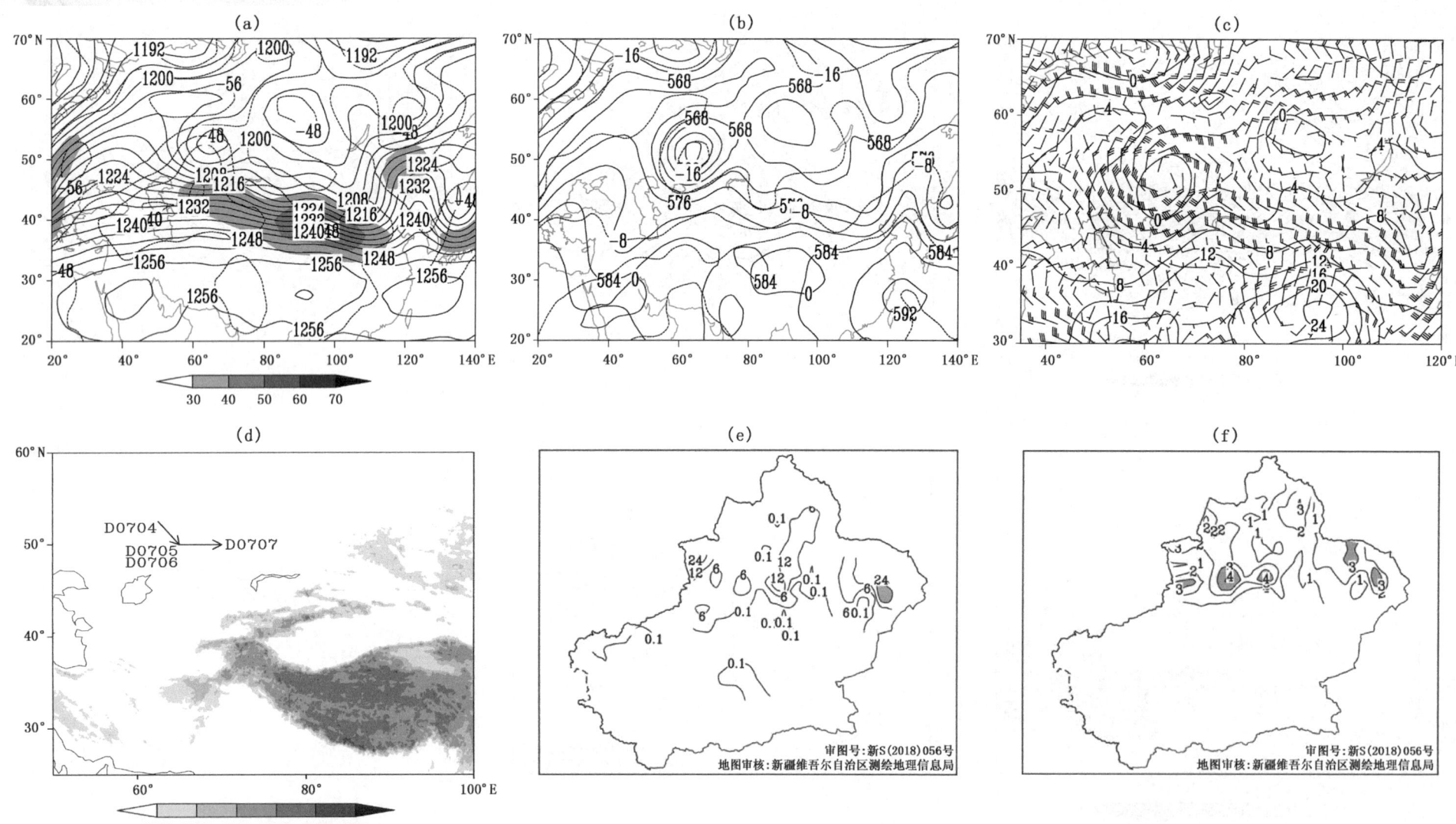

图3.54 1990年7月4日20时位势高度场（实线，单位：位势什米），温度场（虚线，单位：℃），阴影表示风速大于或等于30米/秒急流区；(a)200百帕；(b)500百帕；(c)700百帕温度场（实线，单位：℃），风场（单位：米/秒）；(d)低涡中心移动路径（阴影表示地形海拔高度，单位：米）；(e)过程累计降水量（单位：毫米，阴影表示暴雨或暴雪及以上量级区域）；(f)总降水日数（单位：天，阴影表示大于或等于3天区域）

过程编号:D19910624

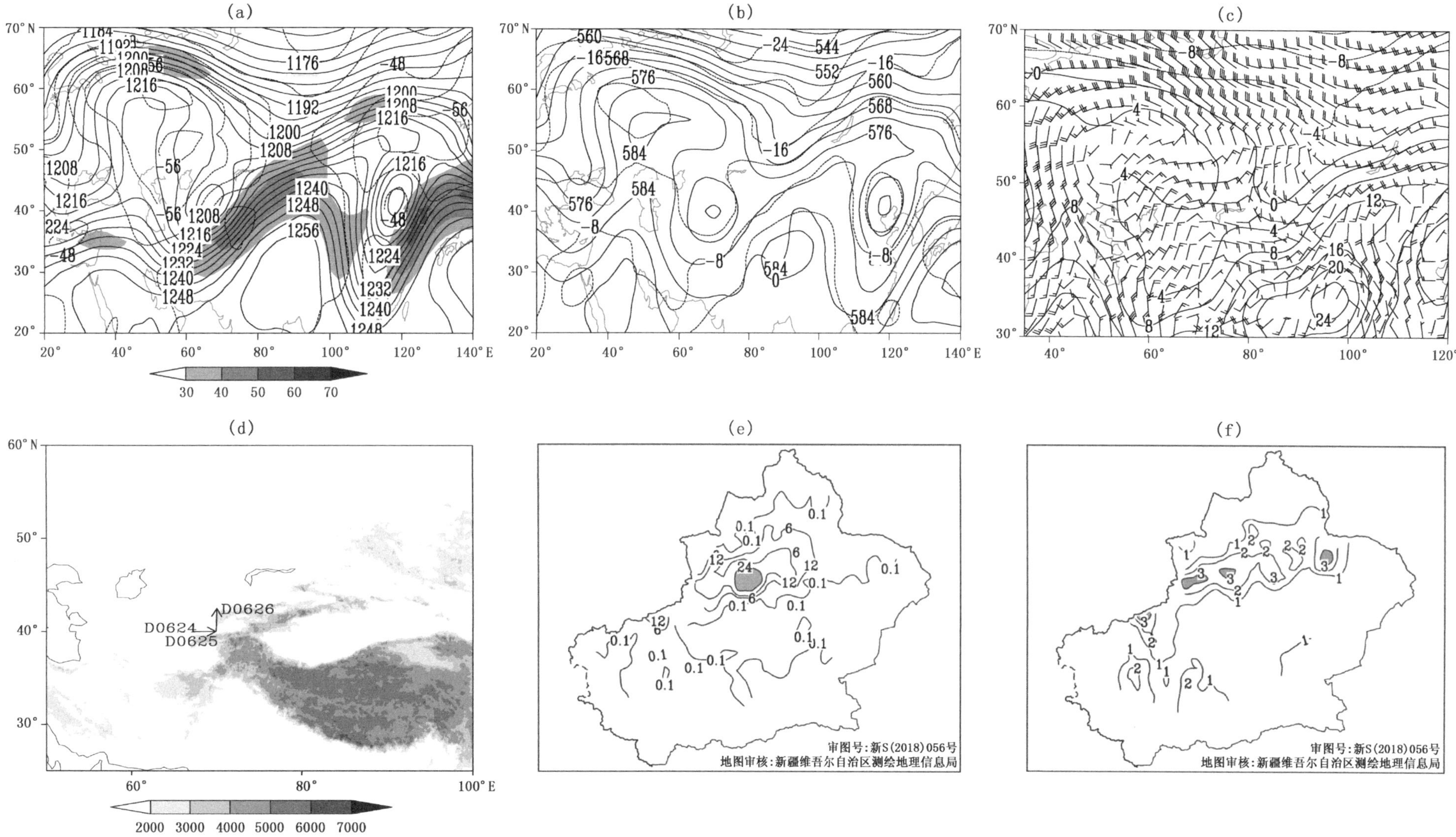

图 3.55 1991年6月25日14时位势高度场(实线,单位:位势什米),温度场(虚线,单位:℃),阴影表示风速大于或等于30米/秒急流区;(a)200百帕;(b)500百帕;(c)700百帕温度场(实线,单位:℃),风场(单位:米/秒);(d)低涡中心移动路径(阴影表示地形海拔高度,单位:米);(e)过程累计降水量(单位:毫米,阴影表示暴雨或暴雪及以上量级区域);(f)总降水日数(单位:天,阴影表示大于或等于3天区域)

中亚低涡年鉴 (1971—2017)
ZHONGYA DIWO NIANJIAN

过程编号:D19910712

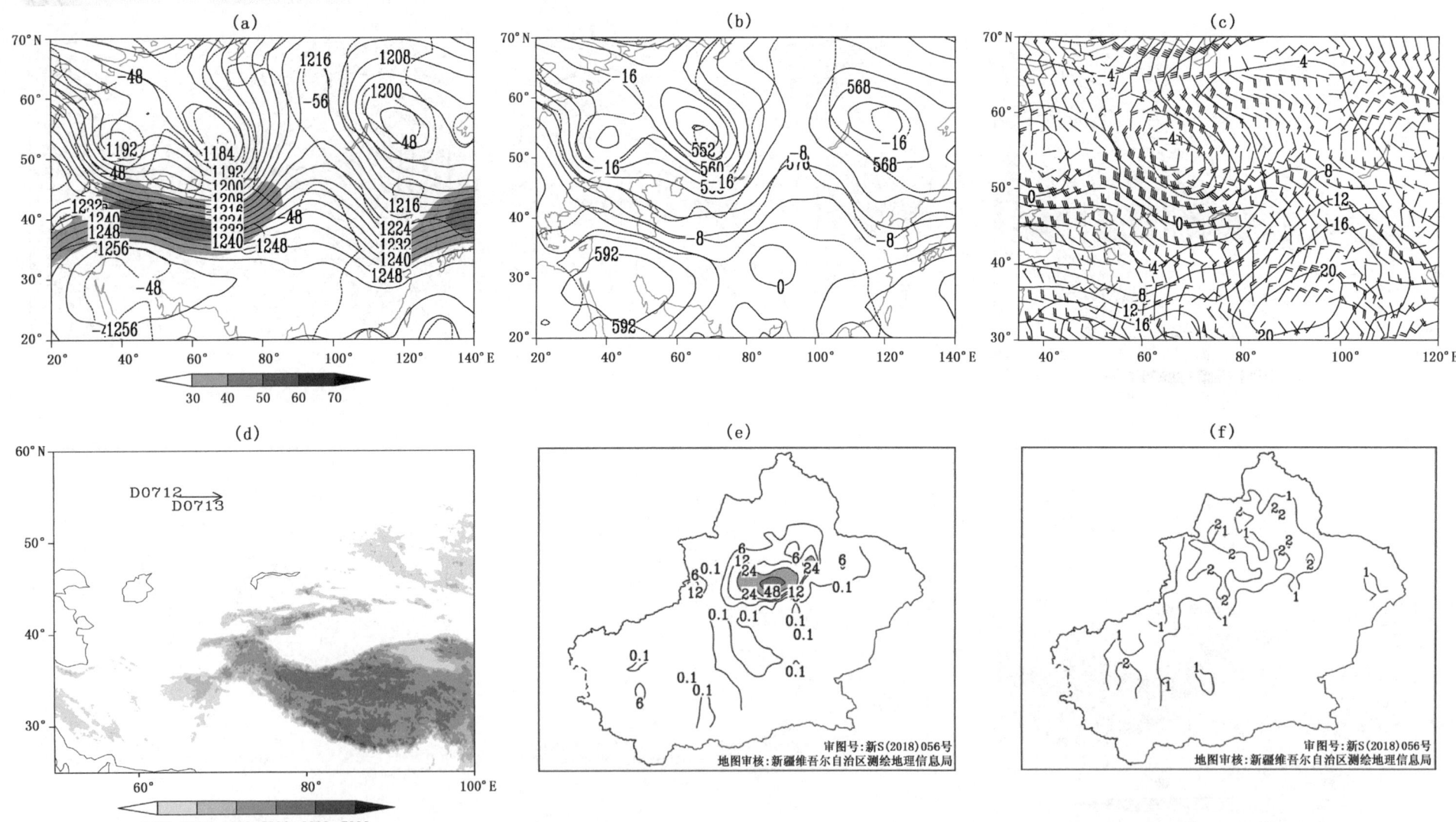

图 3.56　1991年7月12日20时位势高度场(实线,单位:位势什米),温度场(虚线,单位:℃),阴影表示风速大于或等于30米/秒急流区;(a)200百帕;(b)500百帕;(c)700百帕温度场(实线,单位:℃),风场(单位:米/秒);(d)低涡中心移动路径(阴影表示地形海拔高度,单位:米);(e)过程累计降水量(单位:毫米,阴影表示暴雨或暴雪及以上量级区域);(f)总降水日数(单位:天)

过程编号：D19920316

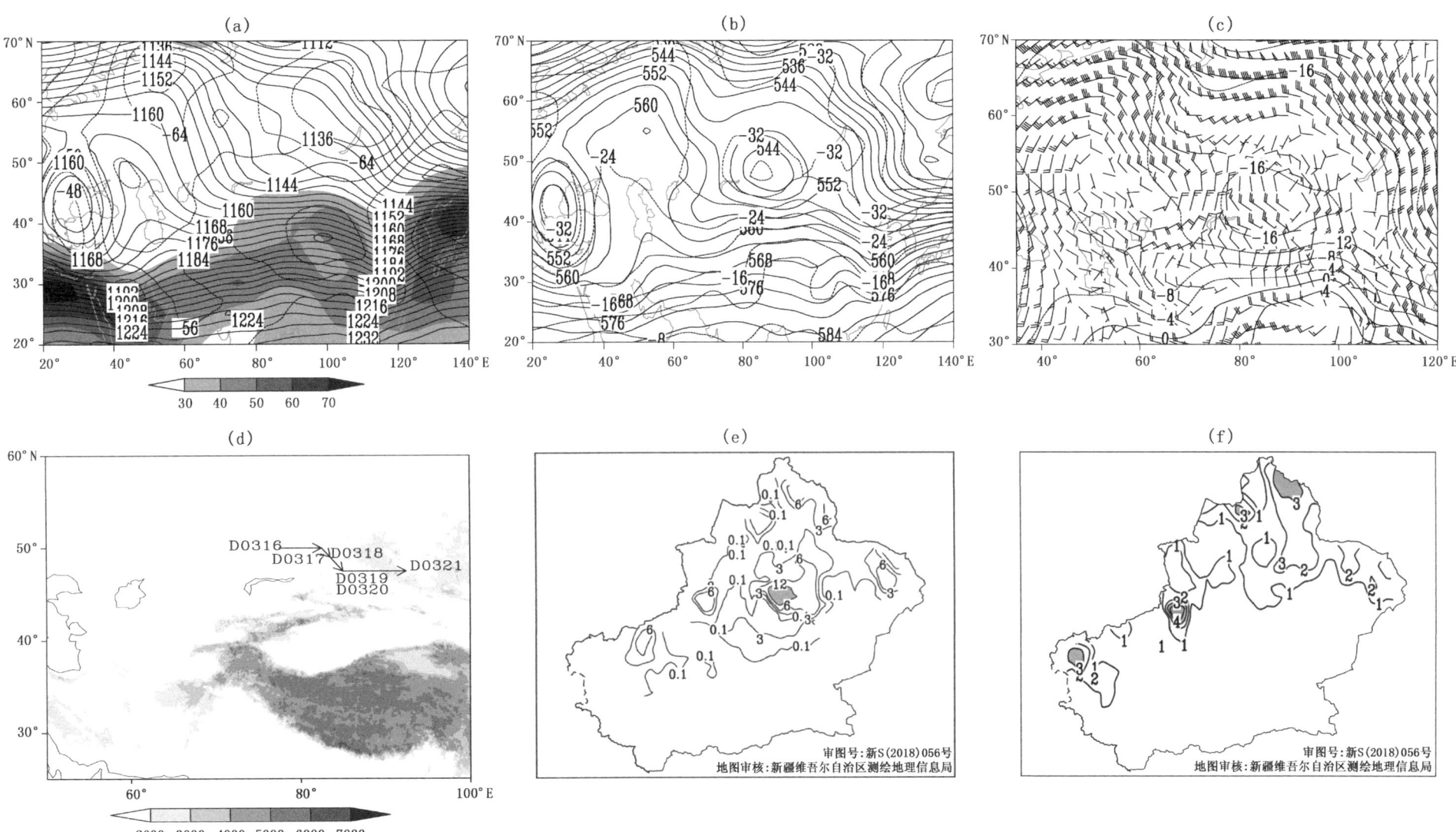

图 3.57 1992年3月20日20时位势高度场（实线，单位：位势什米），温度场（虚线，单位：℃），阴影表示风速大于或等于30米/秒急流区；(a)200百帕；(b)500百帕；(c)700百帕温度场（实线，单位：℃），风场（单位：米/秒）；(d)低涡中心移动路径（阴影表示地形海拔高度，单位：米）；(e)过程累计降水量（单位：毫米，阴影表示暴雨或暴雪及以上量级区域）；(f)总降水日数（单位：天，阴影表示大于或等于3天区域）

中亚低涡年鉴 (1971—2017)
ZHONGYA DIWO NIANJIAN

过程编号：D19920617

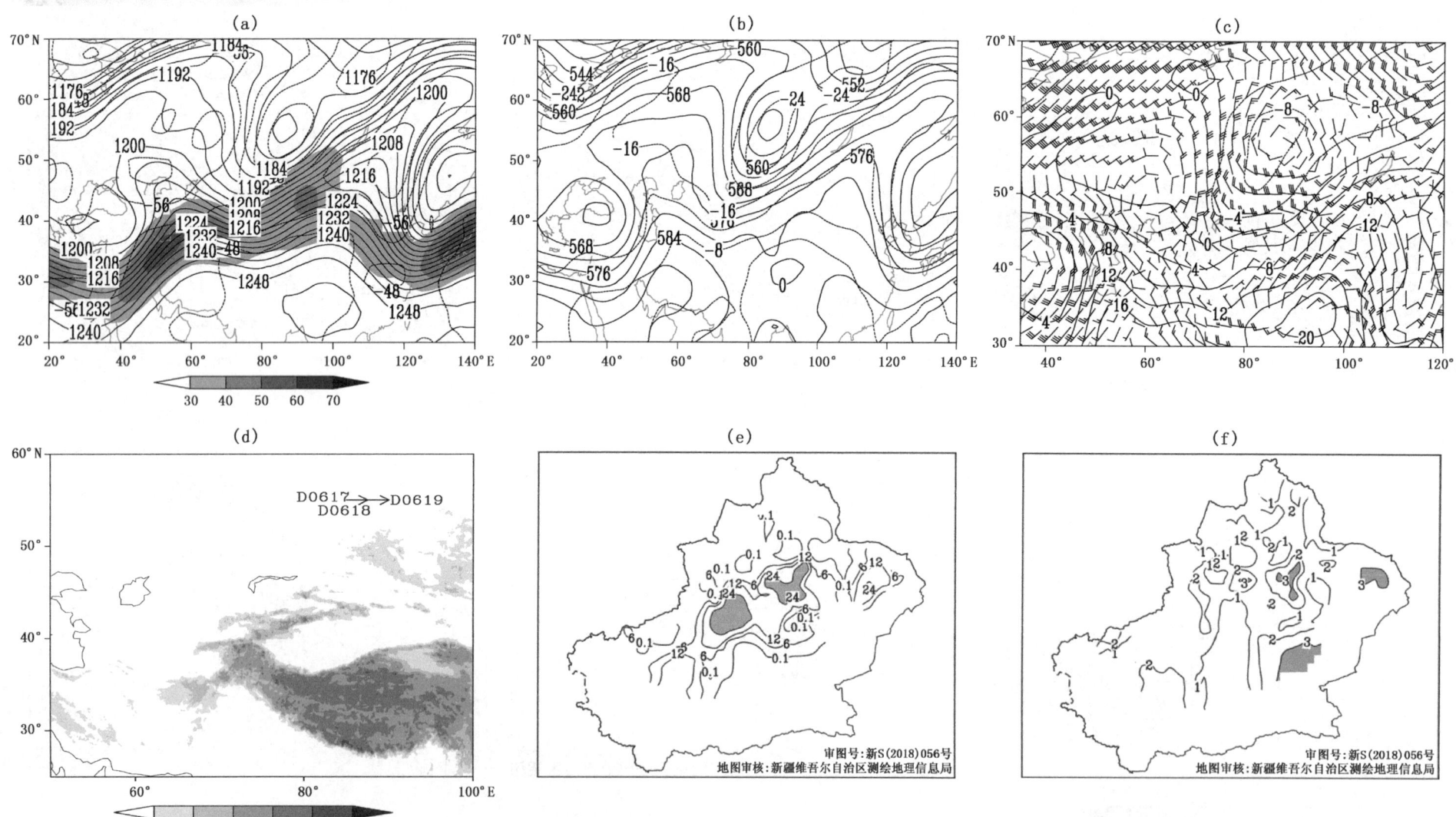

图 3.58　1992年6月17日20时位势高度场（实线，单位：位势什米），温度场（虚线，单位：℃），阴影表示风速大于或等于30米/秒急流区；(a)200百帕；(b)500百帕；(c)700百帕温度场（实线，单位：℃），风场（单位：米/秒）；(d)低涡中心移动路径（阴影表示地形海拔高度，单位：米）；(e)过程累计降水量（单位：毫米，阴影表示暴雨或暴雪及以上量级区域）；(f)总降水日数（单位：天，阴影表示大于或等于3天区域）

过程编号:D19920728

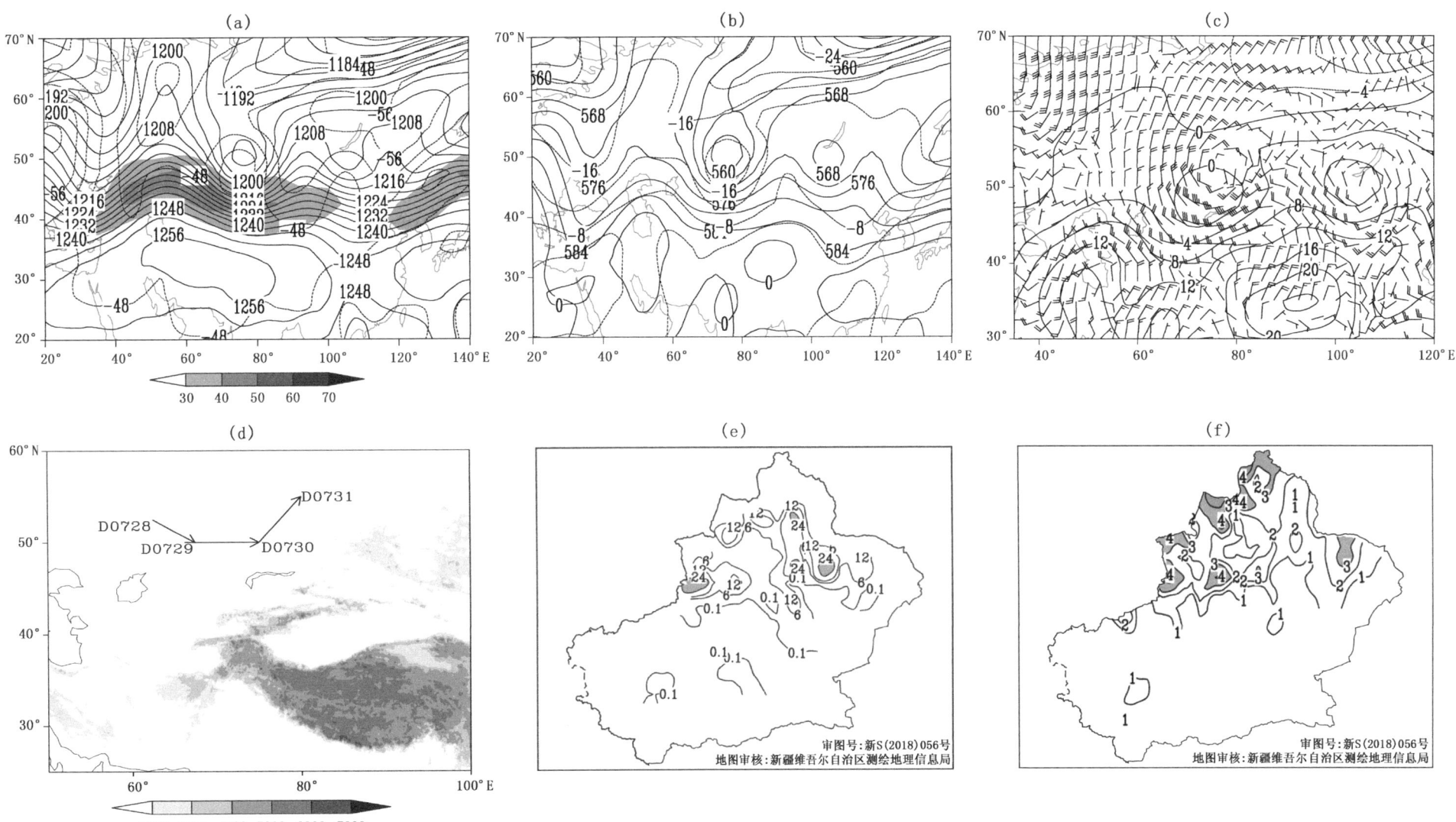

图 3.59 1992年7月30日20时位势高度场(实线,单位:位势什米),温度场(虚线,单位:℃),阴影表示风速大于或等于30米/秒急流区;(a)200百帕;(b)500百帕;(c)700百帕温度场(实线,单位:℃),风场(单位:米/秒);(d)低涡中心移动路径(阴影表示地形海拔高度,单位:米);(e)过程累计降水量(单位:毫米,阴影表示暴雨或暴雪及以上量级区域);(f)总降水日数(单位:天,阴影表示大于或等于3天区域)

中亚低涡年鉴 (1971—2017)
ZHONGYA DIWO NIANJIAN

过程编号:D19930614

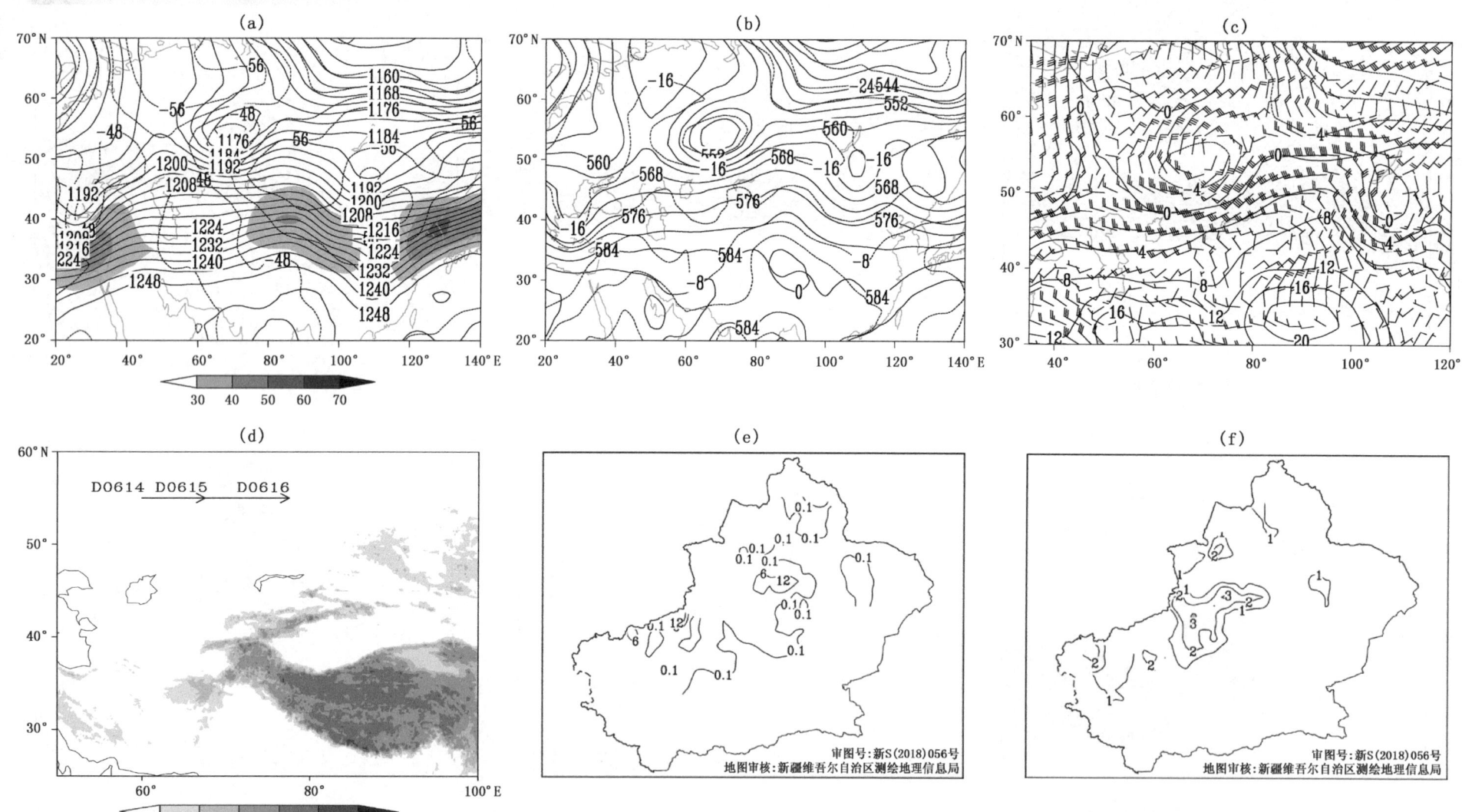

图 3.60　1993年6月15日20时位势高度场(实线,单位:位势什米),温度场(虚线,单位:℃),阴影表示风速大于或等于30米/秒急流区;(a)200百帕;(b)500百帕;(c)700百帕温度场(实线,单位:℃),风场(单位:米/秒);(d)低涡中心移动路径(阴影表示地形海拔高度,单位:米);(e)过程累计降水量(单位:毫米);(f)总降水日数(单位:天)

过程编号：D19930706

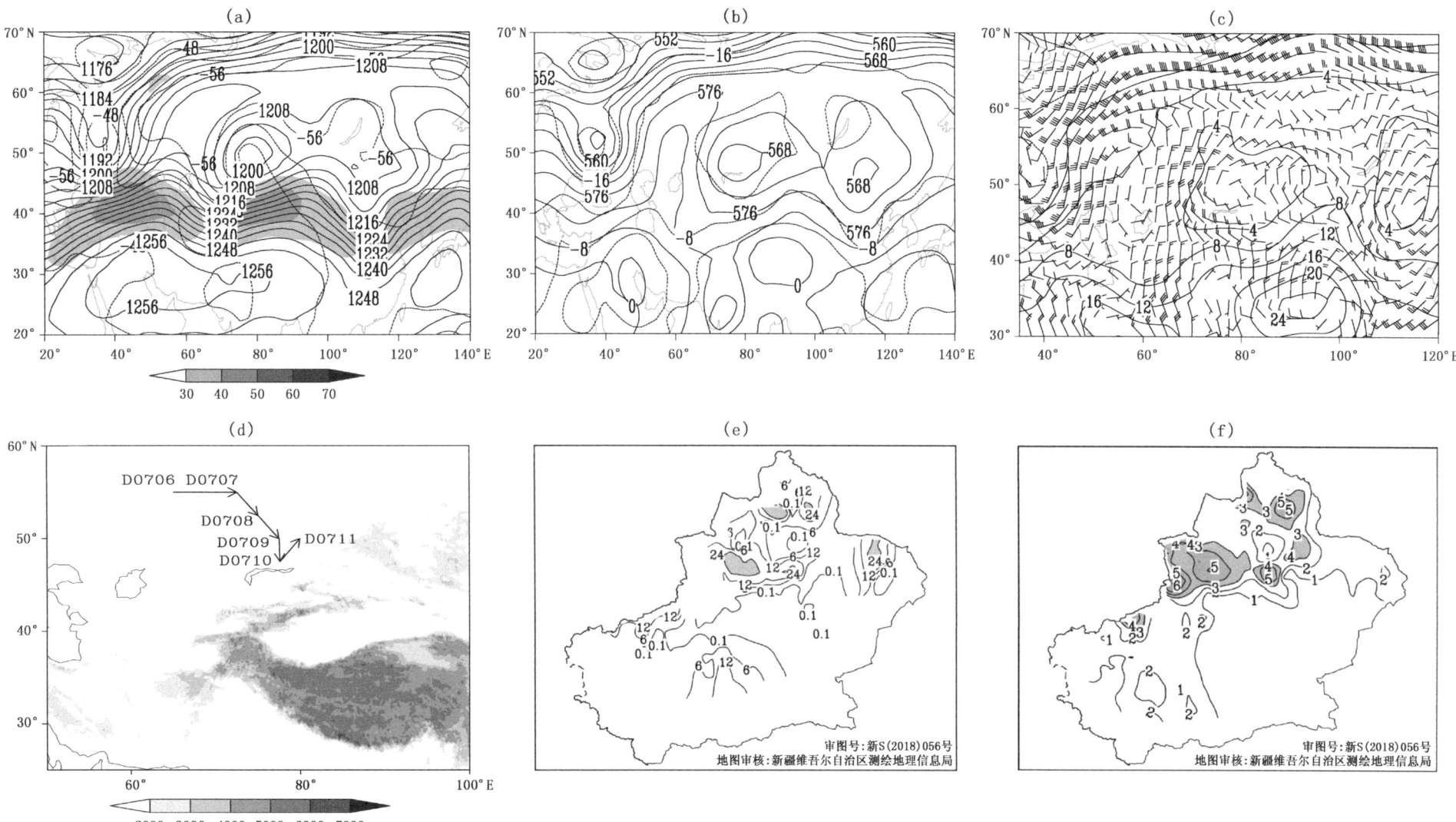

图 3.61　1993 年 7 月 9 日 20 时位势高度场（实线，单位：位势什米），温度场（虚线，单位：℃），阴影表示风速大于或等于 30 米/秒急流区；(a) 200 百帕；(b) 500 百帕；(c) 700 百帕温度场（实线，单位：℃），风场（单位：米/秒）；(d) 低涡中心移动路径（阴影表示地形海拔高度，单位：米）；(e) 过程累计降水量（单位：毫米，阴影表示暴雨或暴雪及以上量级区域）；(f) 总降水日数（单位：天，阴影表示大于或等于 3 天区域）

中亚低涡年鉴 （1971—2017）
ZHONGYA DIWO NIANJIAN

过程编号：D19930731

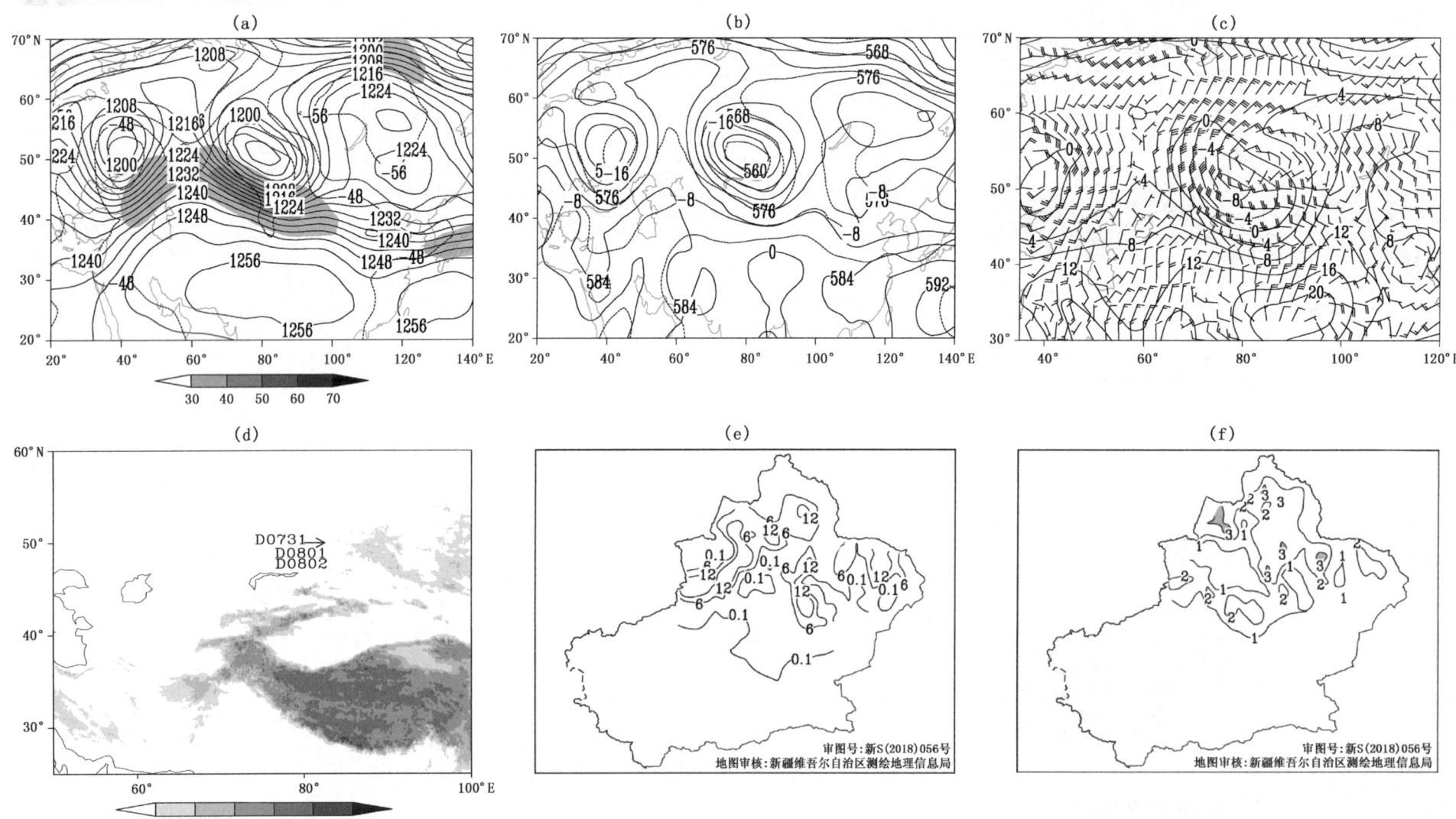

图3.62 1993年7月31日20时位势高度场（实线，单位：位势什米），温度场（虚线，单位：℃），阴影表示风速大于或等于30米/秒急流区；(a) 200百帕；(b) 500百帕；(c) 700百帕温度场（实线，单位：℃），风场（单位：米/秒）；(d) 低涡中心移动路径（阴影表示地形海拔高度，单位：米）；(e) 过程累计降水量（单位：毫米）；(f) 总降水日数（单位：天，阴影表示大于或等于3天区域）

过程编号:D19930819

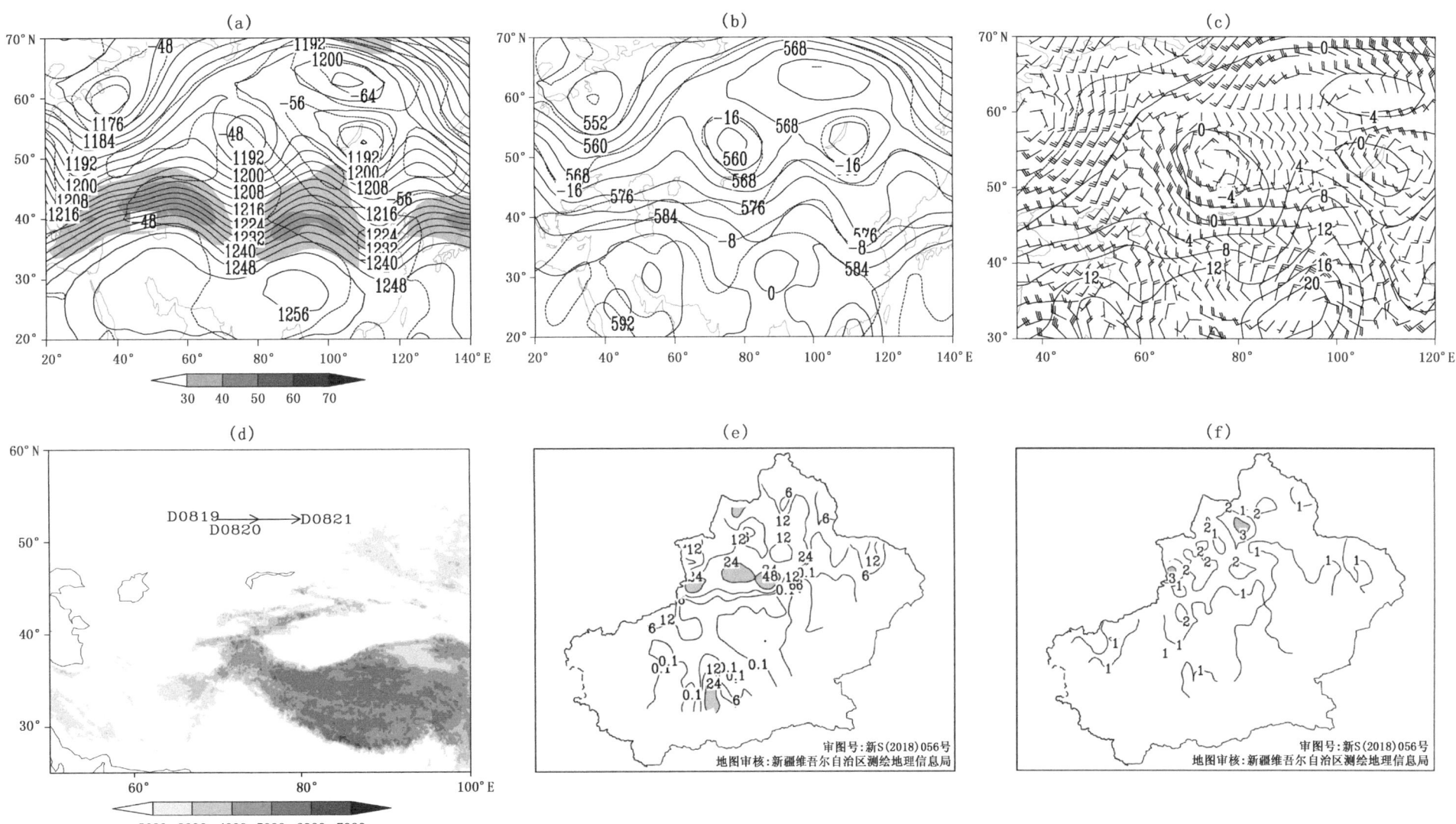

图 3.63 1993年8月20日20时位势高度场(实线,单位:位势什米),温度场(虚线,单位:℃),阴影表示风速大于或等于30米/秒急流区;(a)200百帕;(b)500百帕;(c)700百帕温度场(实线,单位:℃),风场(单位:米/秒);(d)低涡中心移动路径(阴影表示地形海拔高度,单位:米);(e)过程累计降水量(单位:毫米,阴影表示暴雨或暴雪及以上量级区域);(f)总降水日数(单位:天,阴影表示大于或等于3天区域)

中亚低涡年鉴 (1971—2017)
ZHONGYA DIWO NIANJIAN

过程编号：D19940406

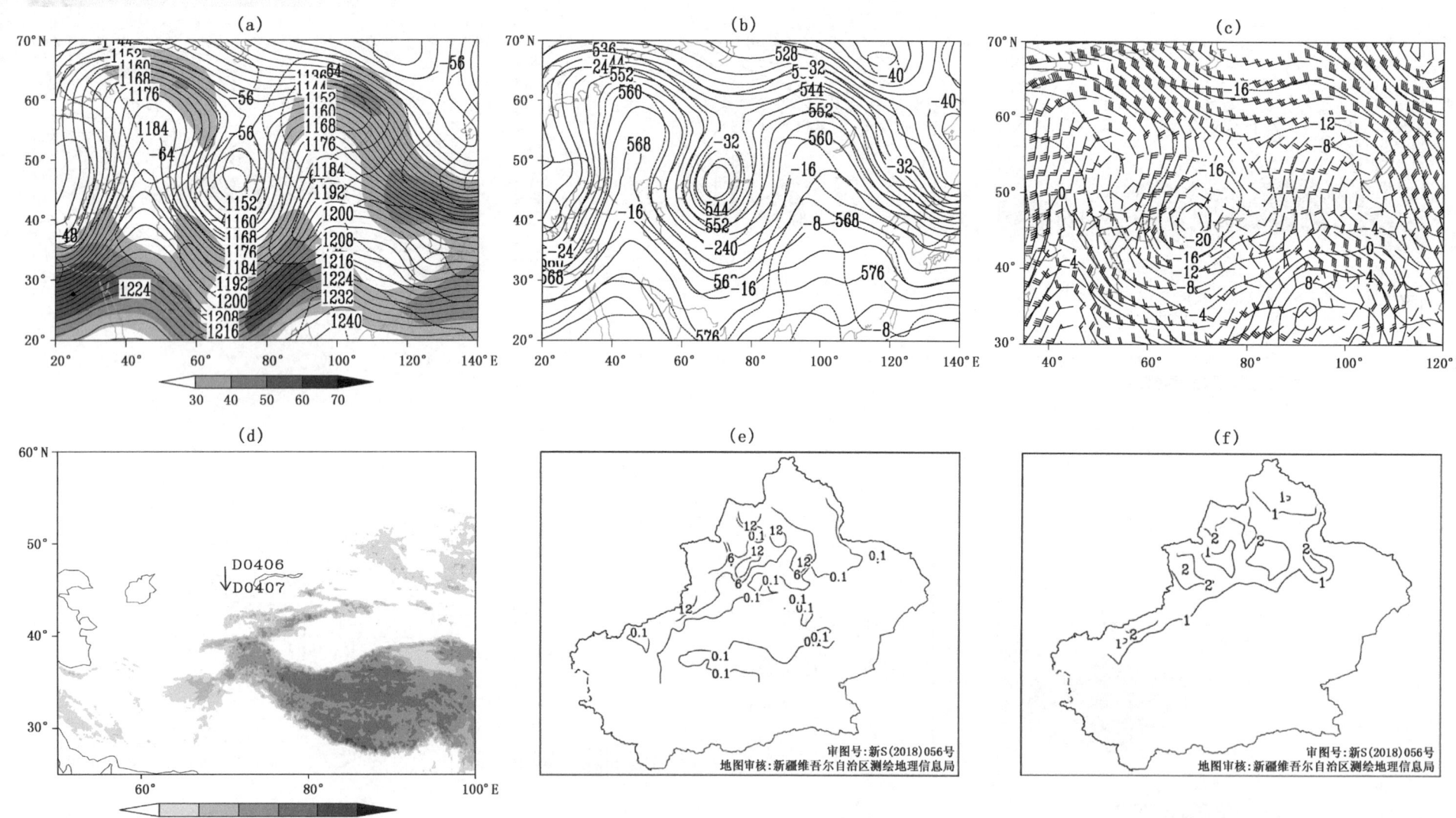

图 3.64　1994 年 4 月 7 日 20 时位势高度场（实线，单位：位势什米），温度场（虚线，单位：℃），阴影表示风速大于或等于 30 米/秒急流区；(a) 200 百帕；(b) 500 百帕；(c) 700 百帕温度场（实线，单位：℃），风场（单位：米/秒）；(d) 低涡中心移动路径（阴影表示地形海拔高度，单位：米）；(e) 过程累计降水量（单位：毫米）；(f) 总降水日数（单位：天）

过程编号:D19940605

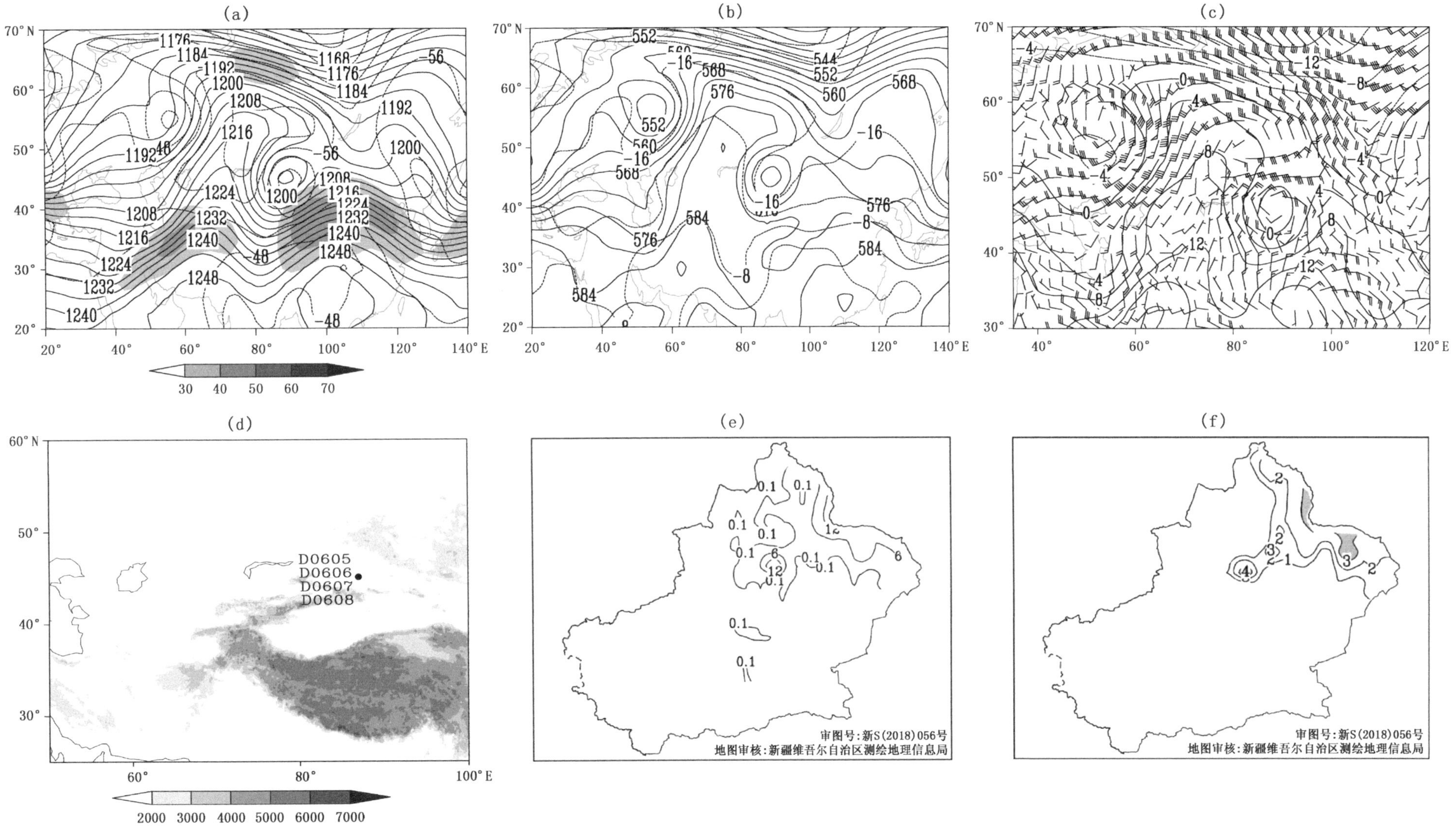

图 3.65 1994年6月5日20时位势高度场(实线,单位:位势什米),温度场(虚线,单位:℃),阴影表示风速大于或等于30米/秒急流区;(a)200百帕;(b)500百帕;(c)700百帕温度场(实线,单位:℃),风场(单位:米/秒);(d)低涡中心移动路径(阴影表示地形海拔高度,单位:米);(e)过程累计降水量(单位:毫米);(f)总降水日数(单位:天,阴影表示大于或等于3天区域)

中亚低涡年鉴 (1971—2017)
ZHONGYA DIWO NIANJIAN

过程编号:D19940710

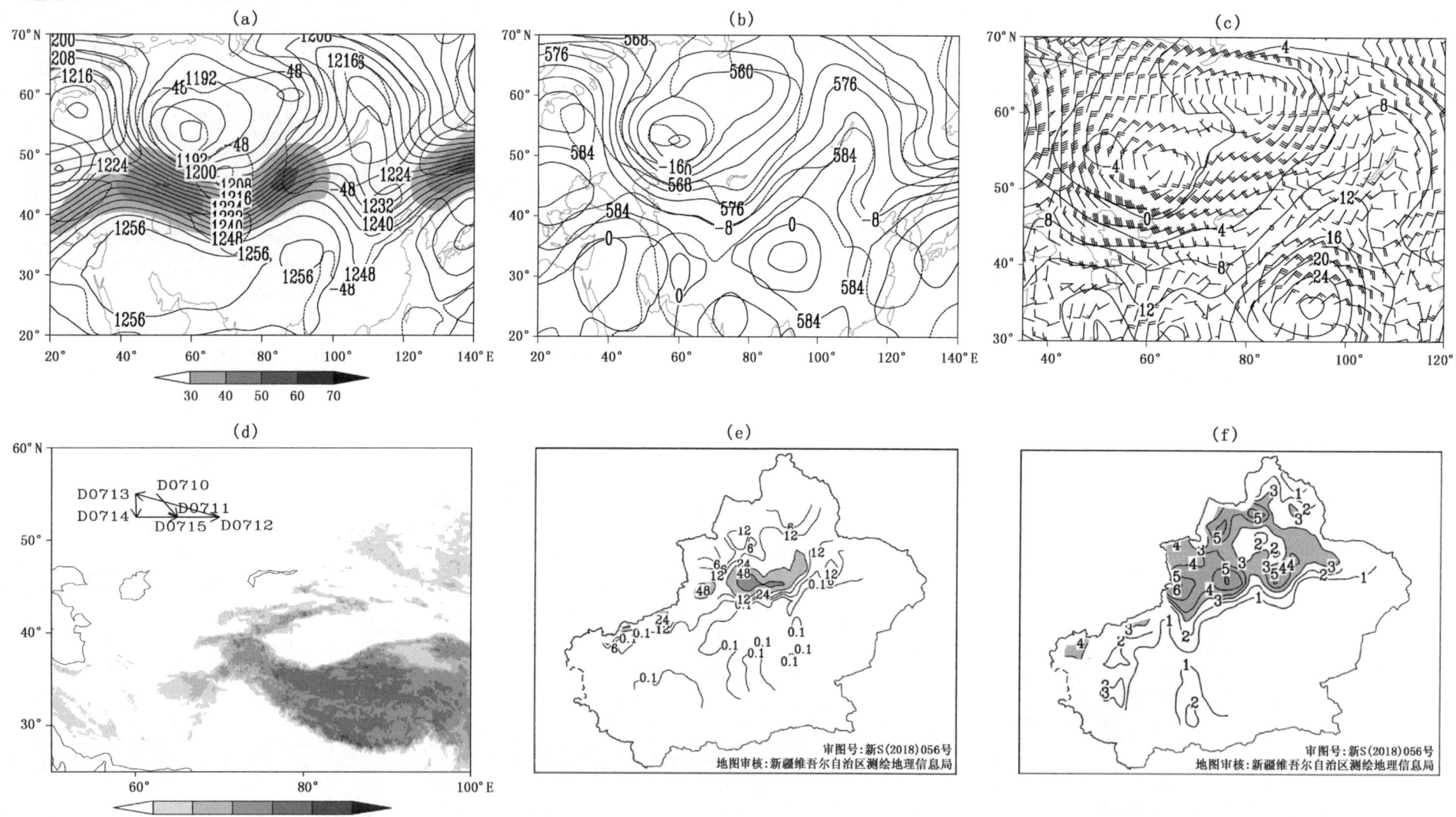

图3.66 1994年7月14日20时位势高度场(实线,单位:位势什米),温度场(虚线,单位:℃),阴影表示风速大于或等于30米/秒急流区;(a)200百帕;(b)500百帕;(c)700百帕温度场(实线,单位:℃),风场(单位:米/秒);(d)低涡中心移动路径(阴影表示地形海拔高度,单位:米);(e)过程累计降水量(单位:毫米,阴影表示暴雨或暴雪及以上量级区域);(f)总降水日数(单位:天,阴影表示大于或等于3天区域)

过程编号:D19940830

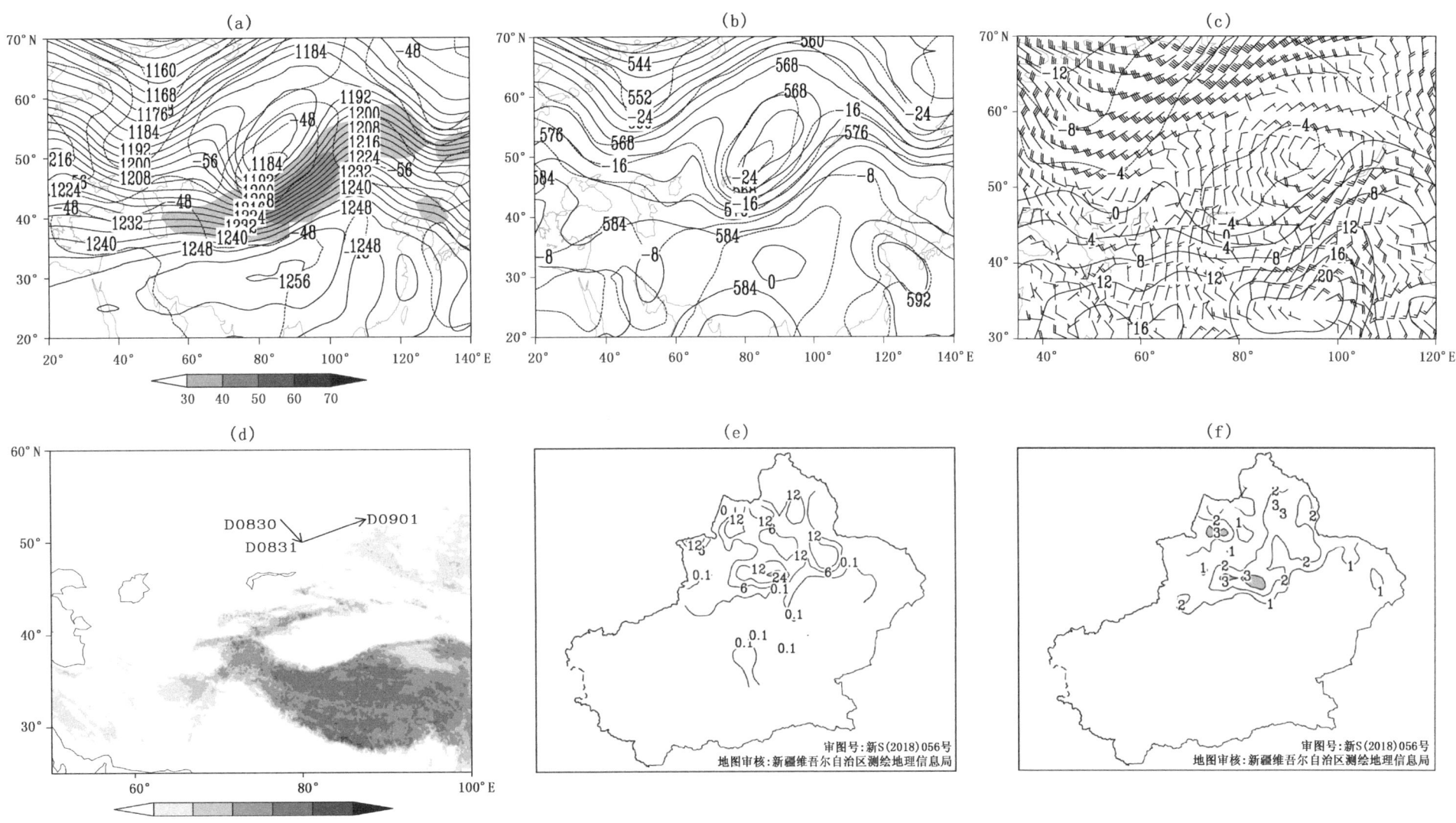

图 3.67 1994年9月1日20时位势高度场(实线,单位:位势什米),温度场(虚线,单位:℃),阴影表示风速大于或等于30米/秒急流区;(a)200百帕;(b)500百帕;(c)700百帕温度场(实线,单位:℃),风场(单位:米/秒);(d)低涡中心移动路径(阴影表示地形海拔高度,单位:米);(e)过程累计降水量(单位:毫米);(f)总降水日数(单位:天,阴影表示大于或等于3天区域)

中亚低涡年鉴 (1971—2017)
ZHONGYA DIWO NIANJIAN

过程编号：D19940911

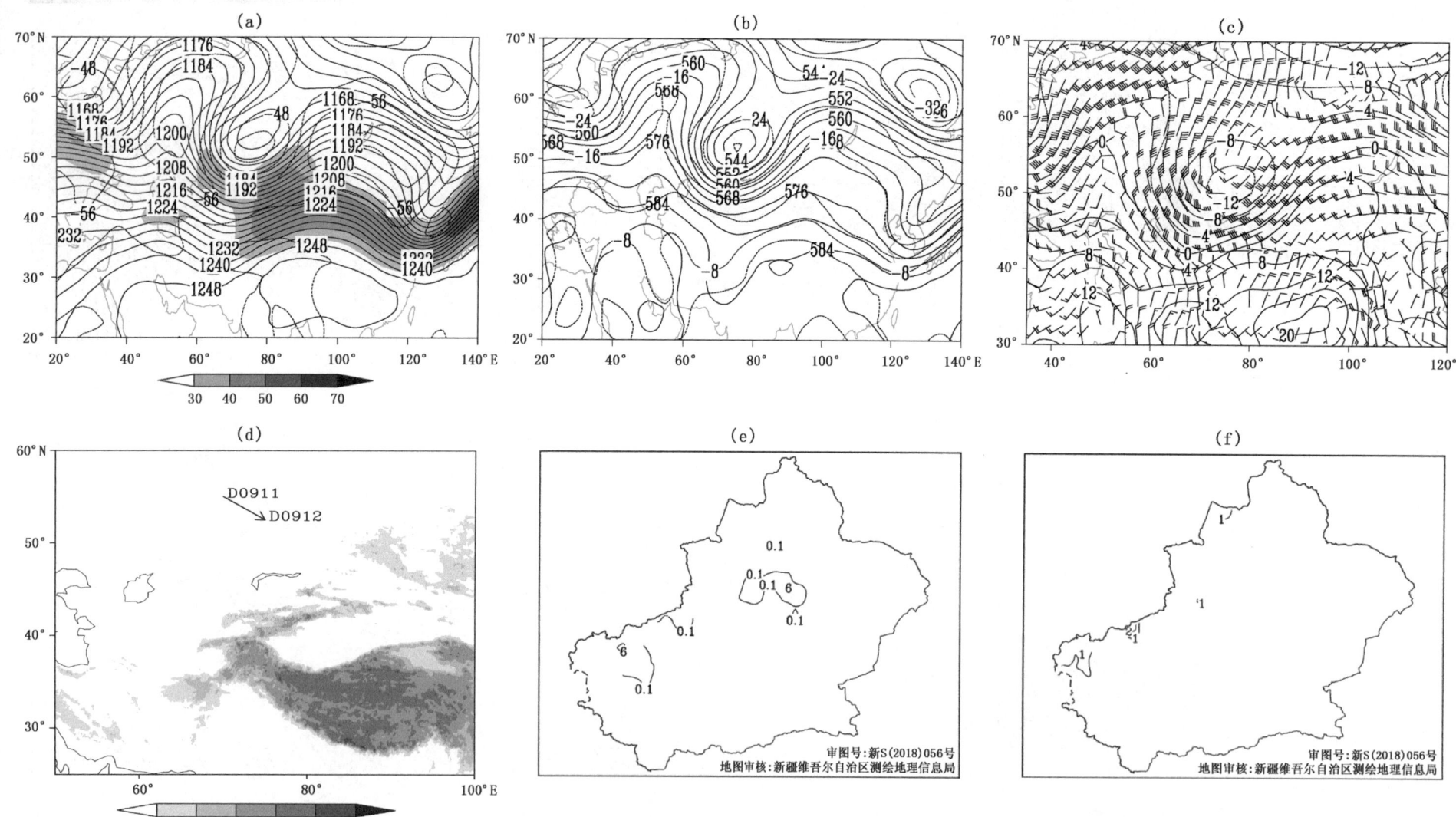

图 3.68　1994年9月12日20时位势高度场（实线，单位：位势什米），温度场（虚线，单位：℃），阴影表示风速大于或等于30米/秒急流区；(a) 200百帕；(b) 500百帕；(c) 700百帕温度场（实线，单位：℃），风场（单位：米/秒）；(d) 低涡中心移动路径（阴影表示地形海拔高度，单位：米）；(e) 过程累计降水量（单位：毫米）；(f) 总降水日数（单位：天）

过程编号:D19941006

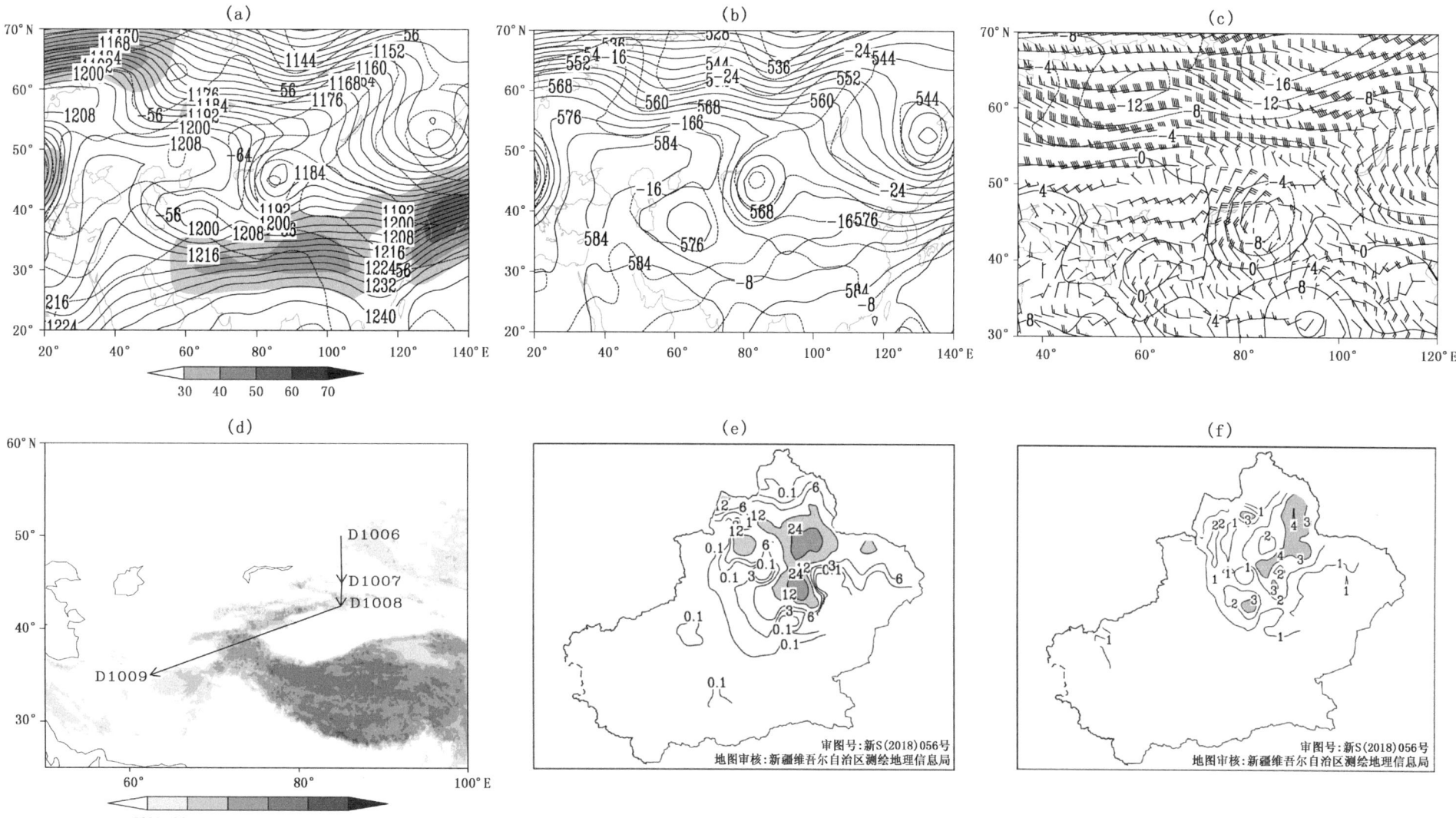

图 3.69 1994年10月7日20时位势高度场(实线,单位:位势什米),温度场(虚线,单位:℃),阴影表示风速大于或等于30米/秒急流区;(a)200百帕;(b)500百帕;(c)700百帕温度场(实线,单位:℃),风场(单位:米/秒);(d)低涡中心移动路径(阴影表示地形海拔高度,单位:米);(e)过程累计降水量(单位:毫米,阴影表示暴雨或暴雪及以上量级区域);(f)总降水日数(单位:天,阴影表示大于或等于3天区域)

中亚低涡年鉴 (1971—2017)
ZHONGYA DIWO NIANJIAN

过程编号：D19950806

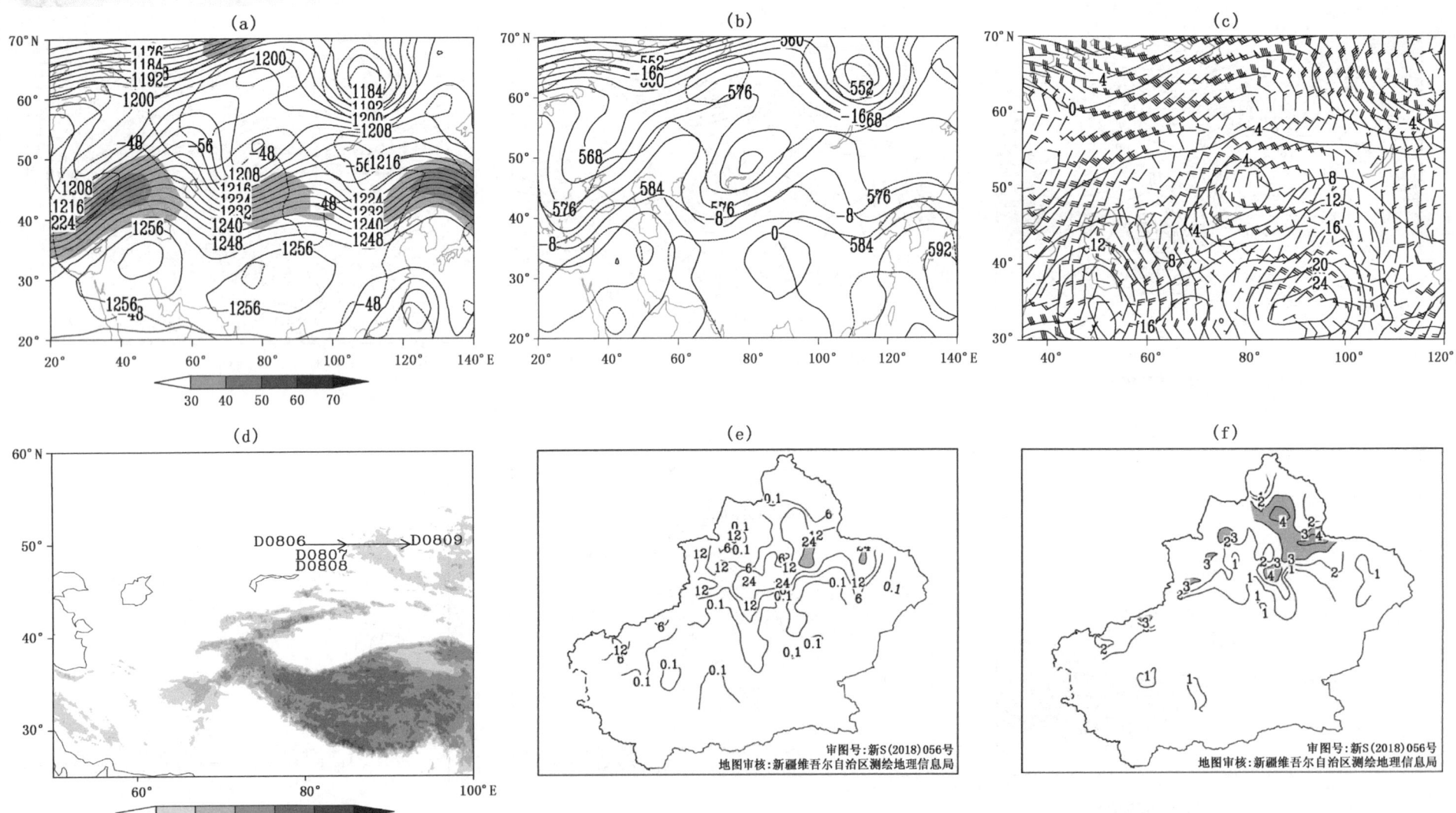

图 3.70　1995 年 8 月 6 日 20 时位势高度场（实线，单位：位势什米），温度场（虚线，单位：℃），阴影表示风速大于或等于 30 米/秒急流区；(a) 200 百帕；(b) 500 百帕；(c) 700 百帕温度场（实线，单位：℃），风场（单位：米/秒）；(d) 低涡中心移动路径（阴影表示地形海拔高度，单位：米）；(e) 过程累计降水量（单位：毫米，阴影表示暴雨或暴雪及以上量级区域）；(f) 总降水日数（单位：天，阴影表示大于或等于 3 天区域）

过程编号:D19950830

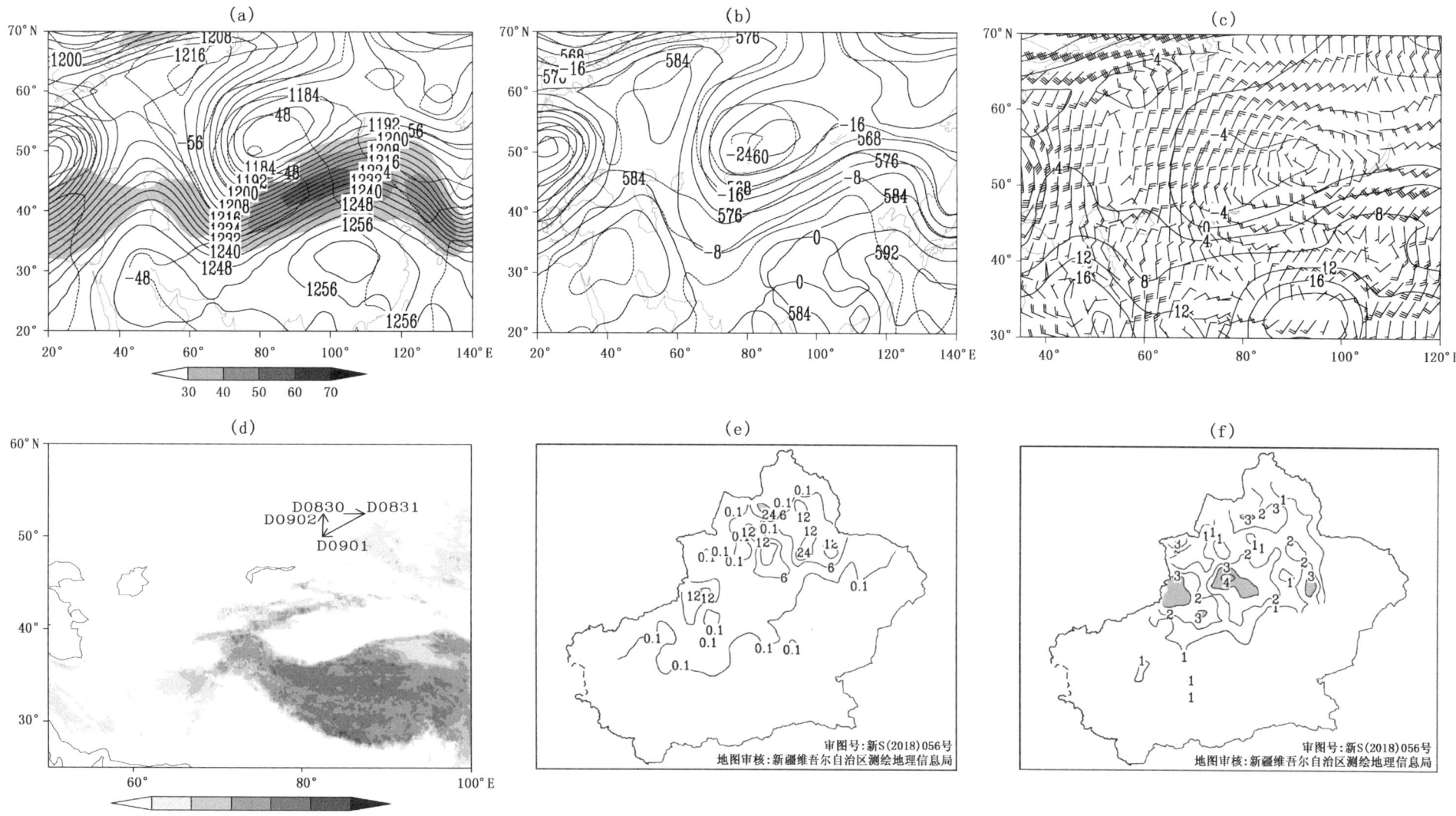

图 3.71　1995 年 8 月 31 日 20 时位势高度场(实线,单位:位势什米),温度场(虚线,单位:℃),阴影表示风速大于或等于 30 米/秒急流区;(a)200 百帕;(b)500 百帕;(c)700 百帕温度场(实线,单位:℃),风场(单位:米/秒);(d)低涡中心移动路径(阴影表示地形海拔高度,单位:米);(e)过程累计降水量(单位:毫米,阴影表示暴雨或暴雪及以上量级区域);(f)总降水日数(单位:天,阴影表示大于或等于 3 天区域)

中亚低涡年鉴 (1971—2017)
ZHONGYA DIWO NIANJIAN

过程编号:D19960612

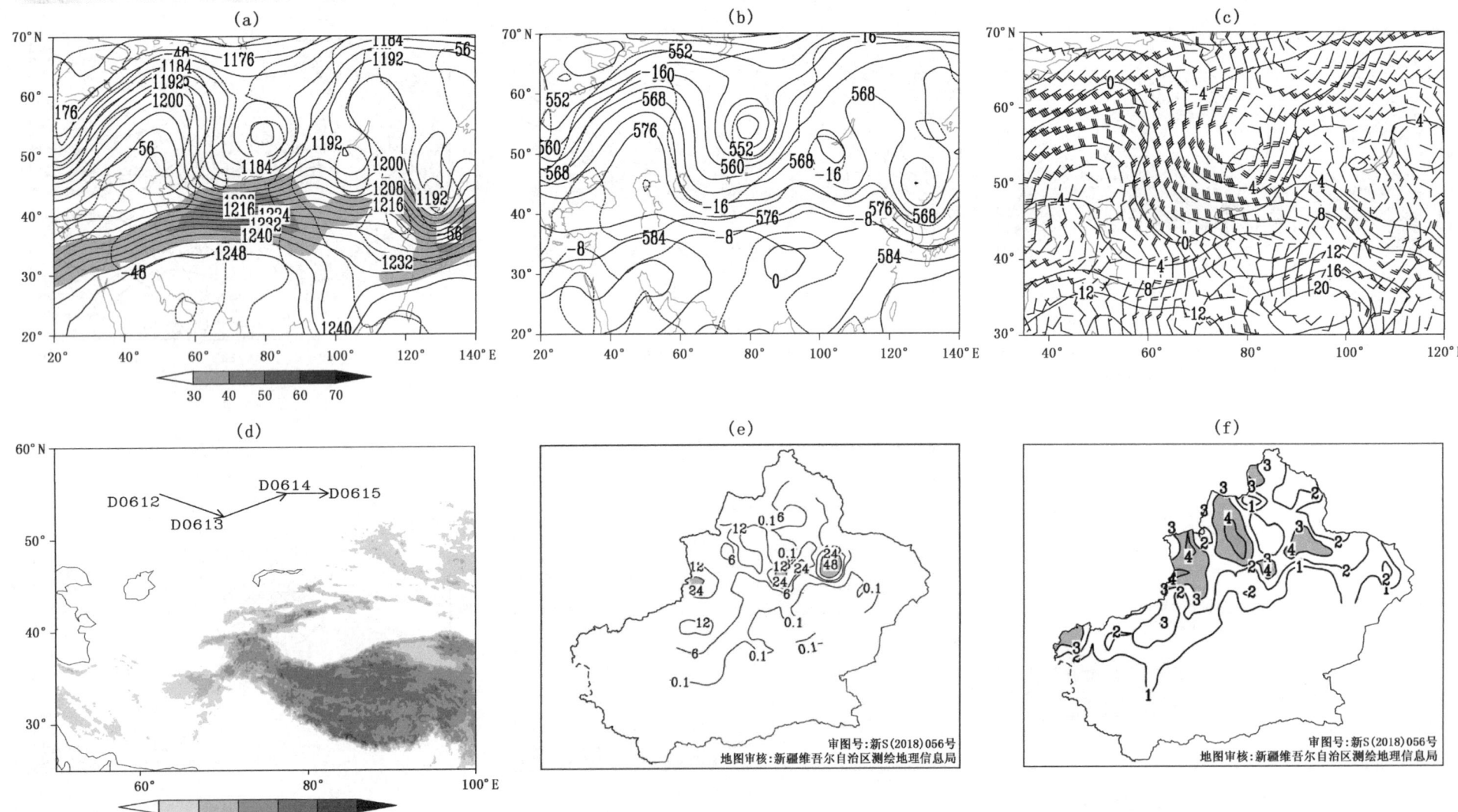

图 3.72 1996年6月14日20时位势高度场(实线,单位:位势什米),温度场(虚线,单位:℃),阴影表示风速大于或等于30米/秒急流区;(a)200百帕;(b)500百帕;(c)700百帕温度场(实线,单位:℃),风场(单位:米/秒);(d)低涡中心移动路径(阴影表示地形海拔高度,单位:米);(e)过程累计降水量(单位:毫米,阴影表示暴雨或暴雪及以上量级区域);(f)总降水日数(单位:天,阴影表示大于或等于3天区域)

过程编号:D19960617

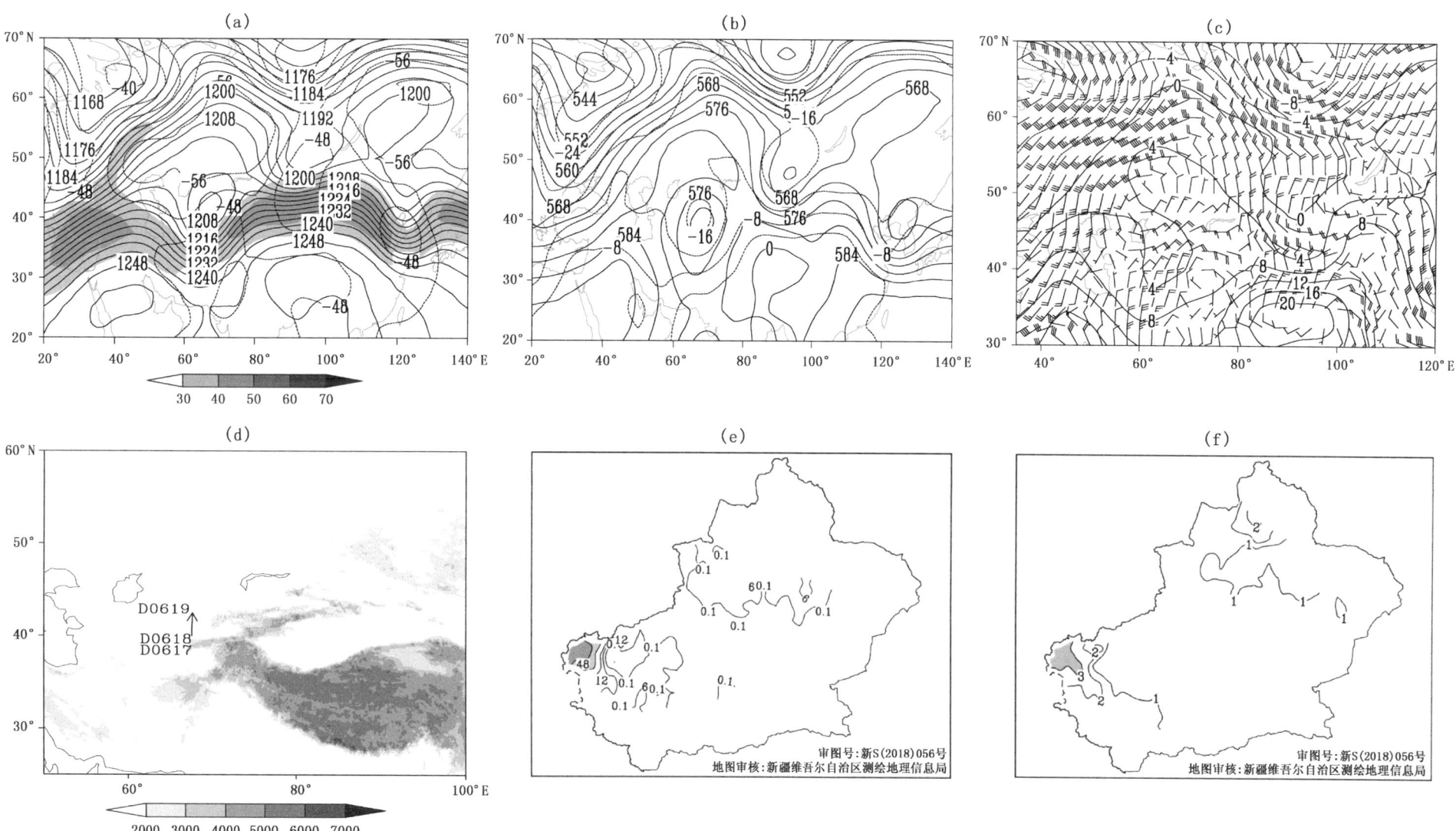

图 3.73　1996 年 6 月 17 日 20 时位势高度场(实线,单位:位势什米),温度场(虚线,单位:℃),阴影表示风速大于或等于 30 米/秒急流区;(a)200 百帕;(b)500 百帕;(c)700 百帕温度场(实线,单位:℃),风场(单位:米/秒);(d)低涡中心移动路径(阴影表示地形海拔高度,单位:米);(e)过程累计降水量(单位:毫米,阴影表示暴雨或暴雪及以上量级区域);(f)总降水日数(单位:天,阴影表示大于或等于 3 天区域)

中亚低涡年鉴 (1971—2017)
ZHONGYA DIWO NIANJIAN

过程编号：D19960707

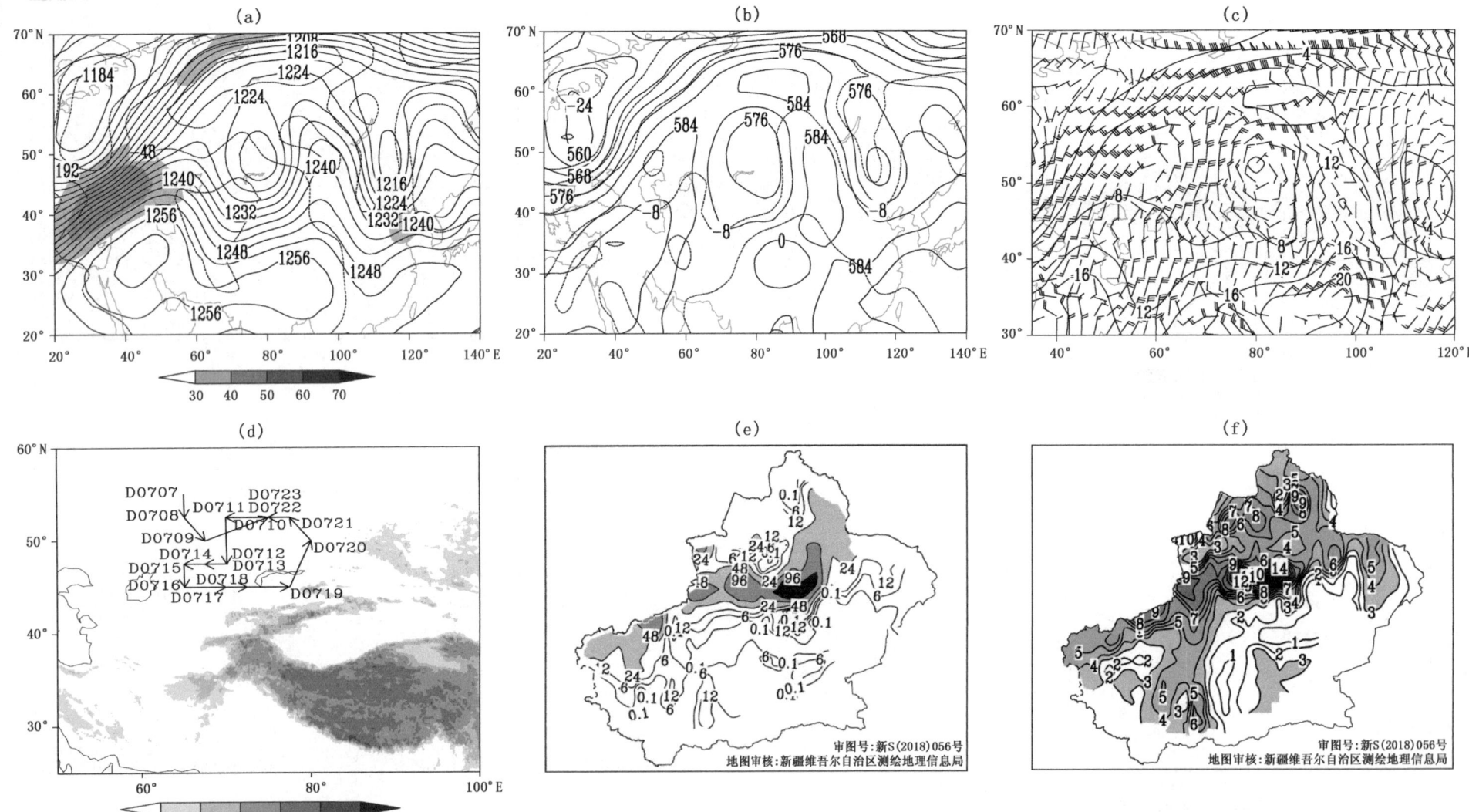

图 3.74 1996 年 7 月 20 日 20 时位势高度场（实线，单位：位势什米），温度场（虚线，单位：℃），阴影表示风速大于或等于 30 米/秒急流区；(a) 200 百帕；(b) 500 百帕；(c) 700 百帕温度场（实线，单位：℃），风场（单位：米/秒）；(d) 低涡中心移动路径（阴影表示地形海拔高度，单位：米）；(e) 过程累计降水量（单位：毫米，阴影表示暴雨或暴雪及以上量级区域）；(f) 总降水日数（单位：天，阴影表示大于或等于 3 天区域）

过程编号:D19970626

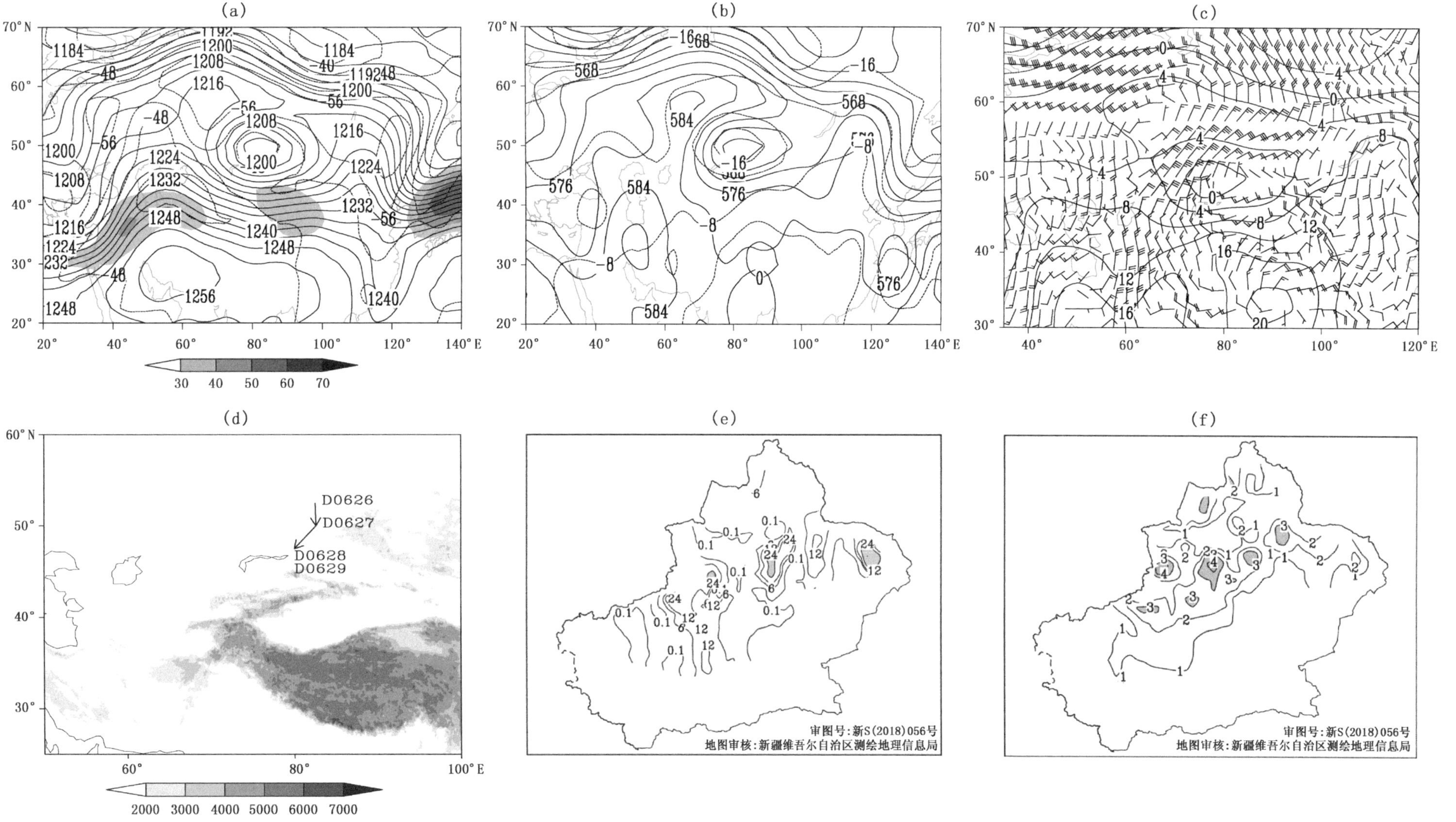

图 3.75 1997 年 6 月 27 日 20 时位势高度场(实线,单位:位势什米),温度场(虚线,单位:℃),阴影表示风速大于或等于 30 米/秒急流区;(a)200 百帕;(b)500 百帕;(c)700 百帕温度场(实线,单位:℃),风场(单位:米/秒);(d)低涡中心移动路径(阴影表示地形海拔高度,单位:米);(e)过程累计降水量(单位:毫米,阴影表示暴雨或暴雪及以上量级区域);(f)总降水日数(单位:天,阴影表示大于或等于 3 天区域)

中亚低涡年鉴 (1971—2017)

过程编号:D19970731

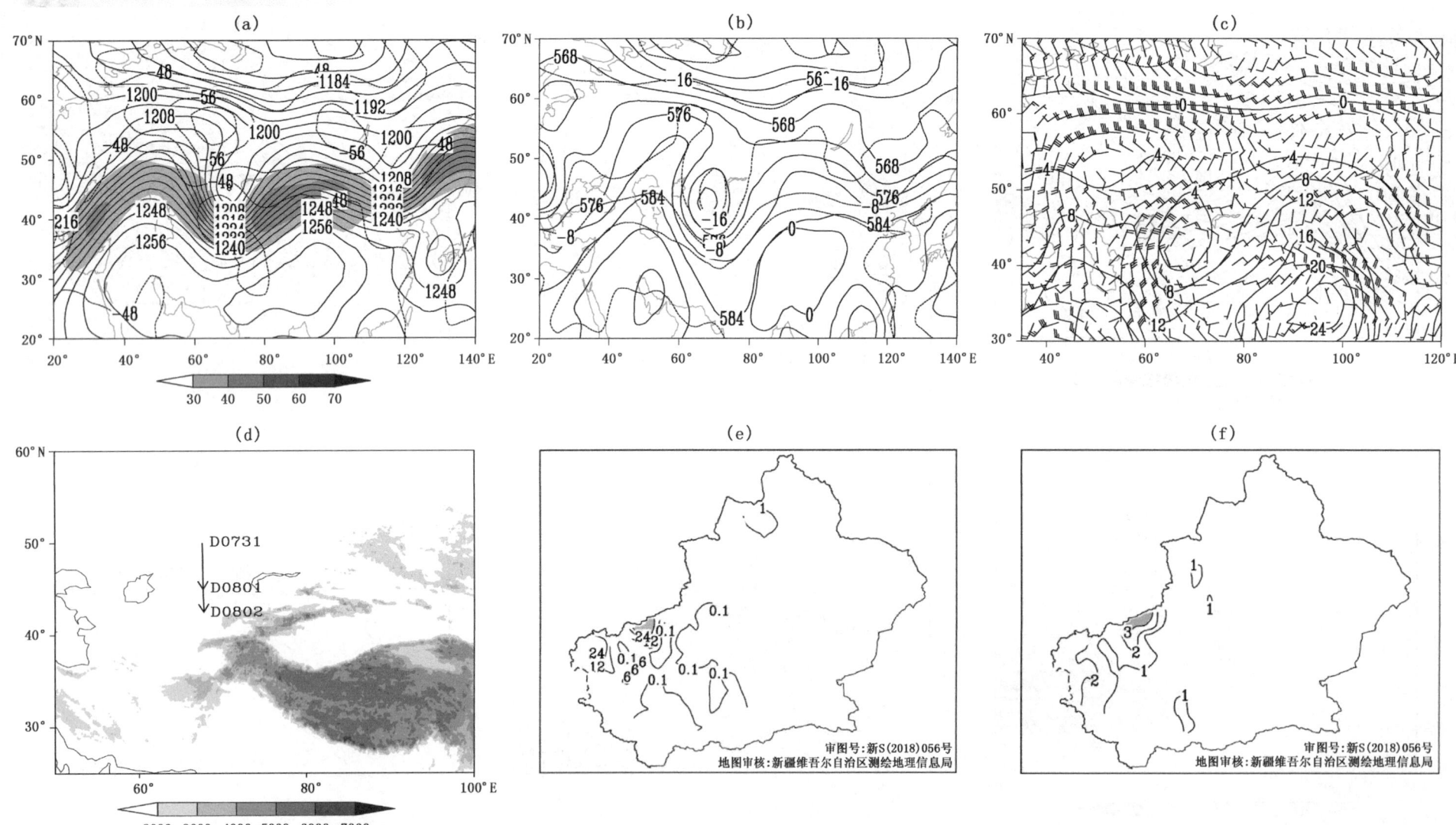

图 3.76 1997年8月2日14时位势高度场(实线,单位:位势什米),温度场(虚线,单位:℃),阴影表示风速大于或等于30米/秒急流区;(a)200百帕;(b)500百帕;(c)700百帕温度场(实线,单位:℃),风场(单位:米/秒);(d)低涡中心移动路径(阴影表示地形海拔高度,单位:米);(e)过程累计降水量(单位:毫米,阴影表示暴雨或暴雪及以上量级区域);(f)总降水日数(单位:天,阴影表示大于或等于3天区域)

过程编号:D19980614

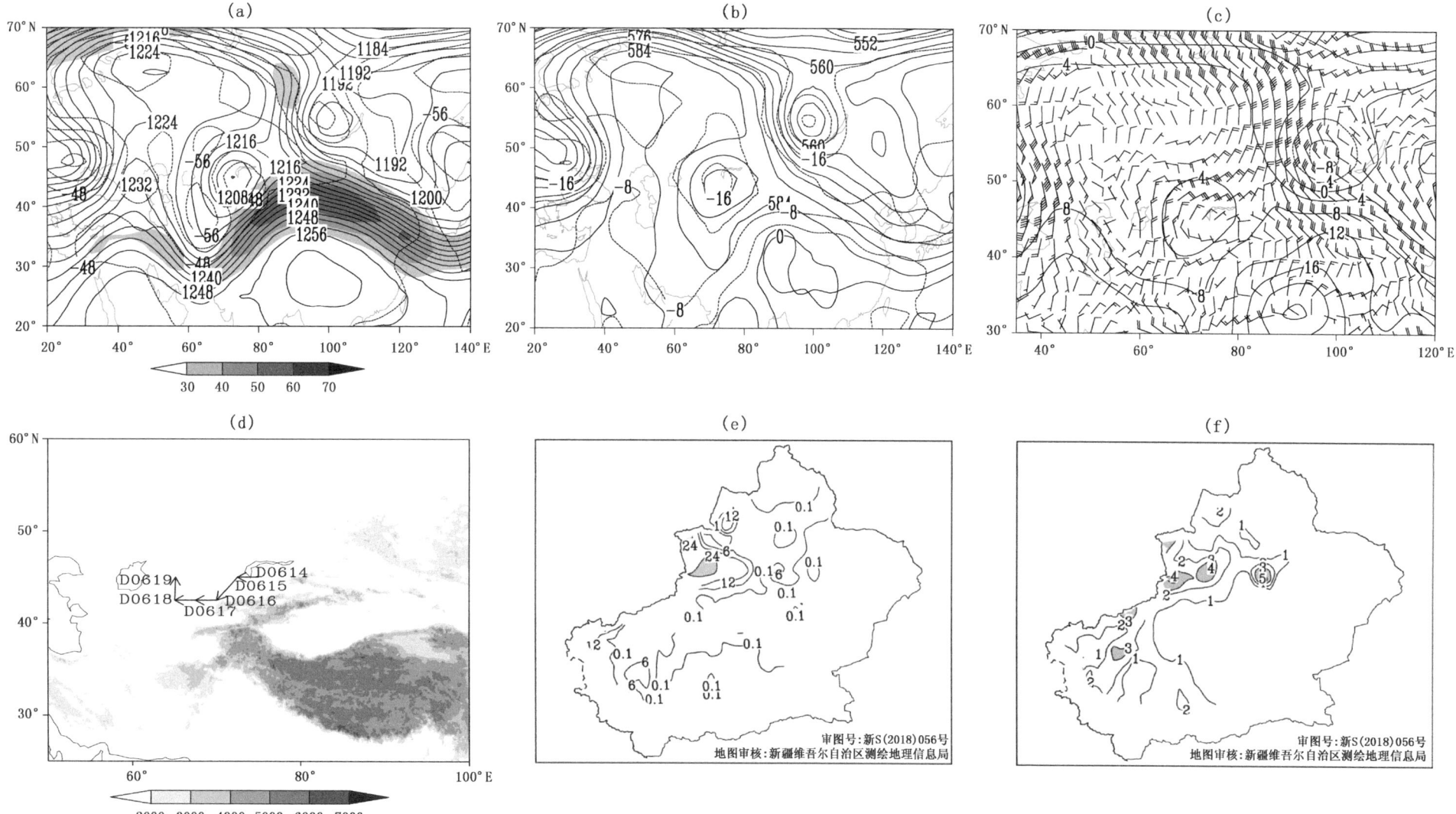

图 3.77　1998 年 6 月 15 日 20 时位势高度场(实线,单位:位势什米),温度场(虚线,单位:℃),阴影表示风速大于或等于 30 米/秒急流区;(a)200 百帕;(b)500 百帕;(c)700 百帕温度场(实线,单位:℃),风场(单位:米/秒);(d)低涡中心移动路径(阴影表示地形海拔高度,单位:米);(e)过程累计降水量(单位:毫米,阴影表示暴雨或暴雪及以上量级区域);(f)总降水日数(单位:天,阴影表示大于或等于 3 天区域)

中亚低涡年鉴 (1971—2017)
ZHONGYA DIWO NIANJIAN

过程编号:D19980719

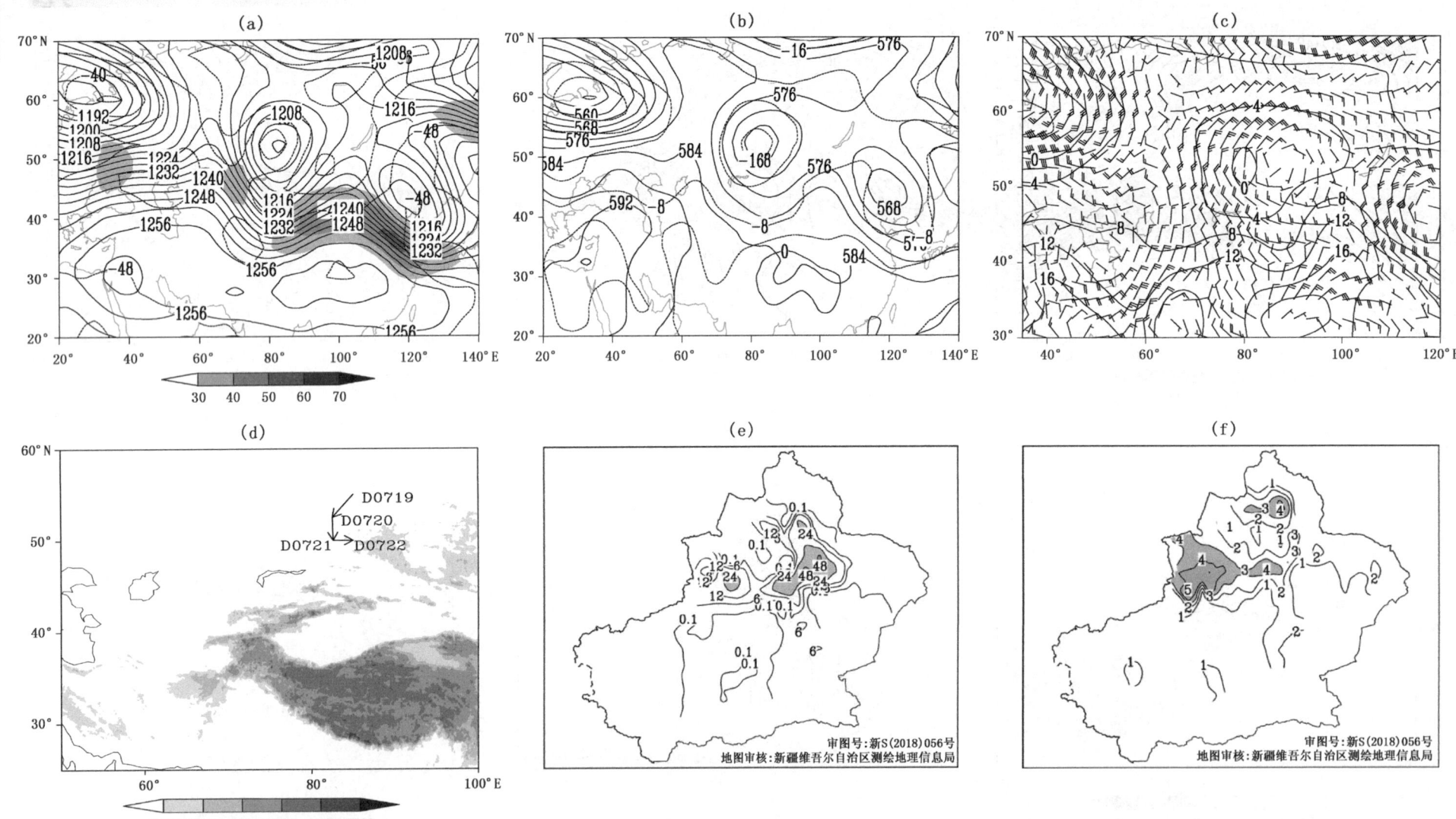

图3.78 1998年7月20日20时位势高度场(实线,单位:位势什米),温度场(虚线,单位:℃),阴影表示风速大于或等于30米/秒急流区;(a)200百帕;(b)500百帕;(c)700百帕温度场(实线,单位:℃),风场(单位:米/秒);(d)低涡中心移动路径(阴影表示地形海拔高度,单位:米);(e)过程累计降水量(单位:毫米,阴影表示暴雨或暴雪及以上量级区域);(f)总降水日数(单位:天,阴影表示大于或等于3天区域)

第3章 深厚型中亚低涡降水过程

过程编号:D19980815

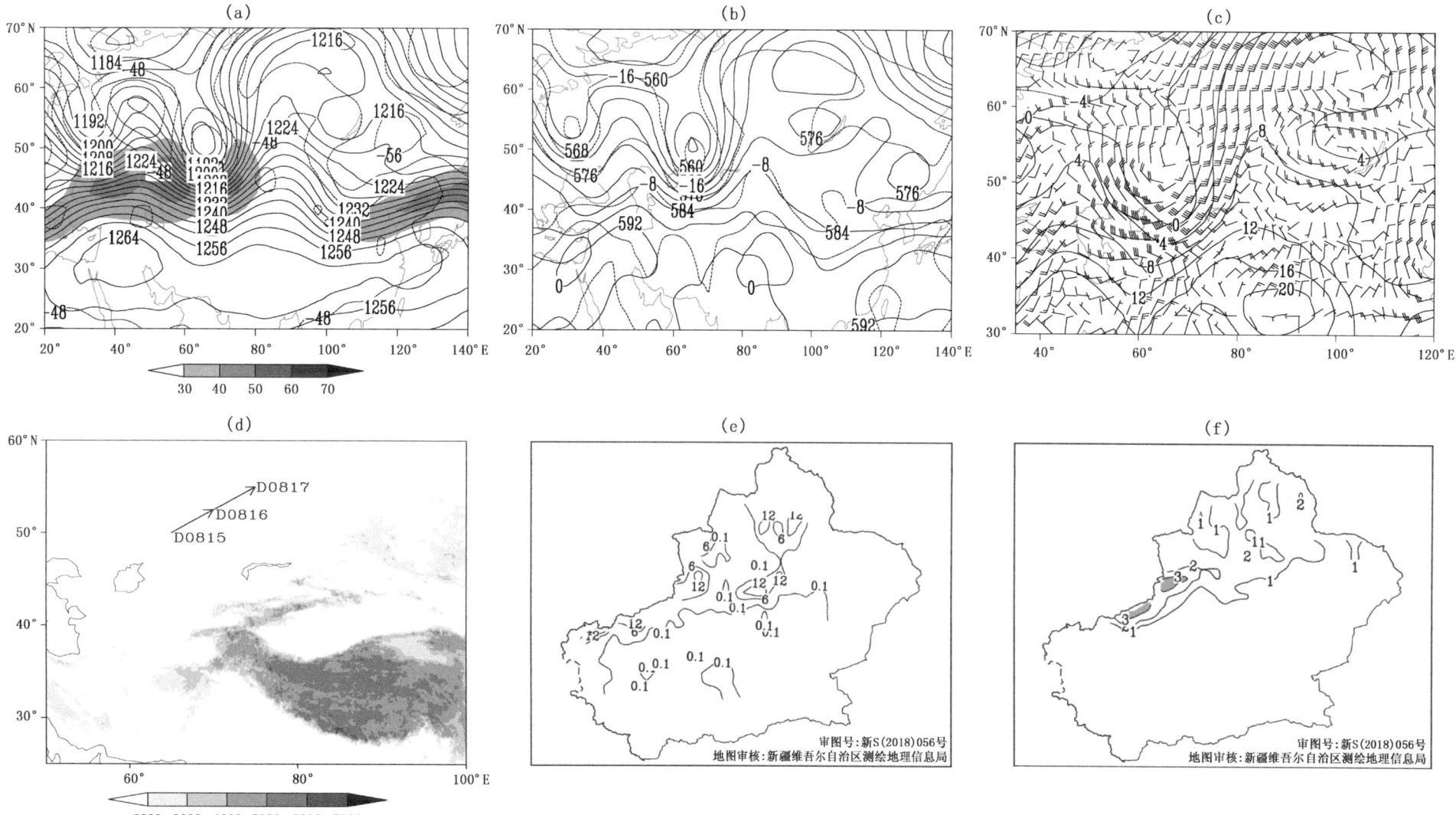

图3.79 1998年8月15日20时位势高度场(实线,单位:位势什米),温度场(虚线,单位:℃),阴影表示风速大于或等于30米/秒急流区;(a)200百帕;(b)500百帕;(c)700百帕温度场(实线,单位:℃),风场(单位:米/秒);(d)低涡中心移动路径(阴影表示地形海拔高度,单位:米);(e)过程累计降水量(单位:毫米);(f)总降水日数(单位:天,阴影表示大于或等于3天区域)

中亚低涡年鉴 (1971—2017)
ZHONGYA DIWO NIANJIAN

过程编号：D19990531

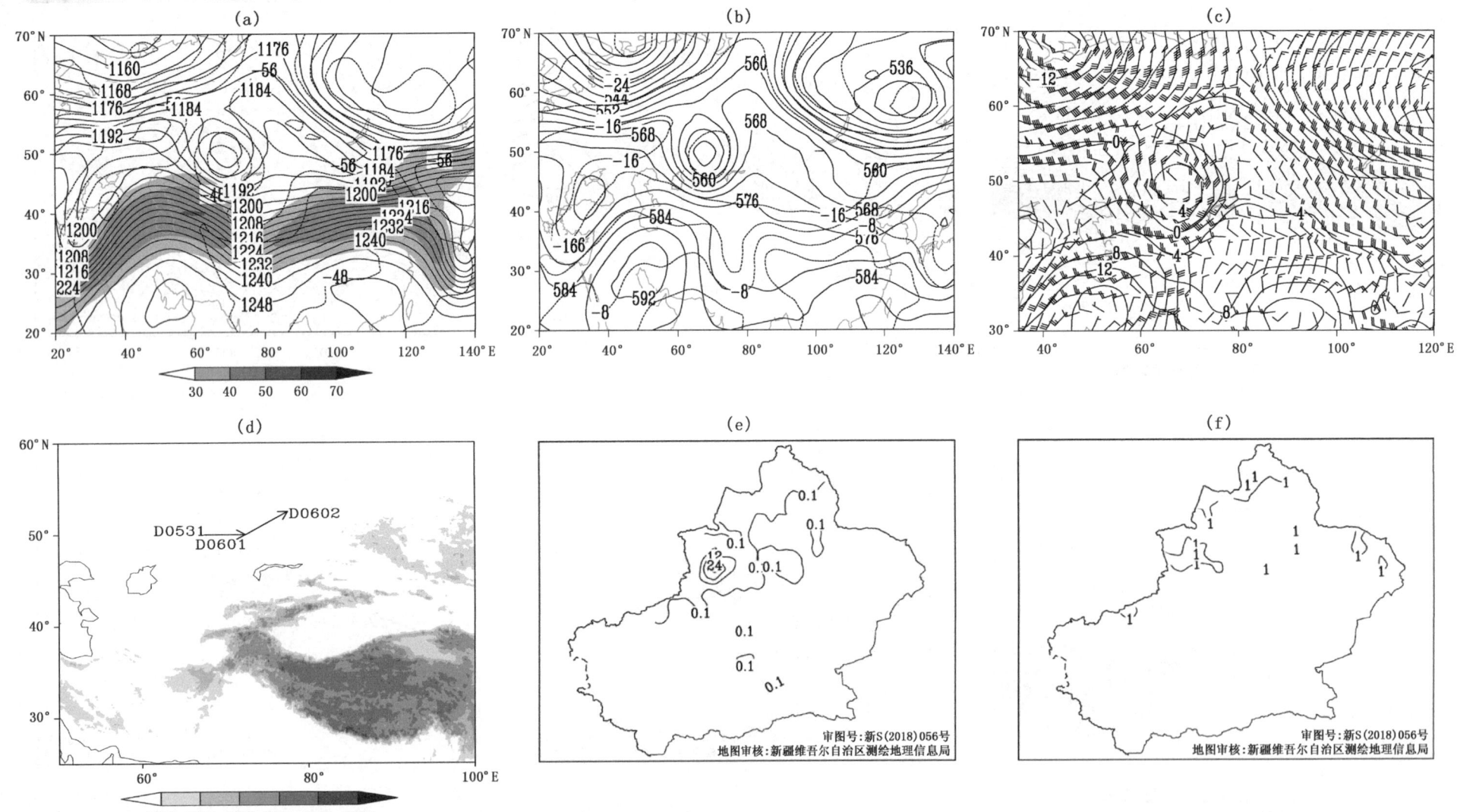

图3.80　1999年5月31日20时位势高度场（实线，单位：位势什米），温度场（虚线，单位：℃），阴影表示风速大于或等于30米/秒急流区；(a)200百帕；(b)500百帕；(c)700百帕温度场（实线，单位：℃），风场（单位：米/秒）；(d)低涡中心移动路径（阴影表示地形海拔高度，单位：米）；(e)过程累计降水量（单位：毫米）；(f)总降水日数（单位：天）

过程编号:D19990713

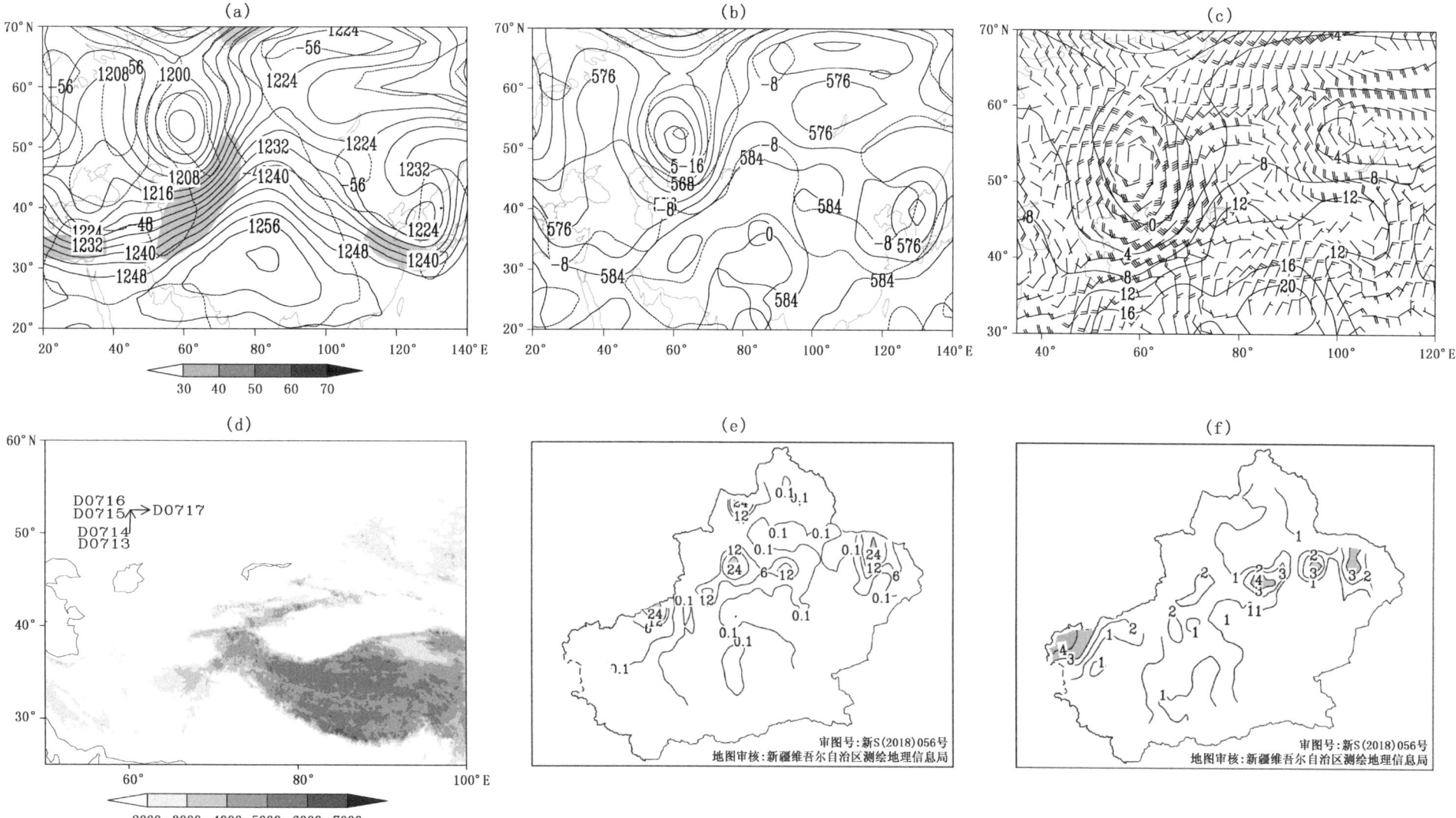

图 3.81 1999 年 7 月 15 日 20 时位势高度场(实线,单位:位势什米),温度场(虚线,单位:℃),阴影表示风速大于或等于 30 米/秒急流区;(a)200 百帕;(b)500 百帕;(c)700 百帕温度场(实线,单位:℃),风场(单位:米/秒);(d)低涡中心移动路径(阴影表示地形海拔高度,单位:米);(e)过程累计降水量(单位:毫米,阴影表示暴雨或暴雪及以上量级区域);(f)总降水日数(单位:天,阴影表示大于或等于 3 天区域)

中亚低涡年鉴 (1971—2017)
ZHONGYA DIWO NIANJIAN

过程编号：D19991026

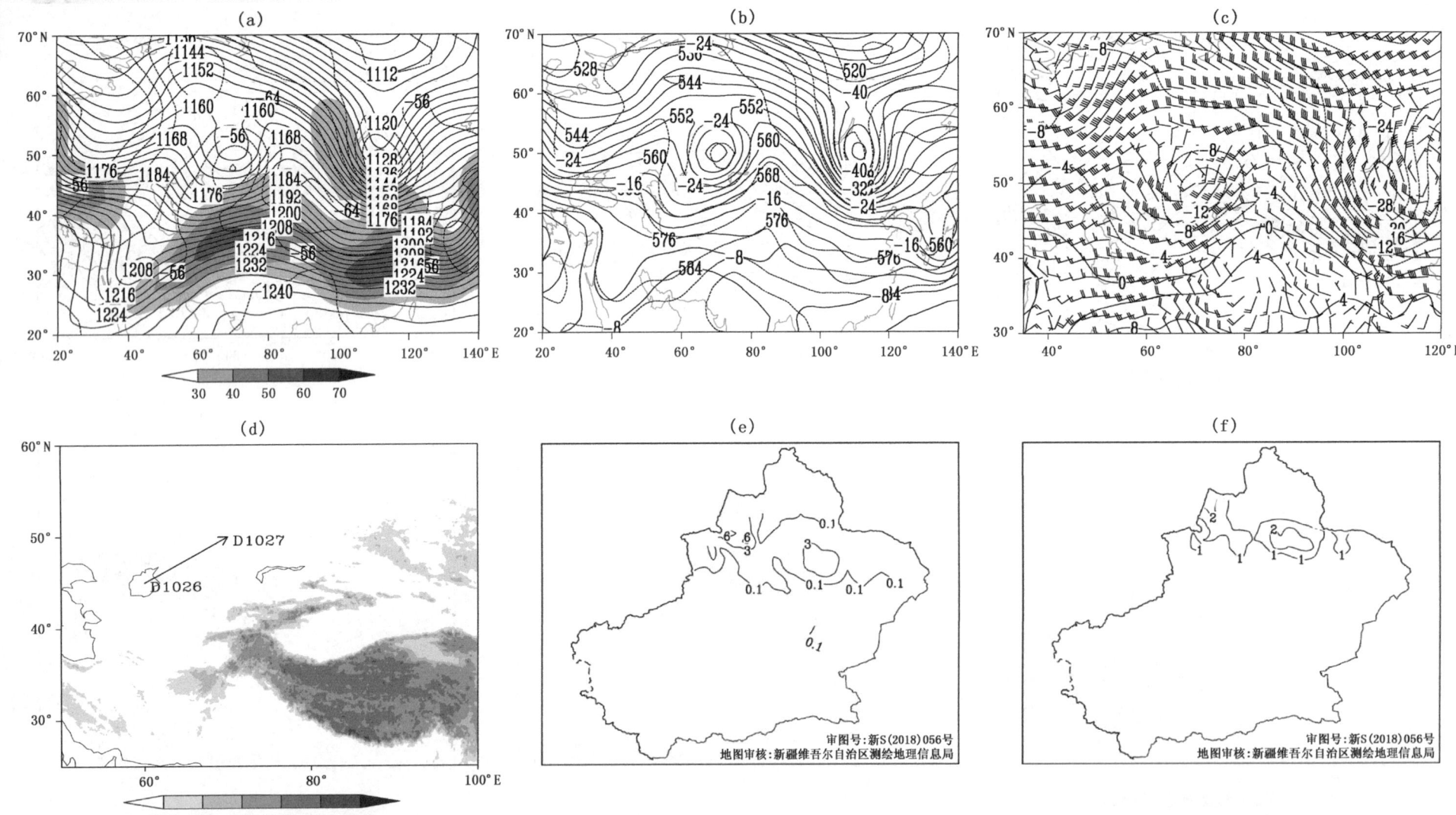

图 3.82　1999年10月27日20时位势高度场（实线，单位：位势什米），温度场（虚线，单位：℃），阴影表示风速大于或等于30米/秒急流区；(a)200百帕；(b)500百帕；(c)700百帕温度场（实线，单位：℃），风场（单位：米/秒）；(d)低涡中心移动路径（阴影表示地形海拔高度，单位：米）；(e)过程累计降水量（单位：毫米）；(f)总降水日数（单位：天）

过程编号:D20000611

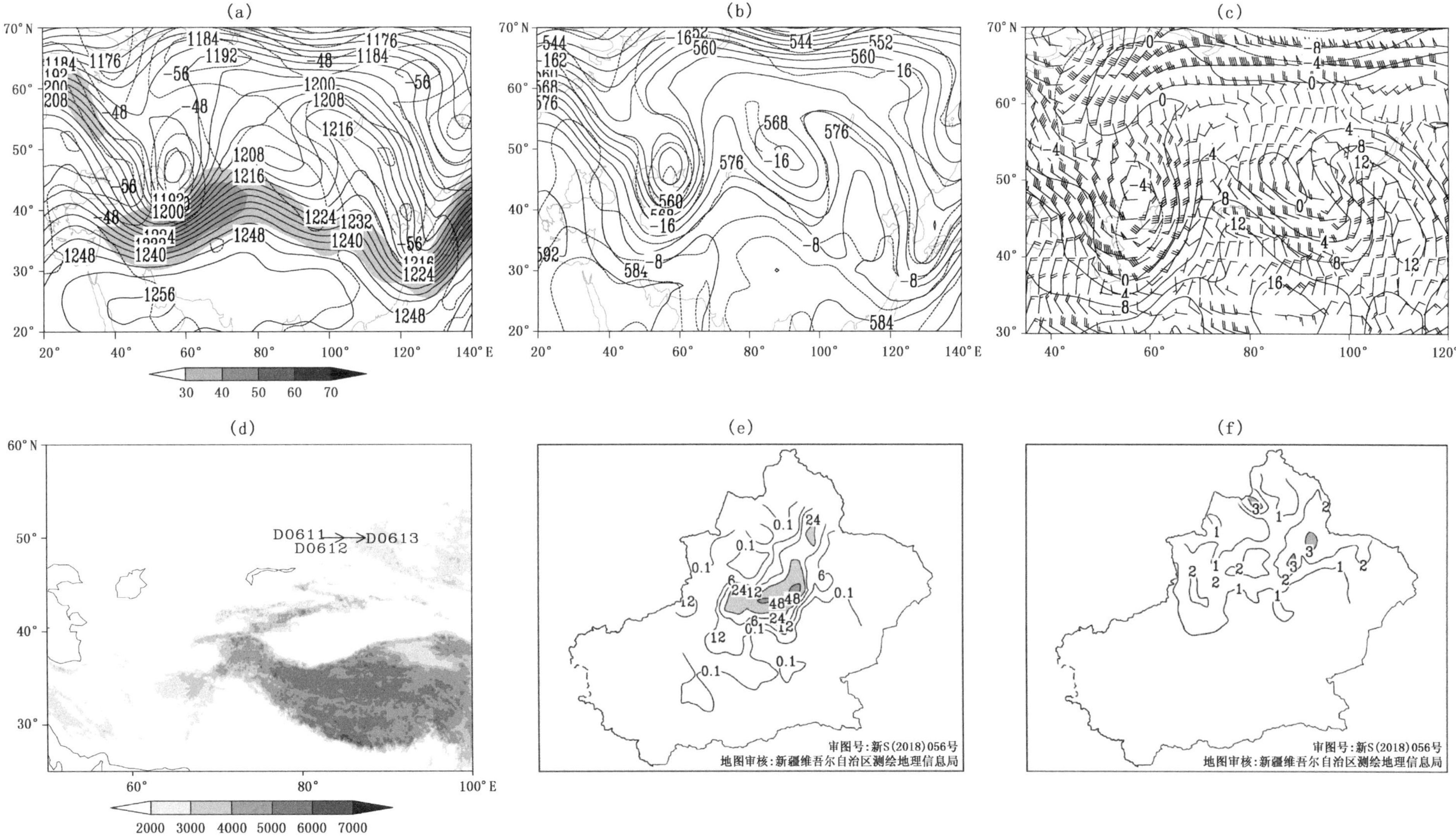

图 3.83 2000年6月13日20时位势高度场(实线,单位:位势什米),温度场(虚线,单位:℃),阴影表示风速大于或等于30米/秒急流区;(a)200百帕;(b)500百帕;(c)700百帕温度场(实线,单位:℃),风场(单位:米/秒);(d)低涡中心移动路径(阴影表示地形海拔高度,单位:米);(e)过程累计降水量(单位:毫米,阴影表示暴雨或暴雪及以上量级区域);(f)总降水日数(单位:天,阴影表示大于或等于3天区域)

过程编号：D20001012

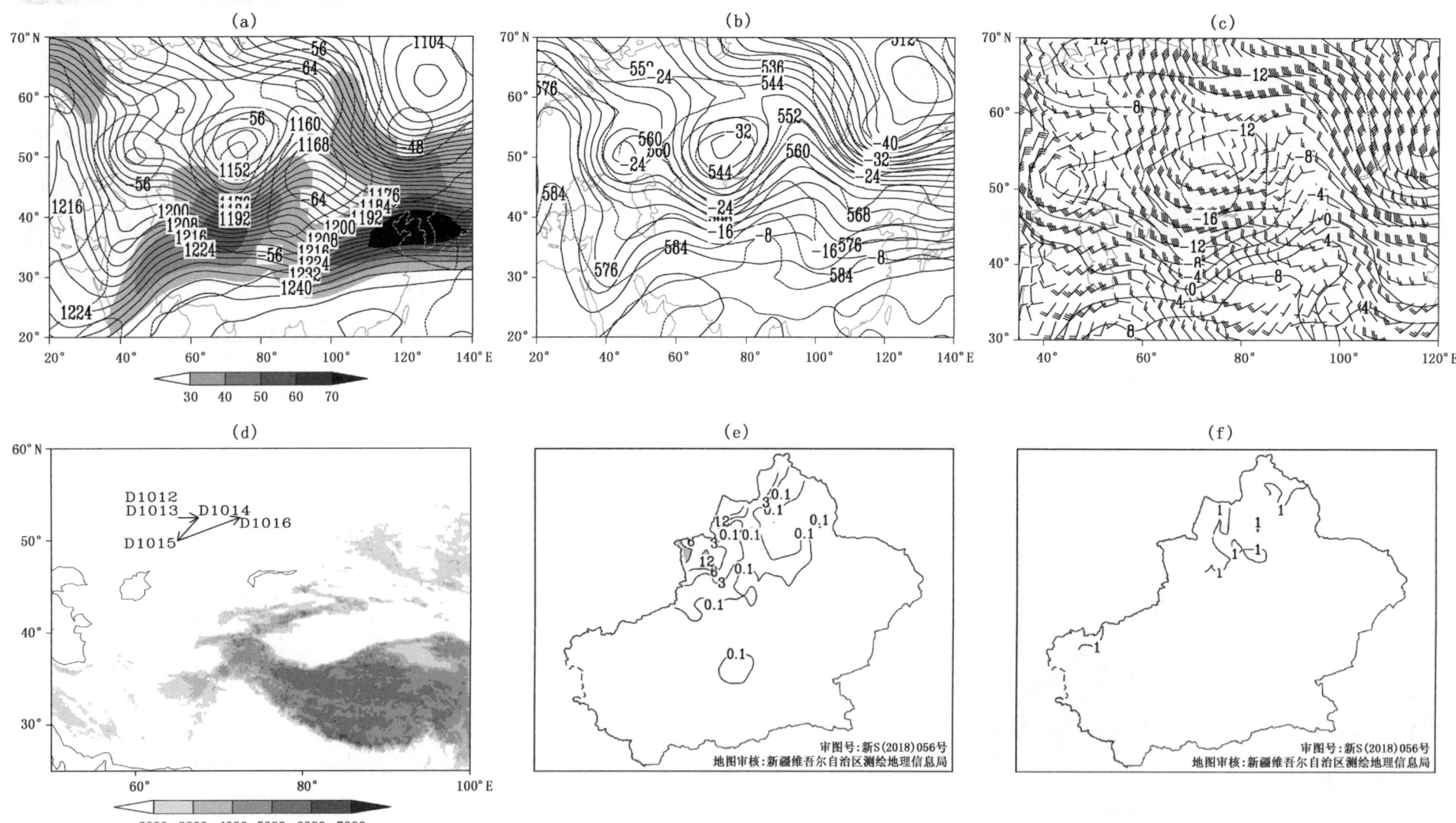

图3.84 2000年10月16日20时位势高度场（实线，单位：位势什米），温度场（虚线，单位：℃），阴影表示风速大于或等于30米/秒急流区；(a)200百帕；(b)500百帕；(c)700百帕温度场（实线，单位：℃），风场（单位：米/秒）；(d)低涡中心移动路径（阴影表示地形海拔高度，单位：米）；(e)过程累计降水量（单位：毫米，阴影表示暴雨或暴雪及以上量级区域）；(f)总降水日数（单位：天）

过程编号:D20001120

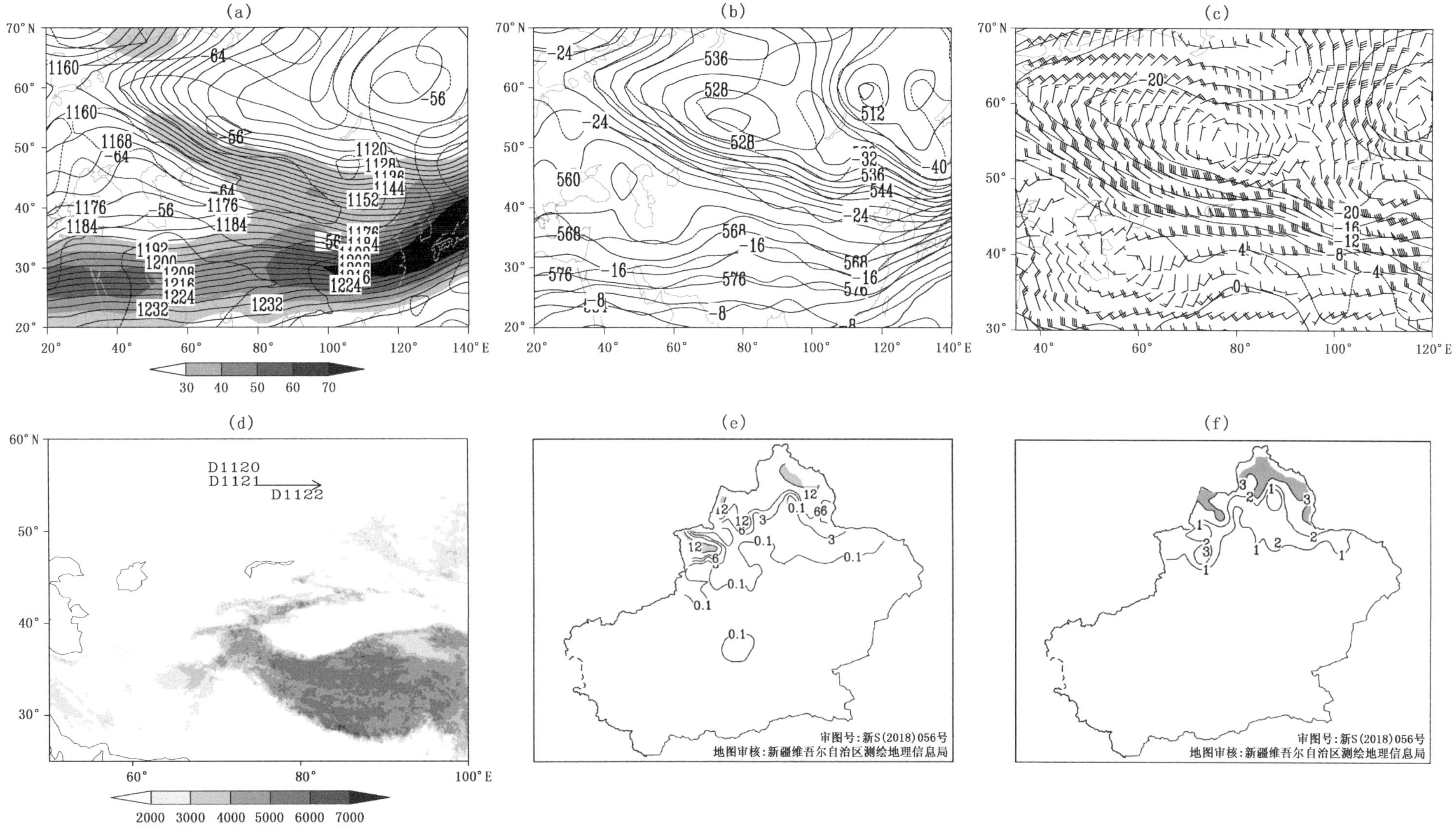

图 3.85 2000年11月21日20时位势高度场(实线,单位:位势什米),温度场(虚线,单位:℃),阴影表示风速大于或等于30米/秒急流区;(a)200百帕;(b)500百帕;(c)700百帕温度场(实线,单位:℃),风场(单位:米/秒);(d)低涡中心移动路径(阴影表示地形海拔高度,单位:米);(e)过程累计降水量(单位:毫米,阴影表示暴雨或暴雪及以上量级区域);(f)总降水日数(单位:天,阴影表示大于或等于3天区域)

过程编号:D20010914

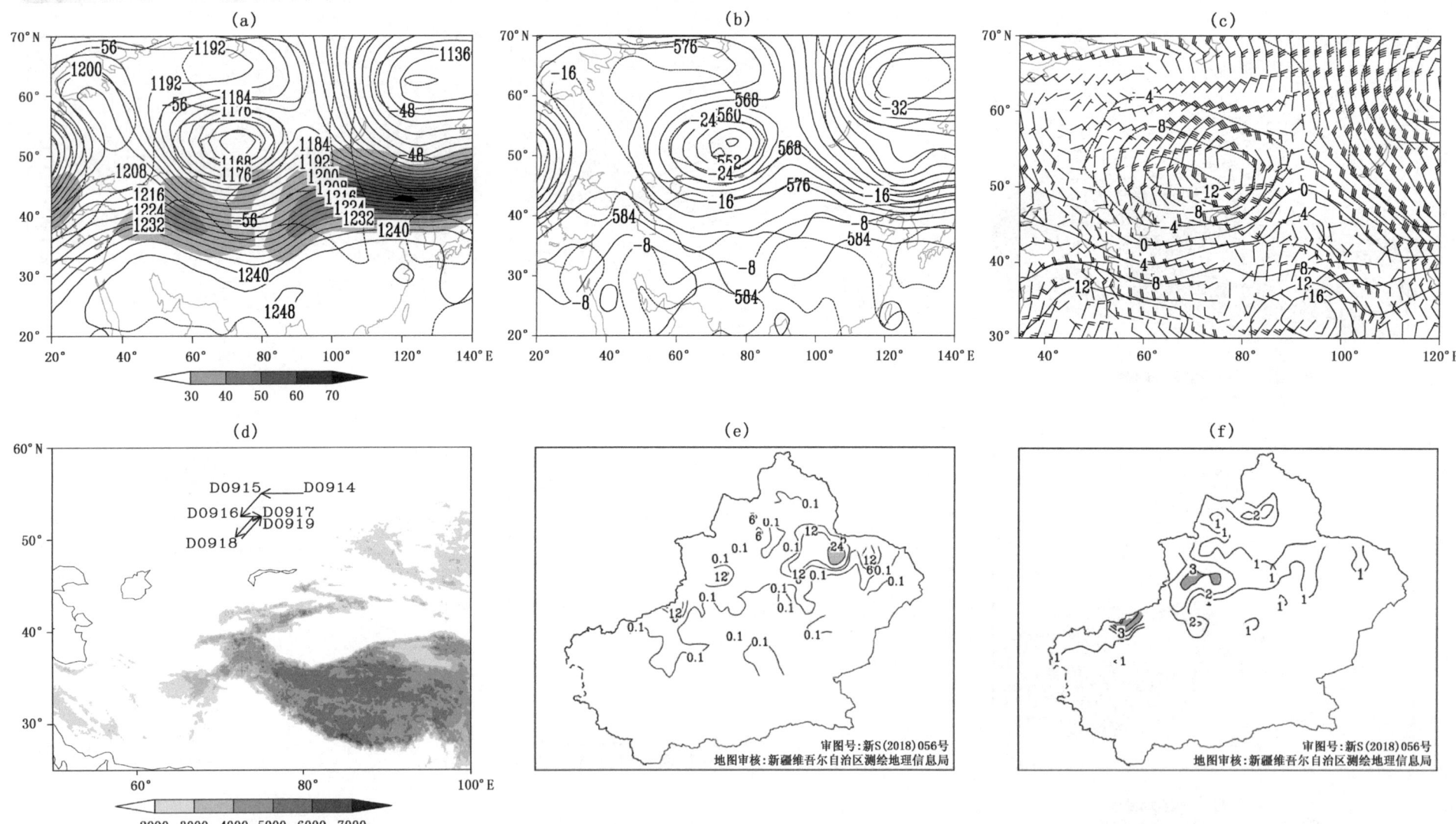

图3.86 2001年9月17日20时位势高度场(实线,单位:位势什米),温度场(虚线,单位:℃),阴影表示风速大于或等于30米/秒急流区;(a)200百帕;(b)500百帕;(c)700百帕温度场(实线,单位:℃),风场(单位:米/秒);(d)低涡中心移动路径(阴影表示地形海拔高度,单位:米);(e)过程累计降水量(单位:毫米,阴影表示暴雨或暴雪及以上量级区域);(f)总降水日数(单位:天,阴影表示大于或等于3天区域)

第3章 深厚型中亚低涡降水过程

过程编号:D20030405

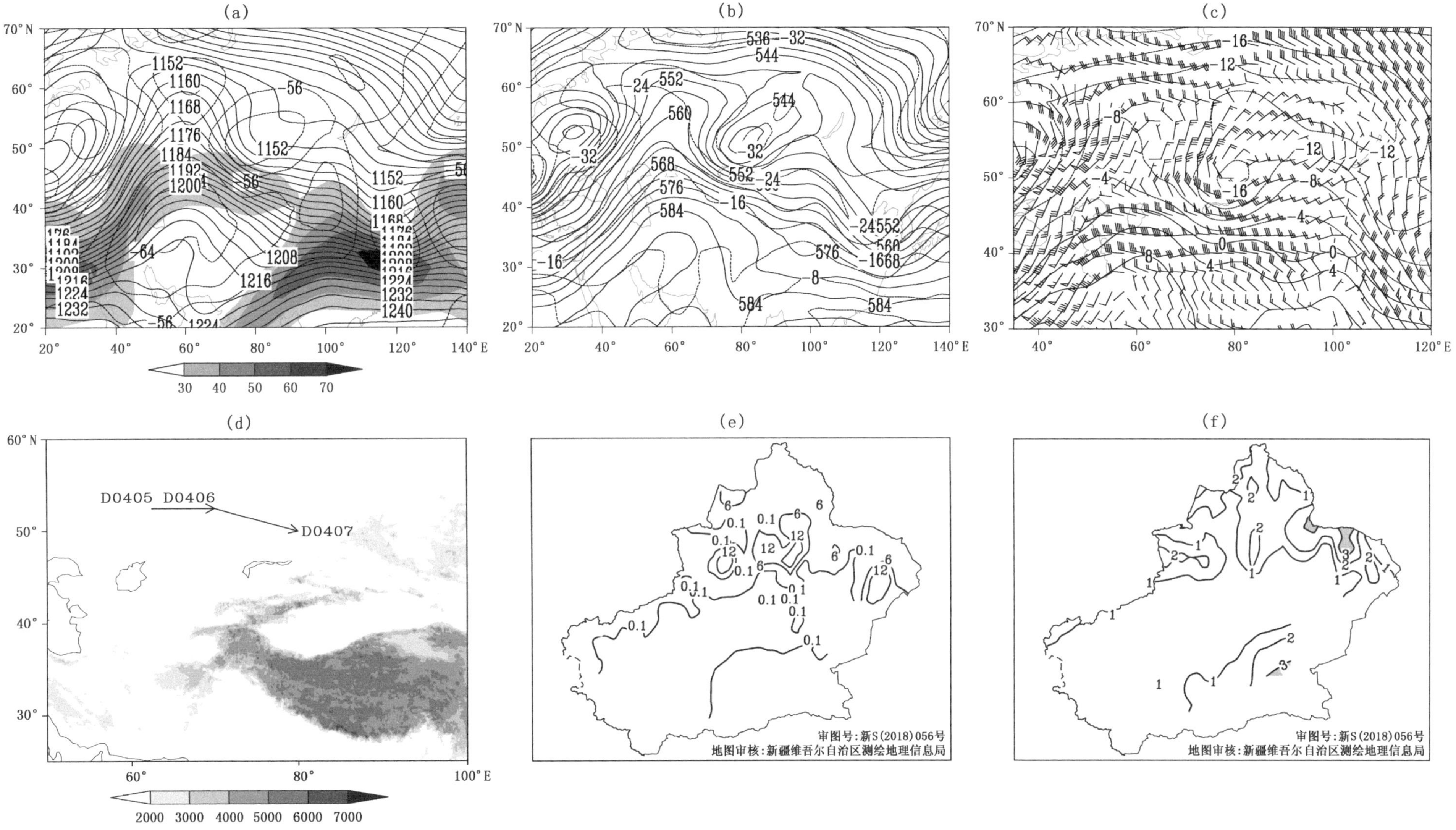

图3.87 2003年4月7日20时位势高度场(实线,单位:位势什米),温度场(虚线,单位:℃),阴影表示风速大于或等于30米/秒急流区;(a)200百帕;(b)500百帕;(c)700百帕温度场(实线,单位:℃),风场(单位:米/秒);(d)低涡中心移动路径(阴影表示地形海拔高度,单位:米);(e)过程累计降水量(单位:毫米);(f)总降水日数(单位:天,阴影表示大于或等于3天区域)

中亚低涡年鉴 (1971—2017)
ZHONGYA DIWO NIANJIAN

过程编号:D20030509

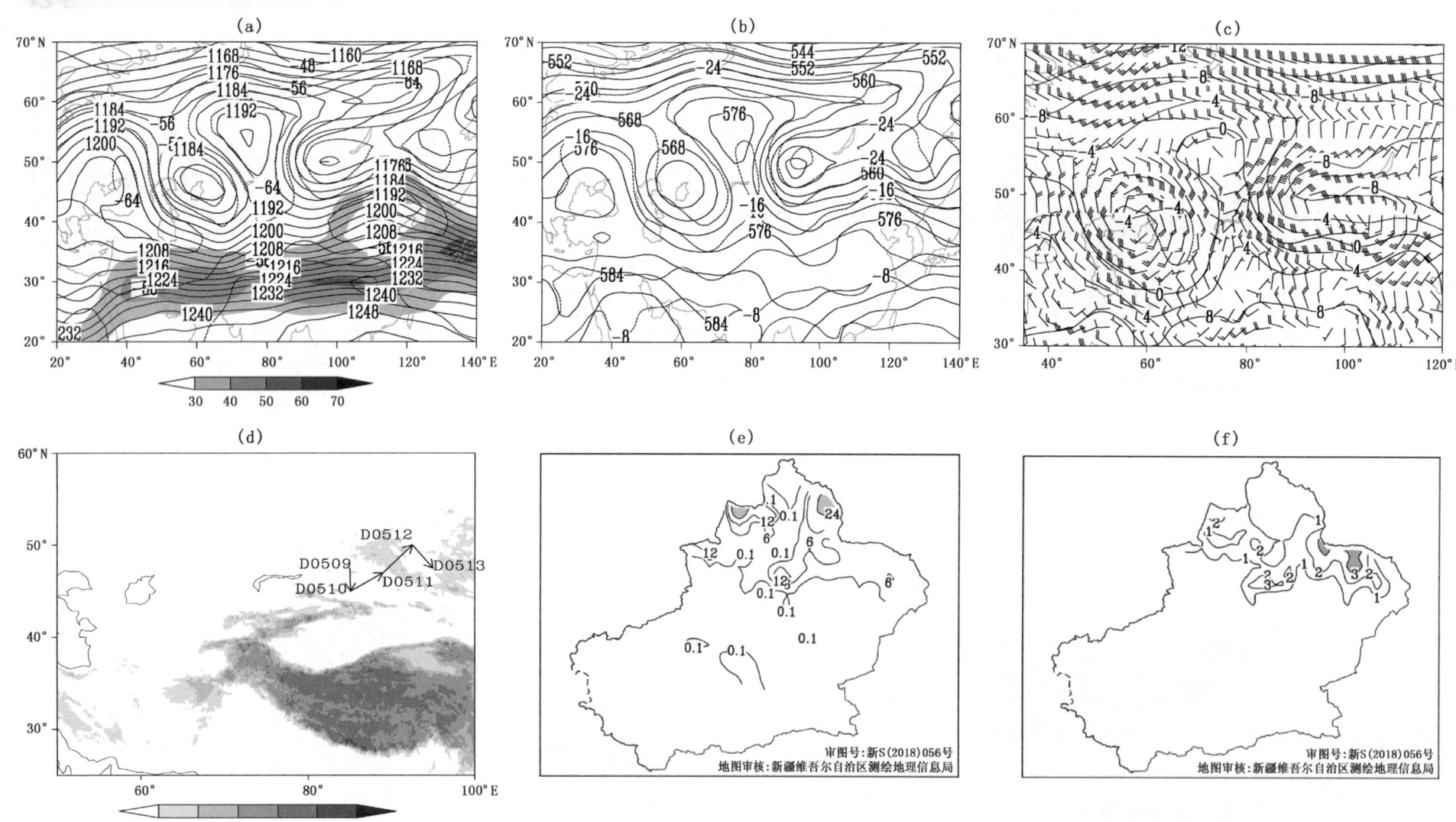

图3.88 2003年5月12日20时位势高度场(实线,单位:位势什米),温度场(虚线,单位:℃),阴影表示风速大于或等于30米/秒急流区;(a)200百帕;(b)500百帕;(c)700百帕温度场(实线,单位:℃),风场(单位:米/秒);(d)低涡中心移动路径(阴影表示地形海拔高度,单位:米);(e)过程累计降水量(单位:毫米,阴影表示暴雨或暴雪及以上量级区域);(f)总降水日数(单位:天,阴影表示大于或等于3天区域)

过程编号:D20030923

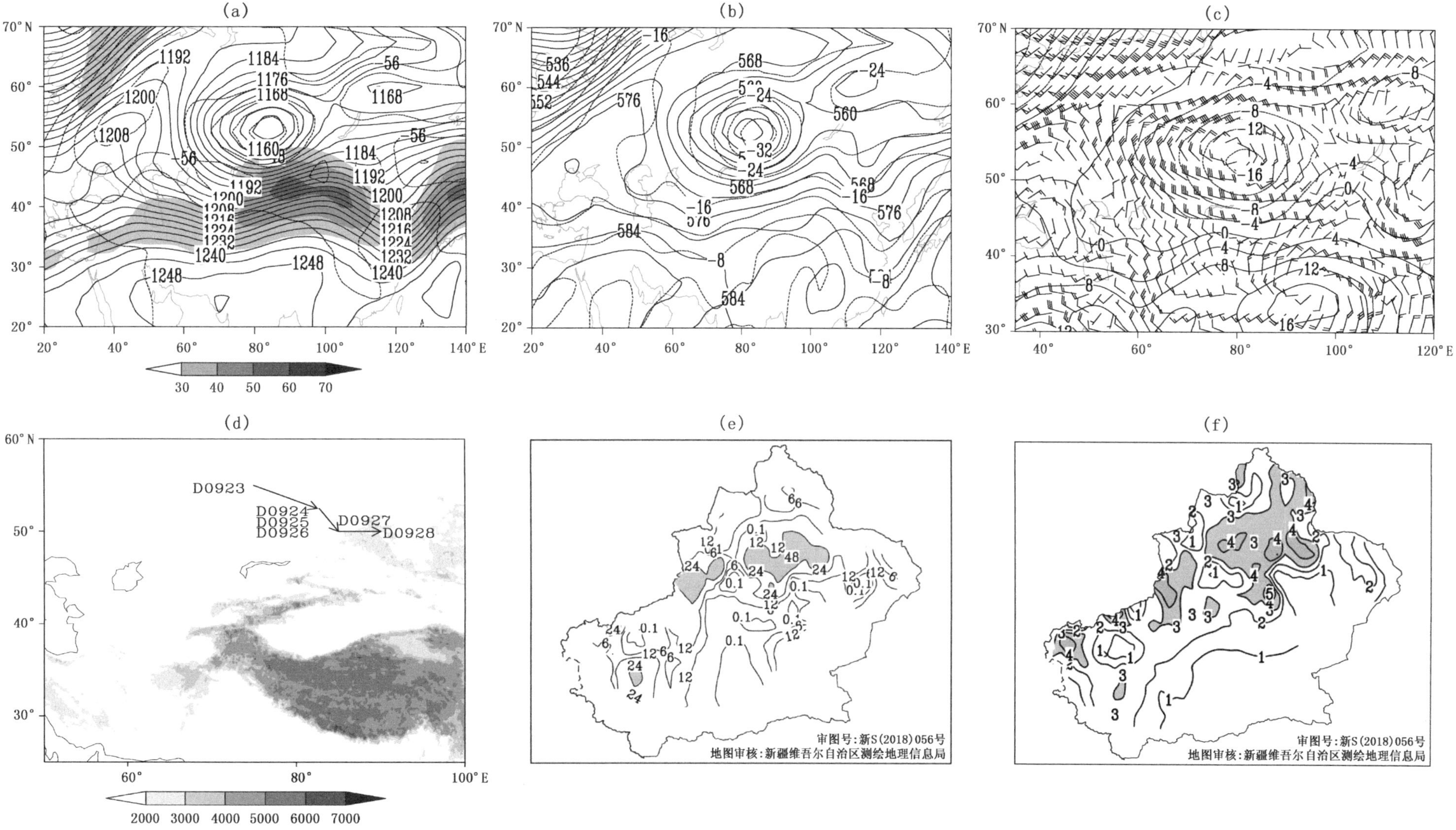

图 3.89 2003年9月24日20时位势高度场(实线,单位:位势什米),温度场(虚线,单位:℃),阴影表示风速大于或等于30米/秒急流区;(a)200百帕;(b)500百帕;(c)700百帕温度场(实线,单位:℃),风场(单位:米/秒);(d)低涡中心移动路径(阴影表示地形海拔高度,单位:米);(e)过程累计降水量(单位:毫米,阴影表示暴雨或暴雪及以上量级区域);(f)总降水日数(单位:天,阴影表示大于或等于3天区域)

中亚低涡年鉴 (1971—2017)
ZHONGYA DIWO NIANJIAN

过程编号:D20040528

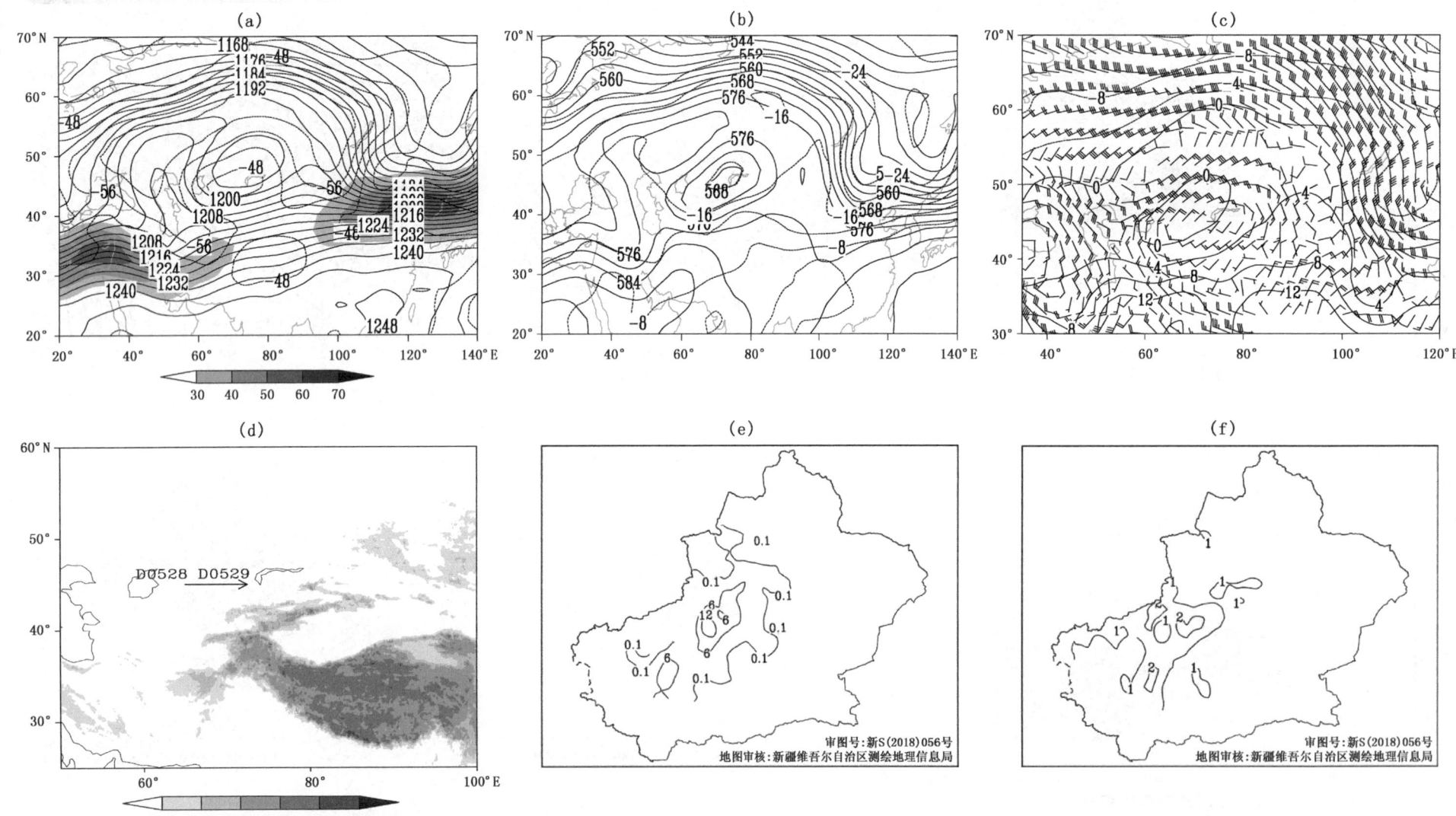

图 3.90 2004 年 5 月 29 日 20 时位势高度场(实线,单位:位势什米),温度场(虚线,单位:℃),阴影表示风速大于或等于 30 米/秒急流区;(a)200 百帕;(b)500 百帕;(c)700 百帕温度场(实线,单位:℃),风场(单位:米/秒);(d)低涡中心移动路径(阴影表示地形海拔高度,单位:米);(e)过程累计降水量(单位:毫米);(f)总降水日数(单位:天)

过程编号：D20040627

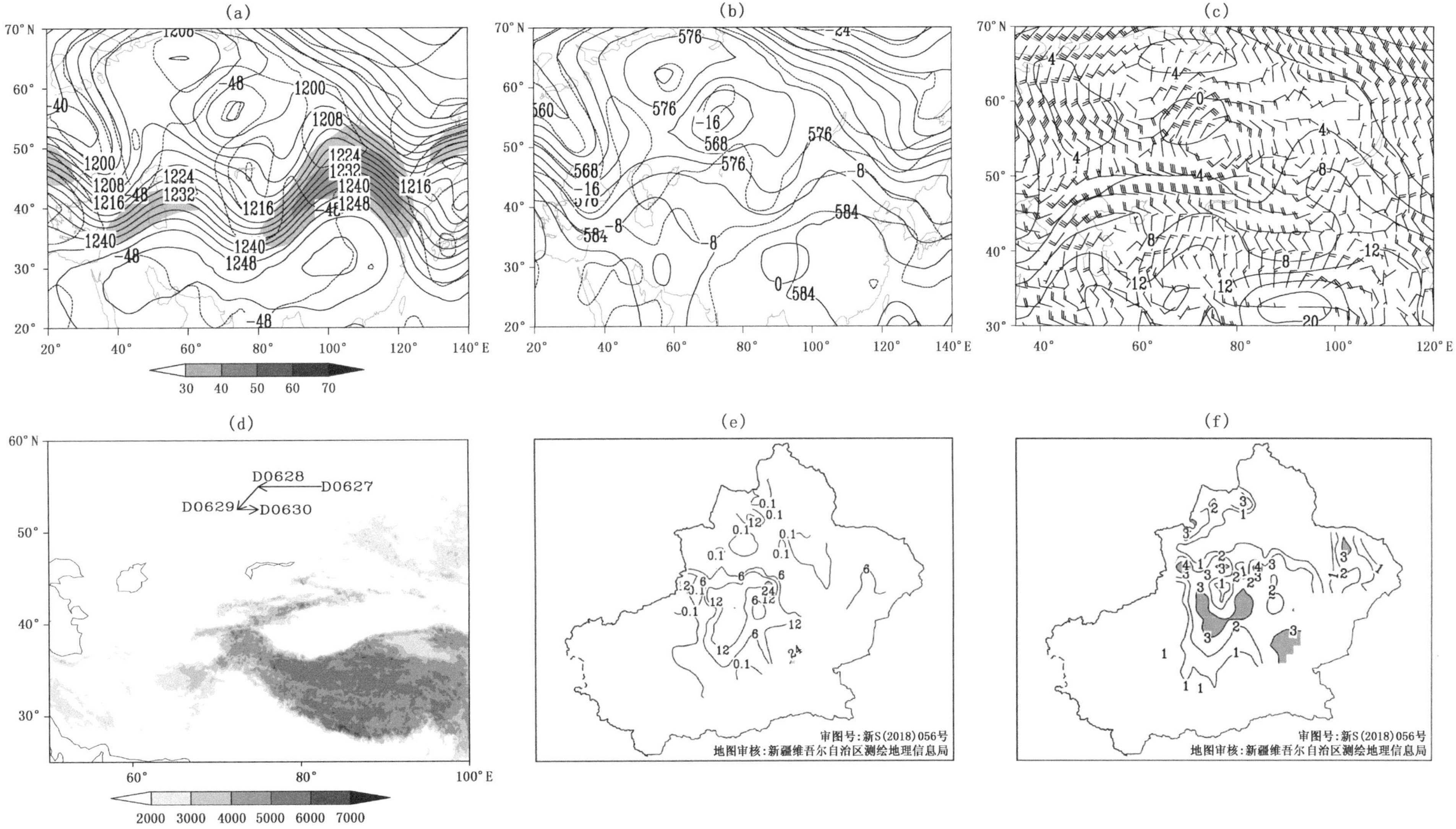

图 3.91 2004年6月28日20时位势高度场(实线，单位：位势什米)，温度场(虚线，单位：℃)，阴影表示风速大于或等于30米/秒急流区；(a)200百帕；(b)500百帕；(c)700百帕温度场(实线，单位：℃)，风场(单位：米/秒)；(d)低涡中心移动路径(阴影表示地形海拔高度，单位：米)；(e)过程累计降水量(单位：毫米，阴影表示暴雨或暴雪及以上量级区域)；(f)总降水日数(单位：天，阴影表示大于或等于3天区域)

中亚低涡年鉴 (1971—2017)
ZHONGYA DIWO NIANJIAN

过程编号：D20050216

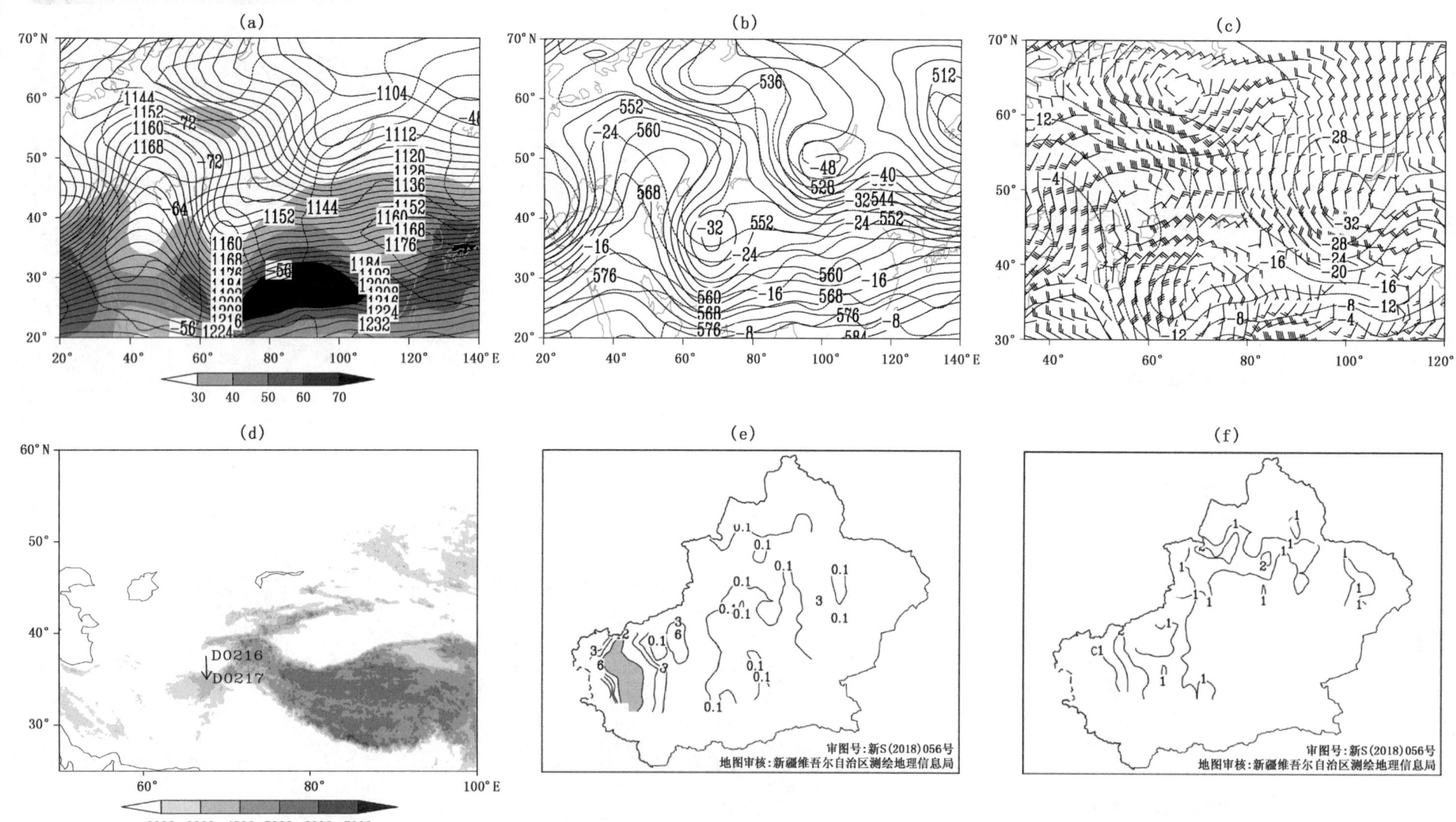

图 3.92　2005 年 2 月 17 日 8 时位势高度场(实线，单位：位势什米)，温度场(虚线，单位：℃)，阴影表示风速大于或等于 30 米/秒急流区；(a)200 百帕；(b)500 百帕；(c)700 百帕温度场(实线，单位：℃)，风场(单位：米/秒)；(d)低涡中心移动路径(阴影表示地形海拔高度，单位：米)；(e)过程累计降水量(单位：毫米，阴影表示暴雨或暴雪及以上量级区域)；(f)总降水日数(单位：天)

过程编号:D20050518

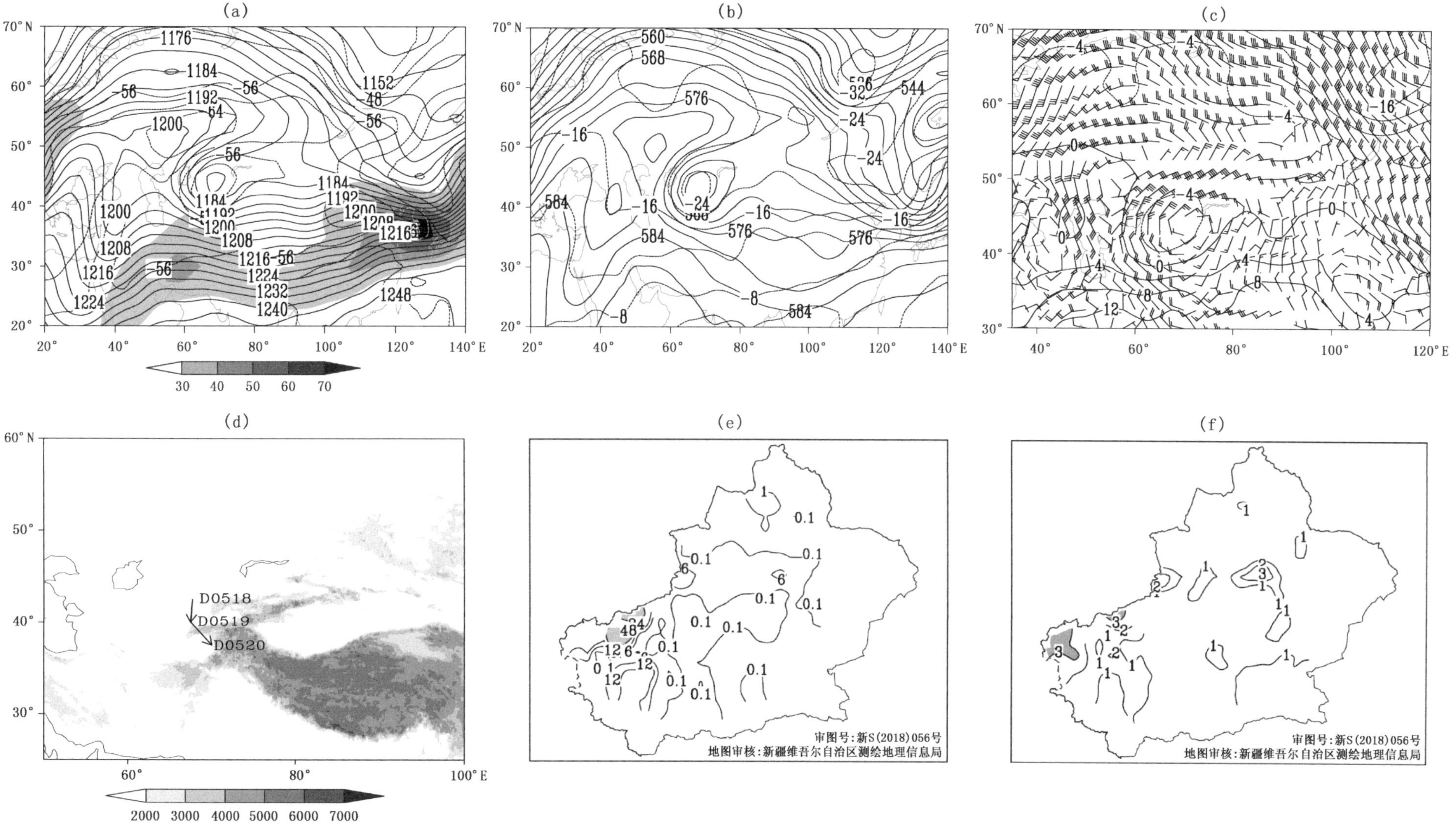

图3.93 2005年5月18日20时位势高度场(实线,单位:位势什米),温度场(虚线,单位:℃),阴影表示风速大于或等于30米/秒急流区;(a)200百帕;(b)500百帕;(c)700百帕温度场(实线,单位:℃),风场(单位:米/秒);(d)低涡中心移动路径(阴影表示地形海拔高度,单位:米);(e)过程累计降水量(单位:毫米,阴影表示暴雨或暴雪及以上量级区域);(f)总降水日数(单位:天,阴影表示大于或等于3天区域)

中亚低涡年鉴 (1971—2017)
ZHONGYA DIWO NIANJIAN

过程编号：D20050526

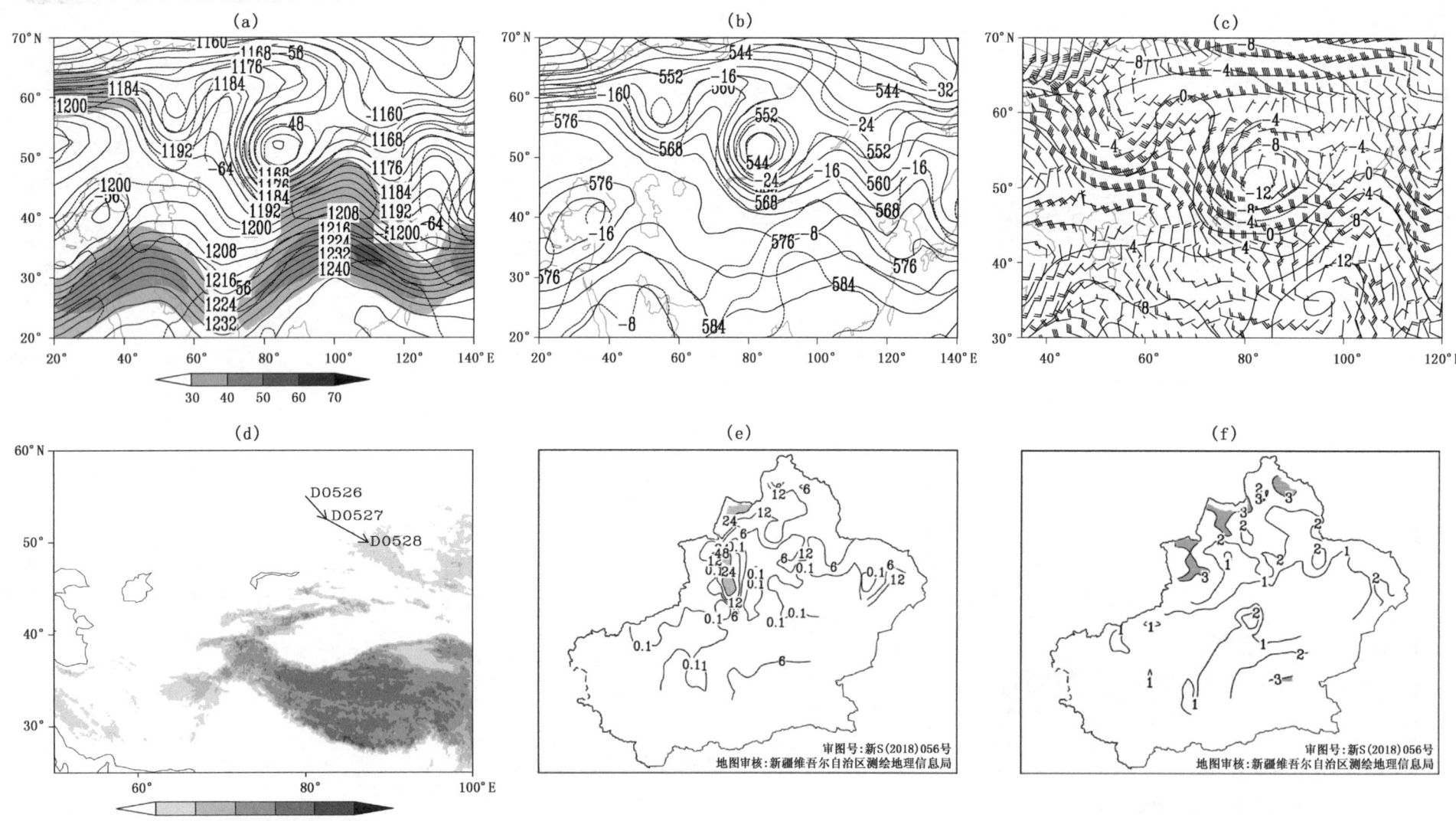

图 3.94 2005年5月27日20时位势高度场（实线，单位：位势什米），温度场（虚线，单位：℃），阴影表示风速大于或等于30米/秒急流区；(a)200百帕；(b)500百帕；(c)700百帕温度场（实线，单位：℃），风场（单位：米/秒）；(d)低涡中心移动路径（阴影表示地形海拔高度，单位：米）；(e)过程累计降水量（单位：毫米，阴影表示暴雨或暴雪及以上量级区域）；(f)总降水日数（单位：天，阴影表示大于或等于3天区域）

过程编号:D20050624

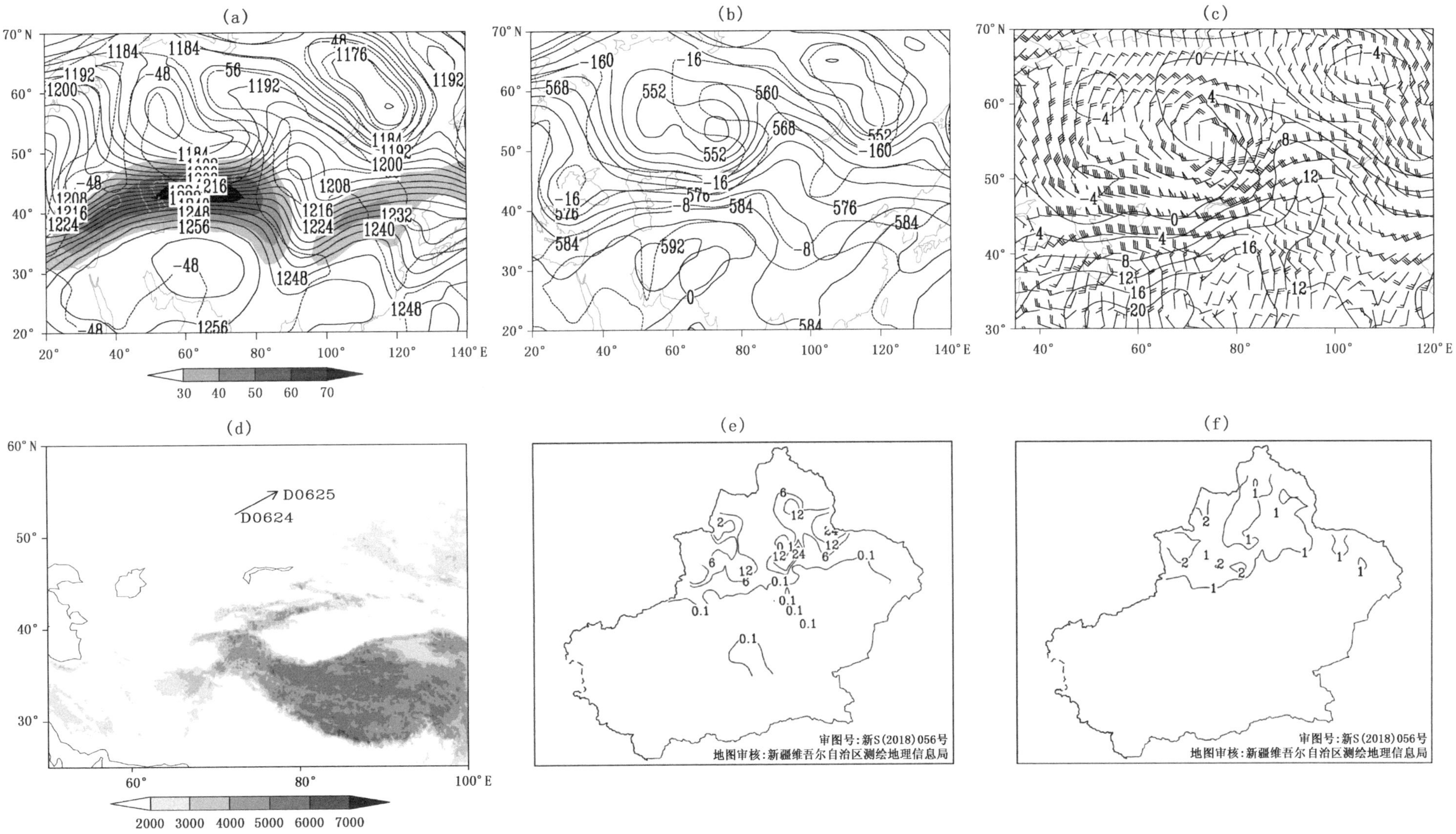

图 3.95 2005年6月24日20时位势高度场(实线,单位:位势什米),温度场(虚线,单位:℃),阴影表示风速大于或等于30米/秒急流区;(a)200百帕;(b)500百帕;(c)700百帕温度场(实线,单位:℃),风场(单位:米/秒);(d)低涡中心移动路径(阴影表示地形海拔高度,单位:米);(e)过程累计降水量(单位:毫米);(f)总降水日数(单位:天)

中亚低涡年鉴 (1971—2017)
ZHONGYA DIWO NIANJIAN

过程编号：D20050712

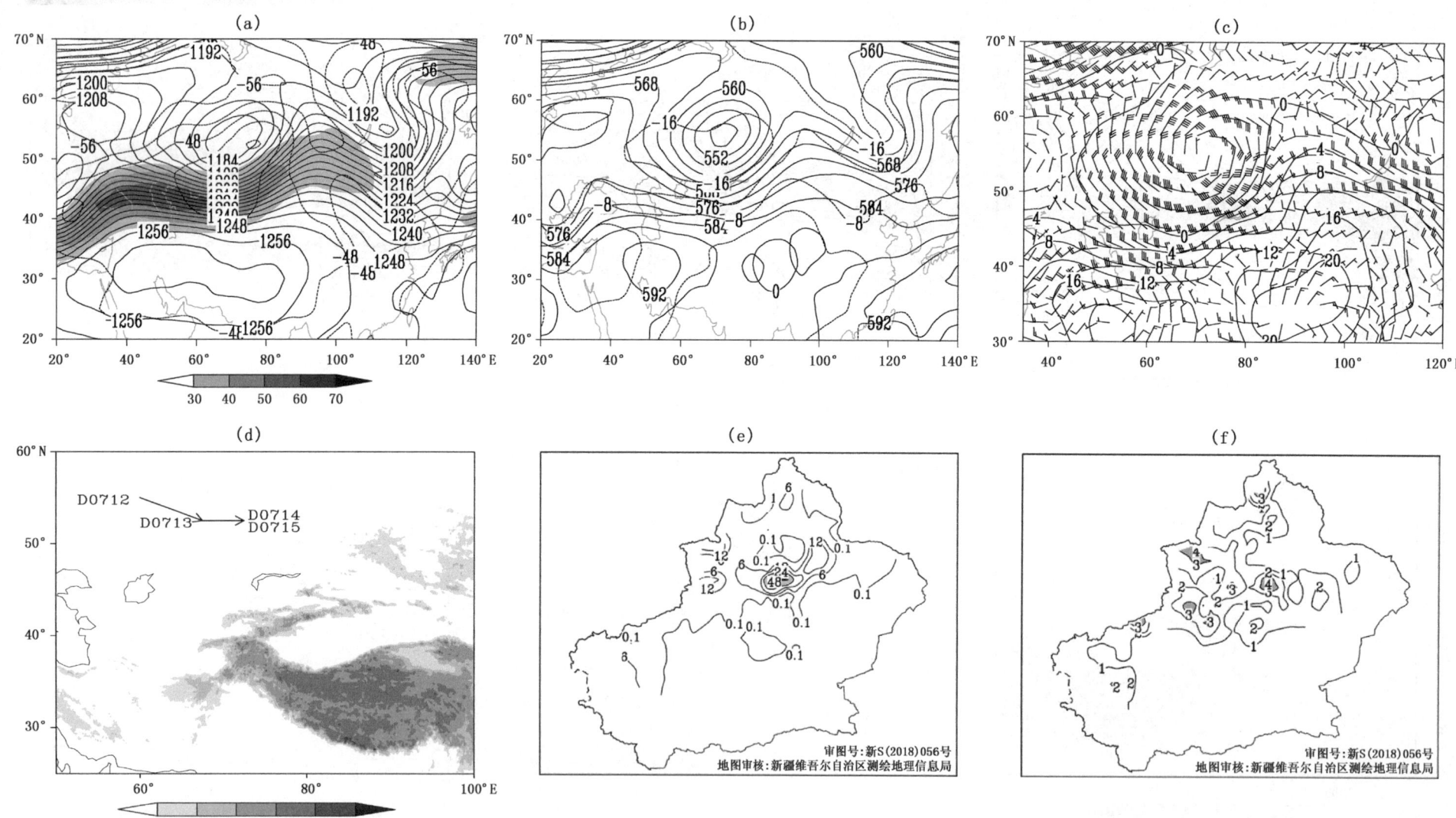

图 3.96　2005 年 7 月 14 日 20 时位势高度场（实线，单位：位势什米），温度场（虚线，单位：℃），阴影表示风速大于或等于 30 米/秒急流区；(a) 200 百帕；(b) 500 百帕；(c) 700 百帕温度场（实线，单位：℃），风场（单位：米/秒）；(d) 低涡中心移动路径（阴影表示地形海拔高度，单位：米）；(e) 过程累计降水量（单位：毫米，阴影表示暴雨或暴雪及以上量级区域）；(f) 总降水日数（单位：天，阴影表示大于或等于 3 天区域）

过程编号:D20050721

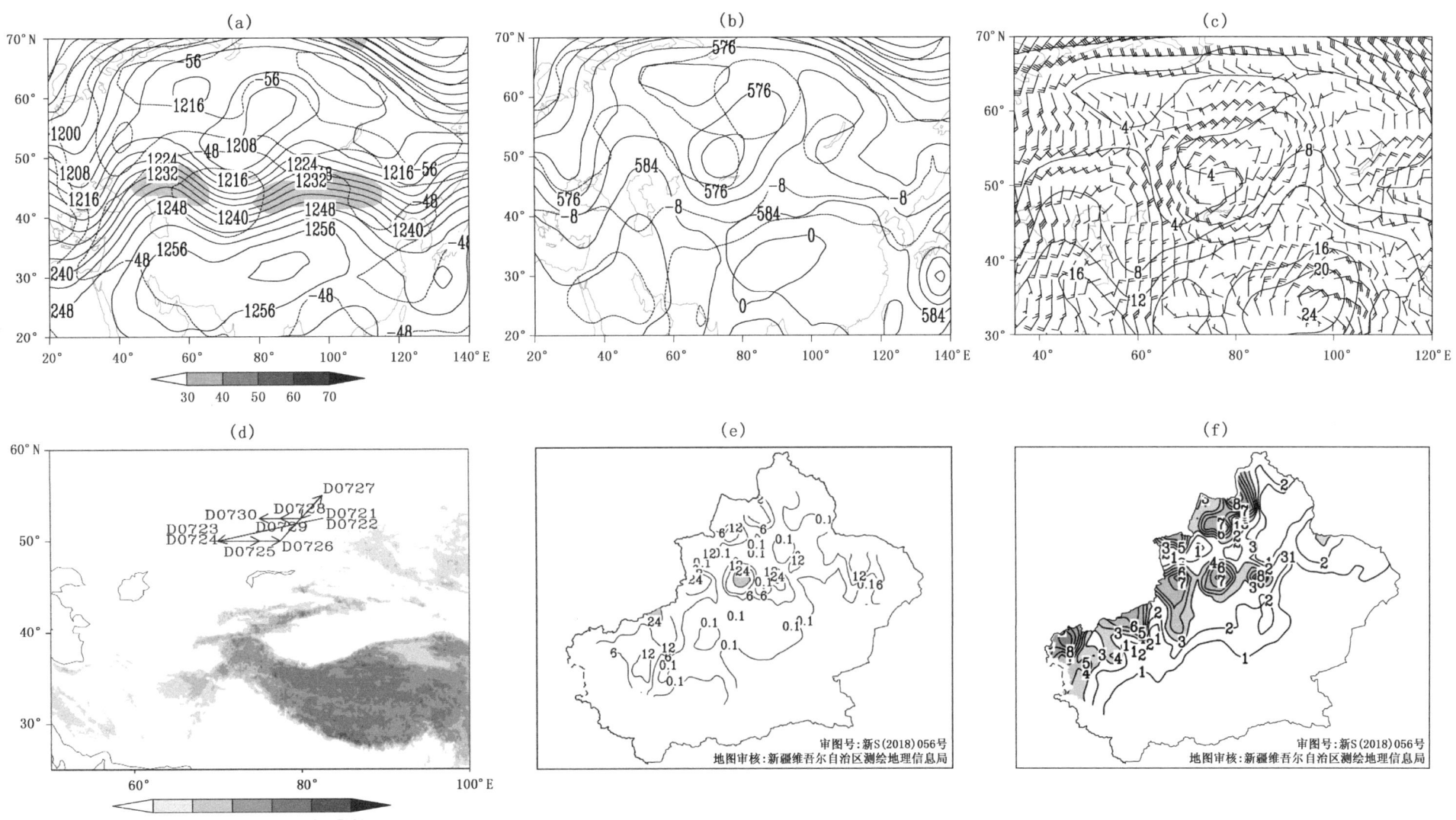

图 3.97 2005 年 7 月 25 日 20 时位势高度场(实线,单位:位势什米),温度场(虚线,单位:℃),阴影表示风速大于或等于30米/秒急流区;(a)200百帕;(b)500百帕;(c)700百帕温度场(实线,单位:℃),风场(单位:米/秒);(d)低涡中心移动路径(阴影表示地形海拔高度,单位:米);(e)过程累计降水量(单位:毫米,阴影表示暴雨或暴雪及以上量级区域);(f)总降水日数(单位:天,阴影表示大于或等于3天区域)

过程编号:D20050825

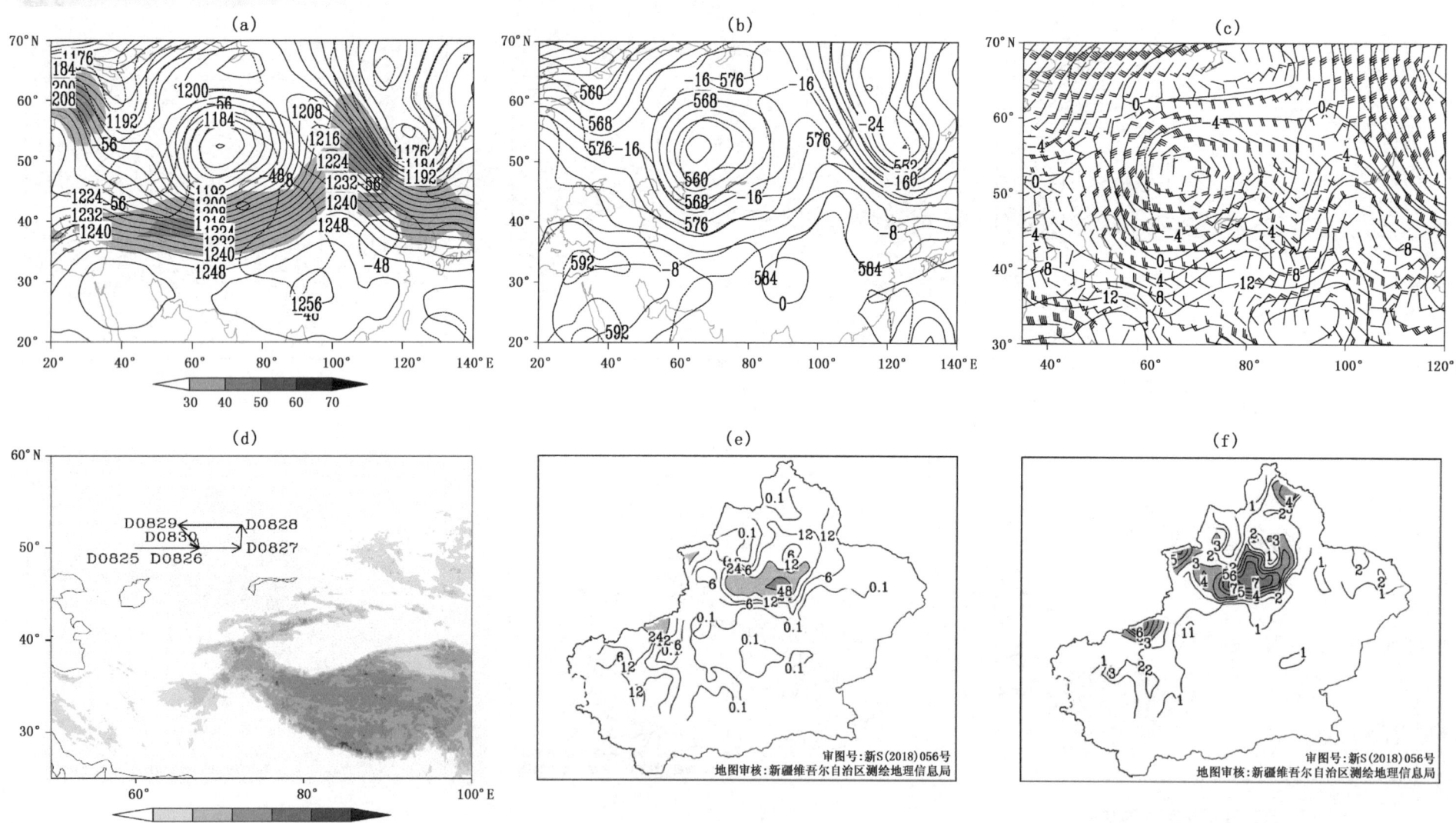

图 3.98　2005年8月29日20时位势高度场(实线,单位:位势什米),温度场(虚线,单位:℃),阴影表示风速大于或等于30米/秒急流区;(a)200百帕;(b)500百帕;(c)700百帕温度场(实线,单位:℃),风场(单位:米/秒);(d)低涡中心移动路径(阴影表示地形海拔高度,单位:米);(e)过程累计降水量(单位:毫米,阴影表示暴雨或暴雪及以上量级区域);(f)总降水日数(单位:天,阴影表示大于或等于3天区域)

过程编号:D20051110

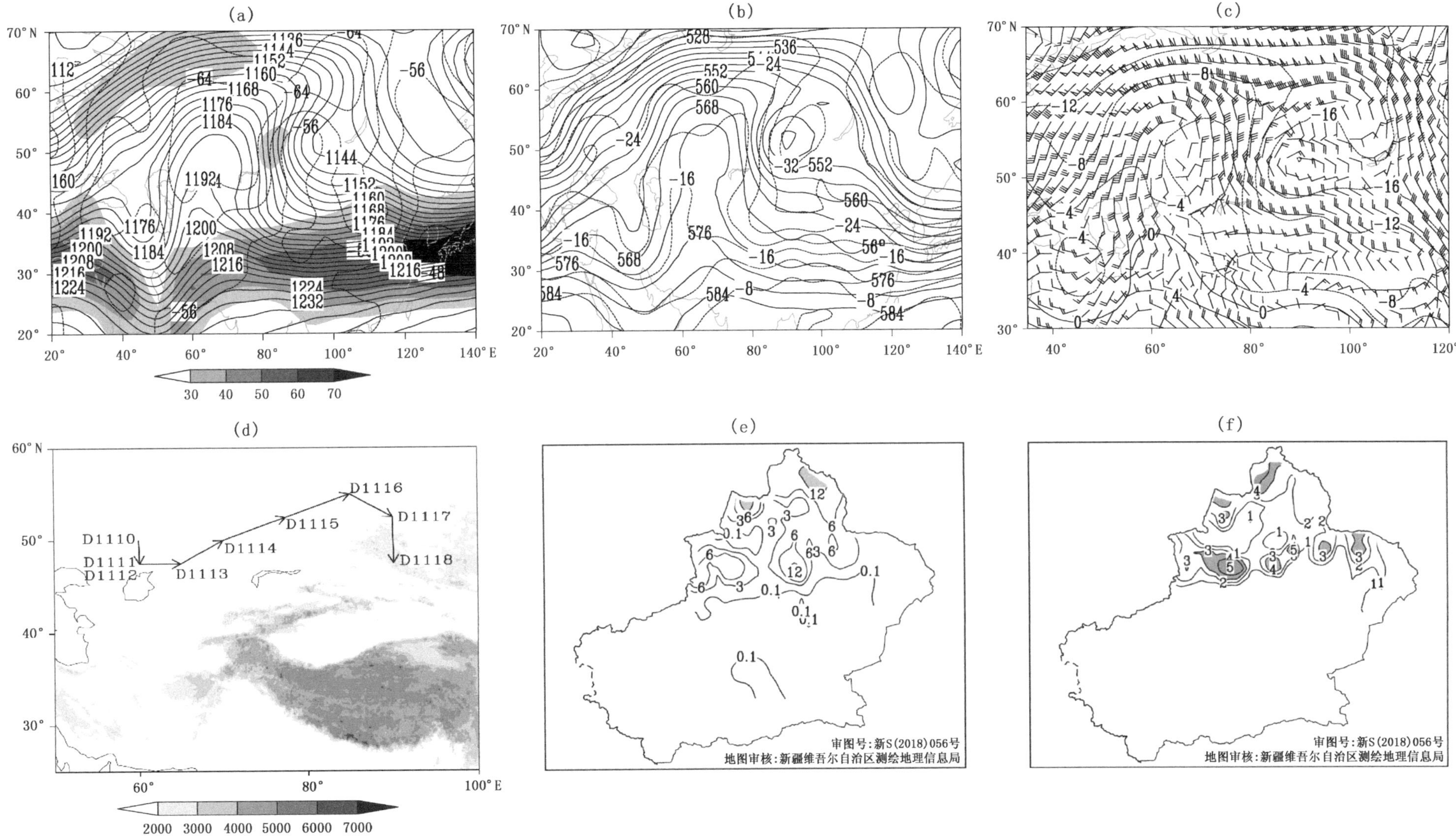

图 3.99 2005年11月17日20时位势高度场(实线,单位:位势什米),温度场(虚线,单位:℃),阴影表示风速大于或等于30米/秒急流区;(a)200百帕;(b)500百帕;(c)700百帕温度场(实线,单位:℃),风场(单位:米/秒);(d)低涡中心移动路径(阴影表示地形海拔高度,单位:米);(e)过程累计降水量(单位:毫米,阴影表示暴雨或暴雪及以上量级区域);(f)总降水日数(单位:天,阴影表示大于或等于3天区域)

中亚低涡年鉴 (1971—2017)
ZHONGYA DIWO NIANJIAN

过程编号：D20051204

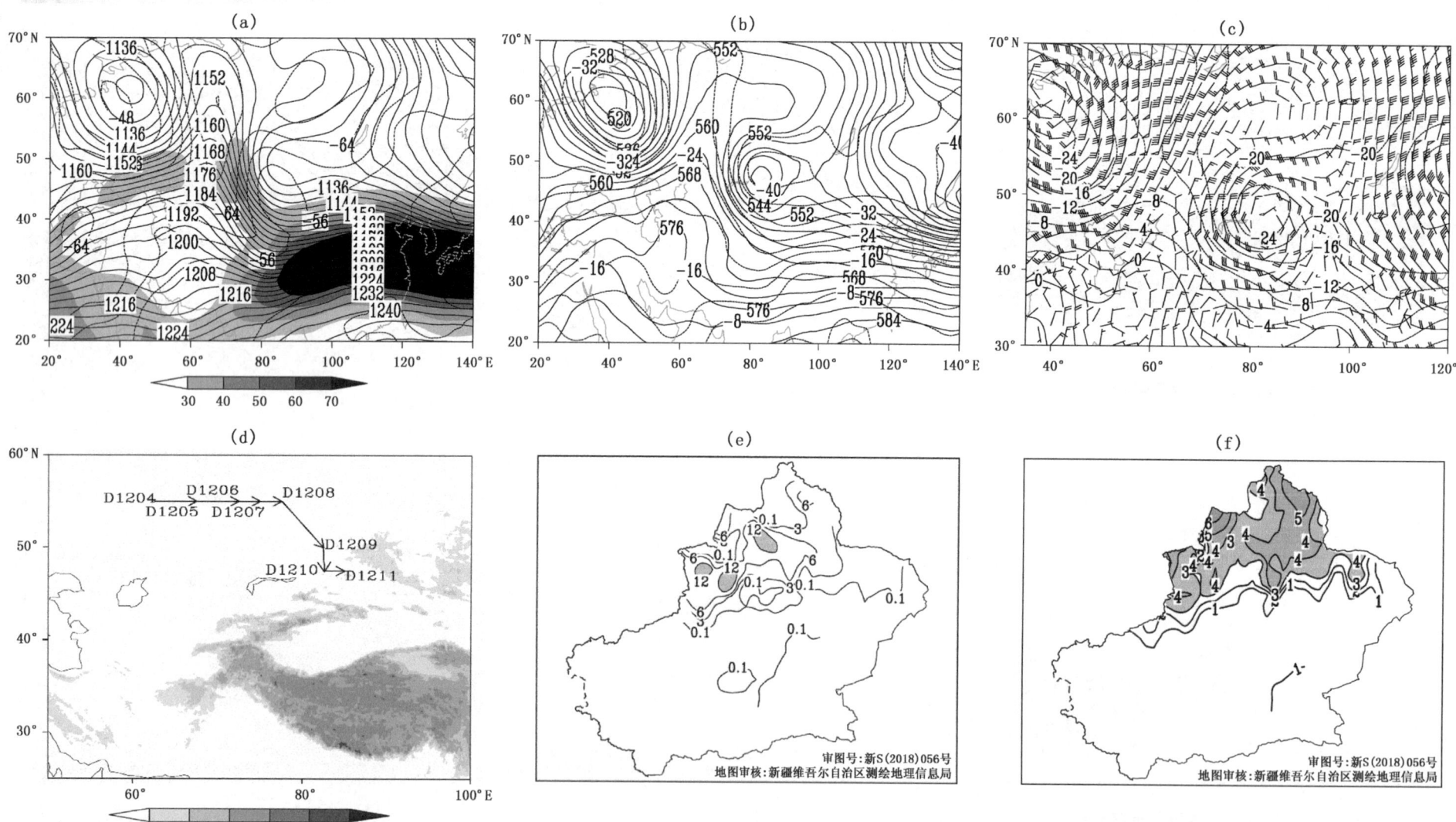

图3.100　2005年12月10日20时位势高度场（实线，单位：位势什米），温度场（虚线，单位：℃），阴影表示风速大于或等于30米/秒急流区；(a)200百帕；(b)500百帕；(c)700百帕温度场（实线，单位：℃），风场（单位：米/秒）；(d)低涡中心移动路径（阴影表示地形海拔高度，单位：米）；(e)过程累计降水量（单位：毫米，阴影表示暴雨或暴雪及以上量级区域）；(f)总降水日数（单位：天，阴影表示大于或等于3天区域）

第3章 深厚型中亚低涡降水过程

过程编号:D20060606

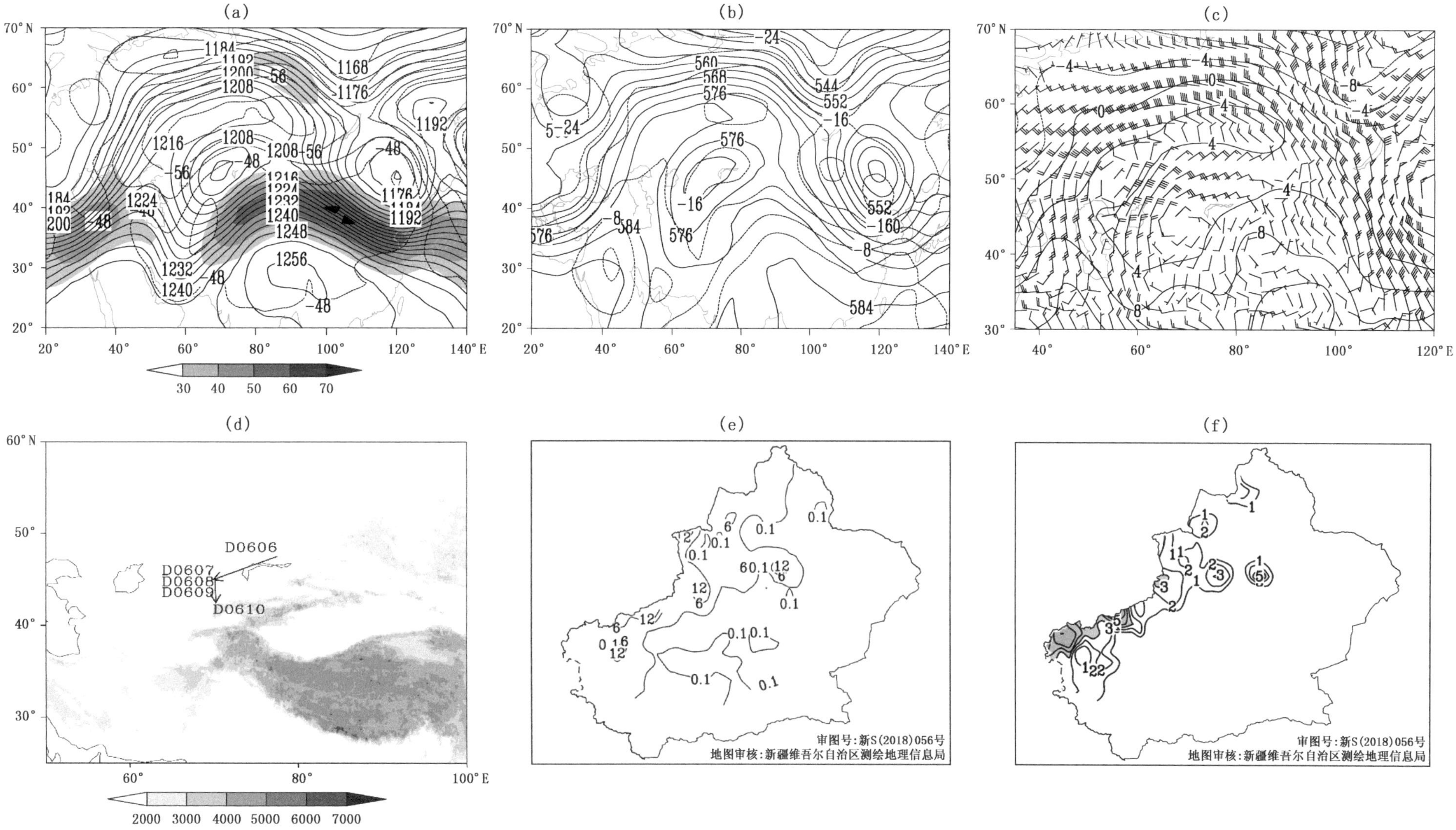

图 3.101　2006 年 6 月 8 日 8 时位势高度场(实线,单位:位势什米),温度场(虚线,单位:℃),阴影表示风速大于或等于 30 米/秒急流区;(a)200 百帕;(b)500 百帕;(c)700 百帕温度场(实线,单位:℃),风场(单位:米/秒);(d)低涡中心移动路径(阴影表示地形海拔高度,单位:米);(e)过程累计降水量(单位:毫米);(f)总降水日数(单位:天,阴影表示大于或等于 3 天区域)

中亚低涡年鉴 (1971—2017)
ZHONGYA DIWO NIANJIAN

过程编号：D20060711

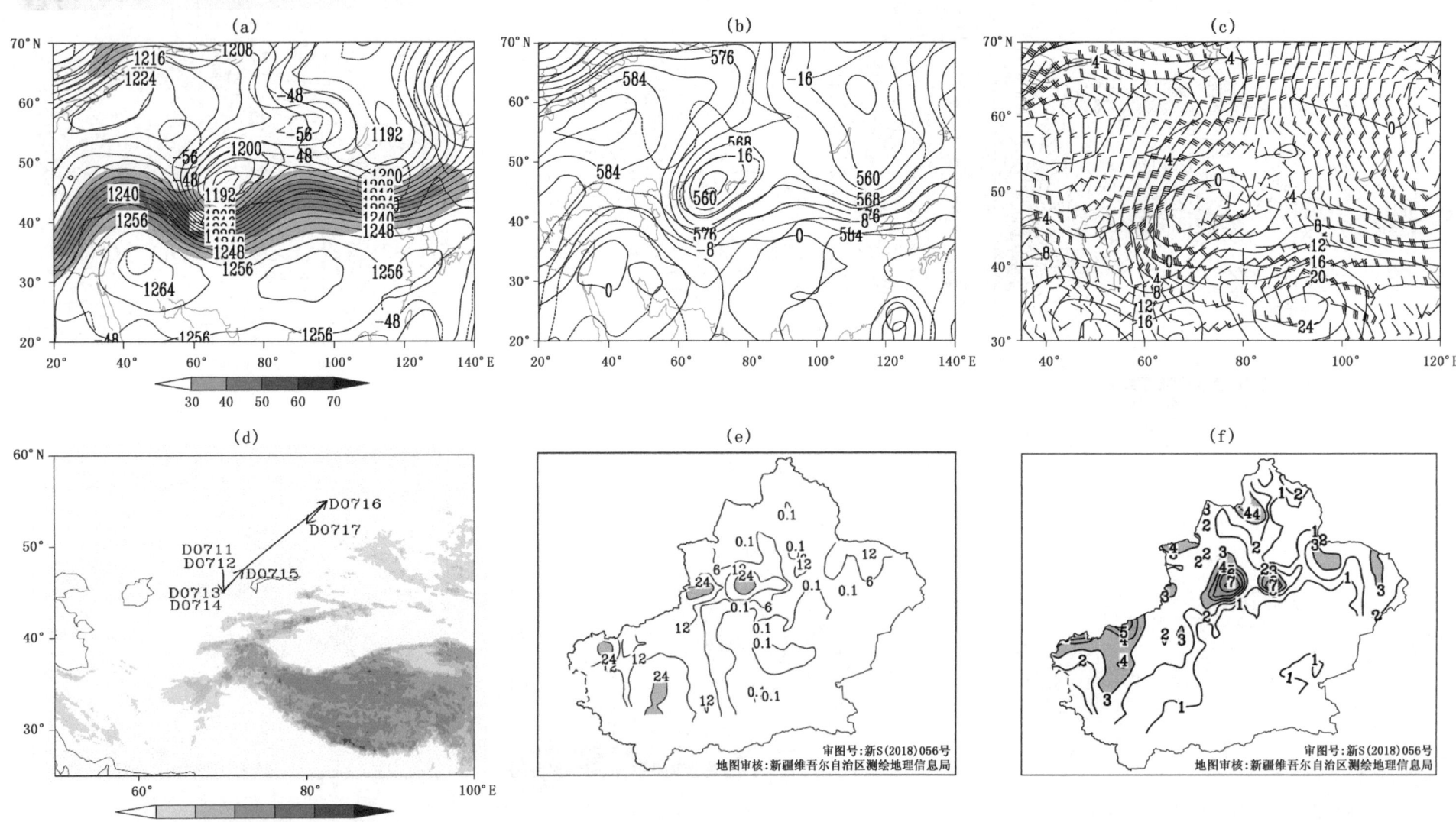

图 3.102 2006年7月12日20时位势高度场(实线,单位:位势什米),温度场(虚线,单位:℃),阴影表示风速大于或等于30米/秒急流区；(a)200百帕；(b)500百帕；(c)700百帕温度场(实线,单位:℃),风场(单位:米/秒)；(d)低涡中心移动路径(阴影表示地形海拔高度,单位:米)；(e)过程累计降水量(单位:毫米,阴影表示暴雨或暴雪及以上量级区域)；(f)总降水日数(单位:天,阴影表示大于或等于3天区域)

过程编号:D20061119

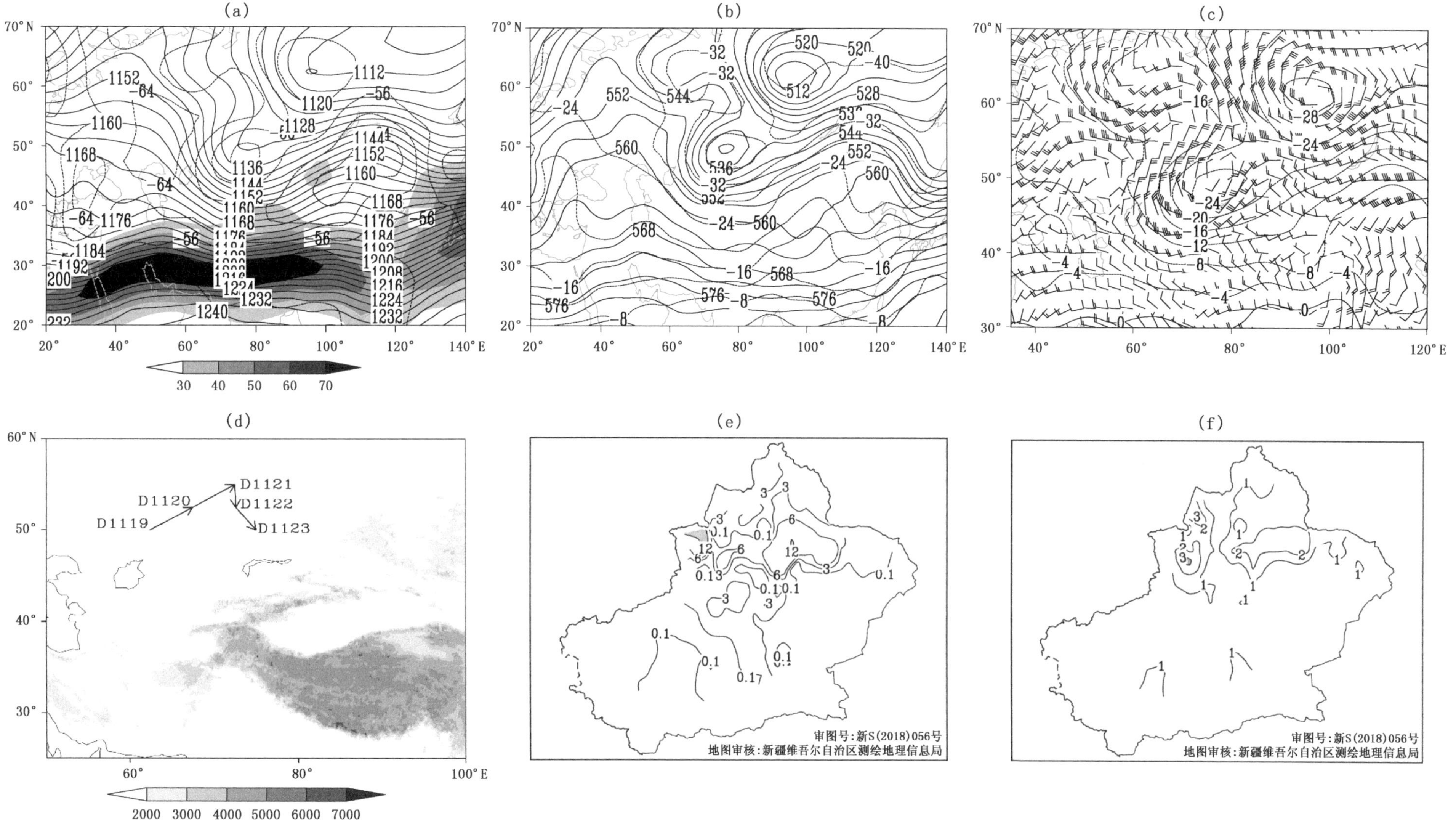

图 3.103 2006 年 11 月 23 日 20 时位势高度场(实线,单位:位势什米),温度场(虚线,单位:℃),阴影表示风速大于或等于 30 米/秒急流区;(a)200 百帕;(b)500 百帕;(c)700 百帕温度场(实线,单位:℃),风场(单位:米/秒);(d)低涡中心移动路径(阴影表示地形海拔高度,单位:米);(e)过程累计降水量(单位:毫米,阴影表示暴雨或暴雪及以上量级区域);(f)总降水日数(单位:天,阴影表示大于或等于 3 天区域)

中亚低涡年鉴 (1971—2017)
ZHONGYA DIWO NIANJIAN

过程编号:D20070518

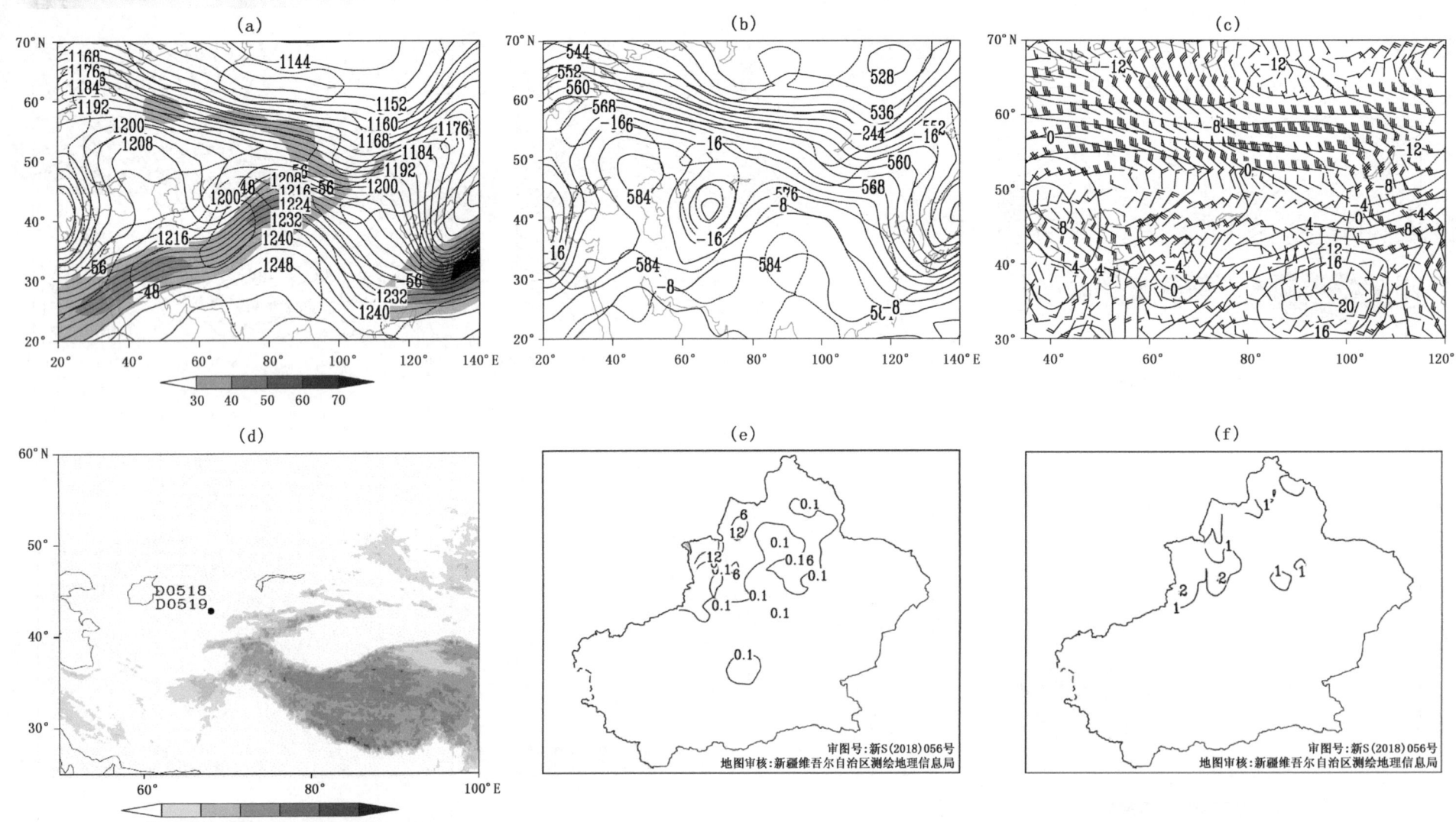

图 3.104　2007 年 5 月 19 日 14 时位势高度场(实线,单位:位势什米),温度场(虚线,单位:℃),阴影表示风速大于或等于 30 米/秒急流区;(a)200 百帕;(b)500 百帕;(c)700 百帕温度场(实线,单位:℃),风场(单位:米/秒);(d)低涡中心移动路径(阴影表示地形海拔高度,单位:米);(e)过程累计降水量(单位:毫米);(f)总降水日数(单位:天)

过程编号：D20070629

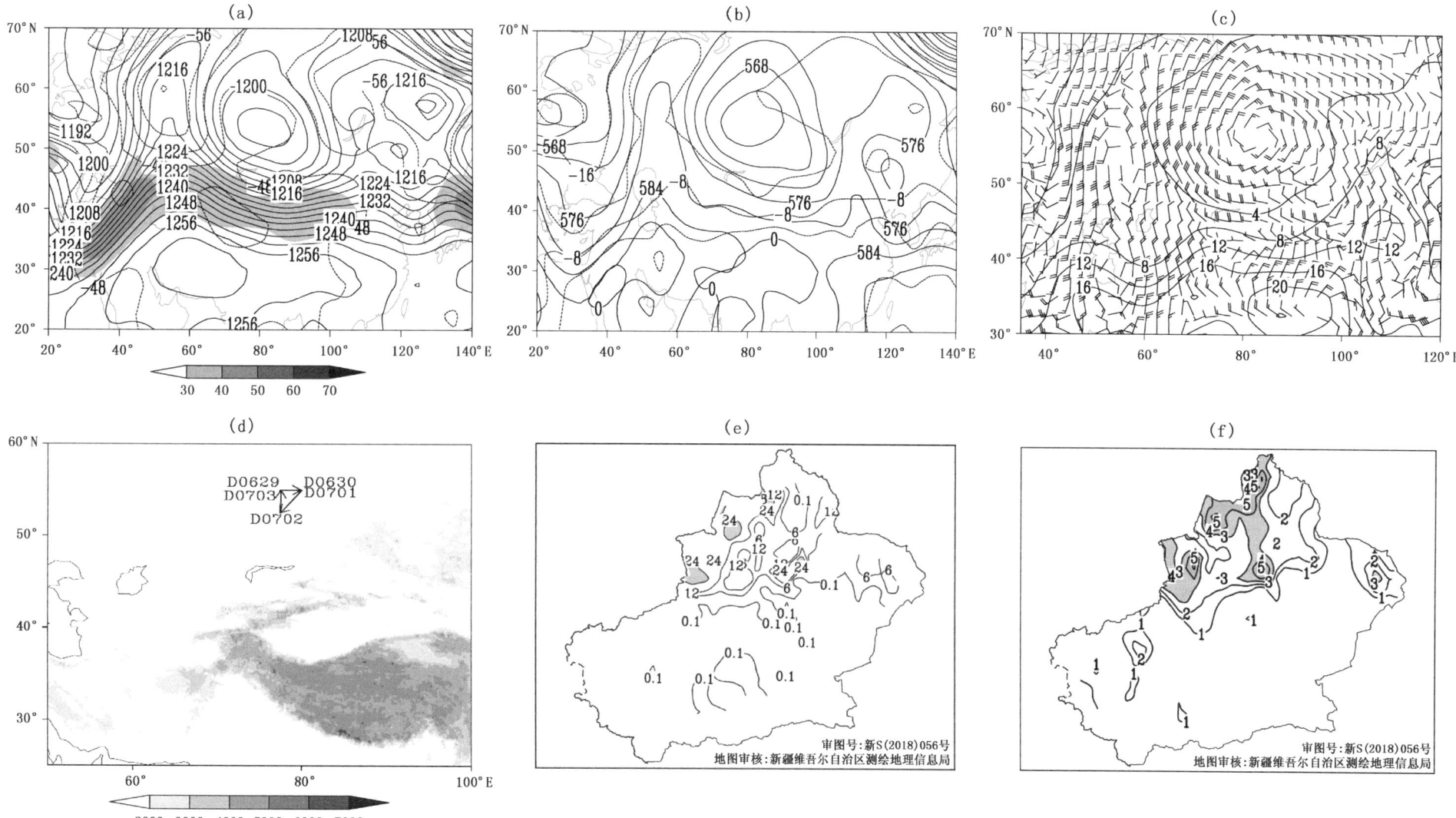

图3.105 2007年7月1日20时位势高度场(实线,单位:位势什米),温度场(虚线,单位:℃),阴影表示风速大于或等于30米/秒急流区;(a)200百帕;(b)500百帕;(c)700百帕温度场(实线,单位:℃),风场(单位:米/秒);(d)低涡中心移动路径(阴影表示地形海拔高度,单位:米);(e)过程累计降水量(单位:毫米,阴影表示暴雨或暴雪及以上量级区域);(f)总降水日数(单位:天,阴影表示大于或等于3天区域)

过程编号:D20070705

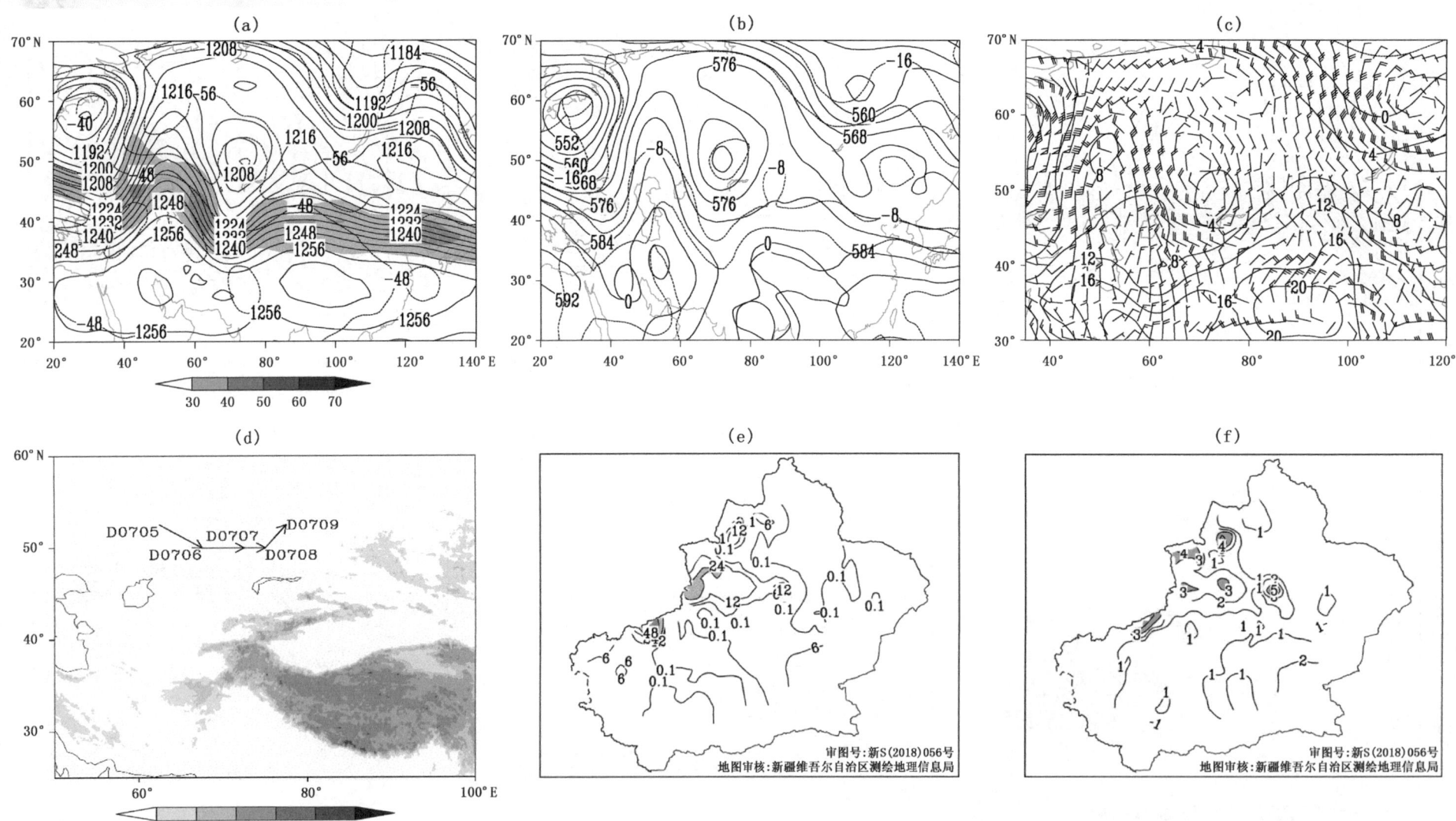

图 3.106　2007 年 7 月 7 日 20 时位势高度场(实线,单位:位势什米),温度场(虚线,单位:℃),阴影表示风速大于或等于 30 米/秒急流区;(a)200 百帕;(b)500 百帕;(c)700 百帕温度场(实线,单位:℃),风场(单位:米/秒);(d)低涡中心移动路径(阴影表示地形海拔高度,单位:米);(e)过程累计降水量(单位:毫米,阴影表示暴雨或暴雪及以上量级区域);(f)总降水日数(单位:天,阴影表示大于或等于 3 天区域)

过程编号:D20070712

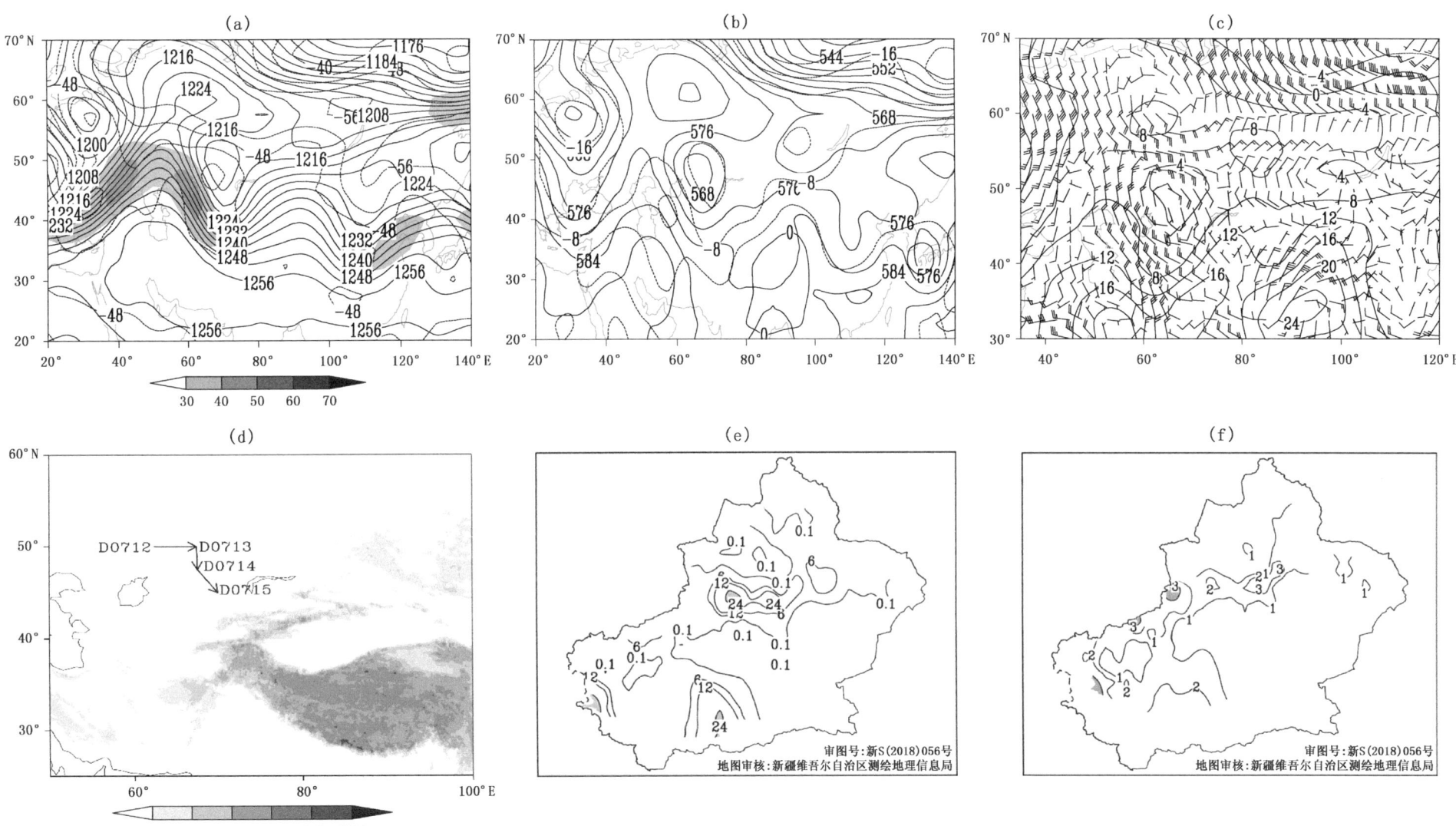

图3.107 2007年7月14日20时位势高度场(实线,单位:位势什米),温度场(虚线,单位:℃),阴影表示风速大于或等于30米/秒急流区;(a)200百帕;(b)500百帕;(c)700百帕温度场(实线,单位:℃),风场(单位:米/秒);(d)低涡中心移动路径(阴影表示地形海拔高度,单位:米);(e)过程累计降水量(单位:毫米,阴影表示暴雨或暴雪及以上量级区域);(f)总降水日数(单位:天,阴影表示大于或等于3天区域)

过程编号：D20070819

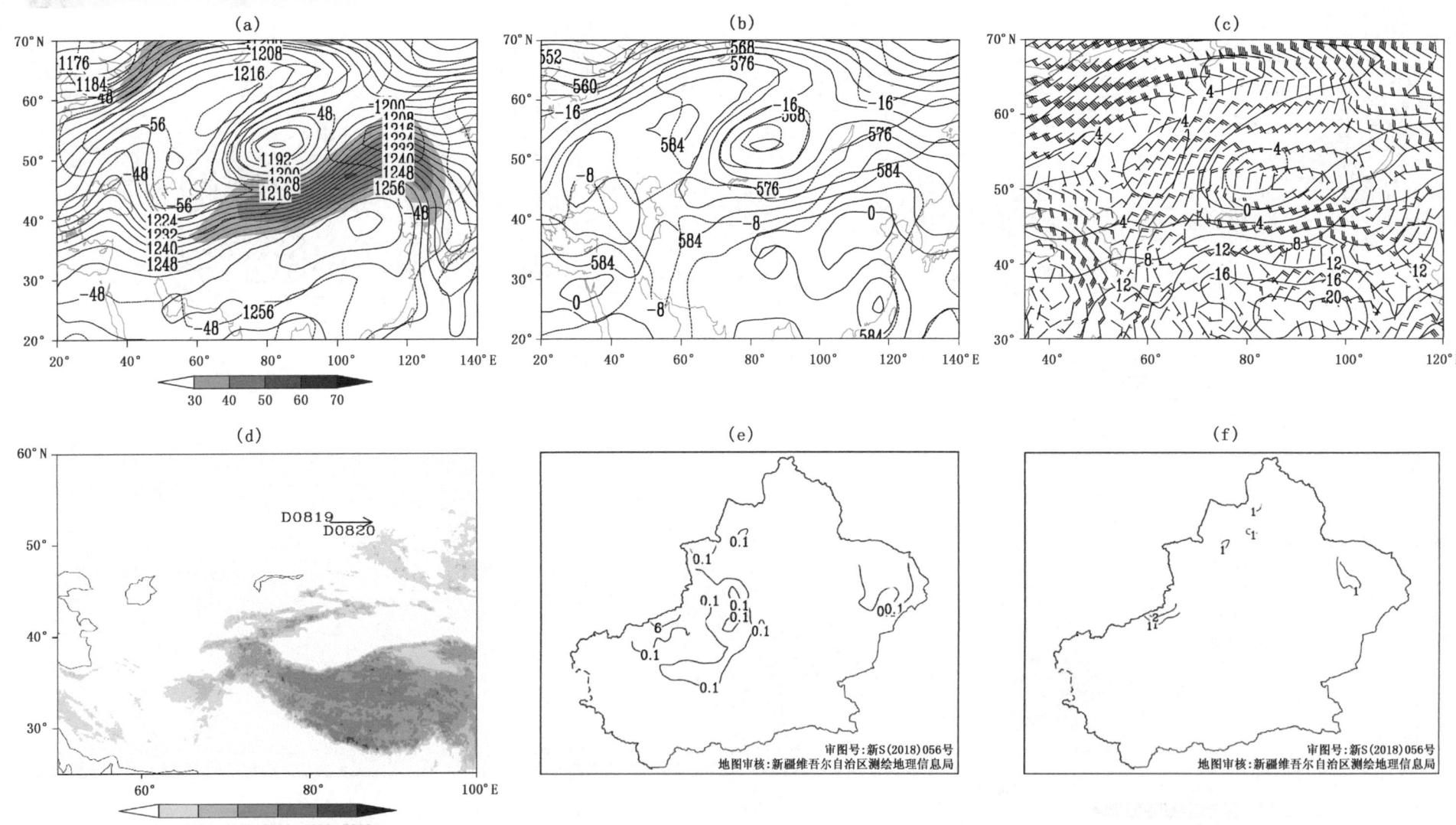

图 3.108　2007 年 8 月 19 日 14 时位势高度场(实线，单位：位势什米)，温度场(虚线，单位：℃)，阴影表示风速大于或等于 30 米/秒急流区；(a)200 百帕；(b)500 百帕；(c)700 百帕温度场(实线，单位：℃)，风场(单位：米/秒)；(d)低涡中心移动路径(阴影表示地形海拔高度，单位：米)；(e)过程累计降水量(单位：毫米)；(f)总降水日数(单位：天)

过程编号:D20070919

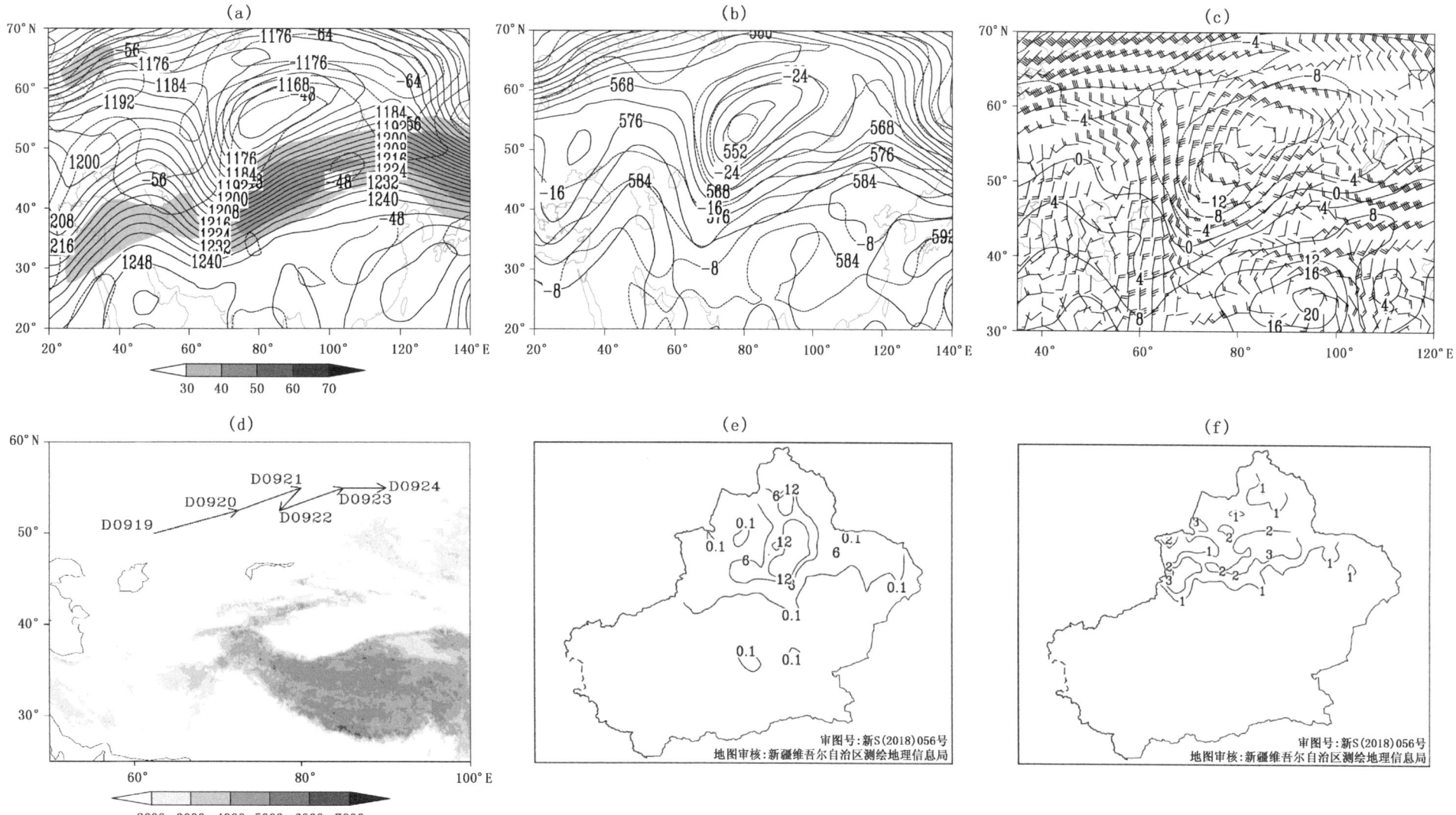

图 3.109 2007年9月22日20时位势高度场(实线,单位:位势什米),温度场(虚线,单位:℃),阴影表示风速大于或等于30米/秒急流区;(a)200百帕;(b)500百帕;(c)700百帕温度场(实线,单位:℃),风场(单位:米/秒);(d)低涡中心移动路径(阴影表示地形海拔高度,单位:米);(e)过程累计降水量(单位:毫米);(f)总降水日数(单位:天)

中亚低涡年鉴 (1971—2017)
ZHONGYA DIWO NIANJIAN

过程编号：D20080617

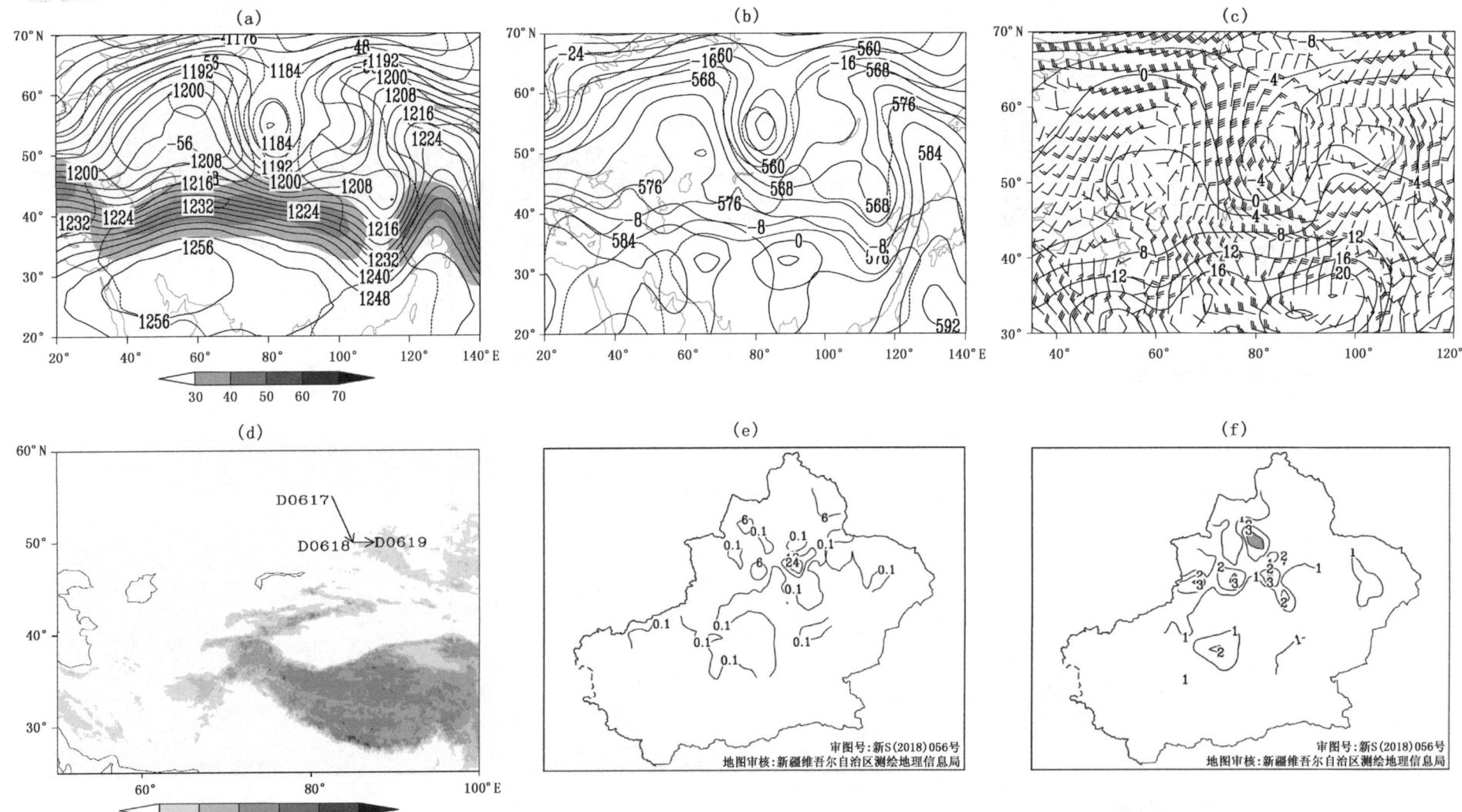

图 3.110　2008 年 6 月 17 日 20 时位势高度场（实线，单位：位势什米），温度场（虚线，单位：℃），阴影表示风速大于或等于 30 米/秒急流区；(a)200 百帕；(b)500 百帕；(c)700 百帕温度场（实线，单位：℃），风场（单位：米/秒）；(d)低涡中心移动路径（阴影表示地形海拔高度，单位：米）；(e)过程累计降水量（单位：毫米）；(f)总降水日数（单位：天，阴影表示大于或等于 3 天区域）

过程编号:D20090612

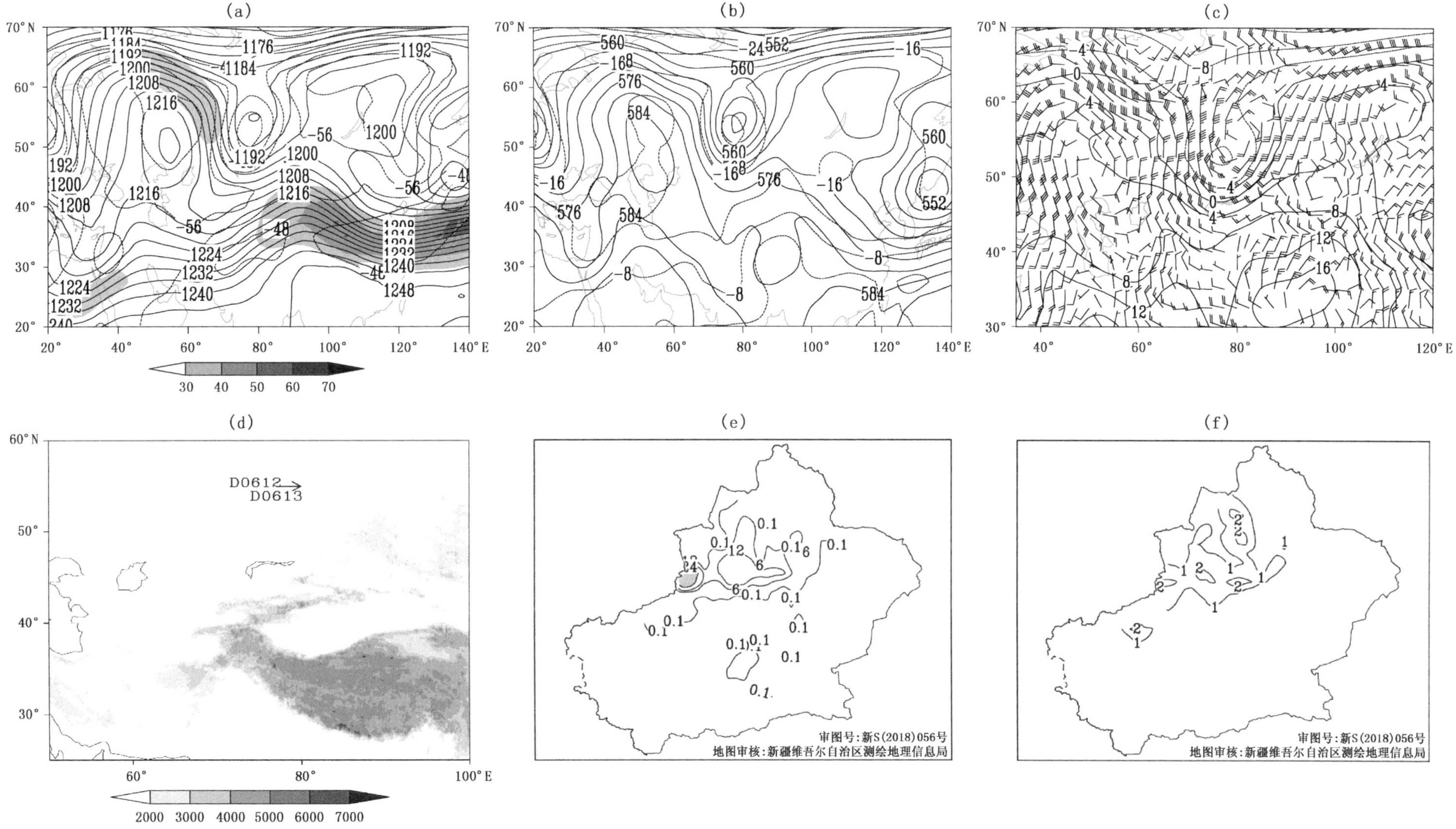

图 3.111 2009年6月12日20时位势高度场(实线,单位:位势什米),温度场(虚线,单位:℃),阴影表示风速大于或等于30米/秒急流区;(a)200百帕;(b)500百帕;(c)700百帕温度场(实线,单位:℃),风场(单位:米/秒);(d)低涡中心移动路径(阴影表示地形海拔高度,单位:米);(e)过程累计降水量(单位:毫米,阴影表示暴雨或暴雪及以上量级区域);(f)总降水日数(单位:天)

过程编号:D20090801

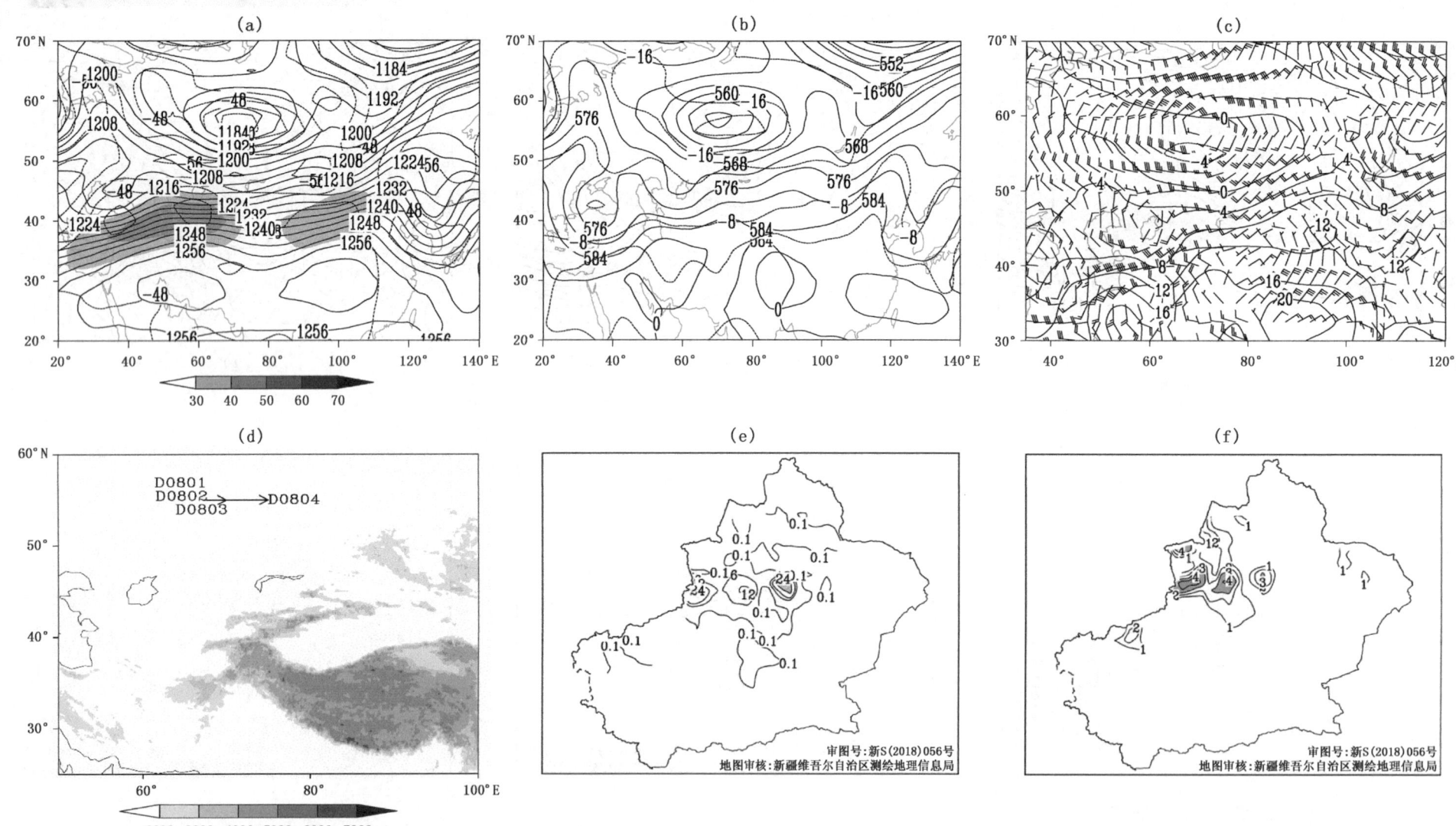

图3.112 2009年7月31日20时位势高度场(实线,单位:位势什米),温度场(虚线,单位:℃),阴影表示风速大于或等于30米/秒急流区;(a)200百帕;(b)500百帕;(c)700百帕温度场(实线,单位:℃),风场(单位:米/秒);(d)低涡中心移动路径(阴影表示地形海拔高度,单位:米);(e)过程累计降水量(单位:毫米,阴影表示暴雨或暴雪及以上量级区域);(f)总降水日数(单位:天,阴影表示大于或等于3天区域)

过程编号:D20090818

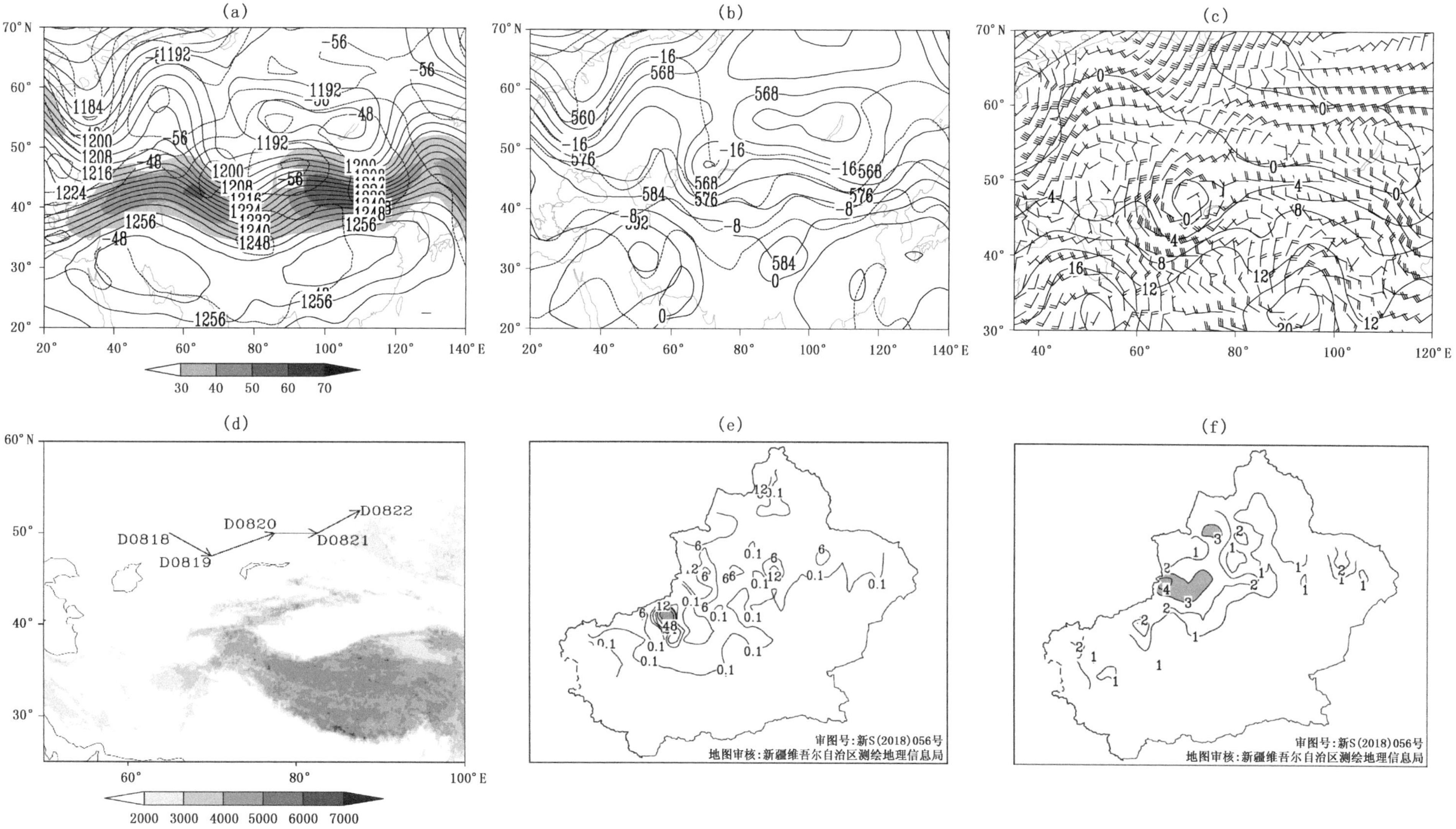

图3.113 2009年8月19日20时位势高度场(实线,单位:位势什米),温度场(虚线,单位:℃),阴影表示风速大于或等于30米/秒急流区;(a)200百帕;(b)500百帕;(c)700百帕温度场(实线,单位:℃),风场(单位:米/秒);(d)低涡中心移动路径(阴影表示地形海拔高度,单位:米);(e)过程累计降水量(单位:毫米,阴影表示暴雨或暴雪及以上量级区域);(f)总降水日数(单位:天,阴影表示大于或等于3天区域)

过程编号:D20090904

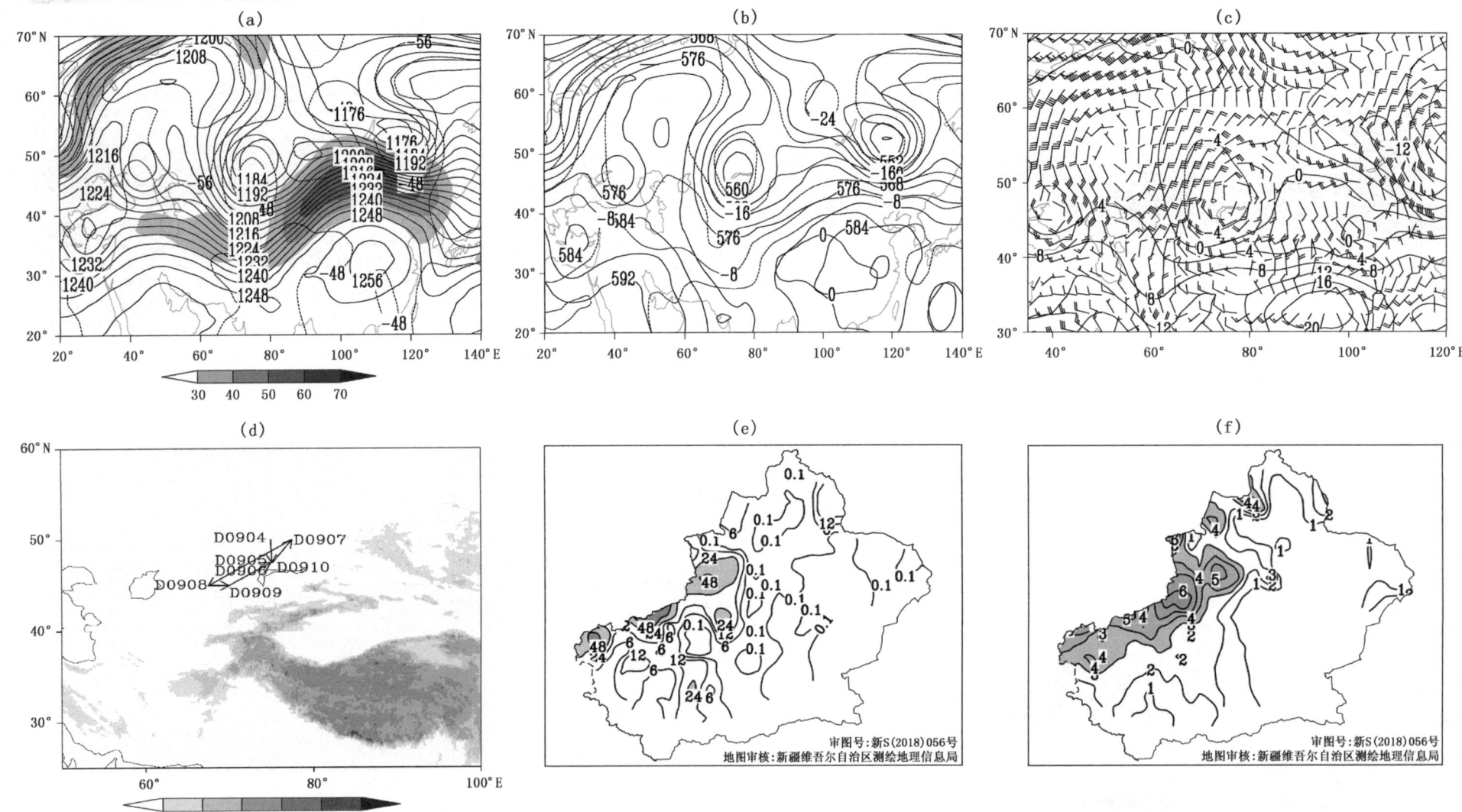

图 3.114 2009 年 9 月 5 日 20 时位势高度场(实线,单位:位势什米),温度场(虚线,单位:℃),阴影表示风速大于或等于 30 米/秒急流区;(a)200 百帕;(b)500 百帕;(c)700 百帕温度场(实线,单位:℃),风场(单位:米/秒);(d)低涡中心移动路径(阴影表示地形海拔高度,单位:米);(e)过程累计降水量(单位:毫米,阴影表示暴雨或暴雪及以上量级区域);(f)总降水日数(单位:天,阴影表示大于或等于 3 天区域)

过程编号:D20091009

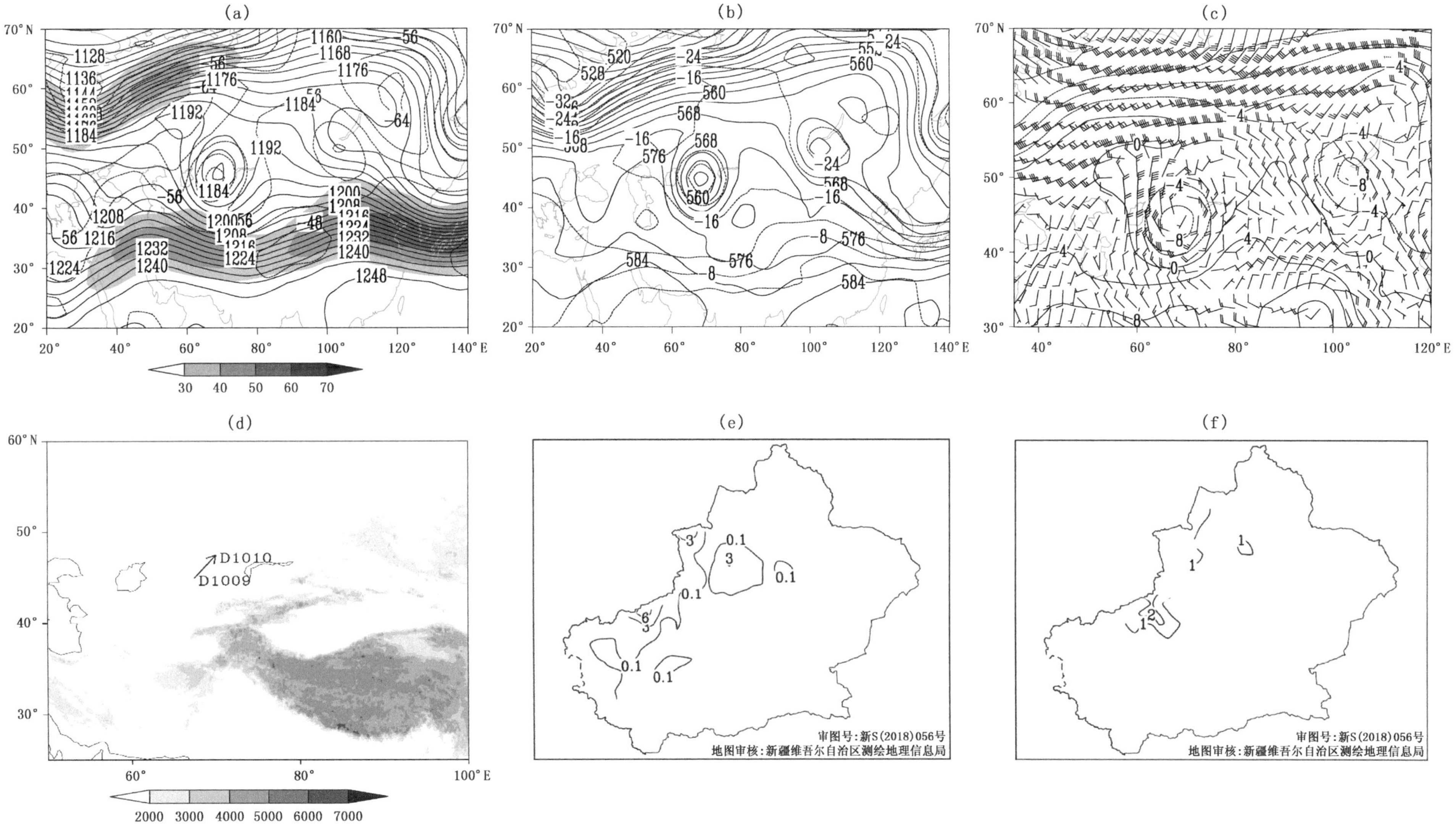

图3.115　2009年10月9日20时位势高度场(实线,单位:位势什米),温度场(虚线,单位:℃),阴影表示风速大于或等于30米/秒急流区;(a)200百帕;(b)500百帕;(c)700百帕温度场(实线,单位:℃),风场(单位:米/秒);(d)低涡中心移动路径(阴影表示地形海拔高度,单位:米);(e)过程累计降水量(单位:毫米);(f)总降水日数(单位:天)

中亚低涡年鉴（1971—2017）
ZHONGYA DIWO NIANJIAN

过程编号：D20100919

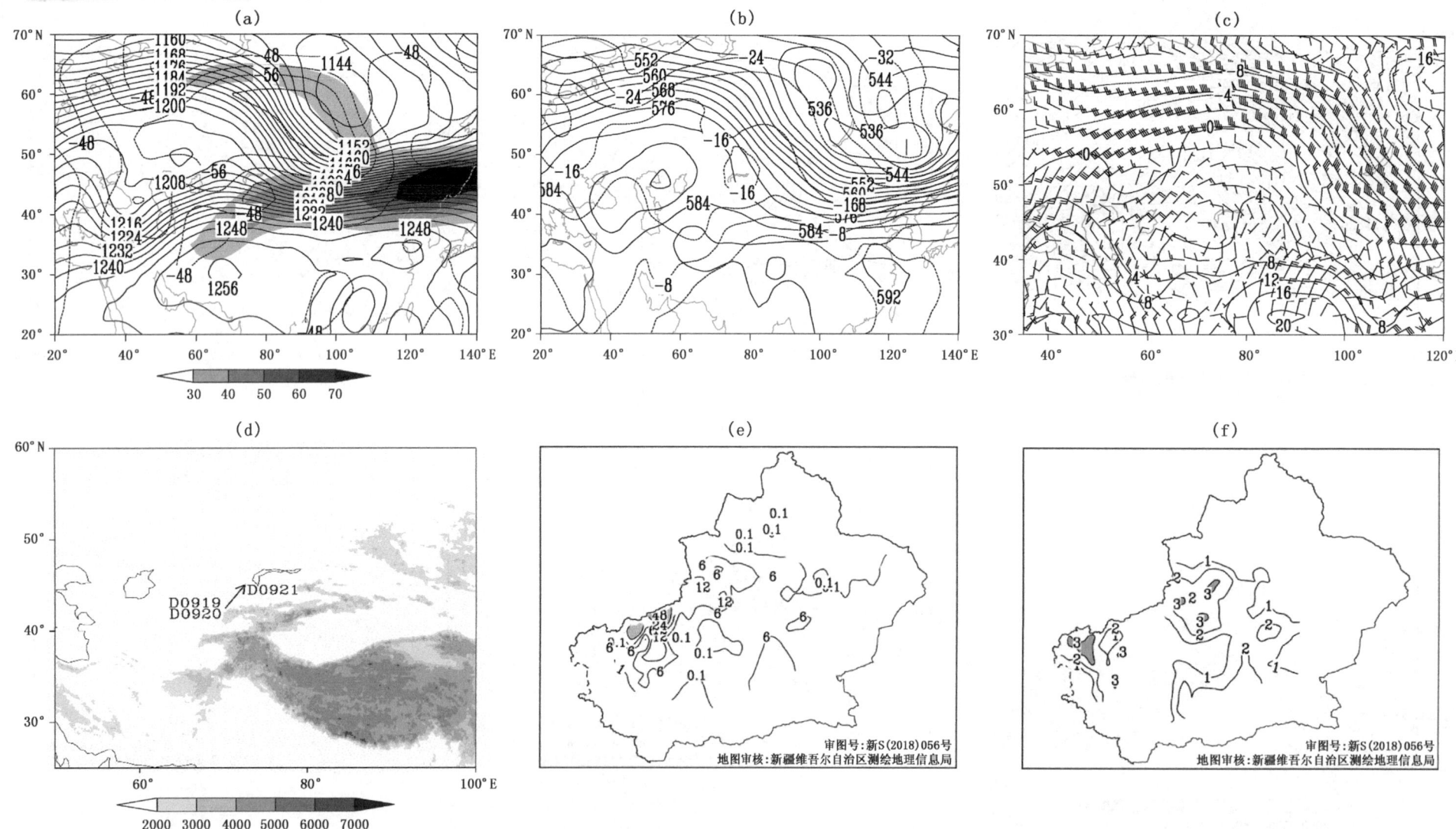

图3.116　2010年9月21日20时位势高度场（实线，单位：位势什米），温度场（虚线，单位：℃），阴影表示风速大于或等于30米/秒急流区；(a)200百帕；(b)500百帕；(c)700百帕温度场（实线，单位：℃），风场（单位：米/秒）；(d)低涡中心移动路径（阴影表示地形海拔高度，单位：米）；(e)过程累计降水量（单位：毫米，阴影表示暴雨或暴雪及以上量级区域）；(f)总降水日数（单位：天，阴影表示大于或等于3天区域）

过程编号:D20110121

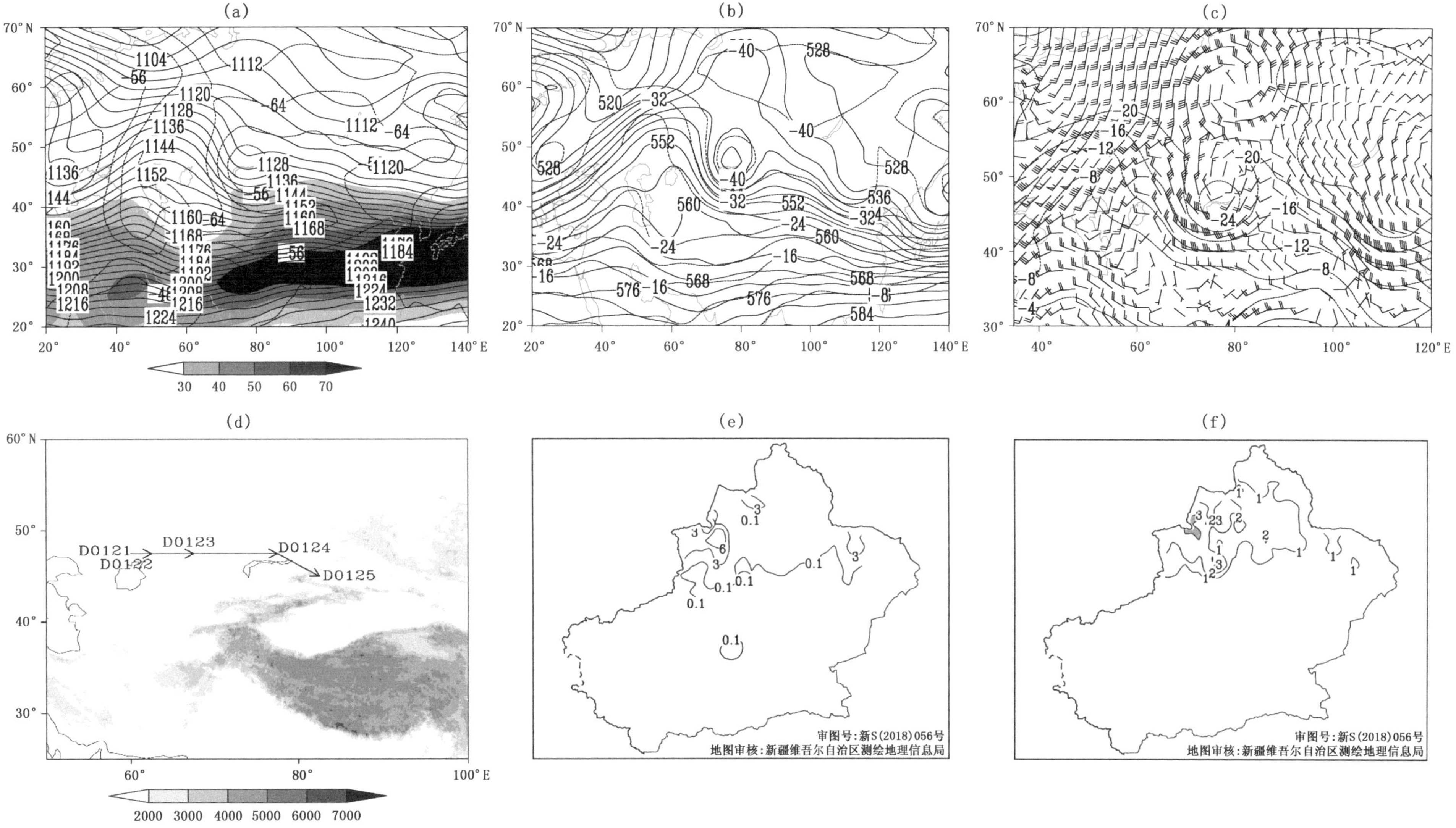

图 3.117 2011年1月24日20时位势高度场(实线,单位:位势什米),温度场(虚线,单位:℃),阴影表示风速大于或等于30米/秒急流区;(a)200百帕;(b)500百帕;(c)700百帕温度场(实线,单位:℃),风场(单位:米/秒);(d)低涡中心移动路径(阴影表示地形海拔高度,单位:米);(e)过程累计降水量(单位:毫米);(f)总降水日数(单位:天,阴影表示大于或等于3天区域)

过程编号：D20110225

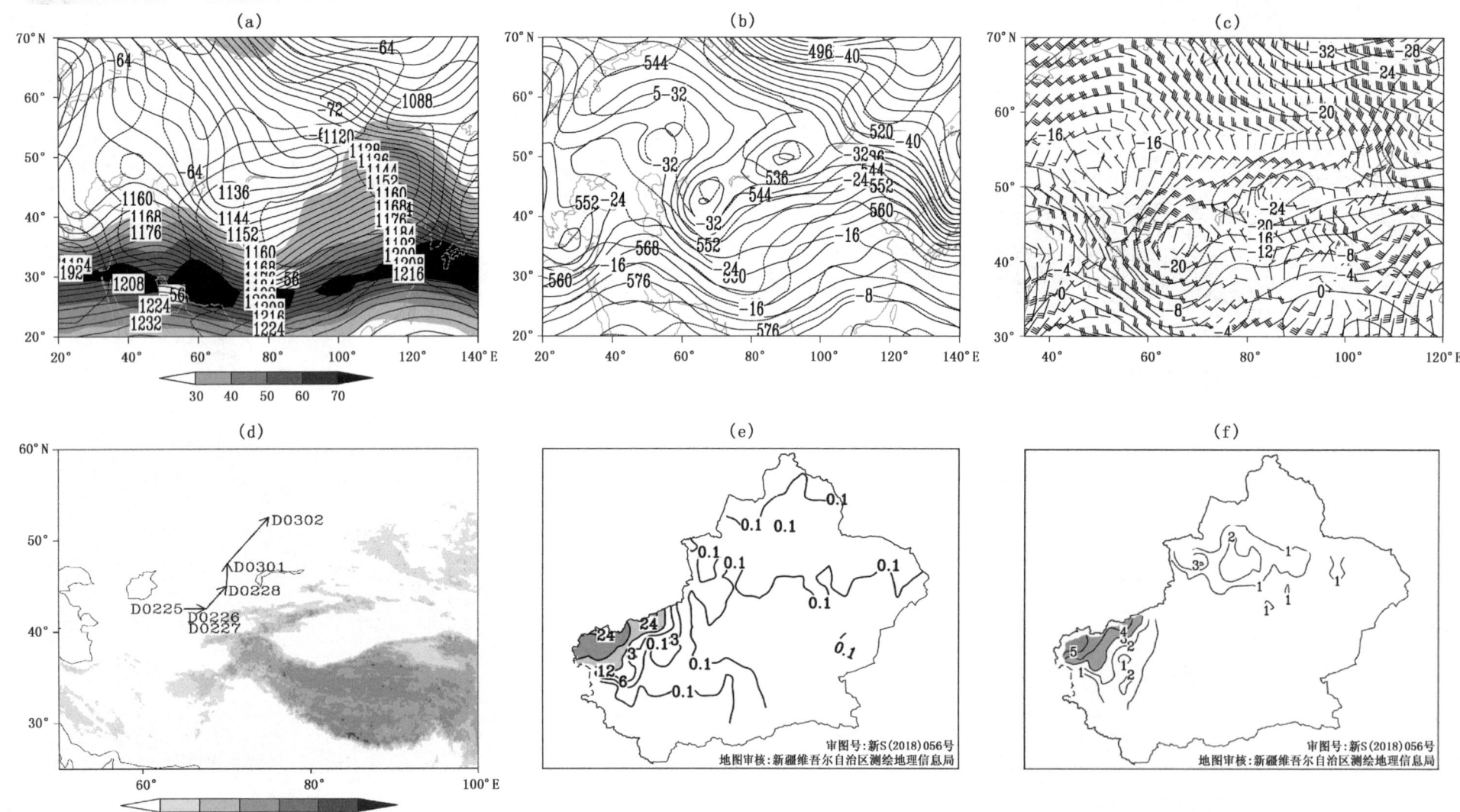

图3.118　2011年2月25日20时位势高度场（实线，单位：位势什米），温度场（虚线，单位：℃），阴影表示风速大于或等于30米/秒急流区；(a)200百帕；(b)500百帕；(c)700百帕温度场（实线，单位：℃），风场（单位：米/秒）；(d)低涡中心移动路径（阴影表示地形海拔高度，单位：米）；(e)过程累计降水量（单位：毫米，阴影表示暴雨或暴雪及以上量级区域）；(f)总降水日数（单位：天，阴影表示大于或等于3天区域）

过程编号:D20110717

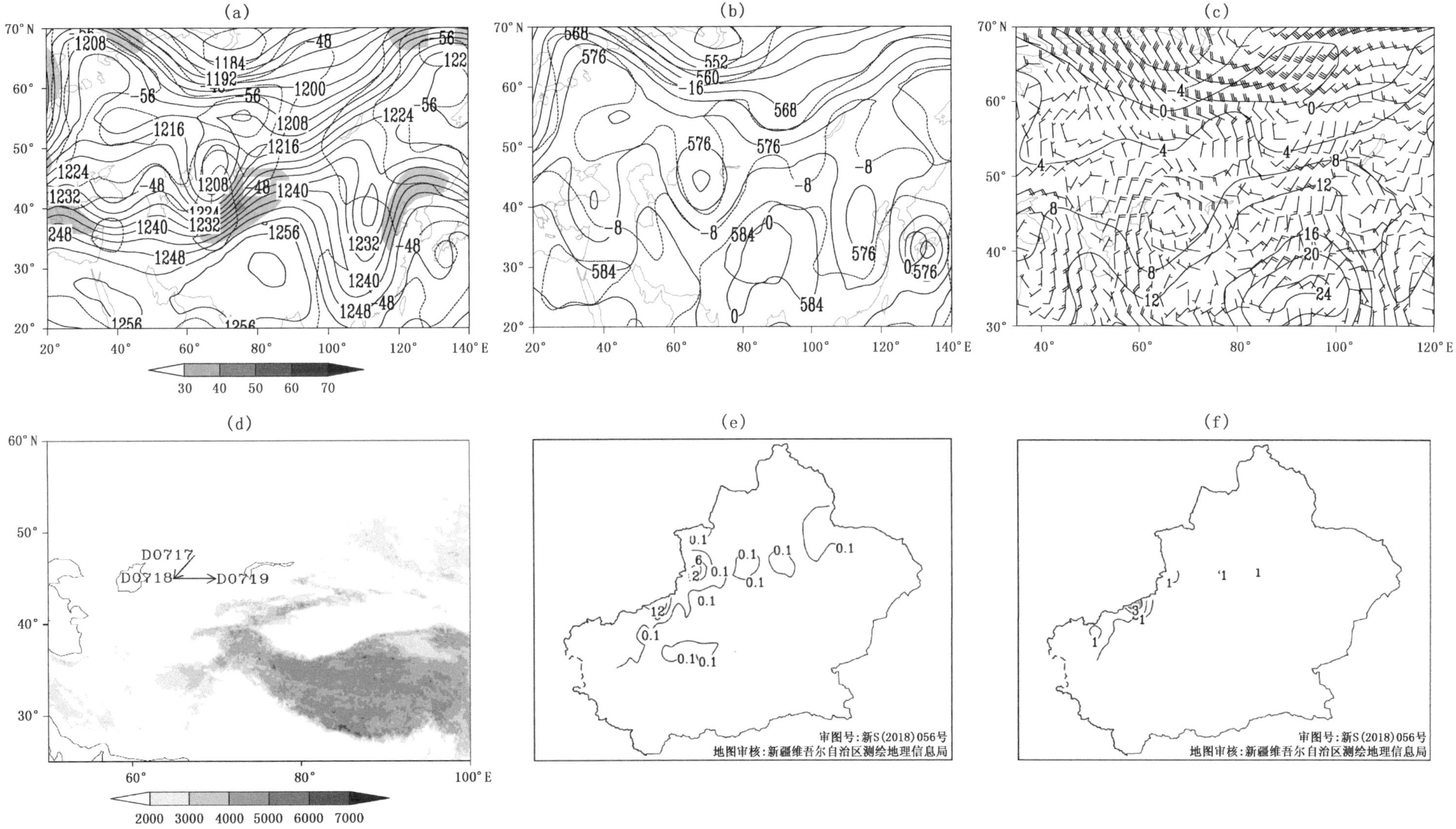

图 3.119 2011 年 7 月 19 日 14 时位势高度场(实线,单位:位势什米),温度场(虚线,单位:℃),阴影表示风速大于或等于 30 米/秒急流区;(a)200 百帕;(b)500 百帕;(c)700 百帕温度场(实线,单位:℃),风场(单位:米/秒);(d)低涡中心移动路径(阴影表示地形海拔高度,单位:米);(e)过程累计降水量(单位:毫米);(f)总降水日数(单位:天,阴影表示大于或等于 3 天区域)

中亚低涡年鉴 (1971—2017)
ZHONGYA DIWO NIANJIAN

过程编号:D20110923

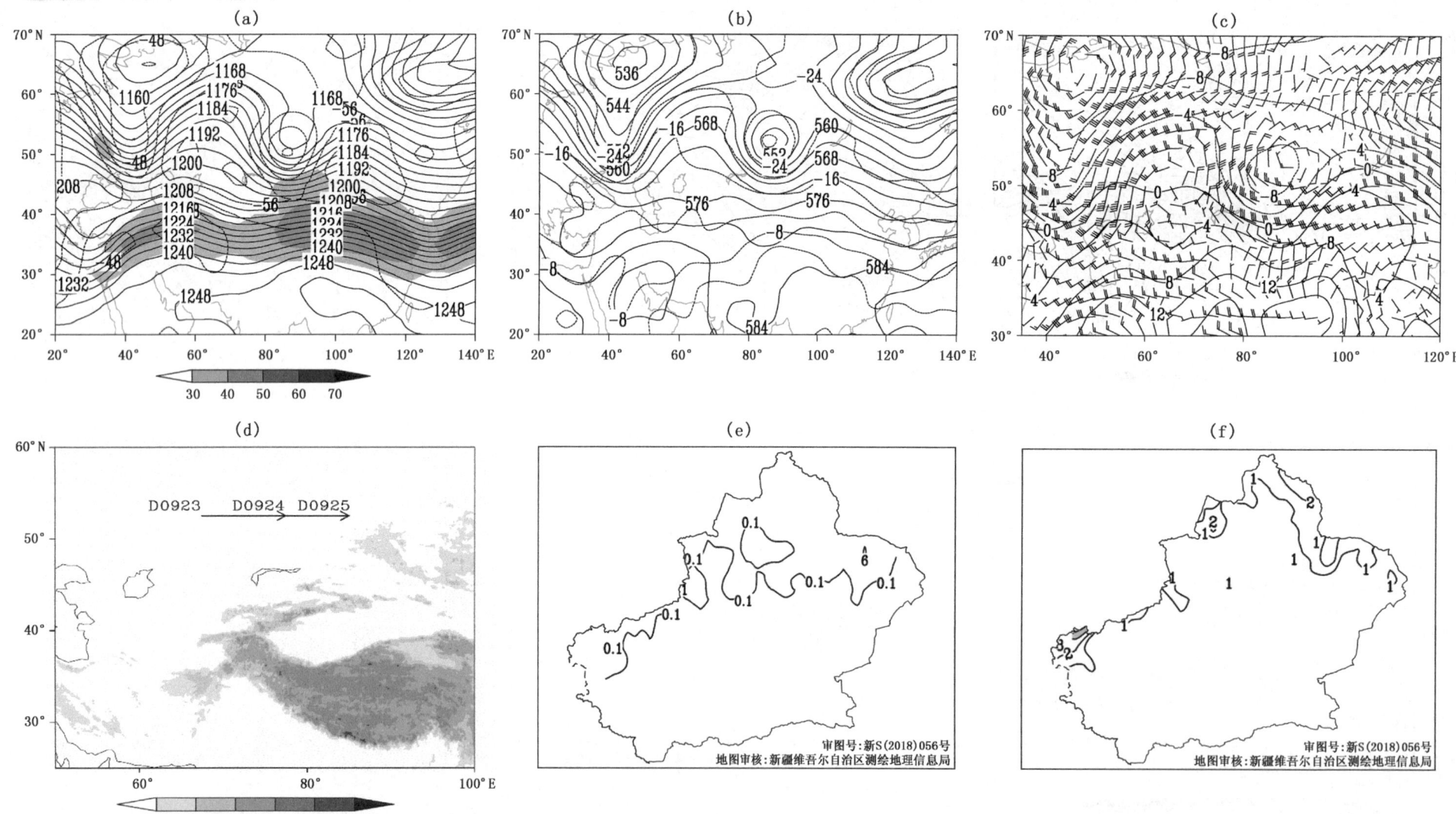

图 3.120　2011 年 9 月 25 日 20 时位势高度场(实线,单位:位势什米),温度场(虚线,单位:℃),阴影表示风速大于或等于 30 米/秒急流区;(a)200 百帕;(b)500 百帕;(c)700 百帕温度场(实线,单位:℃),风场(单位:米/秒);(d)低涡中心移动路径(阴影表示地形海拔高度,单位:米);(e)过程累计降水量(单位:毫米);(f)总降水日数(单位:天,阴影表示大于或等于 3 天区域)

过程编号:D20111205

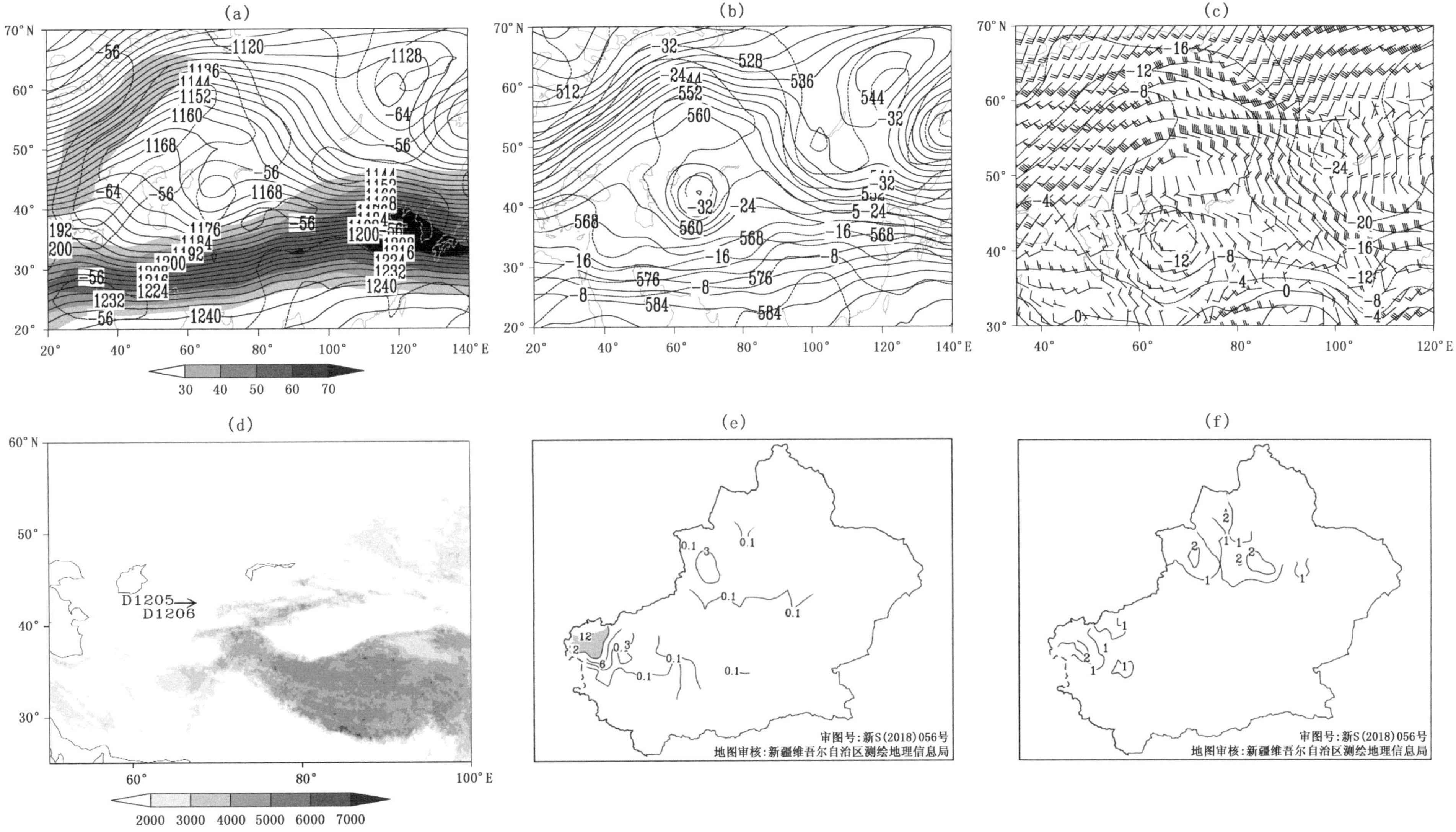

图 3.121 2011年12月6日20时位势高度场(实线,单位:位势什米),温度场(虚线,单位:℃),阴影表示风速大于或等于30米/秒急流区;(a)200百帕;(b)500百帕;(c)700百帕温度场(实线,单位:℃),风场(单位:米/秒);(d)低涡中心移动路径(阴影表示地形海拔高度,单位:米);(e)过程累计降水量(单位:毫米,阴影表示暴雨或暴雪及以上量级区域);(f)总降水日数(单位:天)

中亚低涡年鉴 (1971—2017)
ZHONGYA DIWO NIANJIAN

过程编号：D20120130

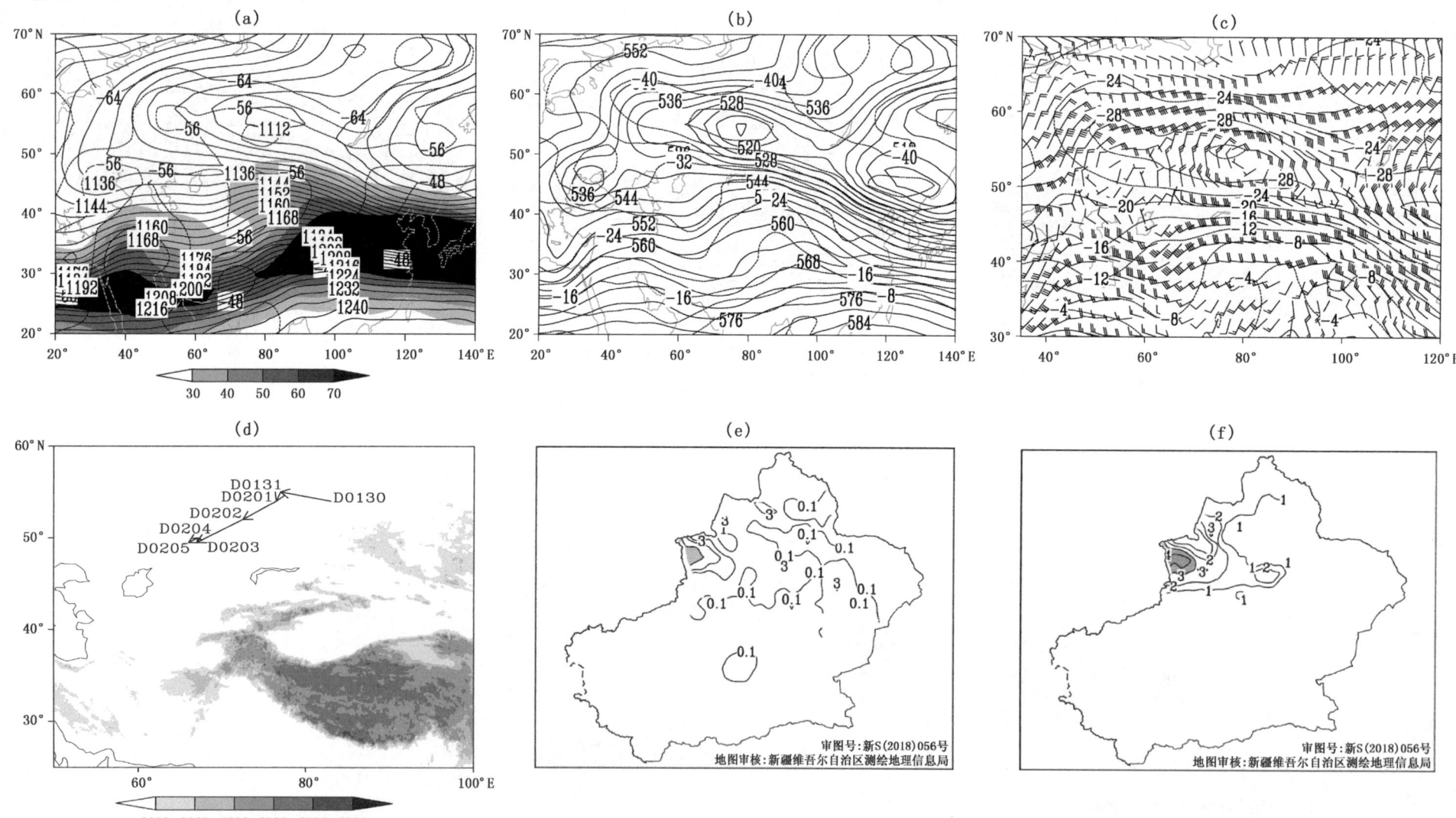

图 3.122　2012 年 1 月 30 日 20 时位势高度场(实线，单位：位势什米)，温度场(虚线，单位：℃)，阴影表示风速大于或等于 30 米/秒急流区；(a)200 百帕；(b)500 百帕；(c)700 百帕温度场(实线，单位：℃)，风场(单位：米/秒)；(d)低涡中心移动路径(阴影表示地形海拔高度，单位：米)；(e)过程累计降水量(单位：毫米，阴影表示暴雨或暴雪及以上量级区域)；(f)总降水日数(单位：天，阴影表示大于或等于 3 天区域)

过程编号:D20120221

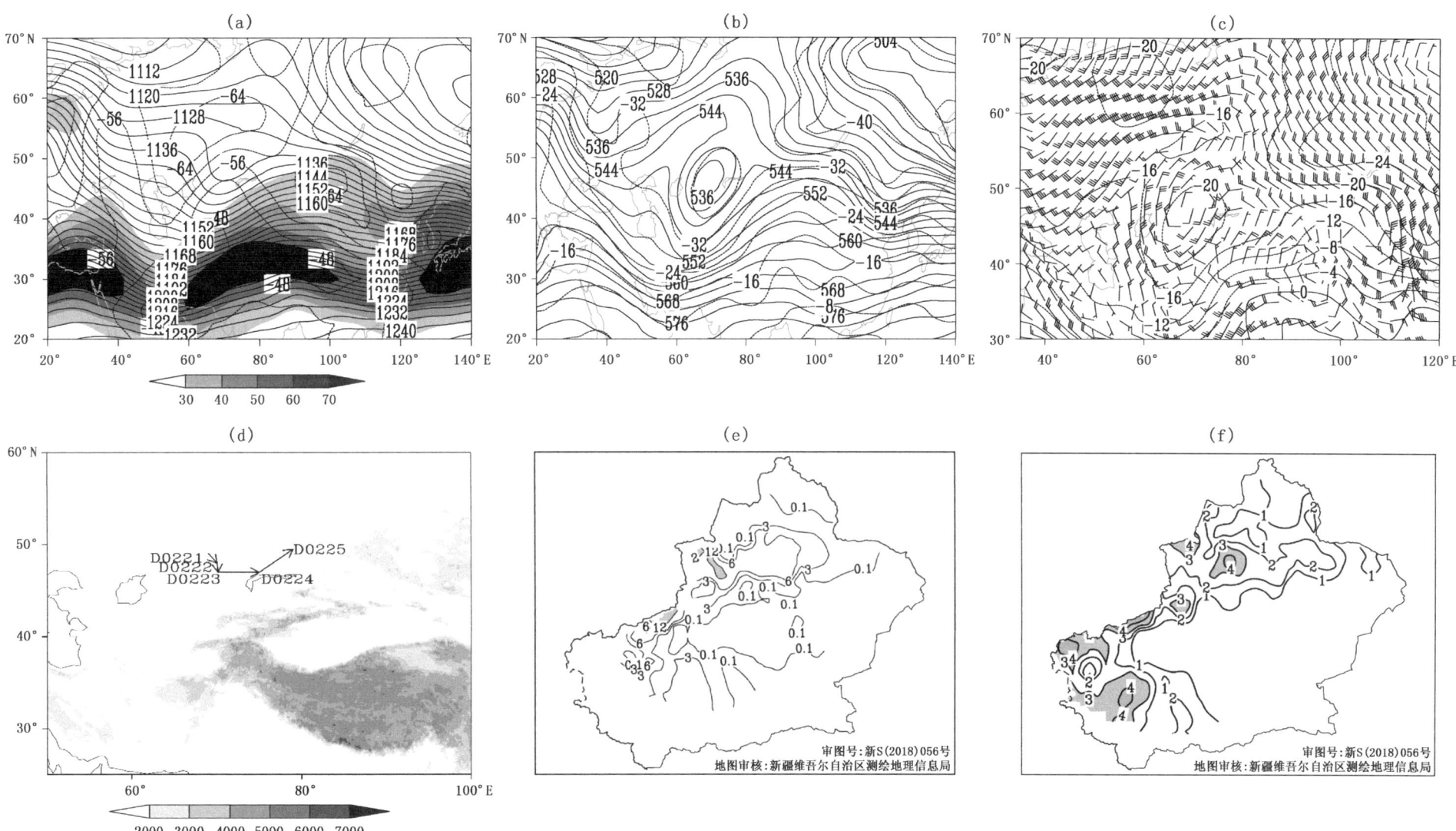

图 3.123　2012年2月22日20时位势高度场(实线,单位:位势什米),温度场(虚线,单位:℃),阴影表示风速大于或等于30米/秒急流区;(a)200百帕;(b)500百帕;(c)700百帕温度场(实线,单位:℃),风场(单位:米/秒);(d)低涡中心移动路径(阴影表示地形海拔高度,单位:米);(e)过程累计降水量(单位:毫米,阴影表示暴雨或暴雪及以上量级区域);(f)总降水日数(单位:天,阴影表示大于或等于3天区域)

中亚低涡年鉴 (1971—2017)

过程编号：D20120607

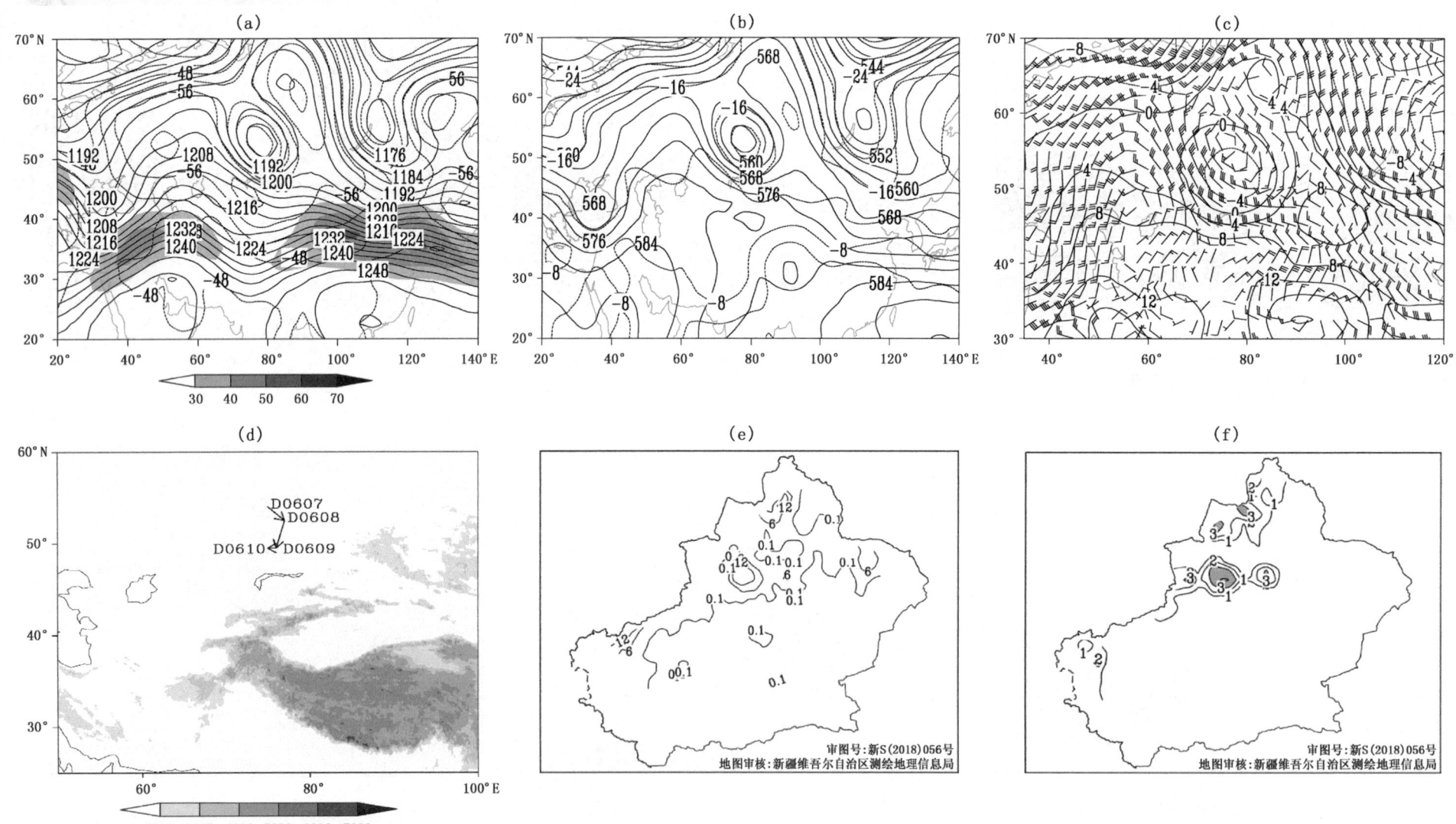

图 3.124　2012 年 6 月 7 日 20 时位势高度场（实线，单位：位势什米），温度场（虚线，单位：℃），阴影表示风速大于或等于 30 米/秒急流区；(a) 200 百帕；(b) 500 百帕；(c) 700 百帕温度场（实线，单位：℃），风场（单位：米/秒）；(d) 低涡中心移动路径（阴影表示地形海拔高度，单位：米）；(e) 过程累计降水量（单位：毫米）；(f) 总降水日数（单位：天，阴影表示大于或等于 3 天区域）

过程编号:D20120801

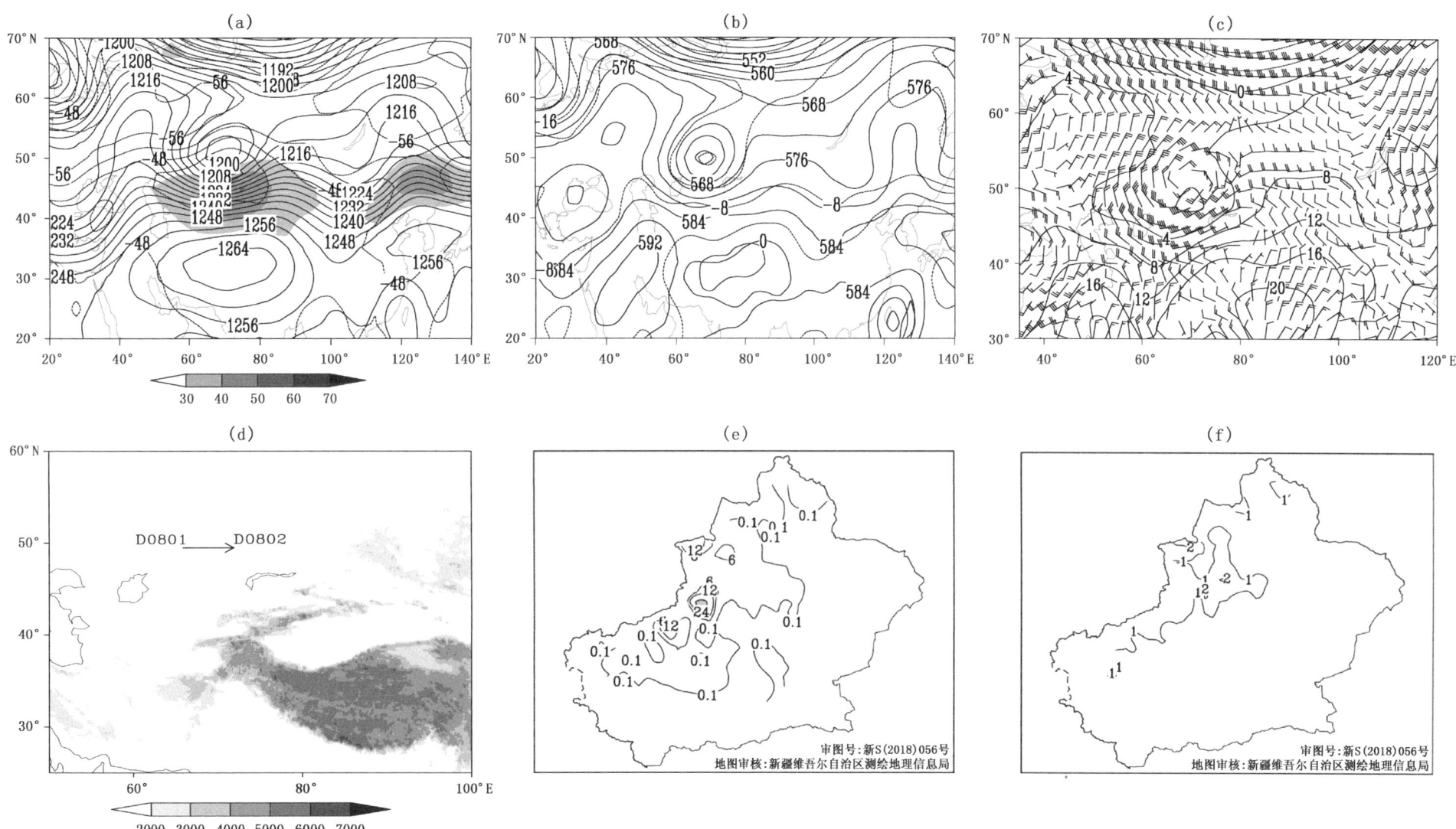

图3.125 2012年8月1日20时势高度场(实线,单位:位势什米),温度场(虚线,单位:℃),阴影表示风速大于或等于30米/秒急流区;(a)200百帕;(b)500百帕;(c)700百帕温度场(实线,单位:℃),风场(单位:米/秒);(d)低涡中心移动路径(阴影表示地形海拔高度,单位:米);(e)过程累计降水量(单位:毫米,阴影表示暴雨或暴雪及以上量级区域);(f)总降水日数(单位:天)

中亚低涡年鉴 (1971—2017)
ZHONGYA DIWO NIANJIAN

过程编号：D20120810

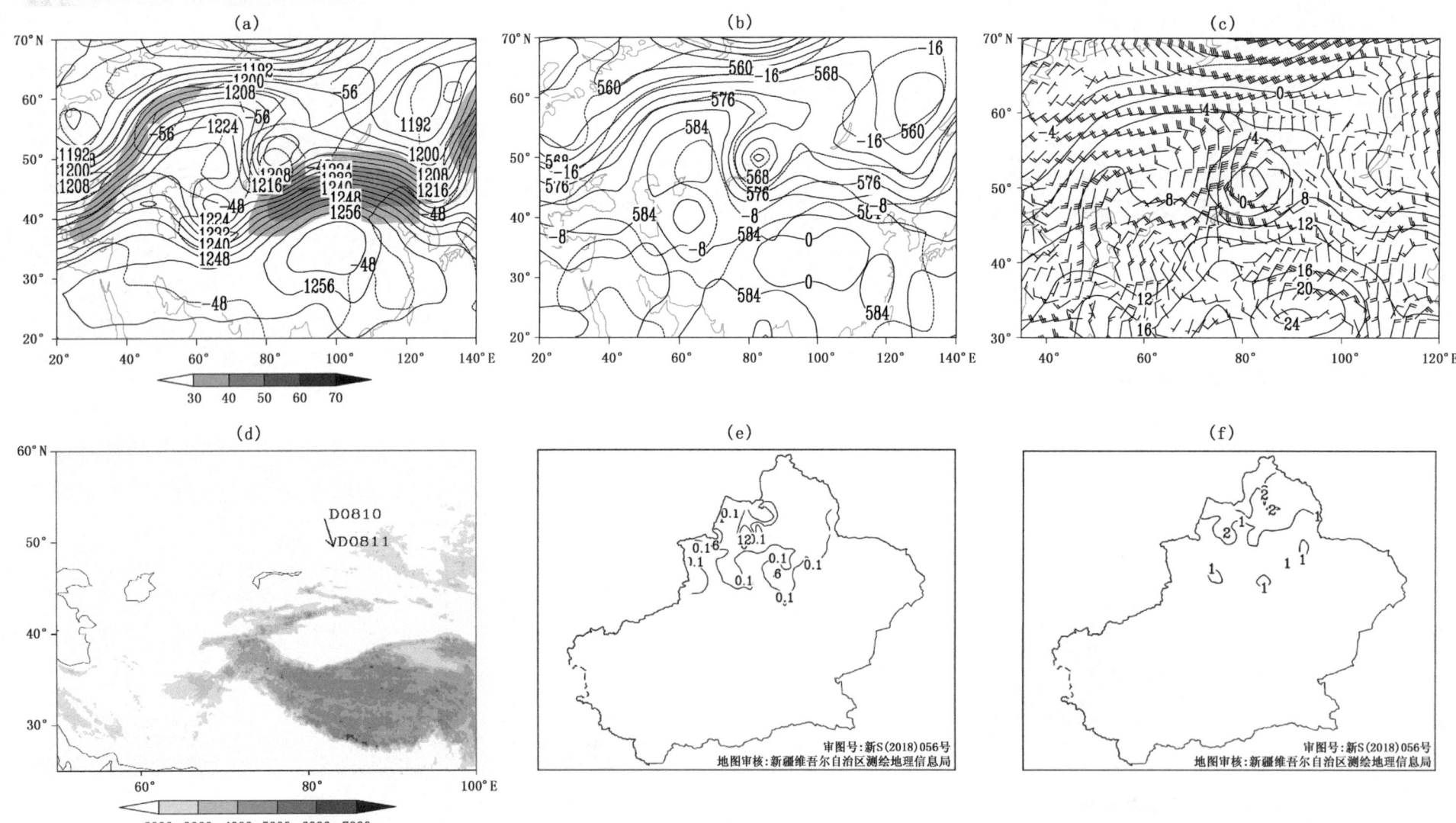

图 3.126　2012 年 8 月 10 日 20 时位势高度场（实线，单位：位势什米），温度场（虚线，单位：℃），阴影表示风速大于或等于 30 米/秒急流区；(a) 200 百帕；(b) 500 百帕；(c) 700 百帕温度场（实线，单位：℃），风场（单位：米/秒）；(d) 低涡中心移动路径（阴影表示地形海拔高度，单位：米）；(e) 过程累计降水量（单位：毫米）；(f) 总降水日数（单位：天）

过程编号:D20121213

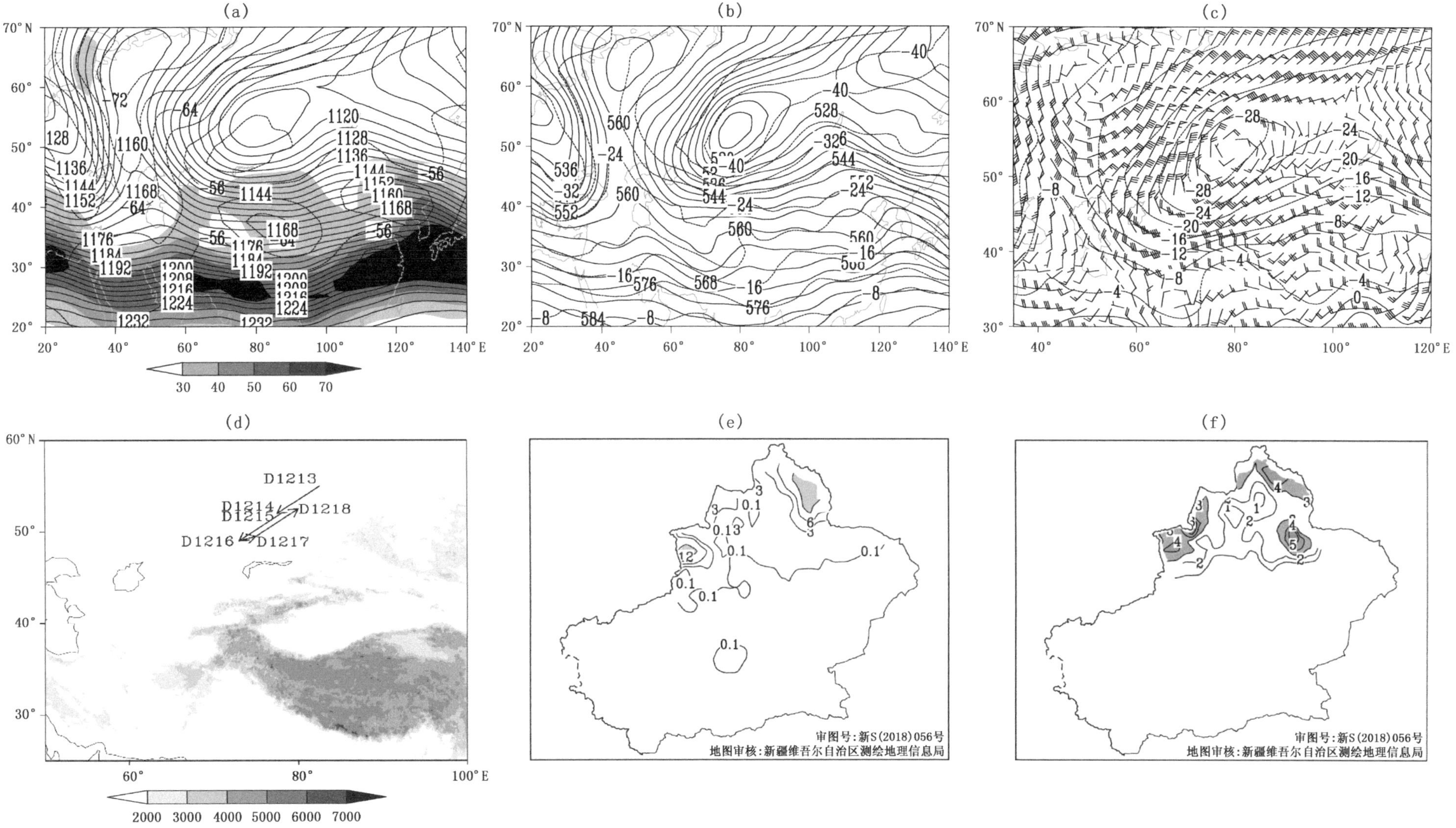

图3.127 2012年12月13日20时位势高度场(实线,单位:位势什米),温度场(虚线,单位:℃),阴影表示风速大于或等于30米/秒急流区;(a)200百帕;(b)500百帕;(c)700百帕温度场(实线,单位:℃),风场(单位:米/秒);(d)低涡中心移动路径(阴影表示地形海拔高度,单位:米);(e)过程累计降水量(单位:毫米,阴影表示暴雨或暴雪及以上量级区域);(f)总降水日数(单位:天,阴影表示大于或等于3天区域)

中亚低涡年鉴 (1971—2017)
ZHONGYA DIWO NIANJIAN

过程编号：D20130716

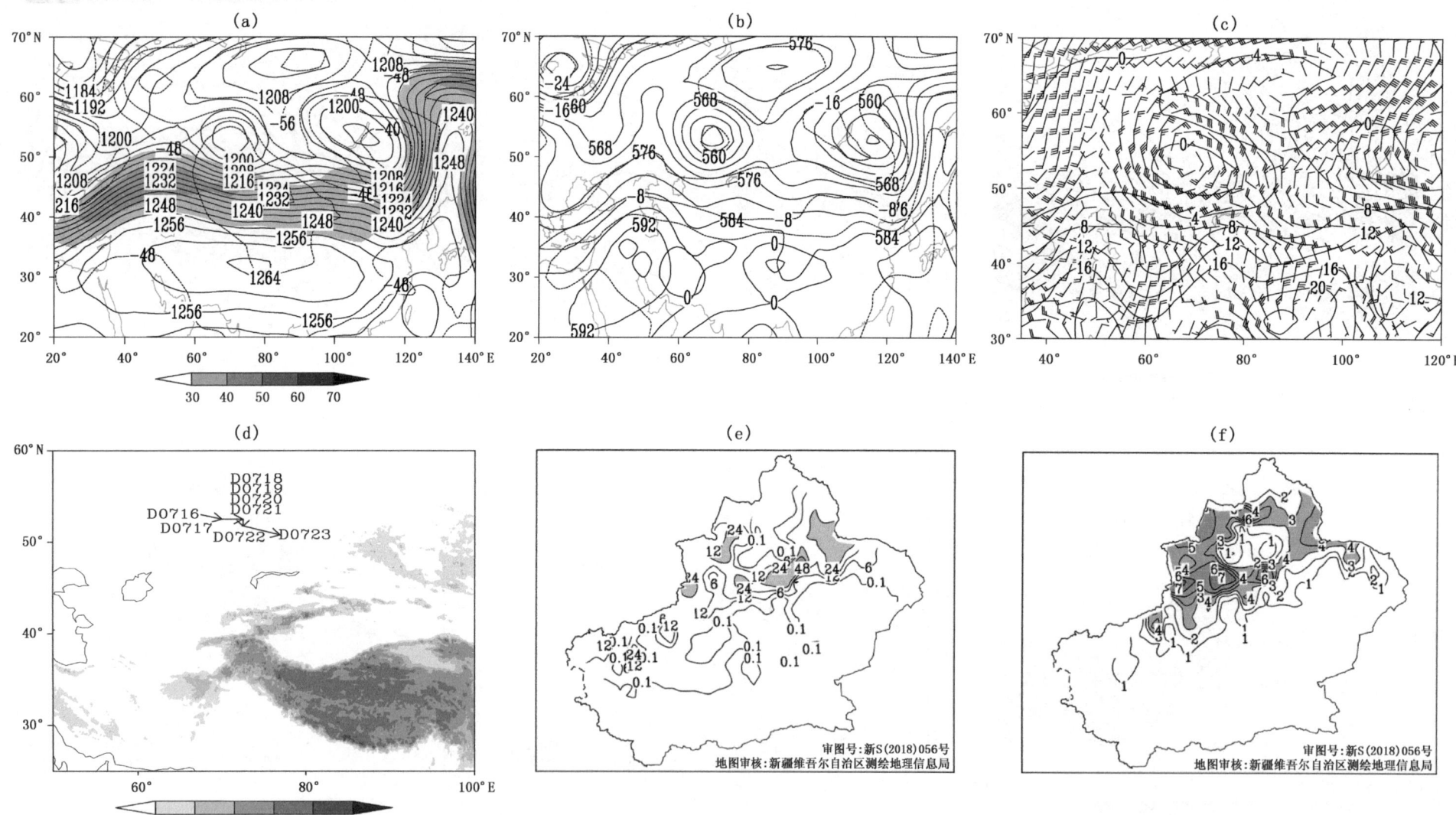

图 3.128　2013 年 7 月 16 日 20 时位势高度场（实线，单位：位势什米），温度场（虚线，单位：℃），阴影表示风速大于或等于 30 米/秒急流区；(a) 200 百帕；(b) 500 百帕；(c) 700 百帕温度场（实线，单位：℃），风场（单位：米/秒）；(d) 低涡中心移动路径（阴影表示地形海拔高度，单位：米）；(e) 过程累计降水量（单位：毫米，阴影表示暴雨或暴雪及以上量级区域）；(f) 总降水日数（单位：天，阴影表示大于或等于 3 天区域）

过程编号:D20130808

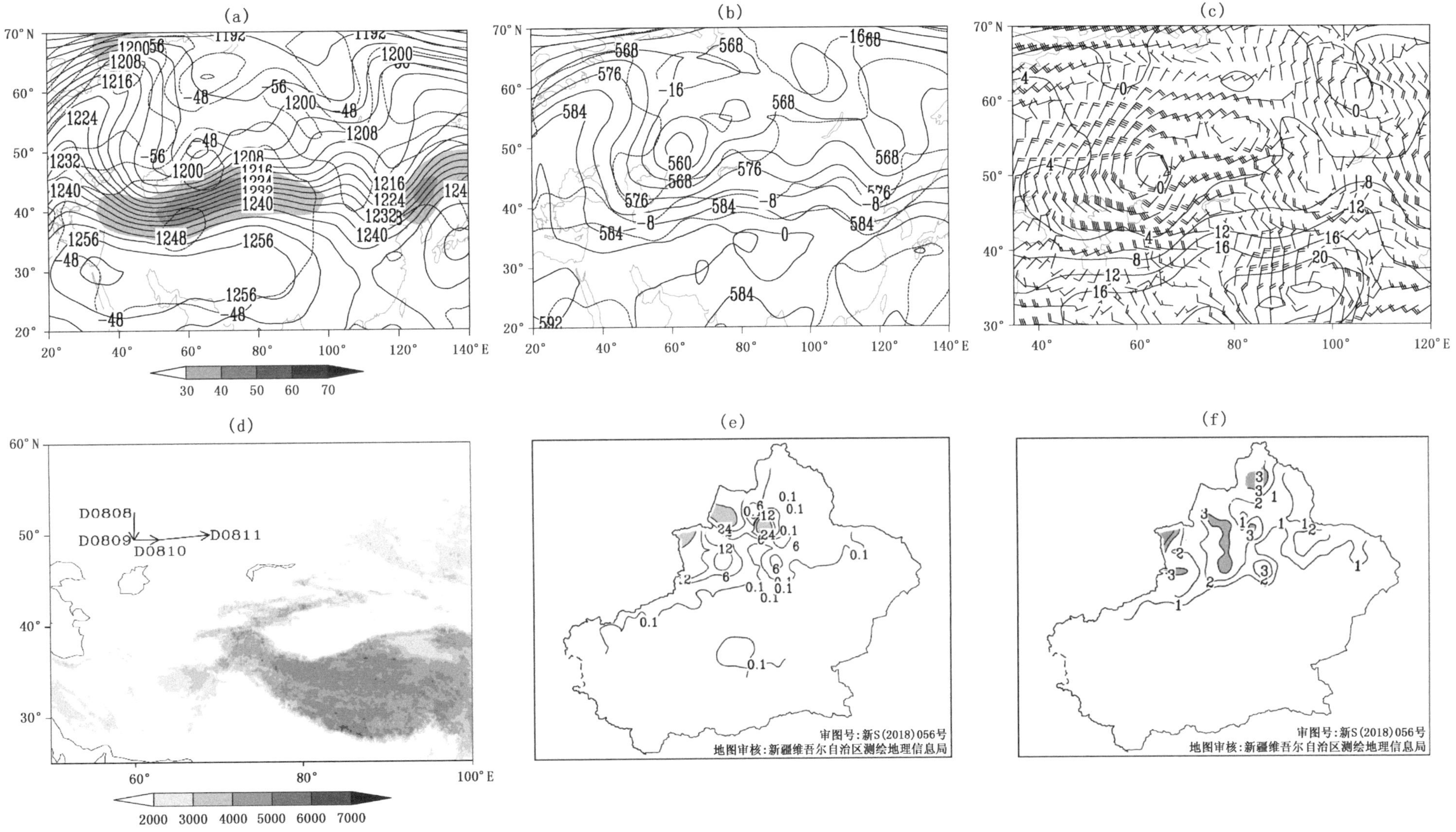

图 3.129 2013年8月9日20时位势高度场(实线,单位:位势什米),温度场(虚线,单位:℃),阴影表示风速大于或等于30米/秒急流区;(a)200百帕;(b)500百帕;(c)700百帕温度场(实线,单位:℃),风场(单位:米/秒);(d)低涡中心移动路径(阴影表示地形海拔高度,单位:米);(e)过程累计降水量(单位:毫米,阴影表示暴雨或暴雪及以上量级区域);(f)总降水日数(单位:天,阴影表示大于或等于3天区域)

中亚低涡年鉴 (1971—2017)
ZHONGYA DIWO NIANJIAN

过程编号:D20130817

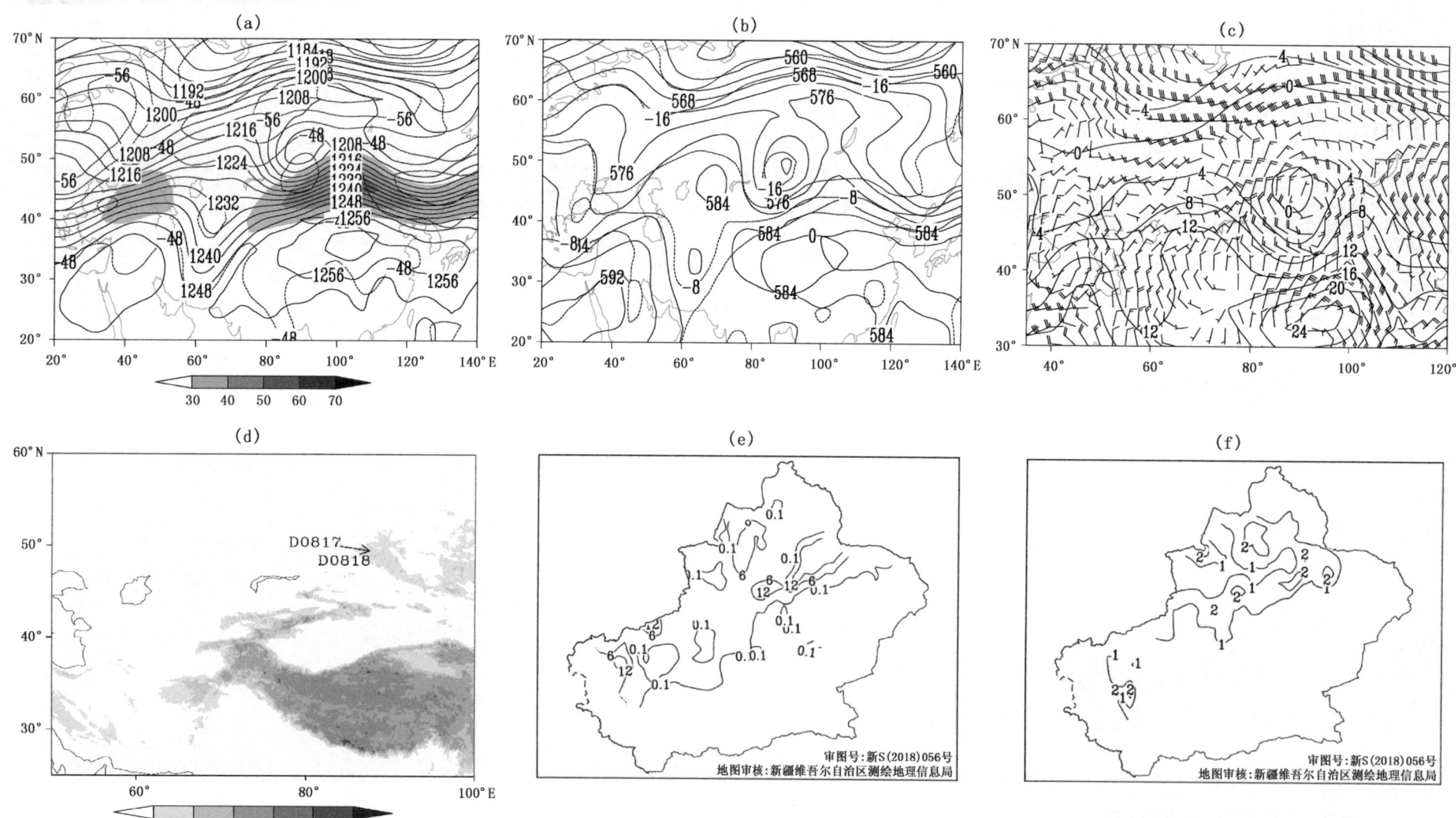

图3.130 2013年8月18日20时位势高度场(实线,单位:位势什米),温度场(虚线,单位:℃),阴影表示风速大于或等于30米/秒急流区;(a)200百帕;(b)500百帕;(c)700百帕温度场(实线,单位:℃),风场(单位:米/秒);(d)低涡中心移动路径(阴影表示地形海拔高度,单位:米);(e)过程累计降水量(单位:毫米);(f)总降水日数(单位:天)

过程编号:D20131109

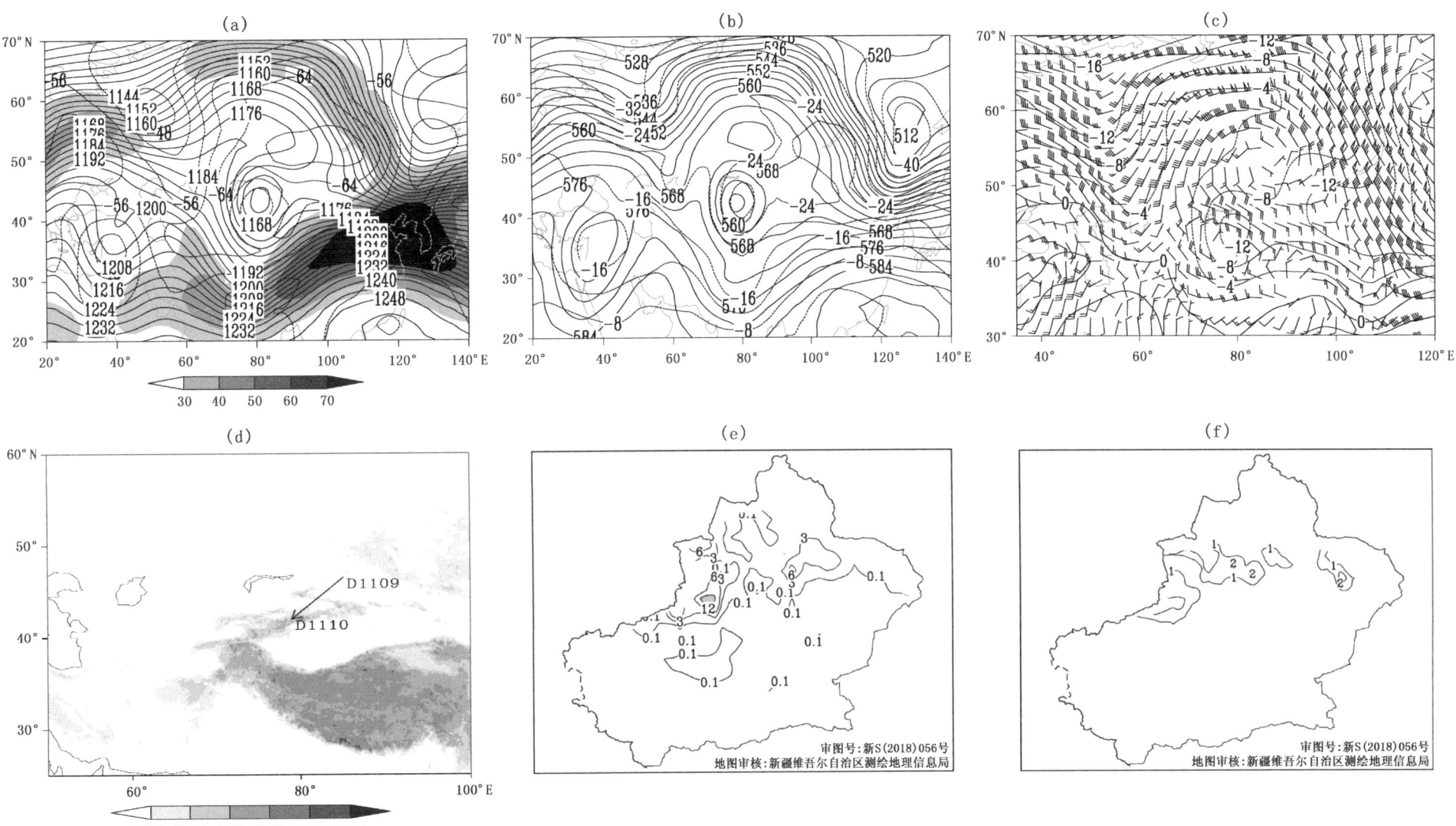

图3.131 2013年11月9日20时位势高度场(实线,单位:位势什米),温度场(虚线,单位:℃),阴影表示风速大于或等于30米/秒急流区;(a)200百帕;(b)500百帕;(c)700百帕温度场(实线,单位:℃),风场(单位:米/秒);(d)低涡中心移动路径(阴影表示地形海拔高度,单位:米);(e)过程累计降水量(单位:毫米,阴影表示暴雨或暴雪及以上量级区域);(f)总降水日数(单位:天)

中亚低涡年鉴 (1971—2017)
ZHONGYA DIWO NIANJIAN

过程编号:D20140412

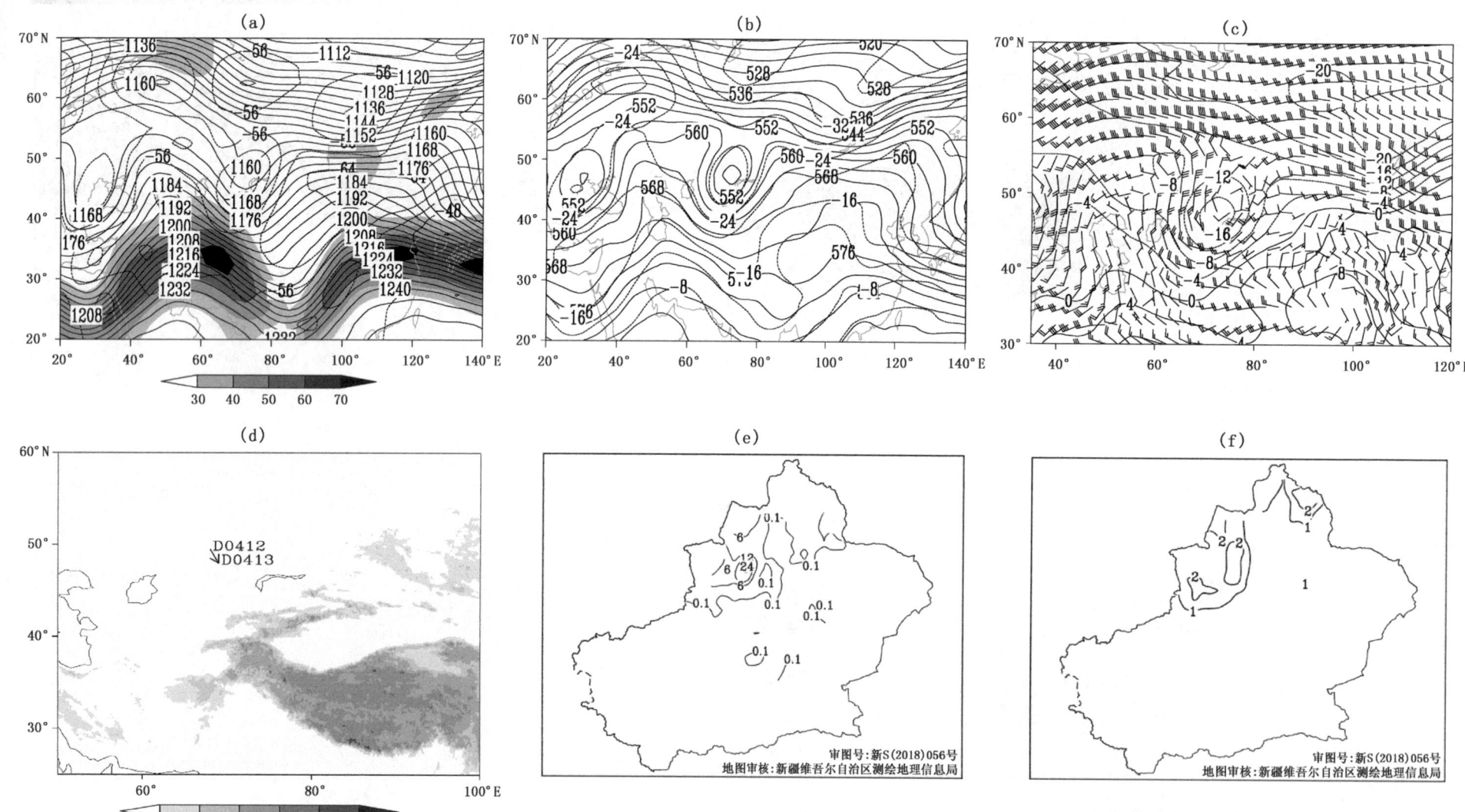

图 3.132　2014 年 4 月 13 日 20 时位势高度场(实线,单位:位势什米),温度场(虚线,单位:℃),阴影表示风速大于或等于 30 米/秒急流区;(a)200 百帕;(b)500 百帕;(c)700 百帕温度场(实线,单位:℃),风场(单位:米/秒);(d)低涡中心移动路径(阴影表示地形海拔高度,单位:米);(e)过程累计降水量(单位:毫米);(f)总降水日数(单位:天)

第3章 深厚型中亚低涡降水过程

过程编号:D20140415

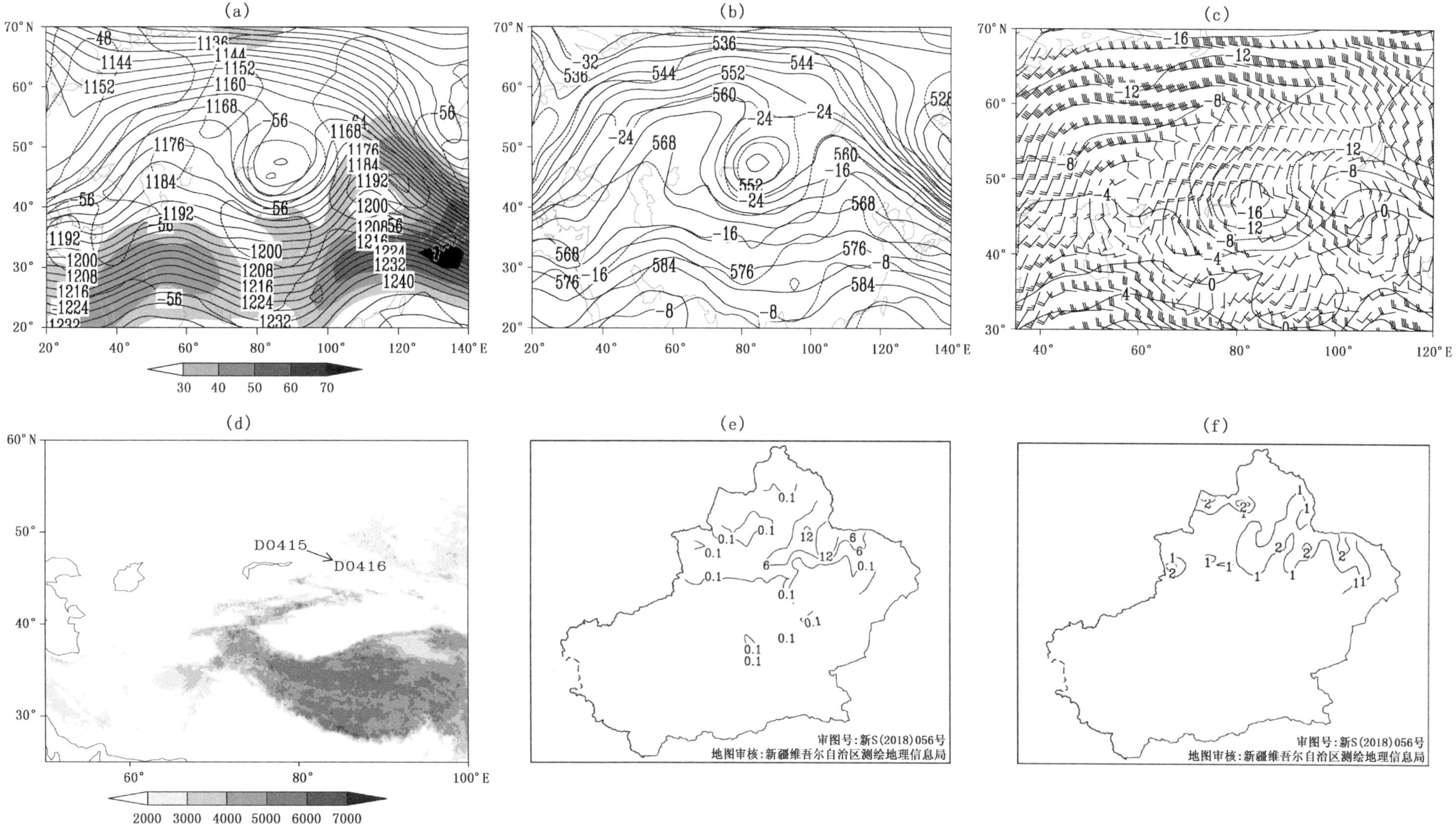

图3.133 2014年4月16日8时位势高度场(实线,单位:位势什米),温度场(虚线,单位:℃),阴影表示风速大于或等于30米/秒急流区;(a)200百帕;(b)500百帕;(c)700百帕温度场(实线,单位:℃),风场(单位:米/秒);(d)低涡中心移动路径(阴影表示地形海拔高度,单位:米);(e)过程累计降水量(单位:毫米);(f)总降水日数(单位:天)

中亚低涡年鉴 (1971—2017)
ZHONGYA DIWO NIANJIAN

过程编号：D20140702

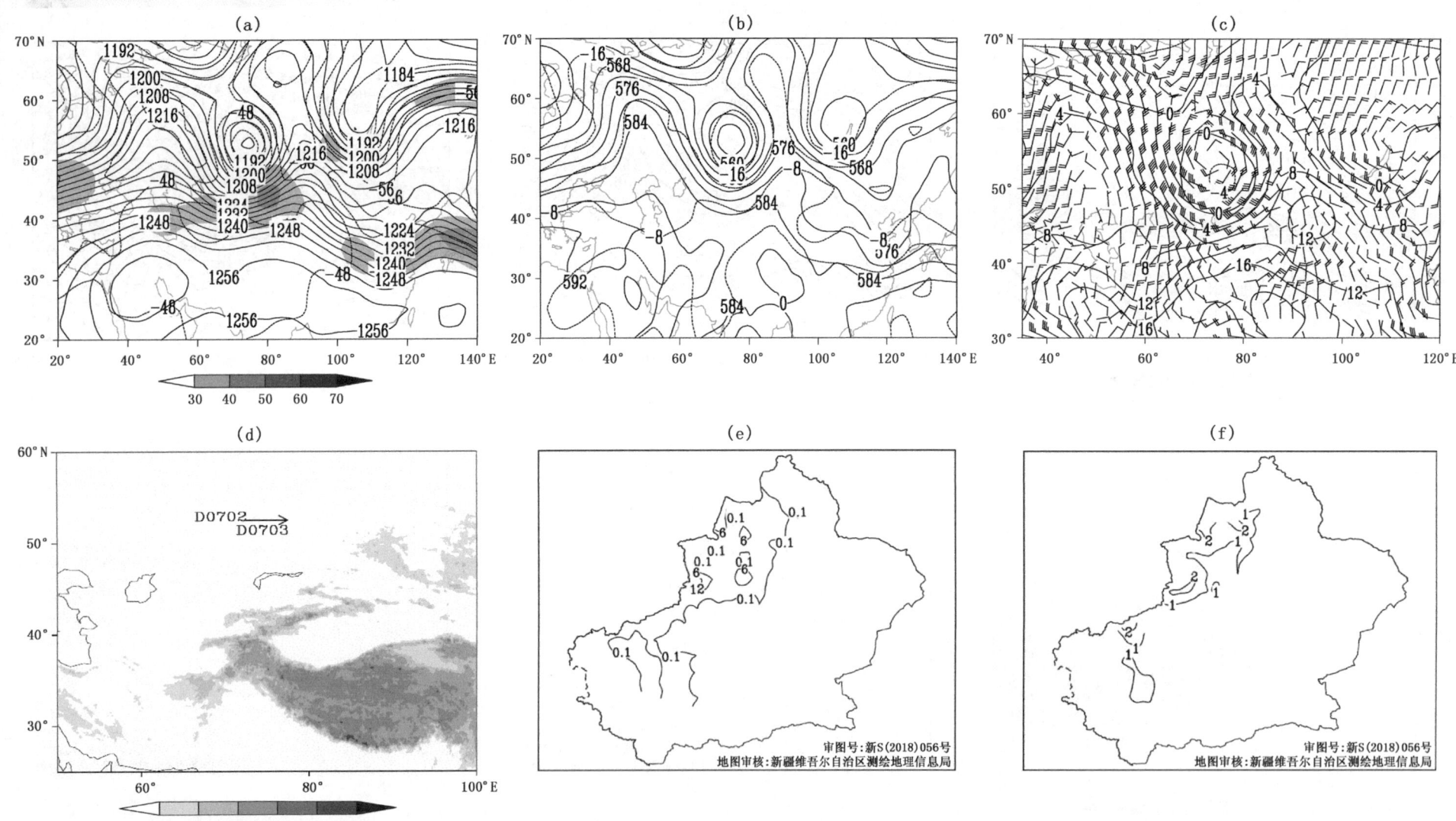

图 3.134　2014 年 7 月 2 日 20 时位势高度场（实线，单位：位势什米），温度场（虚线，单位：℃），阴影表示风速大于或等于 30 米/秒急流区；(a)200 百帕；(b)500 百帕；(c)700 百帕温度场（实线，单位：℃），风场（单位：米/秒）；(d)低涡中心移动路径（阴影表示地形海拔高度，单位：米）；(e)过程累计降水量（单位：毫米）；(f)总降水日数（单位：天）

过程编号:D20140814

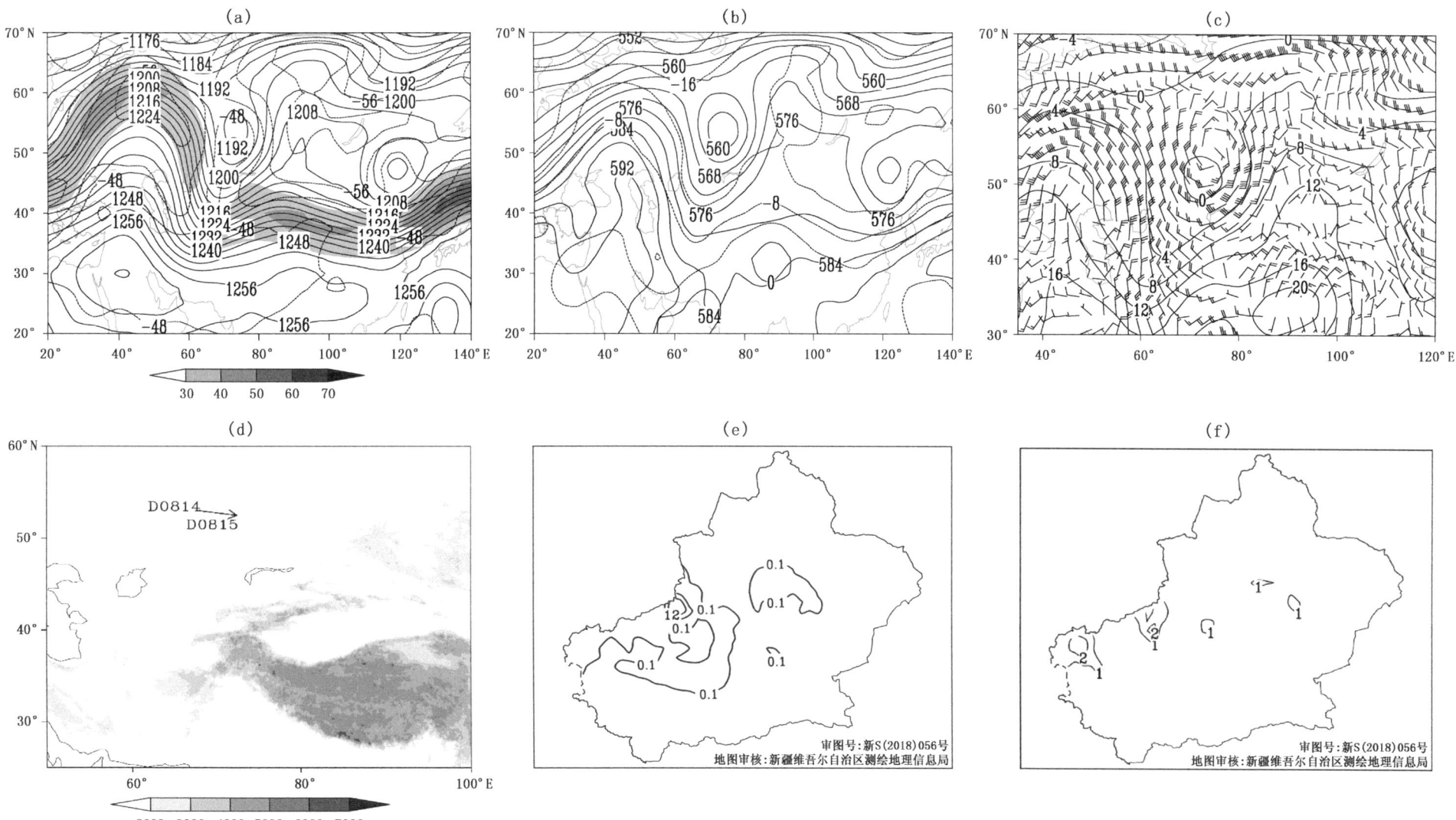

图3.135 2014年8月15日20时位势高度场(实线,单位:位势什米),温度场(虚线,单位:℃),阴影表示风速大于或等于30米/秒急流区;(a)200百帕;(b)500百帕;(c)700百帕温度场(实线,单位:℃),风场(单位:米/秒);(d)低涡中心移动路径(阴影表示地形海拔高度,单位:米);(e)过程累计降水量(单位:毫米);(f)总降水日数(单位:天)

中亚低涡年鉴 (1971—2017)
ZHONGYA DIWO NIANJIAN

过程编号:D20150329

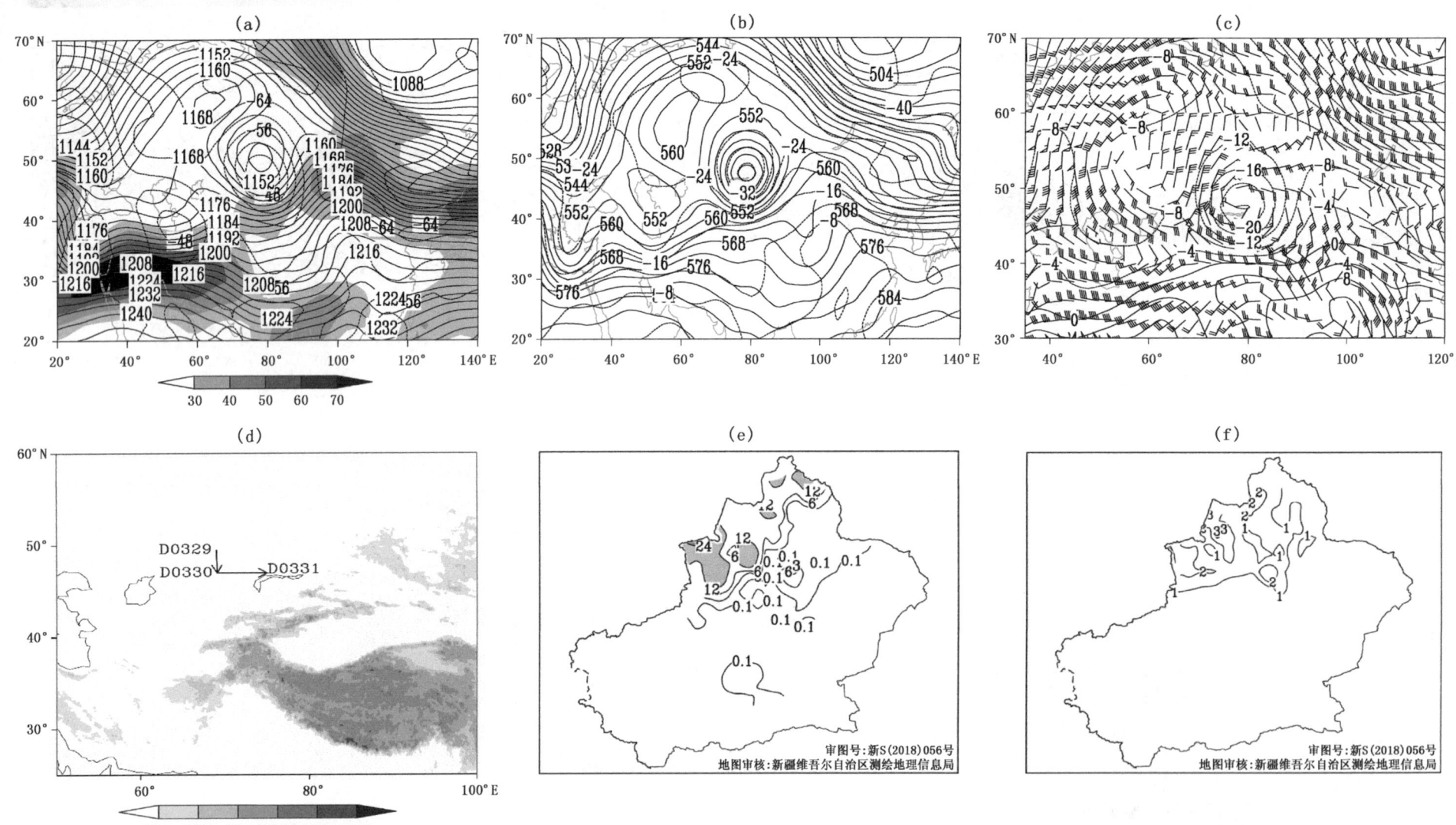

图3.136 2015年3月31日20时位势高度场(实线,单位:位势什米),温度场(虚线,单位:℃),阴影表示风速大于或等于30米/秒急流区;(a)200百帕;(b)500百帕;(c)700百帕温度场(实线,单位:℃),风场(单位:米/秒);(d)低涡中心移动路径(阴影表示地形海拔高度,单位:米);(e)过程累计降水量(单位:毫米,阴影表示暴雨或暴雪及以上量级区域);(f)总降水日数(单位:天)

过程编号:D20150618

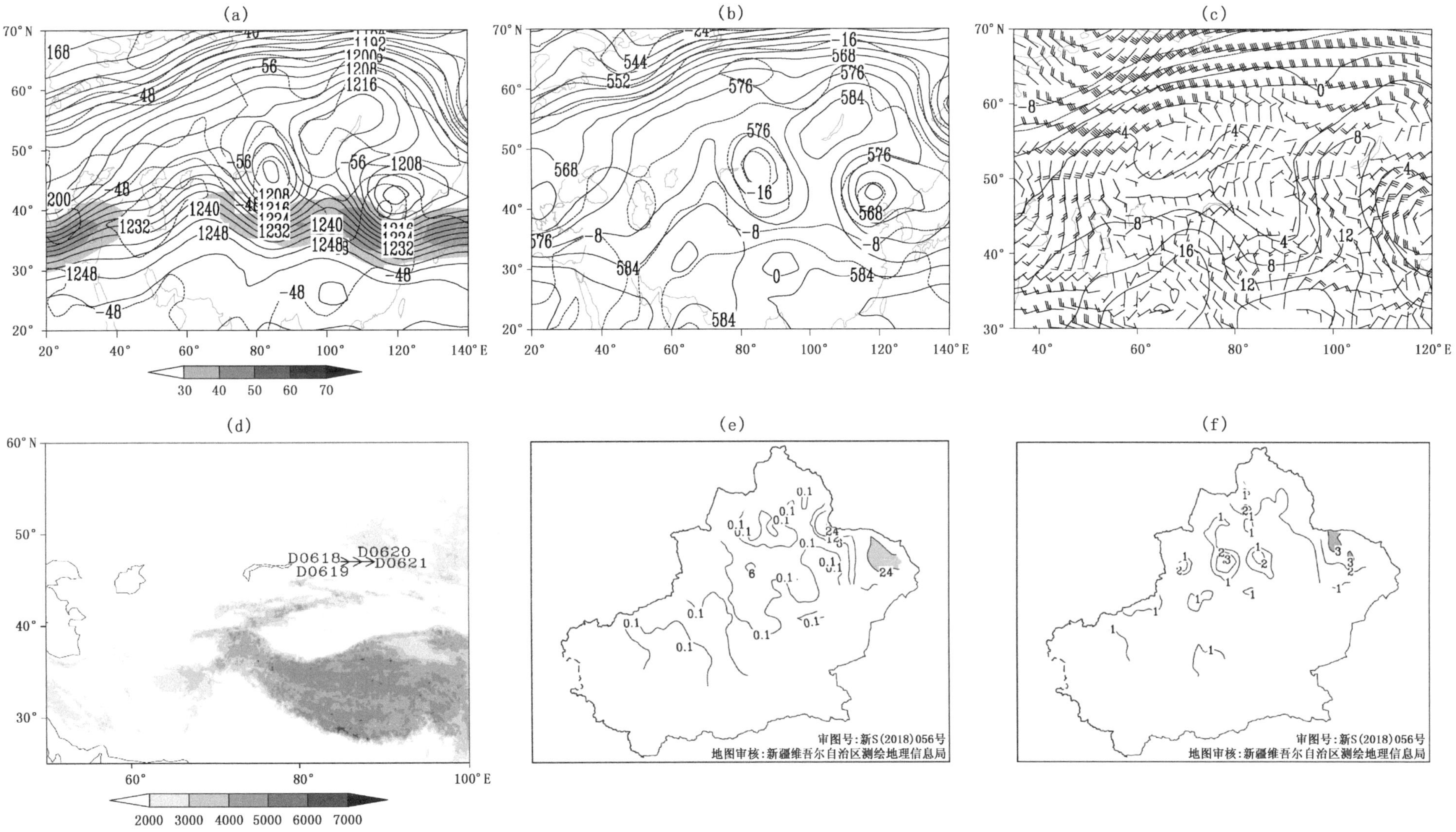

图3.137 2015年6月18日20时位势高度场(实线,单位:位势什米),温度场(虚线,单位:℃),阴影表示风速大于或等于30米/秒急流区;(a)200百帕;(b)500百帕;(c)700百帕温度场(实线,单位:℃),风场(单位:米/秒);(d)低涡中心移动路径(阴影表示地形海拔高度,单位:米);(e)过程累计降水量(单位:毫米,阴影表示暴雨或暴雪及以上量级区域);(f)总降水日数(单位:天,阴影表示大于或等于3天区域)

中亚低涡年鉴 (1971—2017)
ZHONGYA DIWO NIANJIAN

过程编号：D20150624

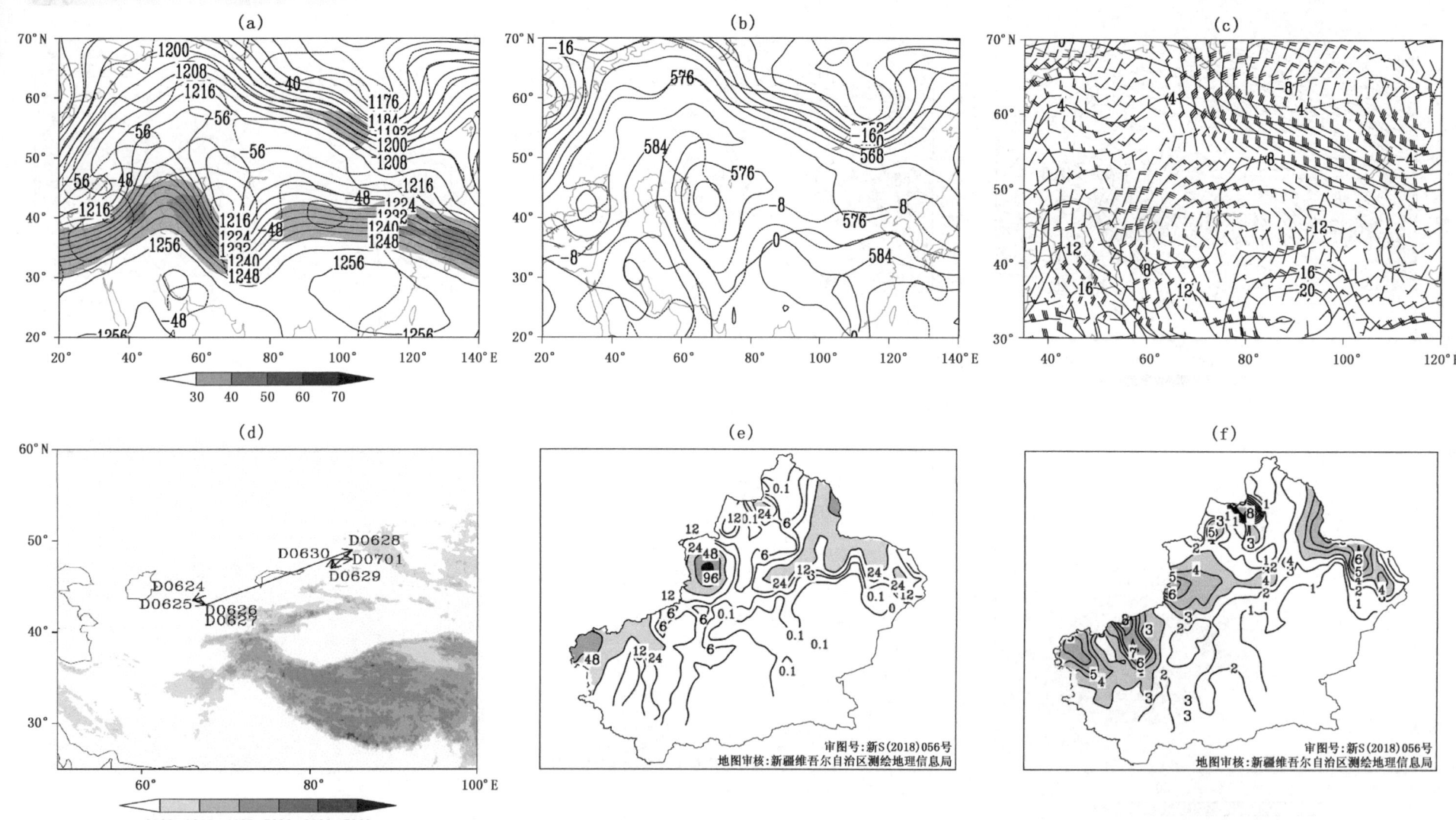

图3.138 2015年6月24日20时位势高度场（实线，单位：位势什米），温度场（虚线，单位：℃），阴影表示风速大于或等于30米/秒急流区；(a)200百帕；(b)500百帕；(c)700百帕温度场（实线，单位：℃），风场（单位：米/秒）；(d)低涡中心移动路径（阴影表示地形海拔高度，单位：米）；(e)过程累计降水量（单位：毫米，阴影表示暴雨或暴雪及以上量级区域）；(f)总降水日数（单位：天，阴影表示大于或等于3天区域）

过程编号:D20150926

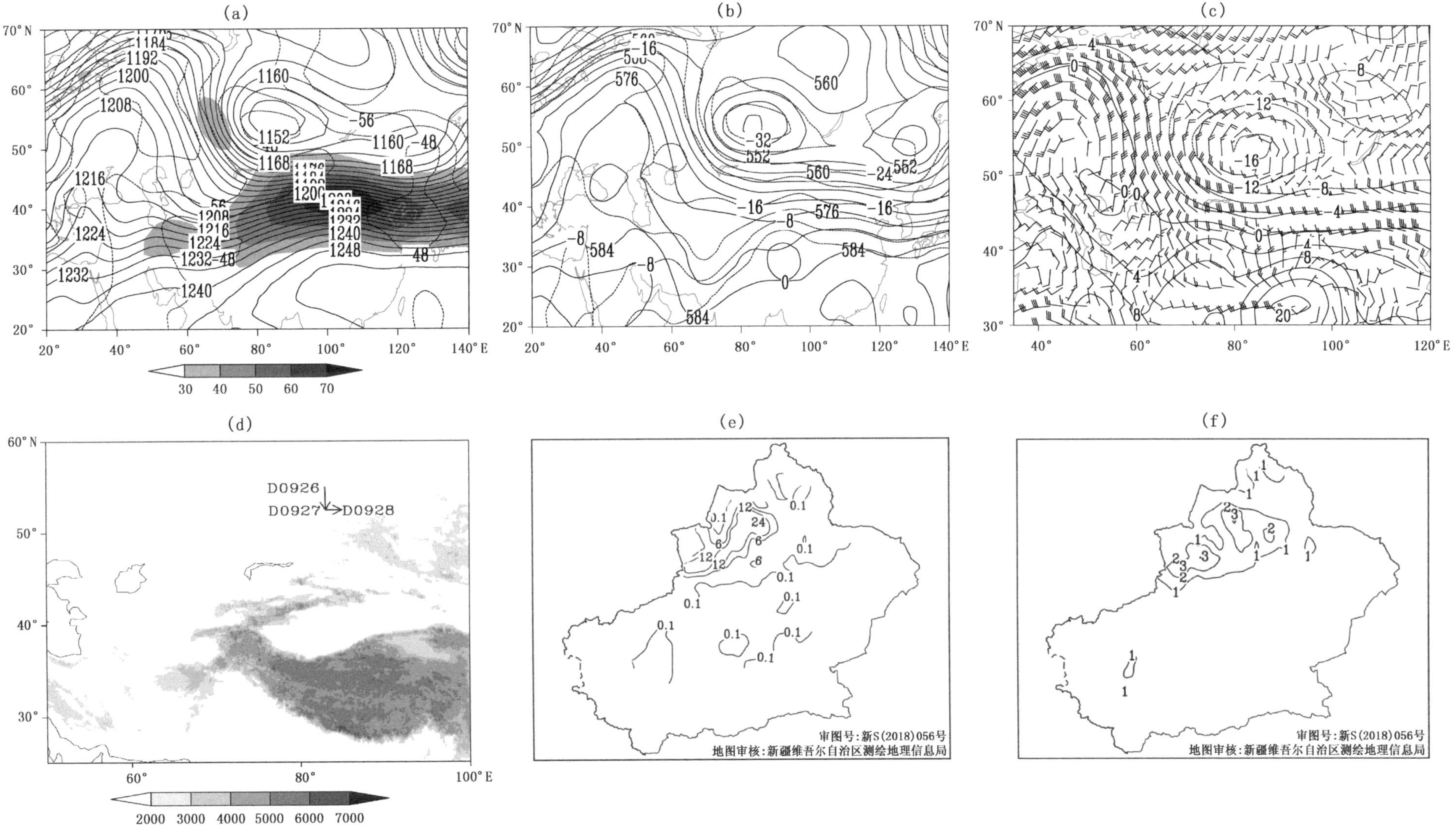

图3.139 2015年9月26日20时位势高度场(实线,单位:位势什米),温度场(虚线,单位:℃),阴影表示风速大于或等于30米/秒急流区;(a)200百帕;(b)500百帕;(c)700百帕温度场(实线,单位:℃),风场(单位:米/秒);(d)低涡中心移动路径(阴影表示地形海拔高度,单位:米);(e)过程累计降水量(单位:毫米);(f)总降水日数(单位:天)

中亚低涡年鉴 (1971—2017)
ZHONGYA DIWO NIANJIAN

过程编号：D20151022

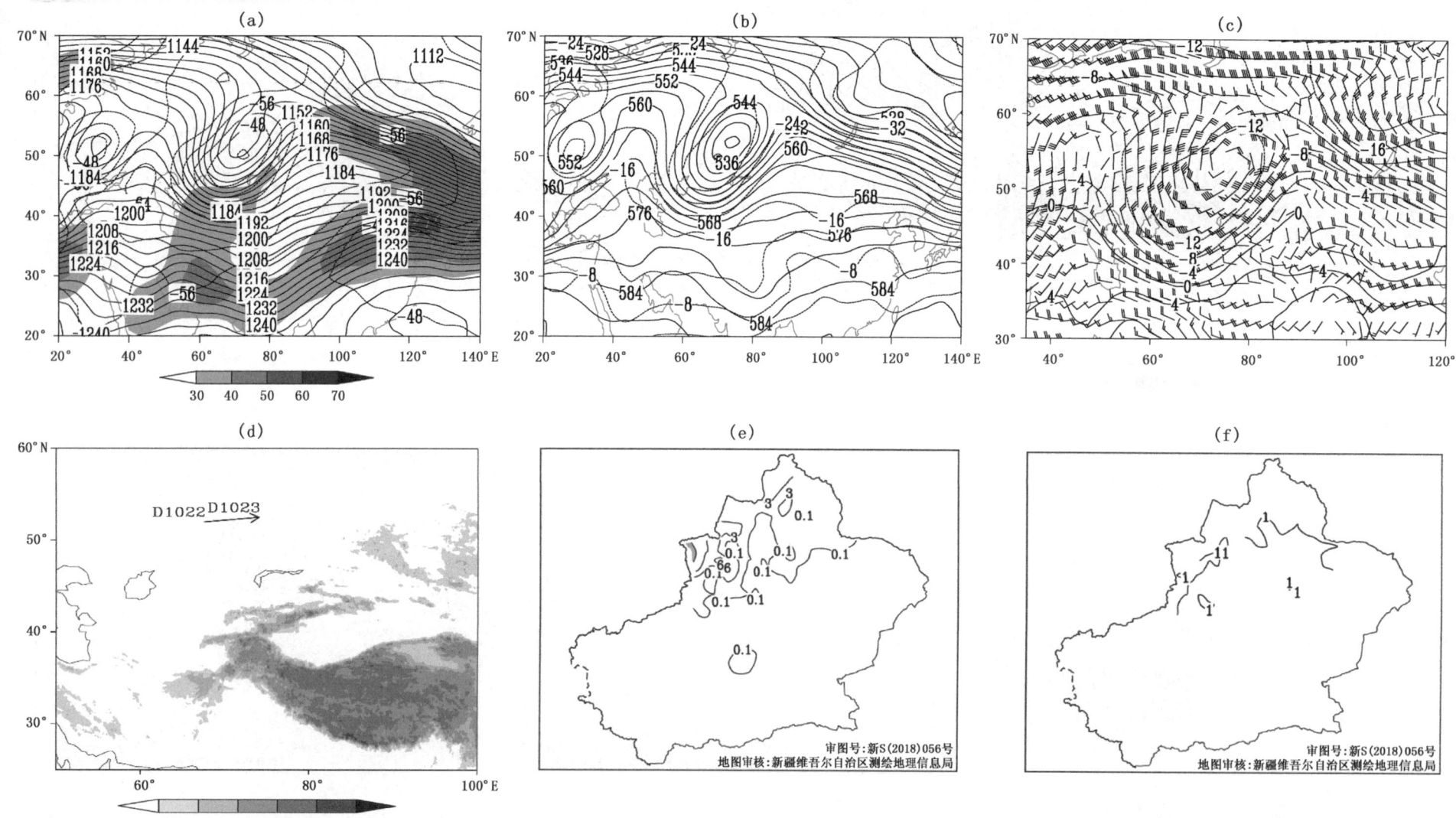

图 3.140　2015年10月22日20时位势高度场（实线，单位：位势什米），温度场（虚线，单位：℃），阴影表示风速大于或等于30米/秒急流区；(a) 200百帕；(b) 500百帕；(c) 700百帕温度场（实线，单位：℃），风场（单位：米/秒）；(d) 低涡中心移动路径（阴影表示地形海拔高度，单位：米）；(e) 过程累计降水量（单位：毫米，阴影表示暴雨或暴雪及以上量级区域）；(f) 总降水日数（单位：天）

过程编号:D20160701

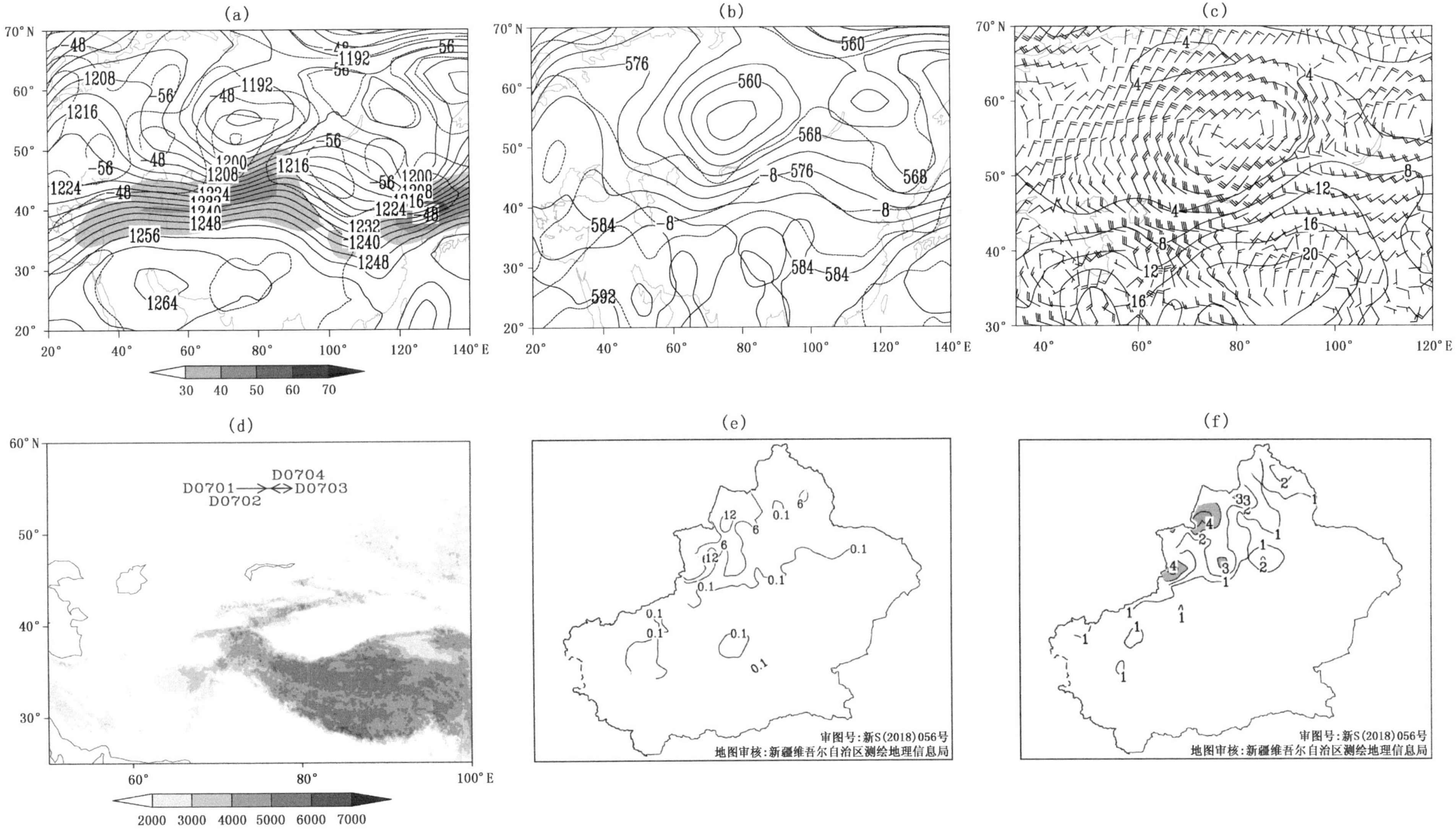

图 3.141 2016年7月2日20时位势高度场(实线,单位:位势什米),温度场(虚线,单位:℃),阴影表示风速大于或等于30米/秒急流区;(a)200百帕;(b)500百帕;(c)700百帕温度场(实线,单位:℃),风场(单位:米/秒);(d)低涡中心移动路径(阴影表示地形海拔高度,单位:米);(e)过程累计降水量(单位:毫米);(f)总降水日数(单位:天,阴影表示大于或等于3天区域)

中亚低涡年鉴 (1971—2017)

过程编号:D20160716

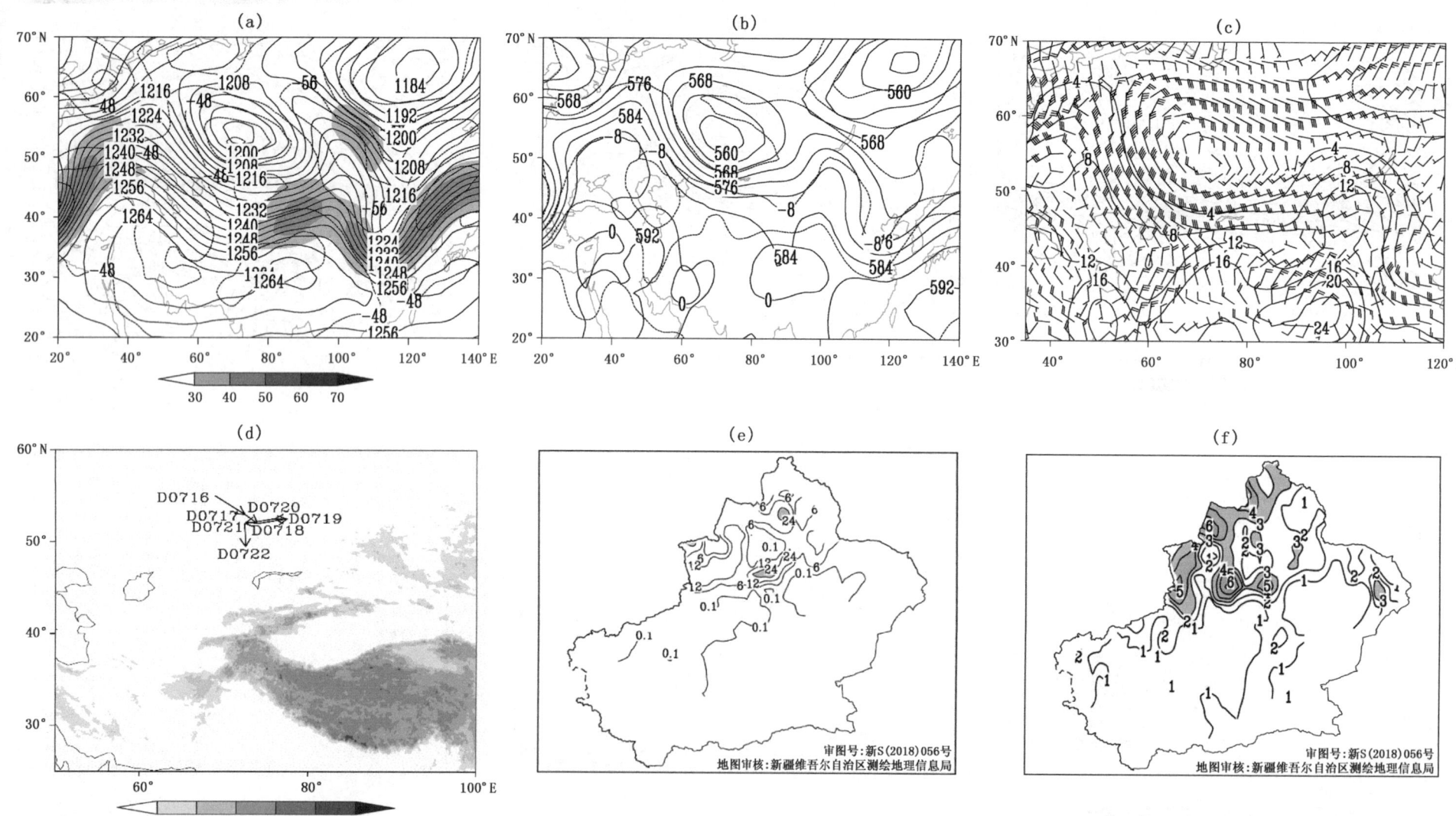

图 3.142　2016 年 7 月 16 日 20 时位势高度场(实线,单位:位势什米),温度场(虚线,单位:℃),阴影表示风速大于或等于 30 米/秒急流区;(a)200 百帕;(b)500 百帕;(c)700 百帕温度场(实线,单位:℃),风场(单位:米/秒);(d)低涡中心移动路径(阴影表示地形海拔高度,单位:米);(e)过程累计降水量(单位:毫米,阴影表示暴雨或暴雪及以上量级区域);(f)总降水日数(单位:天,阴影表示大于或等于3天区域)

过程编号:D20170426

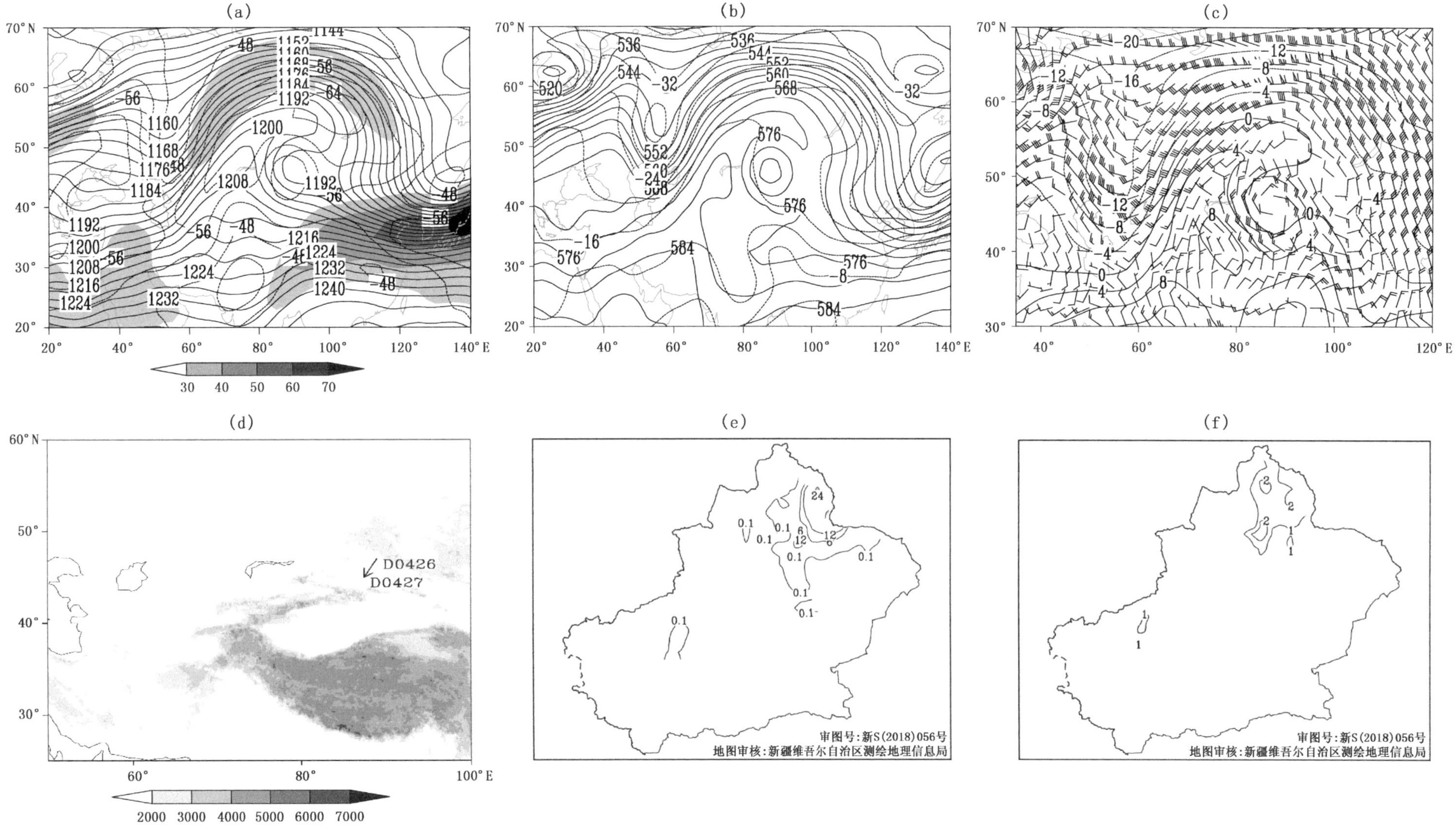

图3.143 2017年4月26日20时位势高度场(实线,单位:位势什米),温度场(虚线,单位:℃),阴影表示风速大于或等于30米/秒急流区;(a)200百帕;(b)500百帕;(c)700百帕温度场(实线,单位:℃),风场(单位:米/秒);(d)低涡中心移动路径(阴影表示地形海拔高度,单位:米);(e)过程累计降水量(单位:毫米);(f)总降水日数(单位:天)

中亚低涡年鉴 (1971—2017)
ZHONGYA DIWO NIANJIAN

过程编号:D20170428

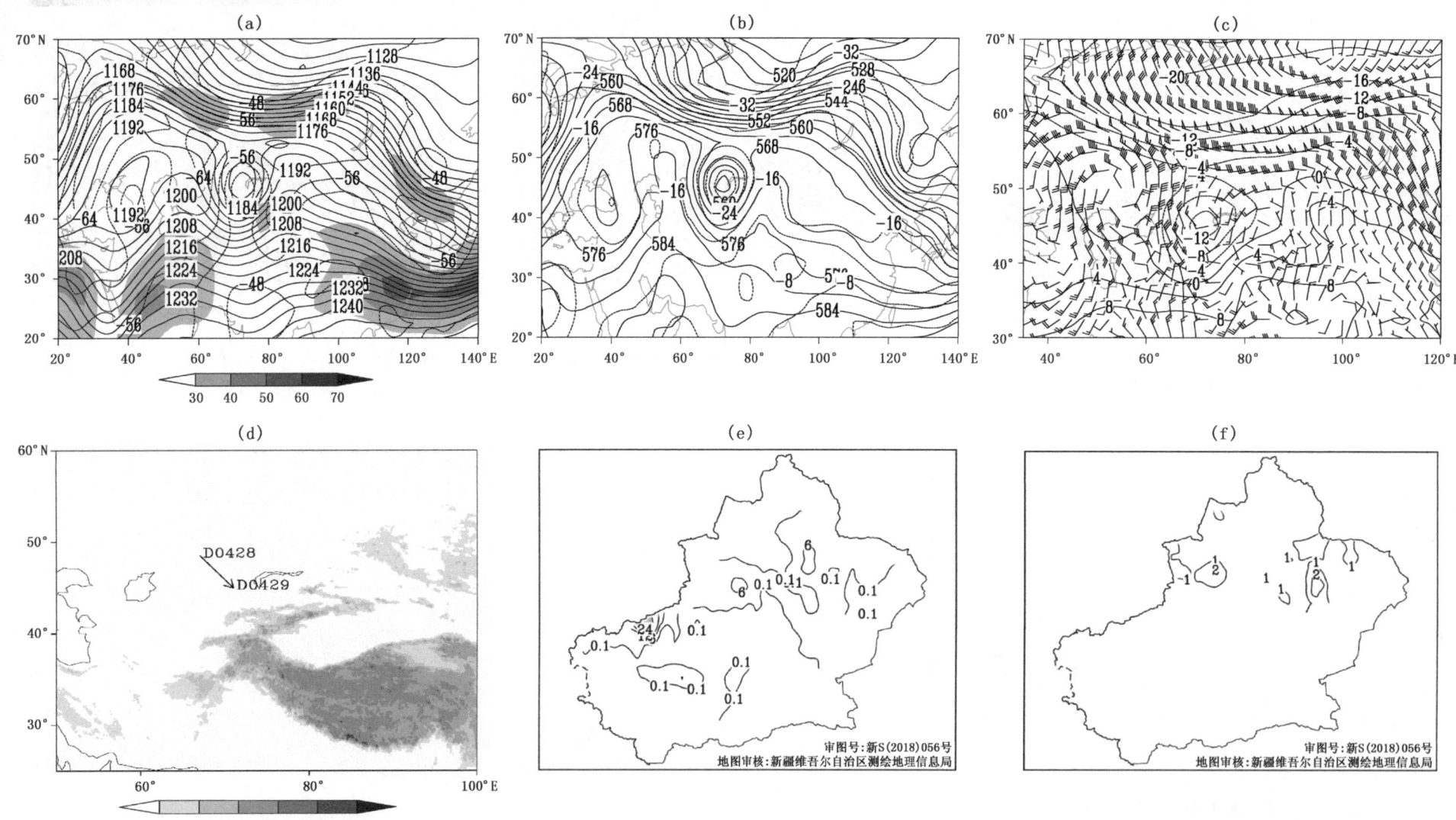

图 3.144　2017年4月29日20时位势高度场(实线,单位:位势什米),温度场(虚线,单位:℃),阴影表示风速大于或等于30米/秒急流区;(a)200百帕;(b)500百帕;(c)700百帕温度场(实线,单位:℃),风场(单位:米/秒);(d)低涡中心移动路径(阴影表示地形海拔高度,单位:米);(e)过程累计降水量(单位:毫米,阴影表示暴雨或暴雪及以上量级区域);(f)总降水日数(单位:天)

过程编号:D20170824

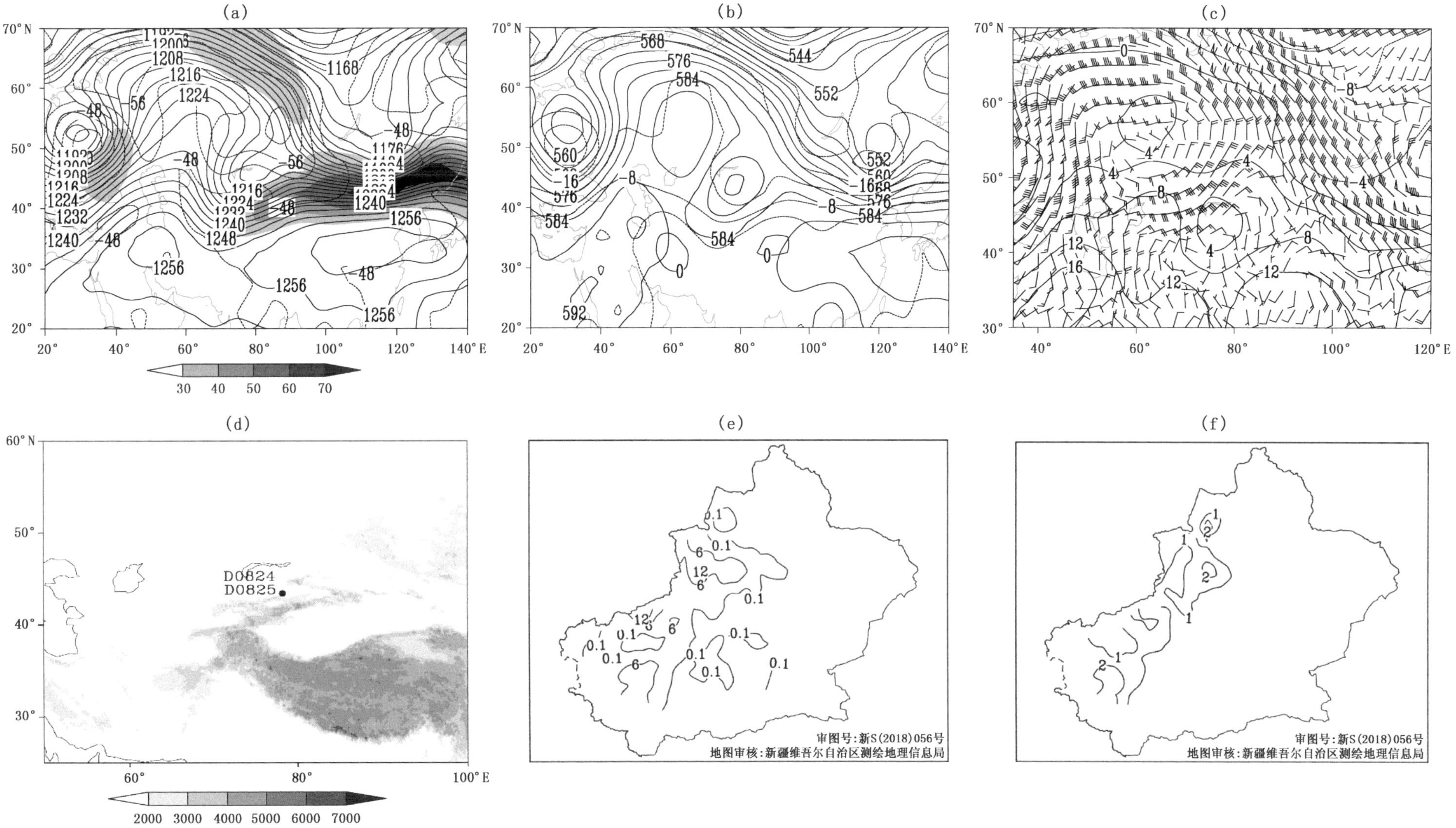

图 3.145 2017年8月24日8时位势高度场(实线,单位:位势什米),温度场(虚线,单位:℃),阴影表示风速大于或等于30米/秒急流区;(a)200百帕;(b)500百帕;(c)700百帕温度场(实线,单位:℃),风场(单位:米/秒);(d)低涡中心移动路径(阴影表示地形海拔高度,单位:米);(e)过程累计降水量(单位:毫米);(f)总降水日数(单位:天)

第4章 浅薄型中亚低涡湿涡降水过程

本章选取浅薄型中亚低涡造成新疆明显降水个例81个,给出其强盛期200百帕位势高度场、温度场和急流,500百帕位势高度场、温度场和风场,700百帕温度场和风场,低涡中心移动路径,低涡影响期间新疆过程累计降水量分布和总降水日数分布,从中可以了解浅薄型中亚低涡高空、低空环流配置及其造成降水情况。

过程编号:D19710430

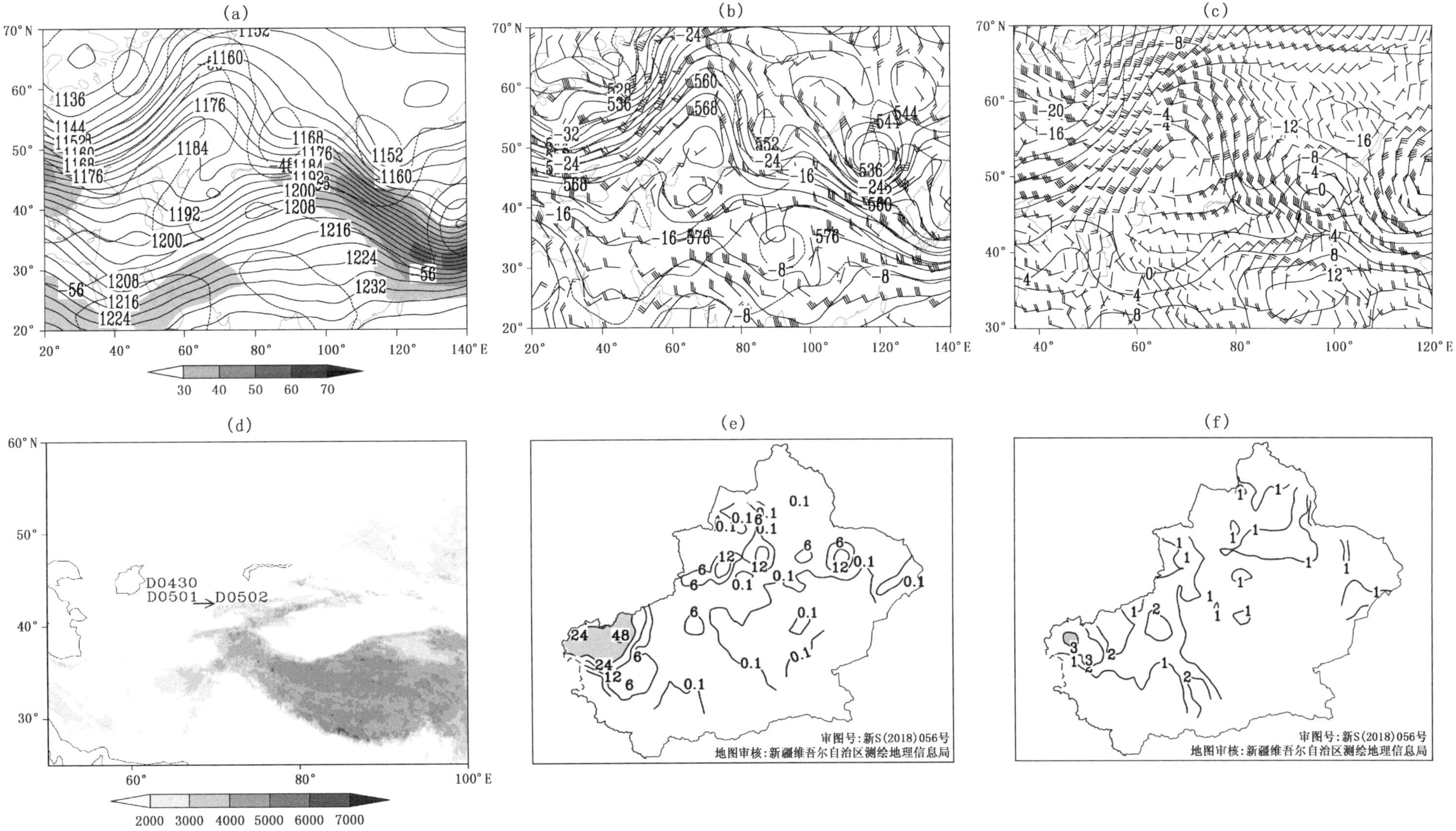

图 4.1　1971年4月30日20时(a)200百帕位势高度场(实线,单位:位势什米),温度场(虚线,单位:℃),阴影表示风速大于或等于30米/秒急流区;(b)500百帕位势高度场(实线,单位:位势什米),温度场(虚线,单位:℃),风场(单位:米/秒);(c)700百帕温度场(实线,单位:℃),风场(单位:米/秒);(d)低涡中心移动路径(阴影表示地形海拔高度,单位:米);(e)过程累计降水量(单位:毫米,阴影表示暴雨或暴雪及以上量级区域);(f)总降水日数(单位:天,阴影表示大于或等于3天区域)

中亚低涡年鉴 (1971—2017)
ZHONGYA DIWO NIANJIAN

过程编号:D19710704

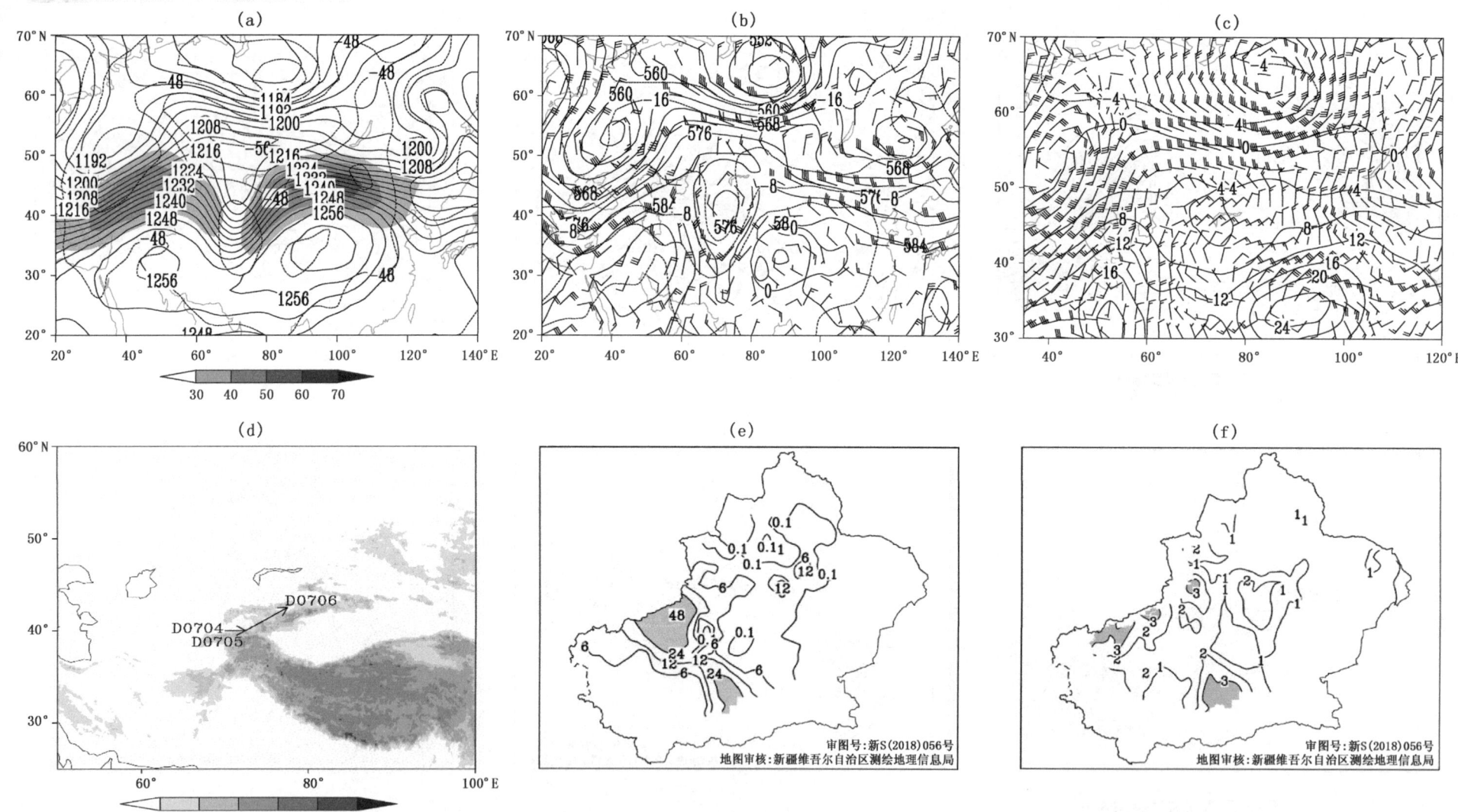

图 4.2　1971年7月5日20时(a)200百帕位势高度场(实线,单位:位势什米),温度场(虚线,单位:℃),阴影表示风速大于或等于30米/秒急流区;(b)500百帕位势高度场(实线,单位:位势什米),温度场(虚线,单位:℃),风场(单位:米/秒);(c)700百帕温度场(实线,单位:℃),风场(单位:米/秒);(d)低涡中心移动路径(阴影表示地形海拔高度,单位:米);(e)过程累计降水量(单位:毫米,阴影表示暴雨或暴雪及以上量级区域);(f)总降水日数(单位:天,阴影表示大于或等于3天区域)

过程编号:D19710906

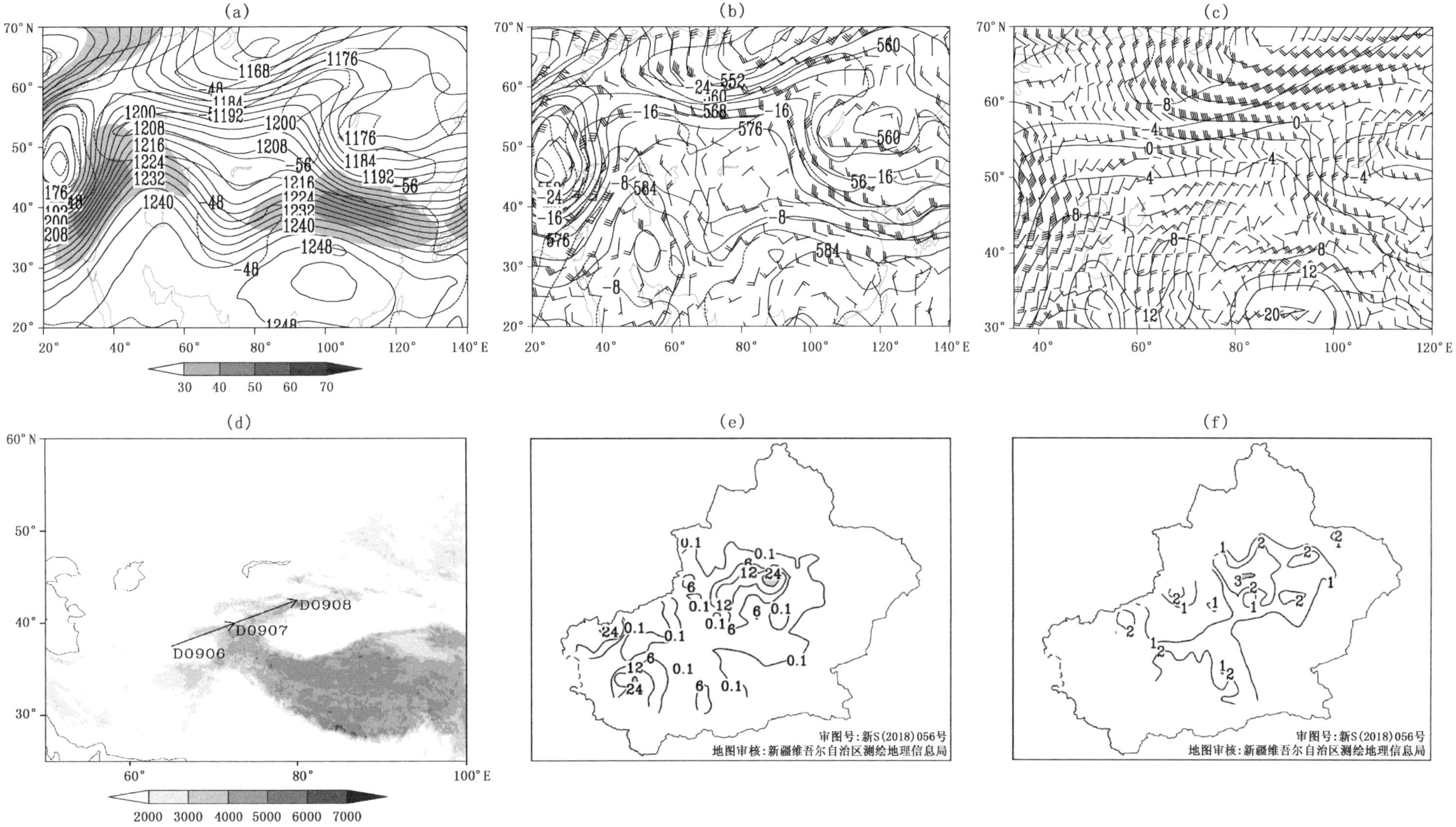

图 4.3 1971 年 9 月 8 日 20 时(a)200 百帕位势高度场(实线,单位:位势什米),温度场(虚线,单位:℃),阴影表示风速大于或等于 30 米/秒急流区;(b)500 百帕位势高度场(实线,单位:位势什米),温度场(虚线,单位:℃),风场(单位:米/秒);(c)700 百帕温度场(实线,单位:℃),风场(单位:米/秒);(d)低涡中心移动路径(阴影表示地形海拔高度,单位:米);(e)过程累计降水量(单位:毫米,阴影表示暴雨或暴雪及以上量级区域);(f)总降水日数(单位:天,阴影表示大于或等于 3 天区域)

过程编号:D19710911

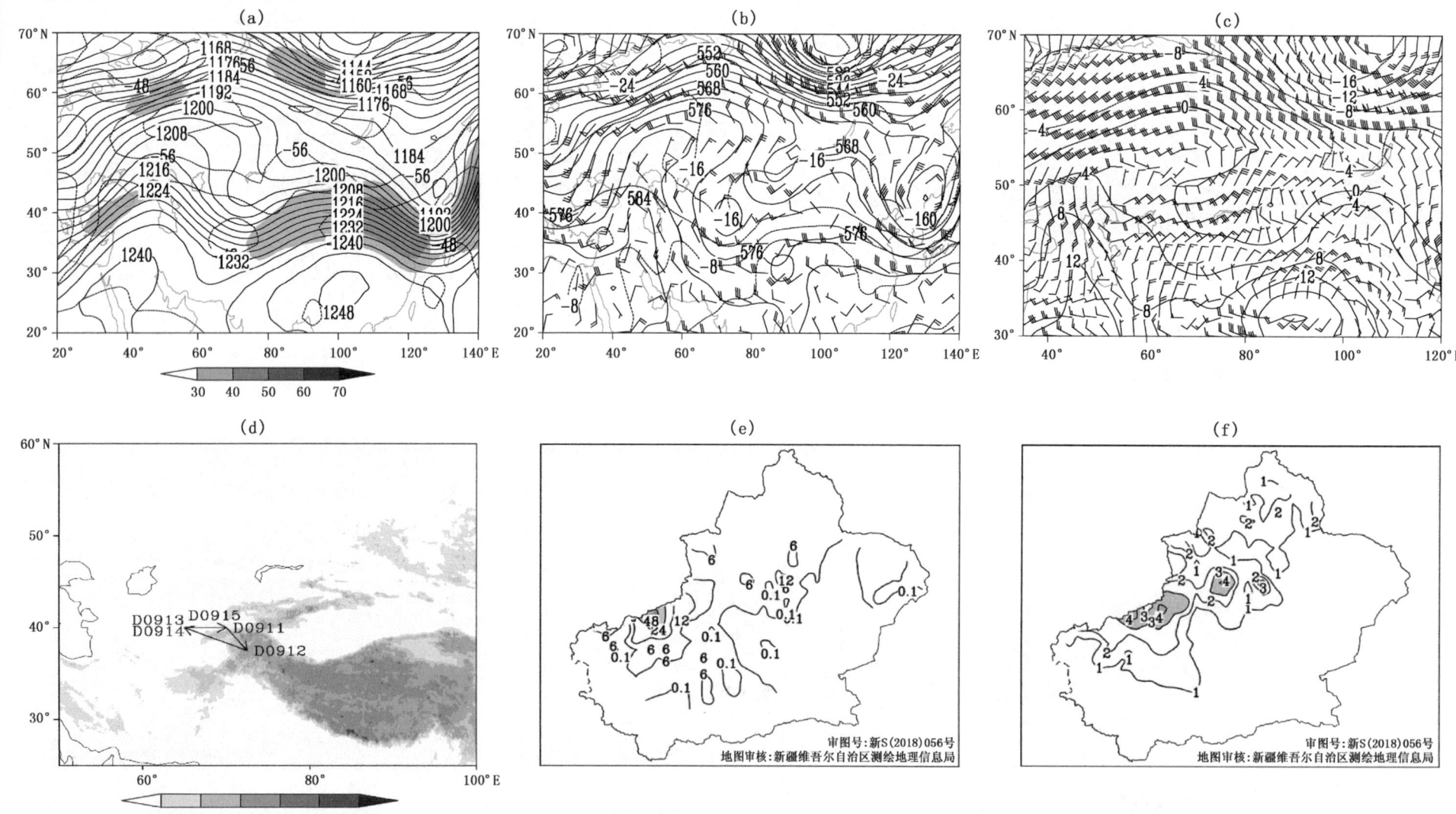

图 4.4　1971年9月12日20时(a)200百帕位势高度场(实线,单位:位势什米),温度场(虚线,单位:℃),阴影表示风速大于或等于30米/秒急流区;(b)500百帕位势高度场(实线,单位:位势什米),温度场(虚线,单位:℃),风场(单位:米/秒);(c)700百帕温度场(实线,单位:℃),风场(单位:米/秒);(d)低涡中心移动路径(阴影表示地形海拔高度,单位:米);(e)过程累计降水量(单位:毫米,阴影表示暴雨或暴雪及以上量级区域);(f)总降水日数(单位:天,阴影表示大于或等于3天区域)

第4章 浅薄型中亚低涡湿涡降水过程

过程编号:D19720202

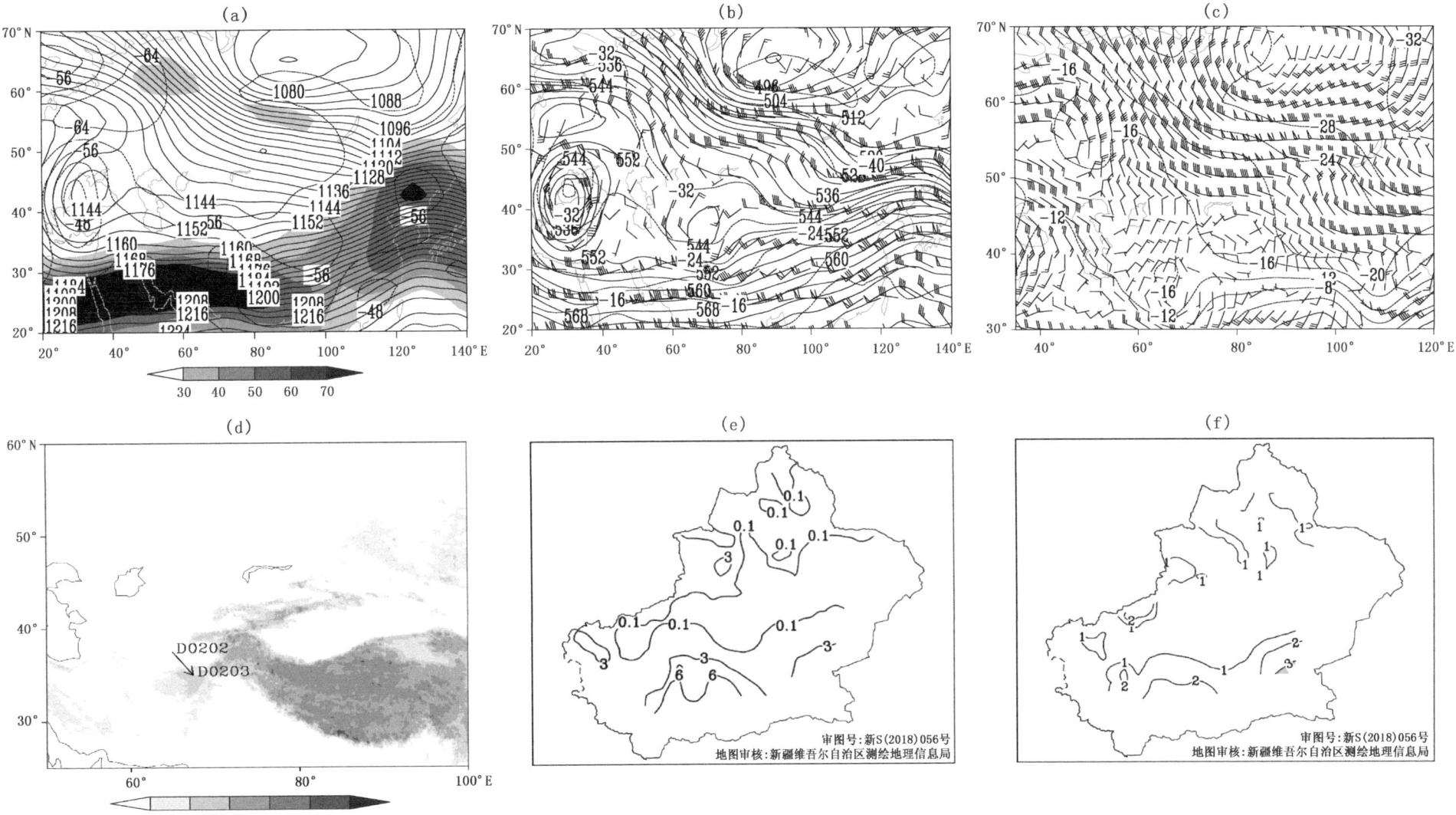

图4.5 1972年2月3日20时(a)200百帕位势高度场(实线,单位:位势什米),温度场(虚线,单位:℃),阴影表示风速大于或等于30米/秒急流区;(b)500百帕位势高度场(实线,单位:位势什米),温度场(虚线,单位:℃),风场(单位:米/秒);(c)700百帕温度场(实线,单位:℃),风场(单位:米/秒);(d)低涡中心移动路径(阴影表示地形海拔高度,单位:米);(e)过程累计降水量(单位:毫米);(f)总降水日数(单位:天,阴影表示大于或等于3天区域)

中亚低涡年鉴 (1971—2017)
ZHONGYA DIWO NIANJIAN

过程编号:D19720524

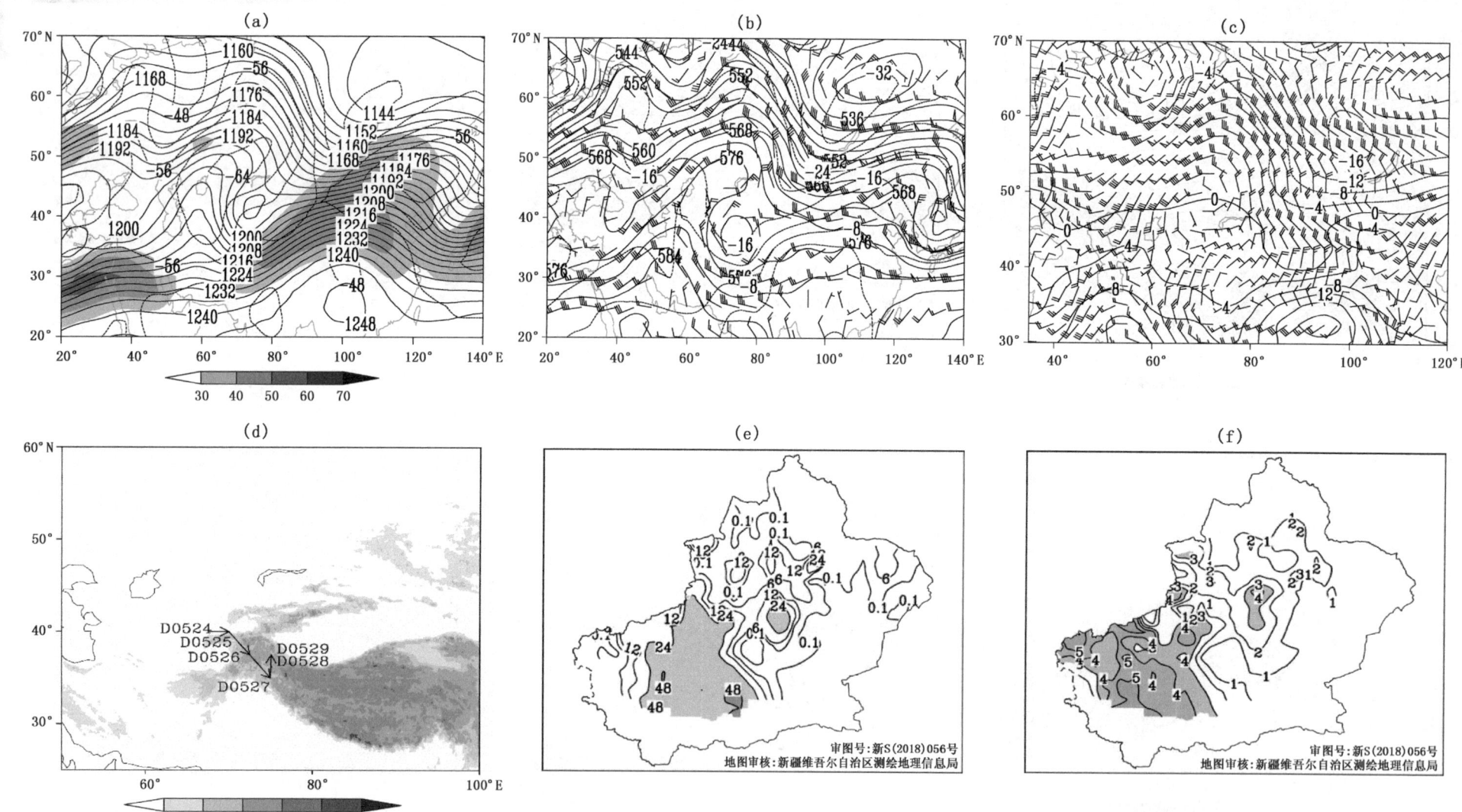

图 4.6 1972年5月27日20时(a)200百帕位势高度场(实线,单位:位势什米),温度场(虚线,单位:℃),阴影表示风速大于或等于30米/秒急流区;(b)500百帕位势高度场(实线,单位:位势什米),温度场(虚线,单位:℃),风场(单位:米/秒);(c)700百帕温度场(实线,单位:℃),风场(单位:米/秒);(d)低涡中心移动路径(阴影表示地形海拔高度,单位:米);(e)过程累计降水量(单位:毫米,阴影表示暴雨或暴雪及以上量级区域);(f)总降水日数(单位:天,阴影表示大于或等于3天区域)

第4章 浅薄型中亚低涡湿涡降水过程

过程编号:D19720605

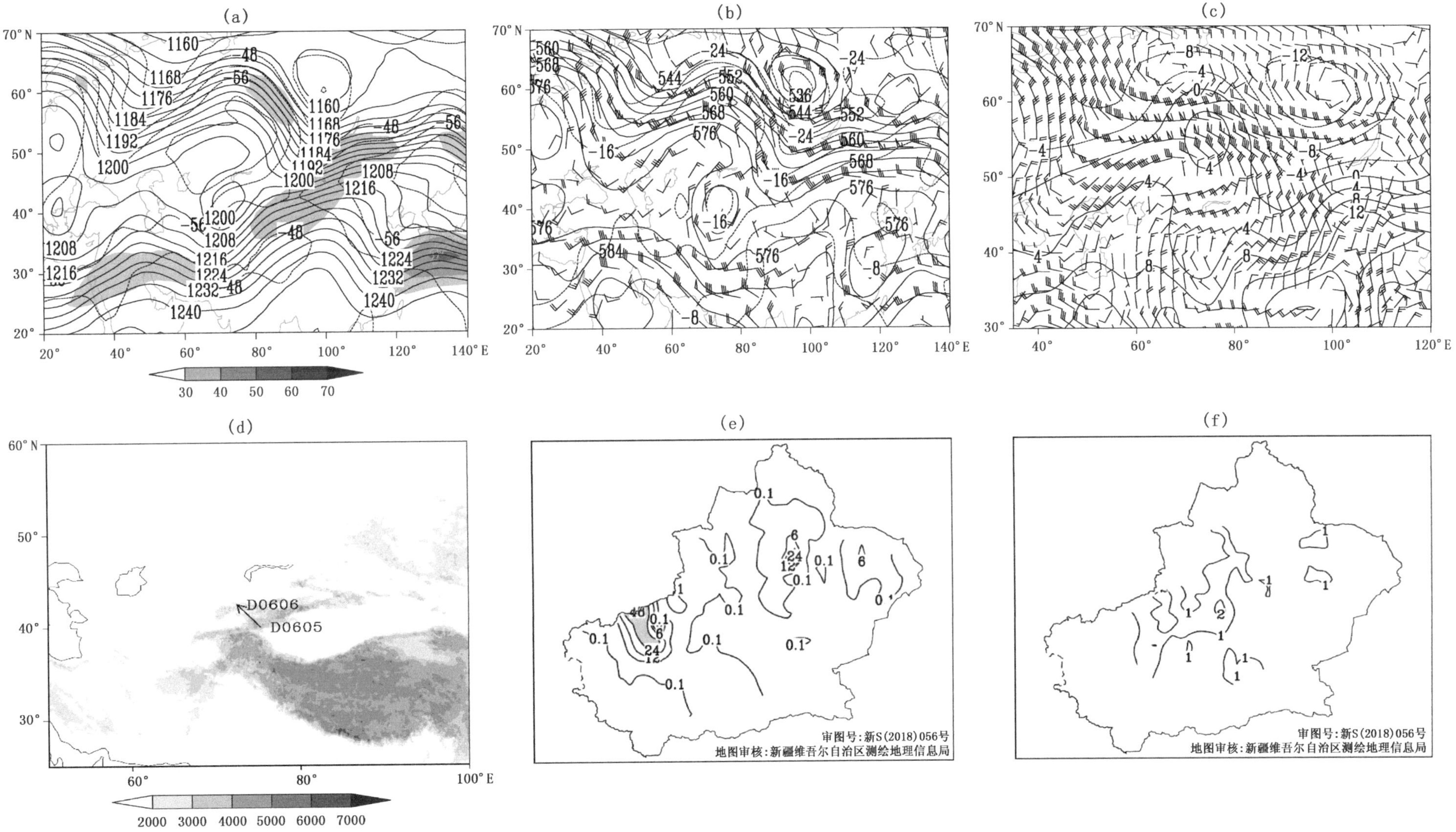

图 4.7 1972年6月5日20时(a)200百帕位势高度场(实线,单位:位势什米),温度场(虚线,单位:℃),阴影表示风速大于或等于30米/秒急流区;(b)500百帕位势高度场(实线,单位:位势什米),温度场(虚线,单位:℃),风场(单位:米/秒);(c)700百帕温度场(实线,单位:℃),风场(单位:米/秒);(d)低涡中心移动路径(阴影表示地形海拔高度,单位:米);(e)过程累计降水量(单位:毫米,阴影表示暴雨或暴雪及以上量级区域);(f)总降水日数(单位:天)

中亚低涡年鉴 (1971—2017)

过程编号:D19730509

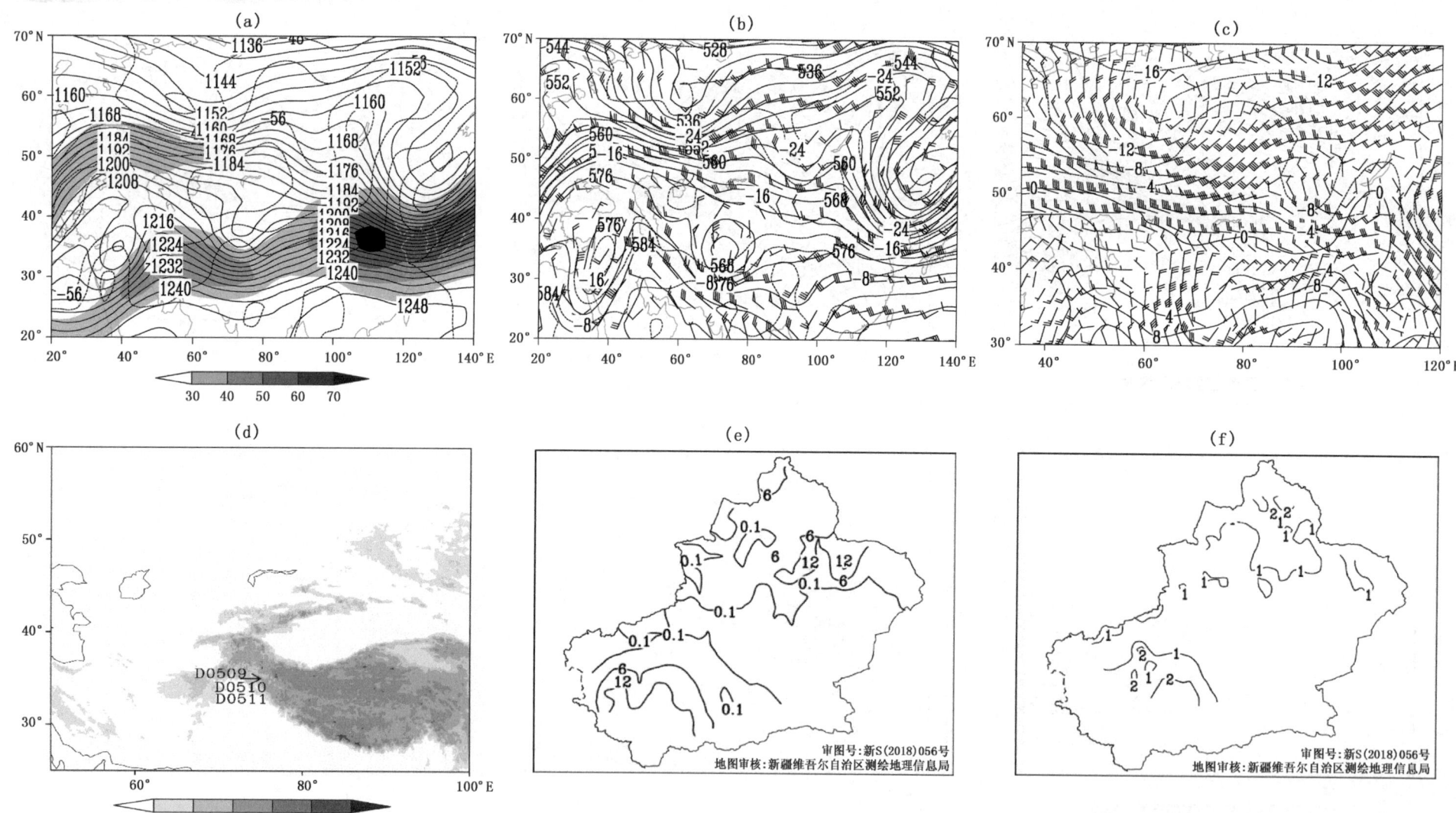

图 4.8　1973 年 5 月 9 日 20 时(a)200 百帕位势高度场(实线,单位:位势什米),温度场(虚线,单位:℃),阴影表示风速大于或等于 30 米/秒急流区;(b)500 百帕位势高度场(实线,单位:位势什米),温度场(虚线,单位:℃),风场(单位:米/秒);(c)700 百帕温度场(实线,单位:℃),风场(单位:米/秒);(d)低涡中心移动路径(阴影表示地形海拔高度,单位:米);(e)过程累计降水量(单位:毫米);(f)总降水日数(单位:天)

第4章 浅薄型中亚低涡湿涡降水过程

过程编号:D19740622

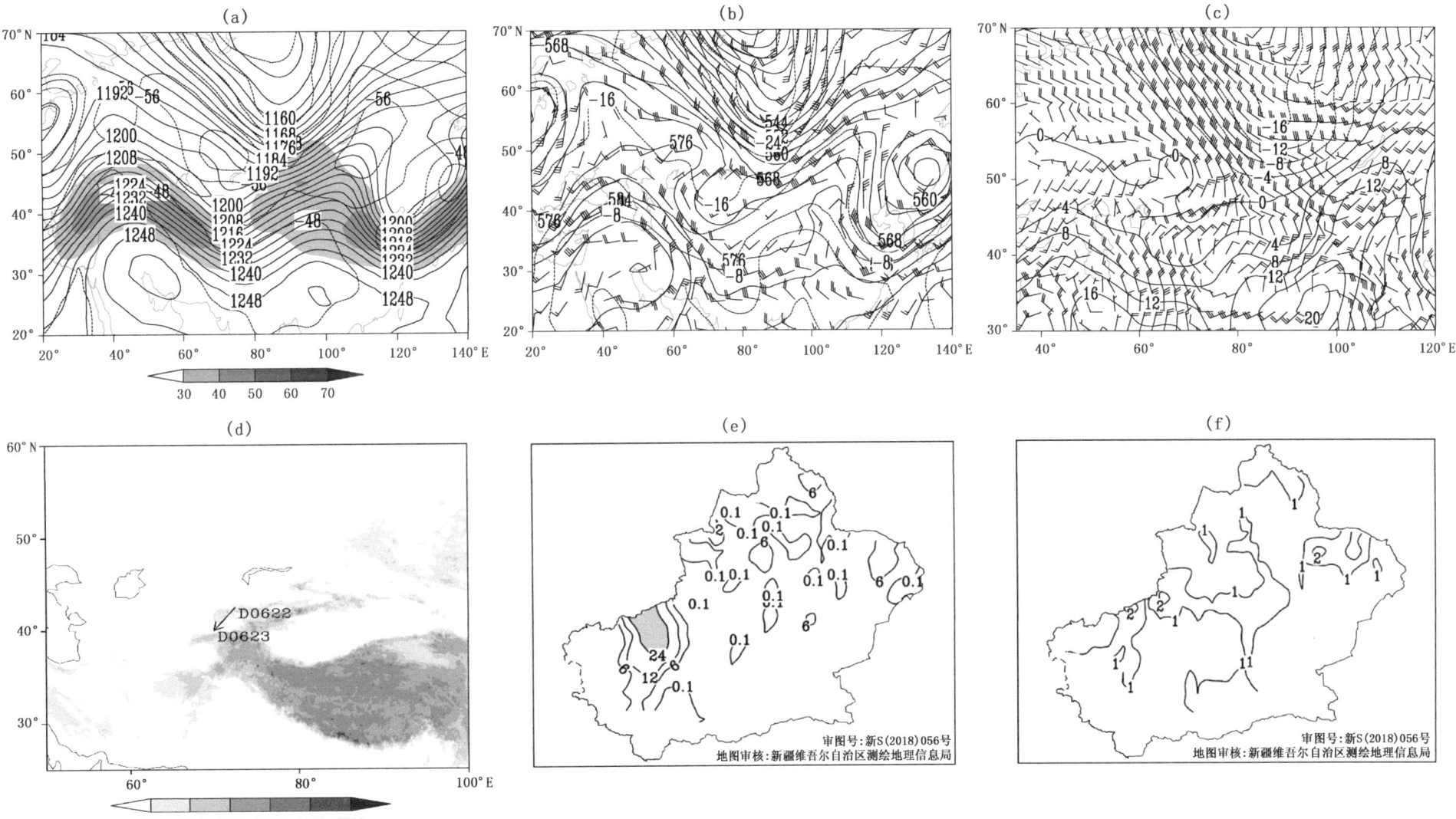

图 4.9 1974年6月22日20时(a)200百帕位势高度场(实线,单位:位势什米),温度场(虚线,单位:℃),阴影表示风速大于或等于30米/秒急流区;(b)500百帕位势高度场(实线,单位:位势什米),温度场(虚线,单位:℃),风场(单位:米/秒);(c)700百帕温度场(实线,单位:℃),风场(单位:米/秒);(d)低涡中心移动路径(阴影表示地形海拔高度,单位:米);(e)过程累计降水量(单位:毫米,阴影表示暴雨或暴雪及以上量级区域);(f)总降水日数(单位:天)

过程编号：D19740702

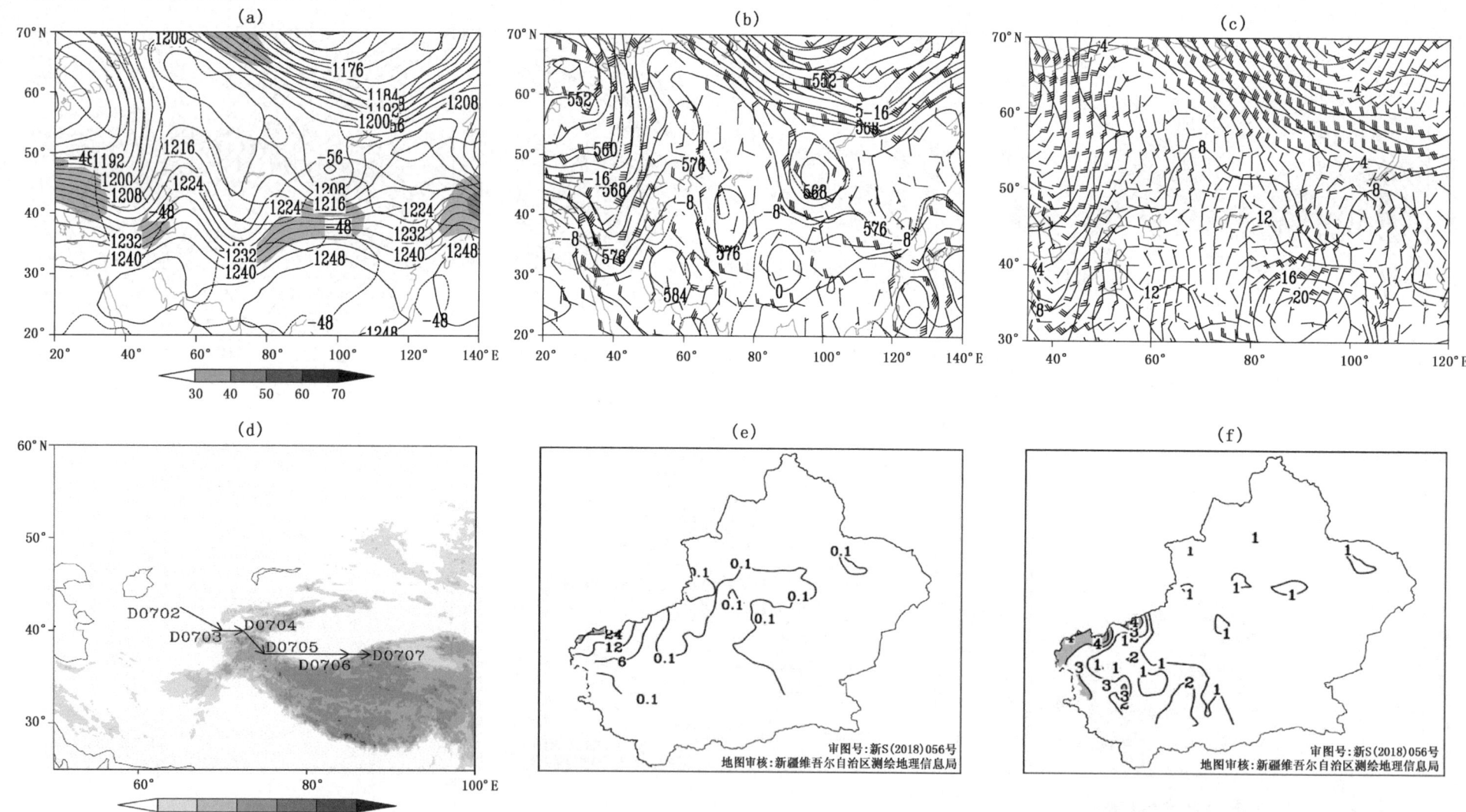

图 4.10　1974 年 7 月 4 日 20 时(a)200 百帕位势高度场(实线，单位：位势什米)，温度场(虚线，单位：℃)，阴影表示风速大于或等于 30 米/秒急流区；(b)500 百帕位势高度场(实线，单位：位势什米)，温度场(虚线，单位：℃)，风场(单位：米/秒)；(c)700 百帕温度场(实线，单位：℃)，风场(单位：米/秒)；(d)低涡中心移动路径(阴影表示地形海拔高度，单位：米)；(e)过程累计降水量(单位：毫米，阴影表示暴雨或暴雪及以上量级区域)；(f)总降水日数(单位：天，阴影表示大于或等于 3 天区域)

过程编号:D19760127

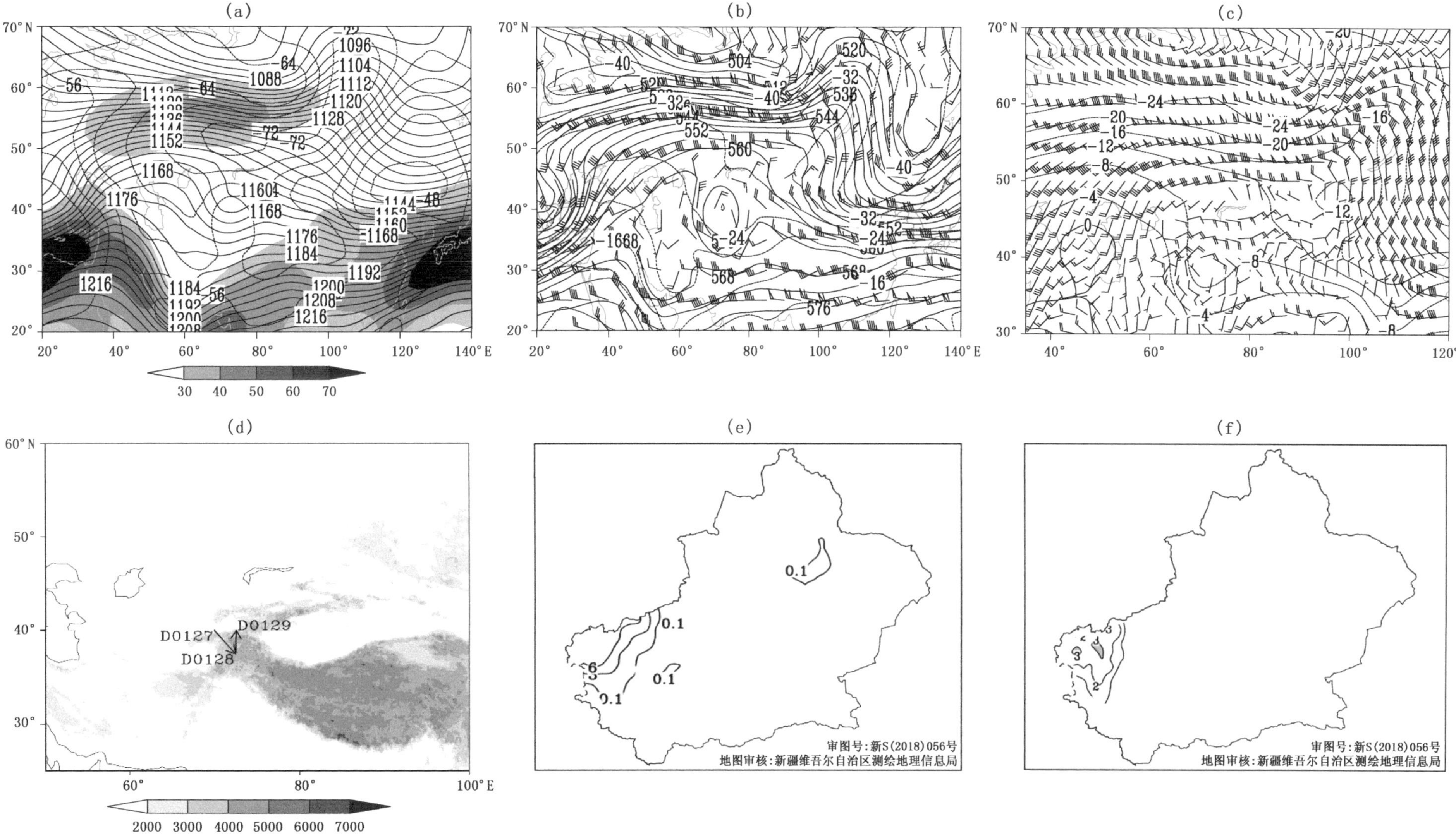

图4.11 1976年1月28日20时(a)200百帕位势高度场(实线,单位:位势什米),温度场(虚线,单位:℃),阴影表示风速大于或等于30米/秒急流区;(b)500百帕位势高度场(实线,单位:位势什米),温度场(虚线,单位:℃),风场(单位:米/秒);(c)700百帕温度场(实线,单位:℃),风场(单位:米/秒);(d)低涡中心移动路径(阴影表示地形海拔高度,单位:米);(e)过程累计降水量(单位:毫米);(f)总降水日数(单位:天,阴影表示大于或等于3天区域)

中亚低涡年鉴 (1971—2017)
ZHONGYA DIWO NIANJIAN

过程编号：D19770613

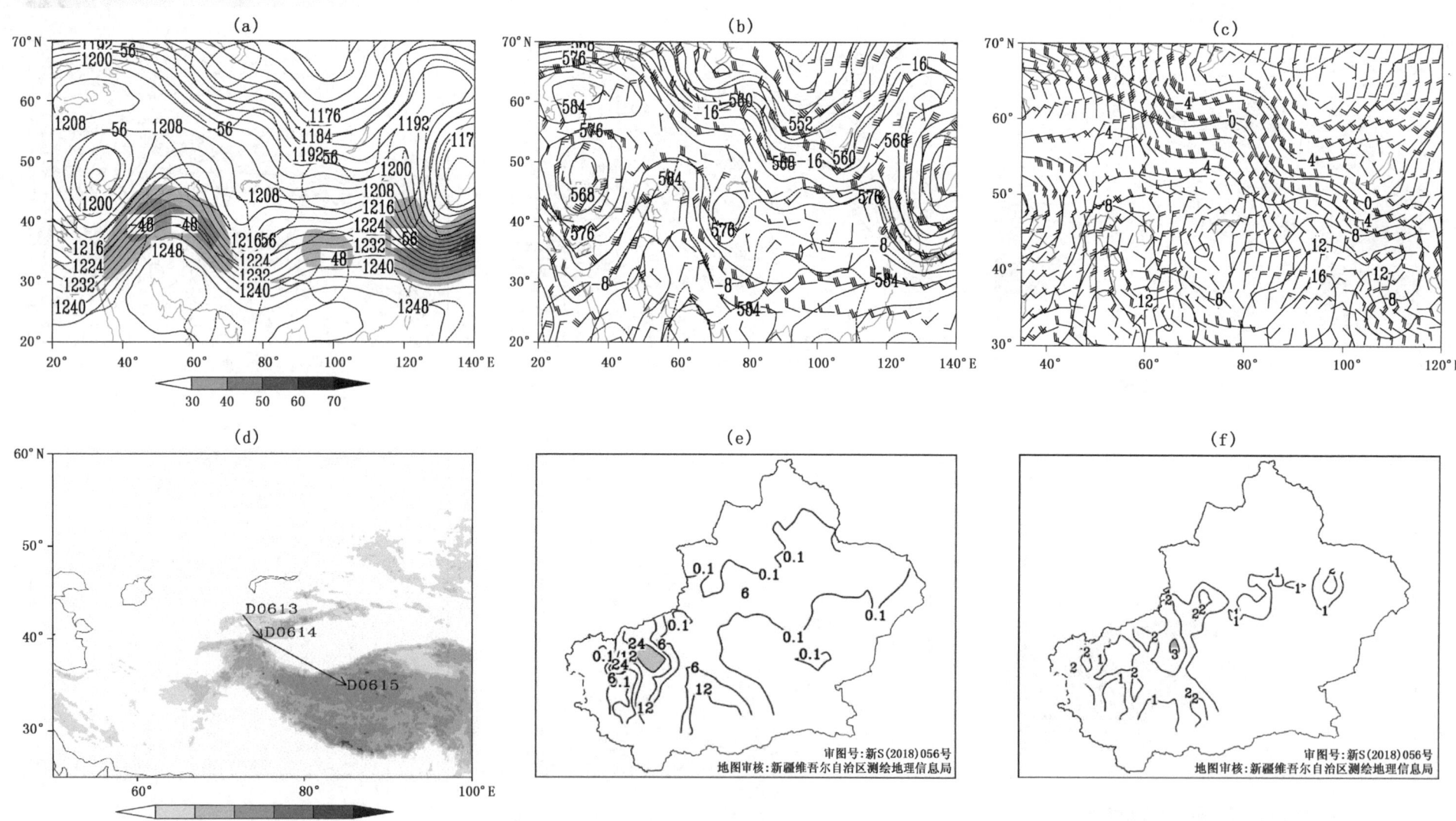

图 4.12　1977 年 6 月 13 日 20 时 (a) 200 百帕位势高度场 (实线，单位：位势什米)，温度场 (虚线，单位：℃)，阴影表示风速大于或等于 30 米/秒急流区；(b) 500 百帕位势高度场 (实线，单位：位势什米)，温度场 (虚线，单位：℃)，风场 (单位：米/秒)；(c) 700 百帕温度场 (实线，单位：℃)，风场 (单位：米/秒)；(d) 低涡中心移动路径 (阴影表示地形海拔高度，单位：米)；(e) 过程累计降水量 (单位：毫米，阴影表示暴雨或暴雪及以上量级区域)；(f) 总降水日数 (单位：天，阴影表示大于或等于 3 天区域)

第4章 浅薄型中亚低涡湿涡降水过程

过程编号：D19780114

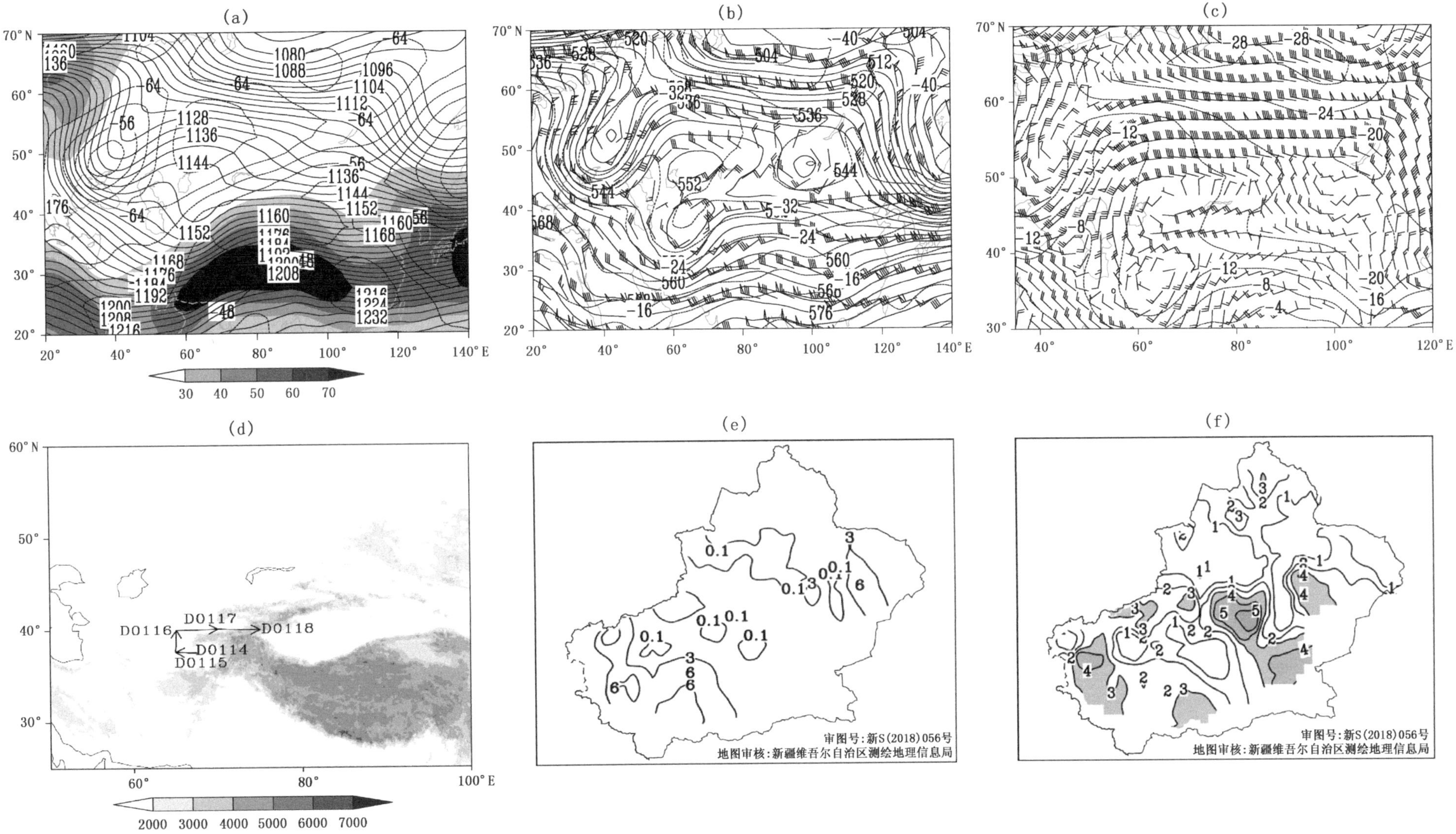

图4.13 1978年1月15日20时(a)200百帕位势高度场(实线,单位:位势什米),温度场(虚线,单位:℃),阴影表示风速大于或等于30米/秒急流区;(b)500百帕位势高度场(实线,单位:位势什米),温度场(虚线,单位:℃),风场(单位:米/秒);(c)700百帕温度场(实线,单位:℃),风场(单位:米/秒);(d)低涡中心移动路径(阴影表示地形海拔高度,单位:米);(e)过程累计降水量(单位:毫米);(f)总降水日数(单位:天,阴影表示大于或等于3天区域)

中亚低涡年鉴 (1971—2017)
ZHONGYA DIWO NIANJIAN

过程编号：D19790725

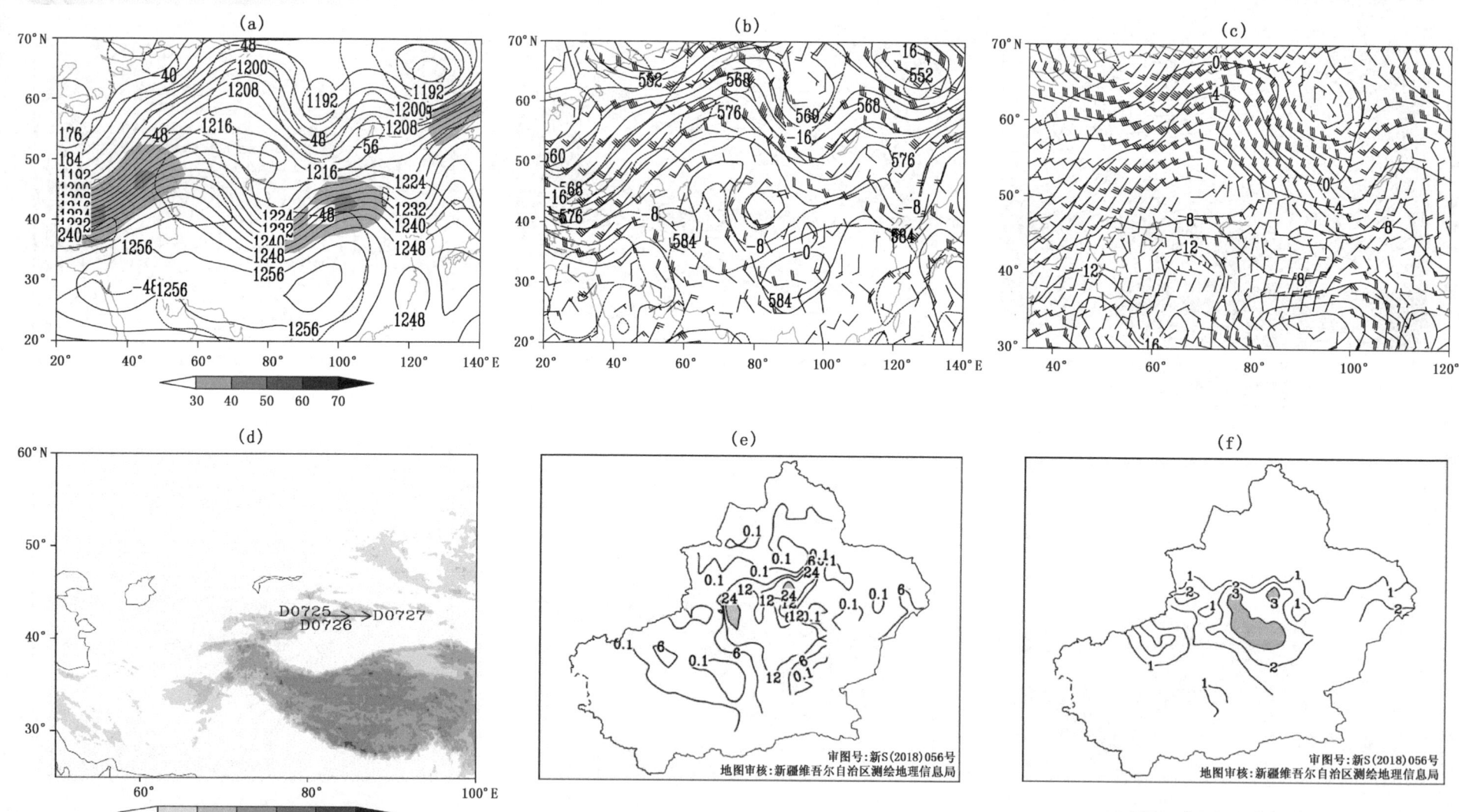

图 4.14　1979 年 7 月 25 日 20 时 (a) 200 百帕位势高度场 (实线，单位：位势什米)，温度场 (虚线，单位：℃)，阴影表示风速大于或等于 30 米/秒急流区；(b) 500 百帕位势高度场 (实线，单位：位势什米)，温度场 (虚线，单位：℃)，风场 (单位：米/秒)；(c) 700 百帕温度场 (实线，单位：℃)，风场 (单位：米/秒)；(d) 低涡中心移动路径 (阴影表示地形海拔高度，单位：米)；(e) 过程累计降水量 (单位：毫米，阴影表示暴雨或暴雪及以上量级区域)；(f) 总降水日数 (单位：天，阴影表示大于或等于 3 天区域)

过程编号:D19790828

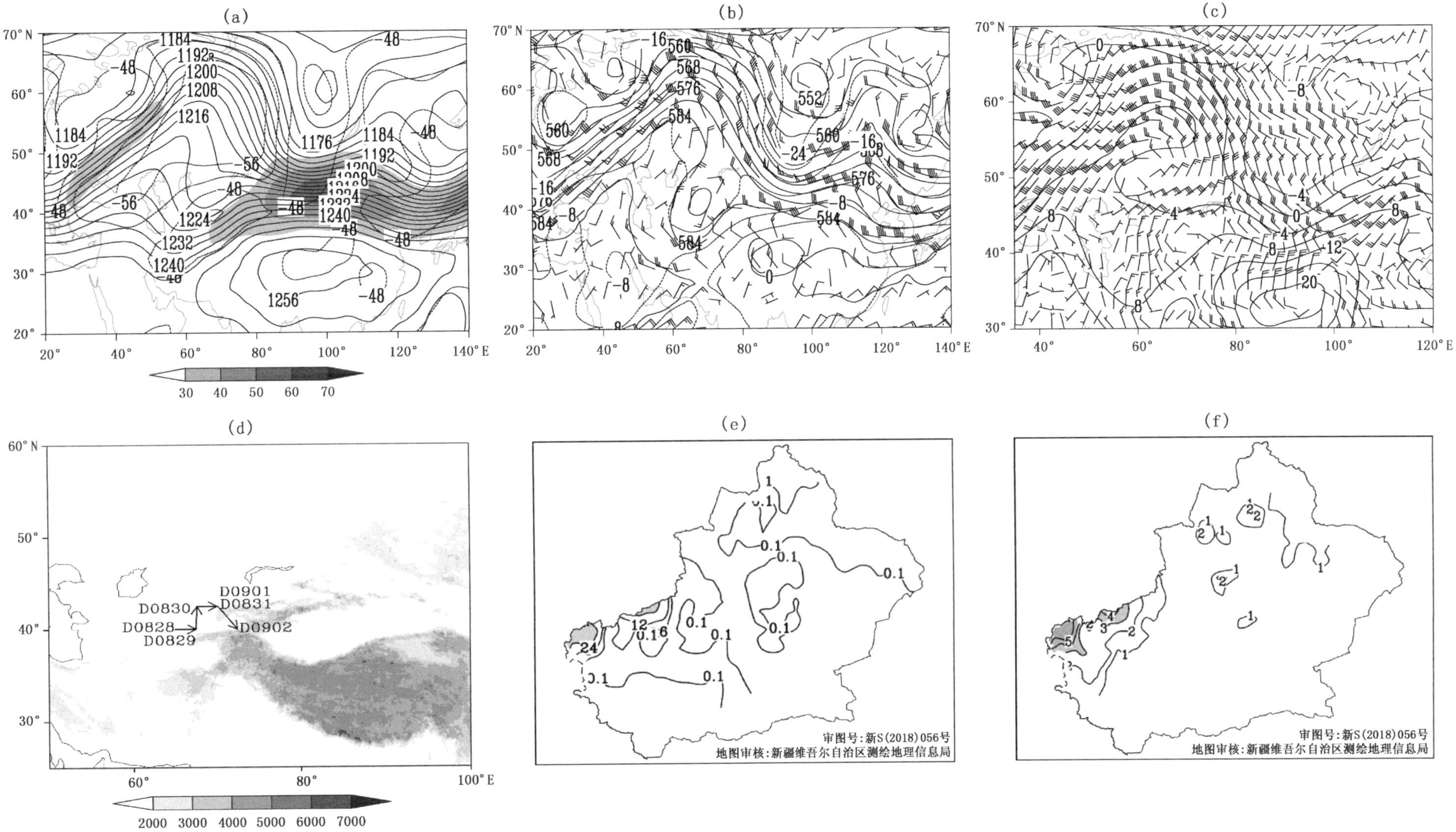

图4.15 1979年8月29日20时(a)200百帕位势高度场(实线,单位:位势什米),温度场(虚线,单位:℃),阴影表示风速大于或等于30米/秒急流区;(b)500百帕位势高度场(实线,单位:位势什米),温度场(虚线,单位:℃),风场(单位:米/秒);(c)700百帕温度场(实线,单位:℃),风场(单位:米/秒);(d)低涡中心移动路径(阴影表示地形海拔高度,单位:米);(e)过程累计降水量(单位:毫米,阴影表示暴雨或暴雪及以上量级区域);(f)总降水日数(单位:天,阴影表示大于或等于3天区域)

过程编号：D19800903

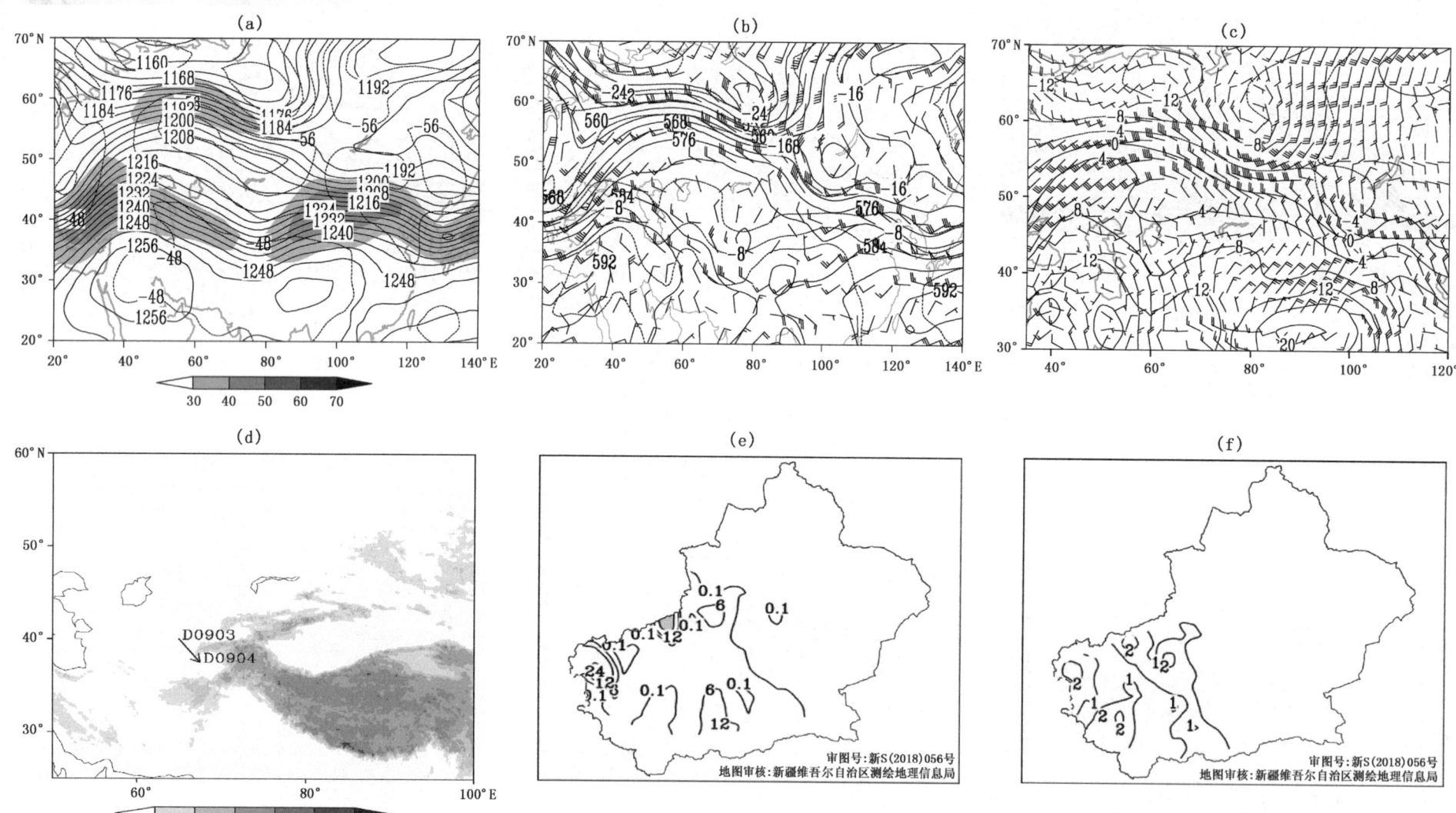

图 4.16 1980年9月2日20时(a)200百帕位势高度场(实线,单位:位势什米),温度场(虚线,单位:℃),阴影表示风速大于或等于30米/秒急流区;(b)500百帕位势高度场(实线,单位:位势什米),温度场(虚线,单位:℃),风场(单位:米/秒);(c)700百帕温度场(实线,单位:℃),风场(单位:米/秒);(d)低涡中心移动路径(阴影表示地形海拔高度,单位:米);(e)过程累计降水量(单位:毫米,阴影表示暴雨或暴雪及以上量级区域);(f)总降水日数(单位:天)

第4章 浅薄型中亚低涡湿涡降水过程

过程编号:D19810828

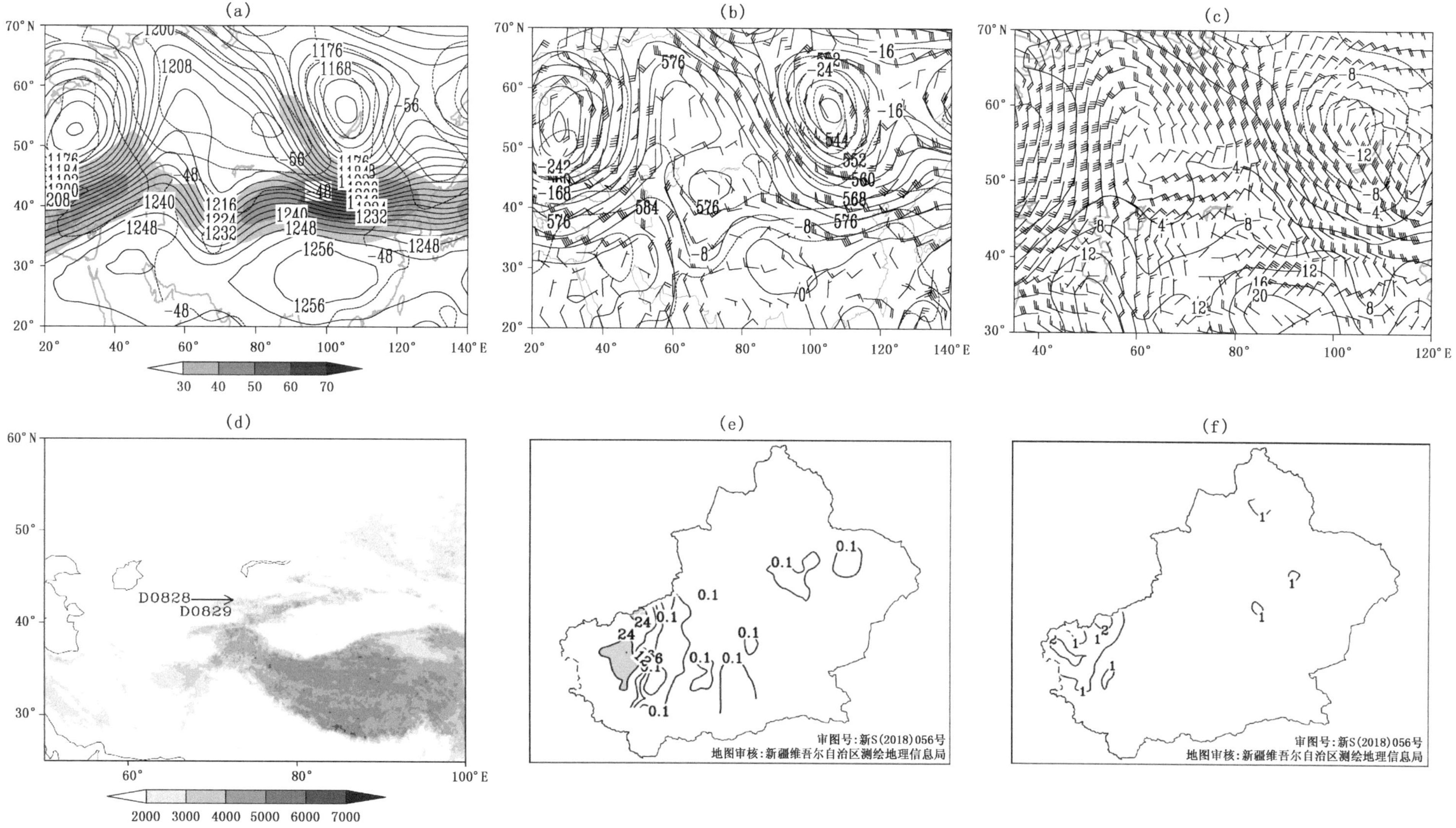

图4.17 1981年8月28日20时(a)200百帕位势高度场(实线,单位:位势什米),温度场(虚线,单位:℃),阴影表示风速大于或等于30米/秒急流区;(b)500百帕位势高度场(实线,单位:位势什米),温度场(虚线,单位:℃),风场(单位:米/秒);(c)700百帕温度场(实线,单位:℃),风场(单位:米/秒);(d)低涡中心移动路径(阴影表示地形海拔高度,单位:米);(e)过程累计降水量(单位:毫米,阴影表示暴雨或暴雪及以上量级区域);(f)总降水日数(单位:天)

199

中亚低涡年鉴 (1971—2017)
ZHONGYA DIWO NIANJIAN

过程编号:D19820530

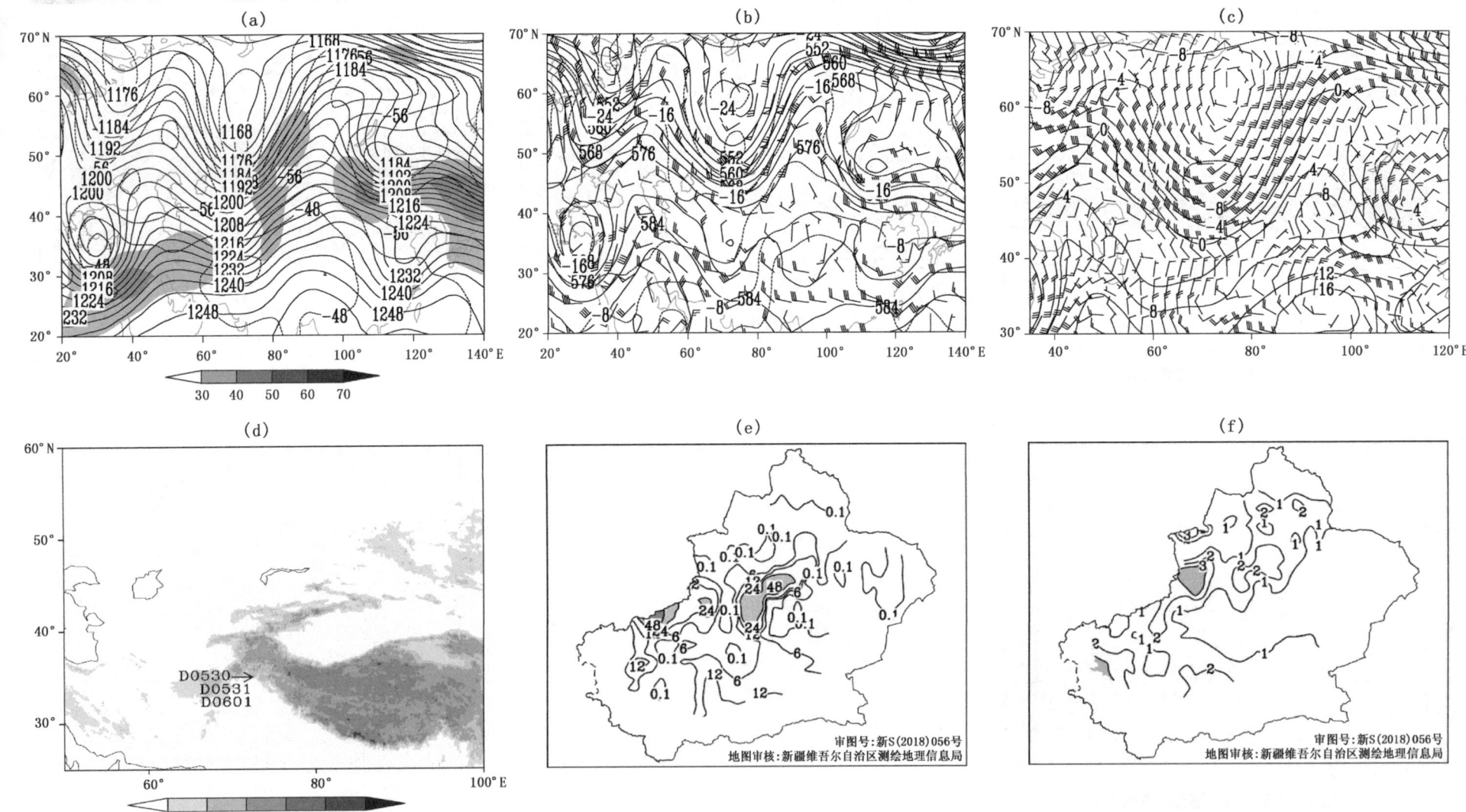

图 4.18 1982年5月30日20时(a)200百帕位势高度场(实线,单位:位势什米),温度场(虚线,单位:℃),阴影表示风速大于或等于30米/秒急流区;(b)500百帕位势高度场(实线,单位:位势什米),温度场(虚线,单位:℃),风场(单位:米/秒);(c)700百帕温度场(实线,单位:℃),风场(单位:米/秒);(d)低涡中心移动路径(阴影表示地形海拔高度,单位:米);(e)过程累计降水量(单位:毫米,阴影表示暴雨或暴雪及以上量级区域);(f)总降水日数(单位:天,阴影表示大于或等于3天区域)

第4章 浅薄型中亚低涡湿涡降水过程

过程编号:D19820622

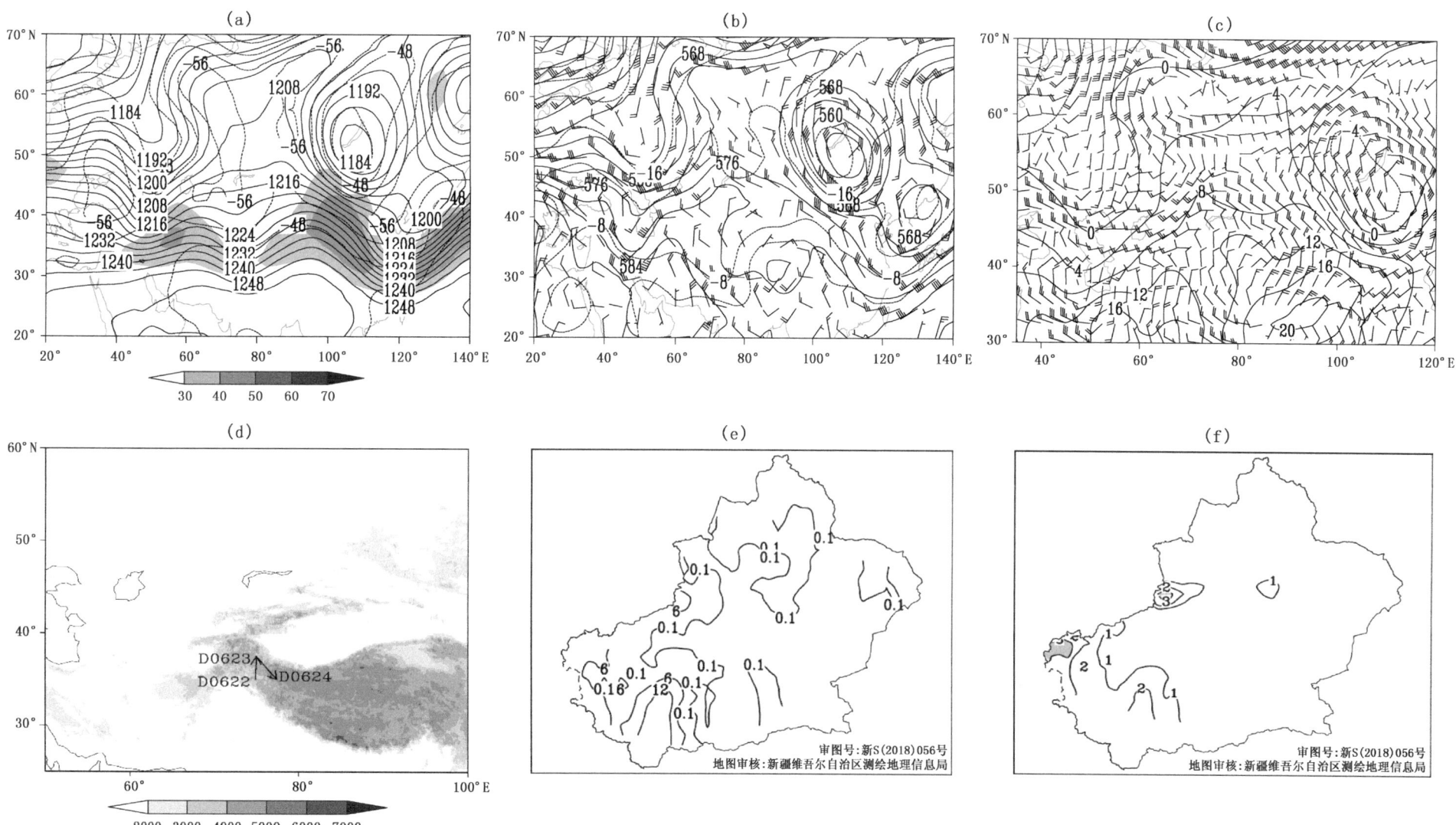

图4.19 1982年6月24日20时(a)200百帕位势高度场(实线,单位:位势什米),温度场(虚线,单位:℃),阴影表示风速大于或等于30米/秒急流区;(b)500百帕位势高度场(实线,单位:位势什米),温度场(虚线,单位:℃),风场(单位:米/秒);(c)700百帕温度场(实线,单位:℃),风场(单位:米/秒);(d)低涡中心移动路径(阴影表示地形海拔高度,单位:米);(e)过程累计降水量(单位:毫米);(f)总降水日数(单位:天,阴影表示大于或等于3天区域)

中亚低涡年鉴 (1971—2017)

过程编号：D19821026

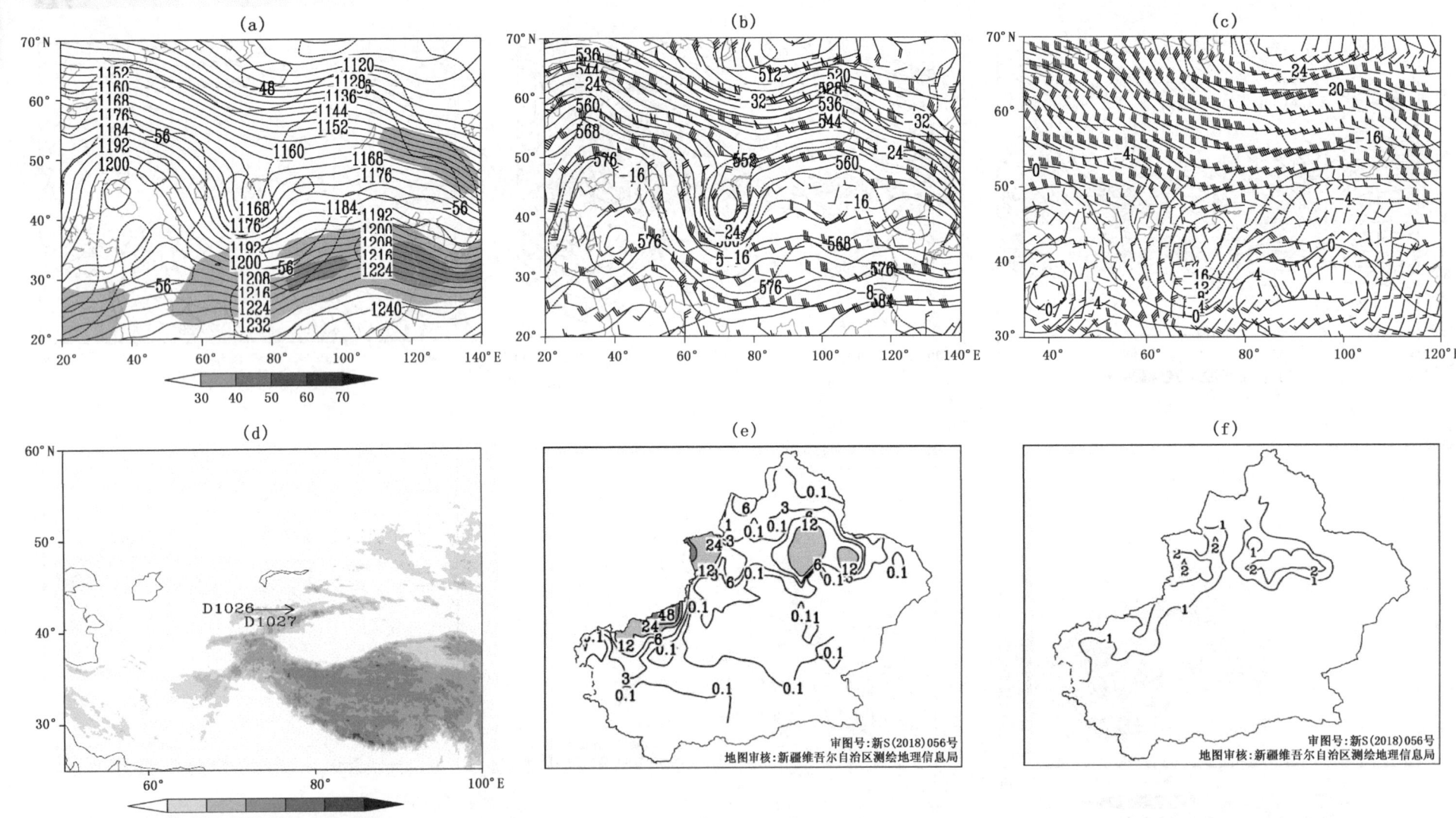

图4.20 1982年10月26日20时(a)200百帕位势高度场(实线,单位:位势什米),温度场(虚线,单位:℃),阴影表示风速大于或等于30米/秒急流区;(b)500百帕位势高度场(实线,单位:位势什米),温度场(虚线,单位:℃),风场(单位:米/秒);(c)700百帕温度场(实线,单位:℃),风场(单位:米/秒);(d)低涡中心移动路径(阴影表示地形海拔高度,单位:米);(e)过程累计降水量(单位:毫米,阴影表示暴雨或暴雪及以上量级区域);(f)总降水日数(单位:天)

第4章 浅薄型中亚低涡湿涡降水过程

过程编号：D19840512

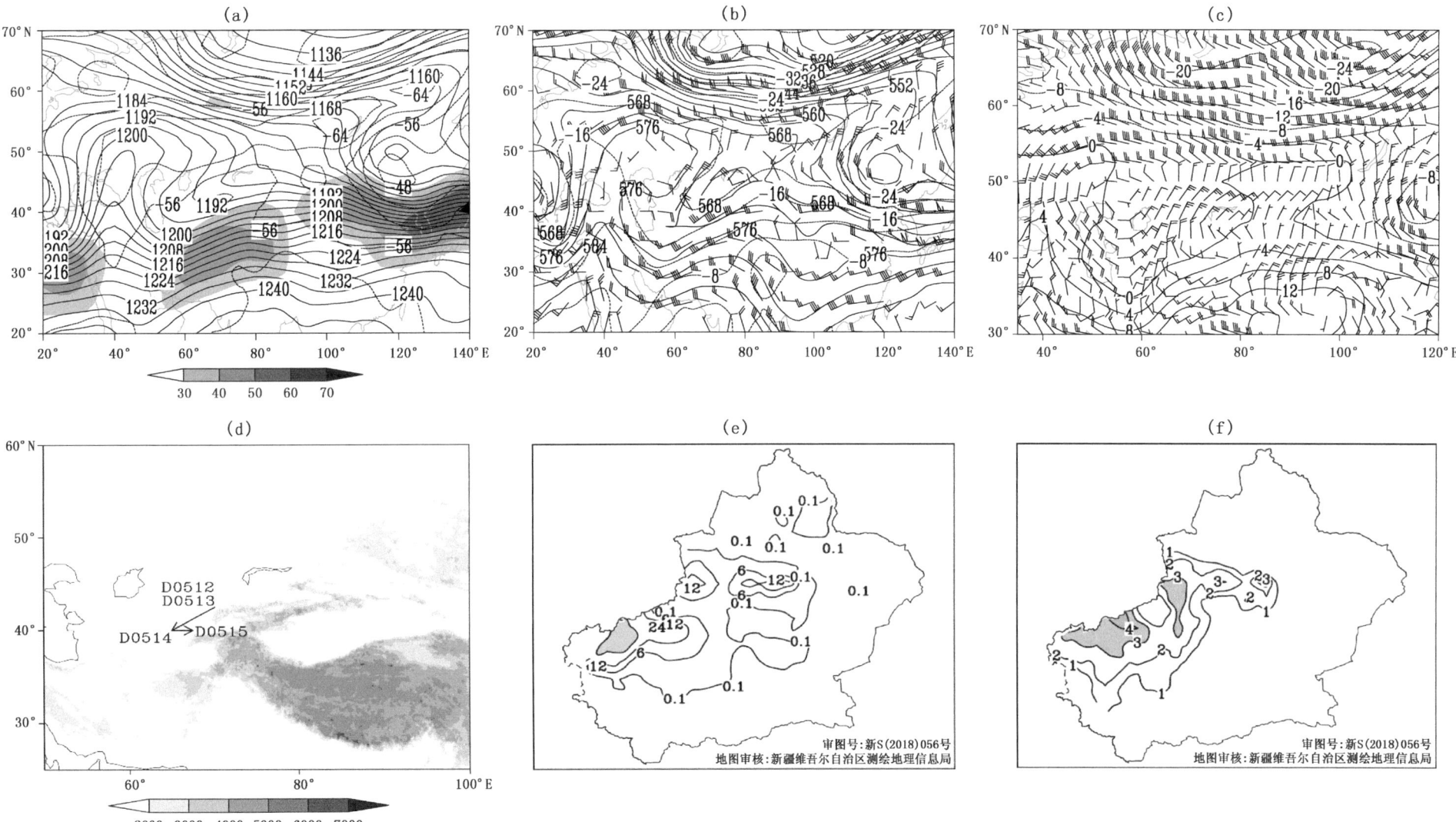

图4.21　1984年5月13日20时(a)200百帕位势高度场(实线,单位:位势什米),温度场(虚线,单位:℃),阴影表示风速大于或等于30米/秒急流区;(b)500百帕位势高度场(实线,单位:位势什米),温度场(虚线,单位:℃),风场(单位:米/秒);(c)700百帕温度场(实线,单位:℃),风场(单位:米/秒);(d)低涡中心移动路径(阴影表示地形海拔高度,单位:米);(e)过程累计降水量(单位:毫米,阴影表示暴雨或暴雪及以上量级区域);(f)总降水日数(单位:天,阴影表示大于或等于3天区域)

中亚低涡年鉴 (1971—2017)
ZHONGYA DIWO NIANJIAN

过程编号：D19860329

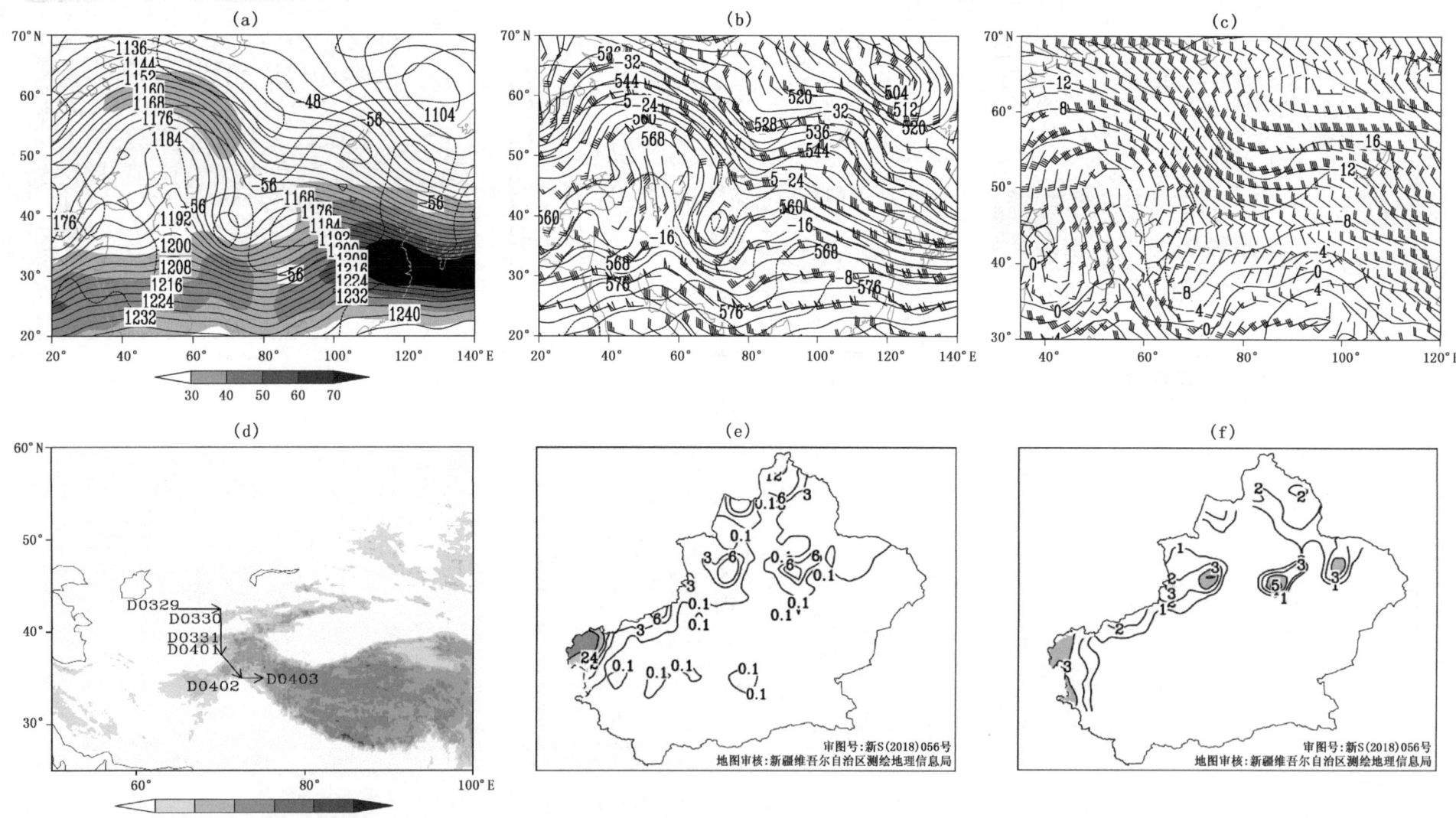

图 4.22 1986年3月31日20时(a)200百帕位势高度场(实线，单位：位势什米)，温度场(虚线，单位：℃)，阴影表示风速大于或等于30米/秒急流区；(b)500百帕位势高度场(实线，单位：位势什米)，温度场(虚线，单位：℃)，风场(单位：米/秒)；(c)700百帕温度场(实线，单位：℃)，风场(单位：米/秒)；(d)低涡中心移动路径(阴影表示地形海拔高度，单位：米)；(e)过程累计降水量(单位：毫米，阴影表示暴雨或暴雪及以上量级区域)；(f)总降水日数(单位：天，阴影表示大于或等于3天区域)

过程编号:D19860429

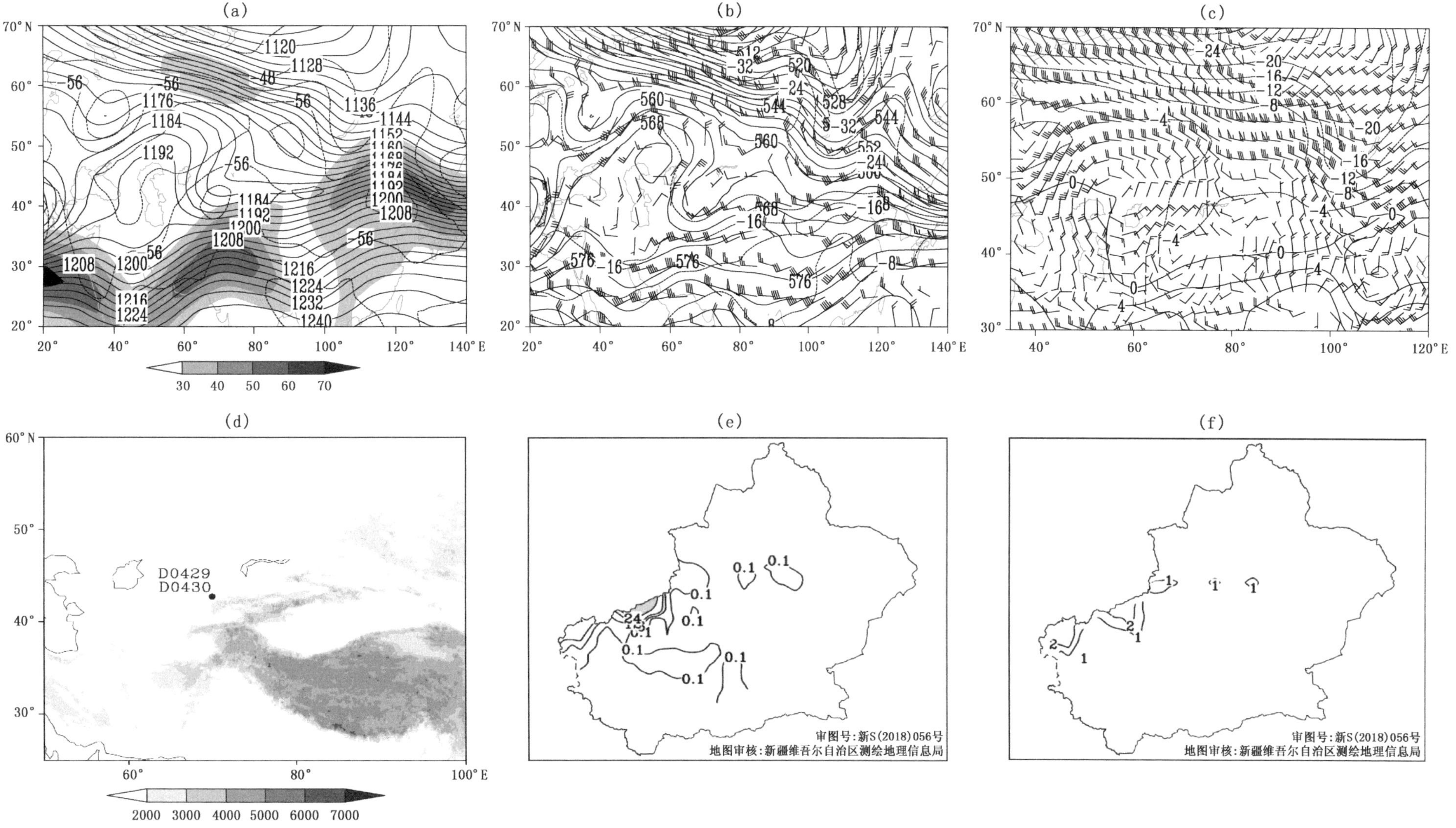

图4.23 1986年4月29日20时(a)200百帕位势高度场(实线,单位:位势什米),温度场(虚线,单位:℃),阴影表示风速大于或等于30米/秒急流区;(b)500百帕位势高度场(实线,单位:位势什米),温度场(虚线,单位:℃),风场(单位:米/秒);(c)700百帕温度场(实线,单位:℃),风场(单位:米/秒);(d)低涡中心移动路径(阴影表示地形海拔高度,单位:米);(e)过程累计降水量(单位:毫米,阴影表示暴雨或暴雪及以上量级区域);(f)总降水日数(单位:天)

中亚低涡年鉴 (1971—2017)

ZHONGYA DIWO NIANJIAN

过程编号：D19860519

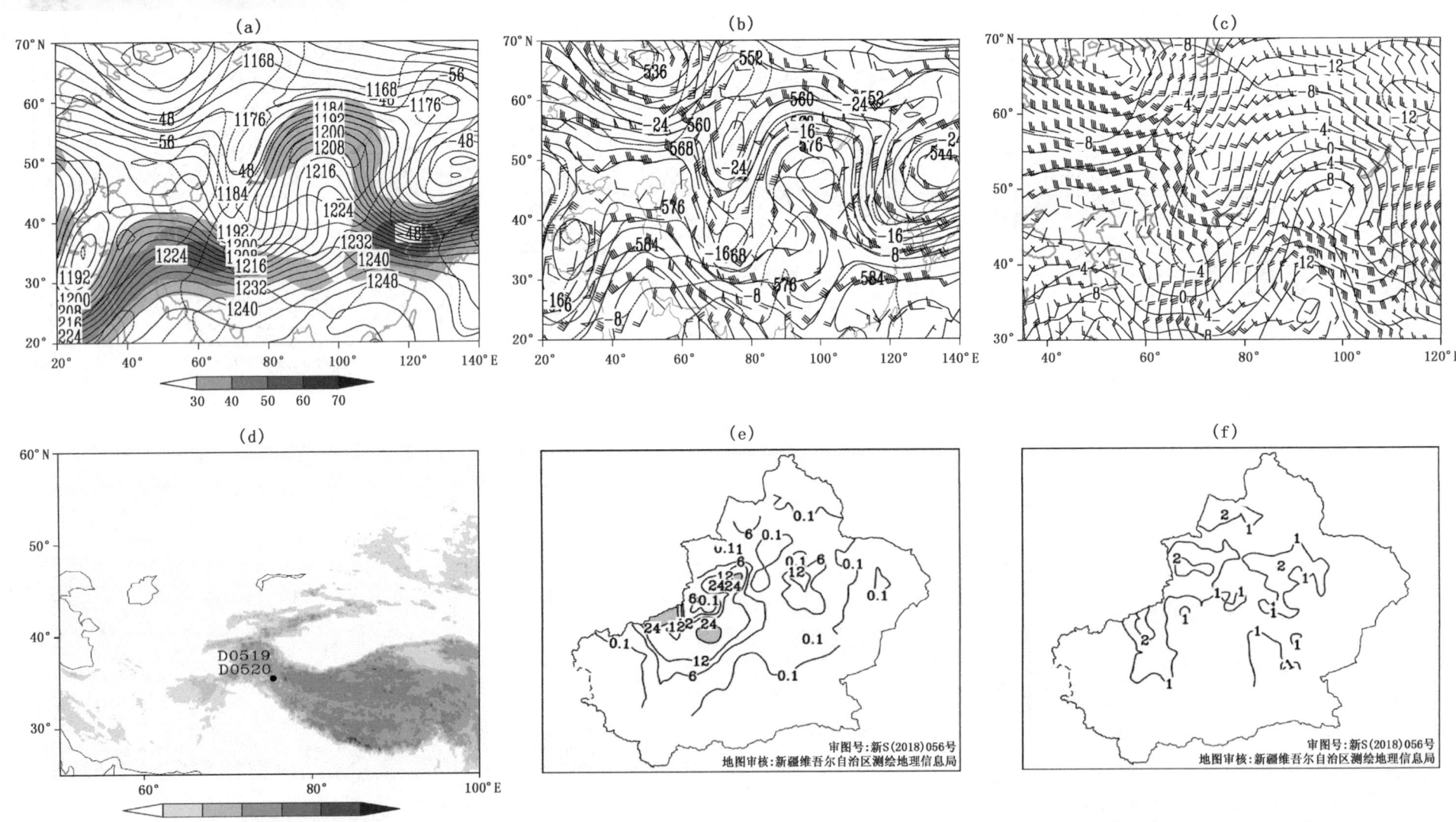

图 4.24　1986 年 5 月 19 日 20 时 (a) 200 百帕位势高度场 (实线，单位：位势什米)，温度场 (虚线，单位：℃)，阴影表示风速大于或等于 30 米/秒急流区；(b) 500 百帕位势高度场 (实线，单位：位势什米)，温度场 (虚线，单位：℃)，风场 (单位：米/秒)；(c) 700 百帕温度场 (实线，单位：℃)，风场 (单位：米/秒)；(d) 低涡中心移动路径 (阴影表示地形海拔高度，单位：米)；(e) 过程累计降水量 (单位：毫米，阴影表示暴雨或暴雪及以上量级区域)；(f) 总降水日数 (单位：天)

第4章 浅薄型中亚低涡湿涡降水过程

过程编号：D19870217

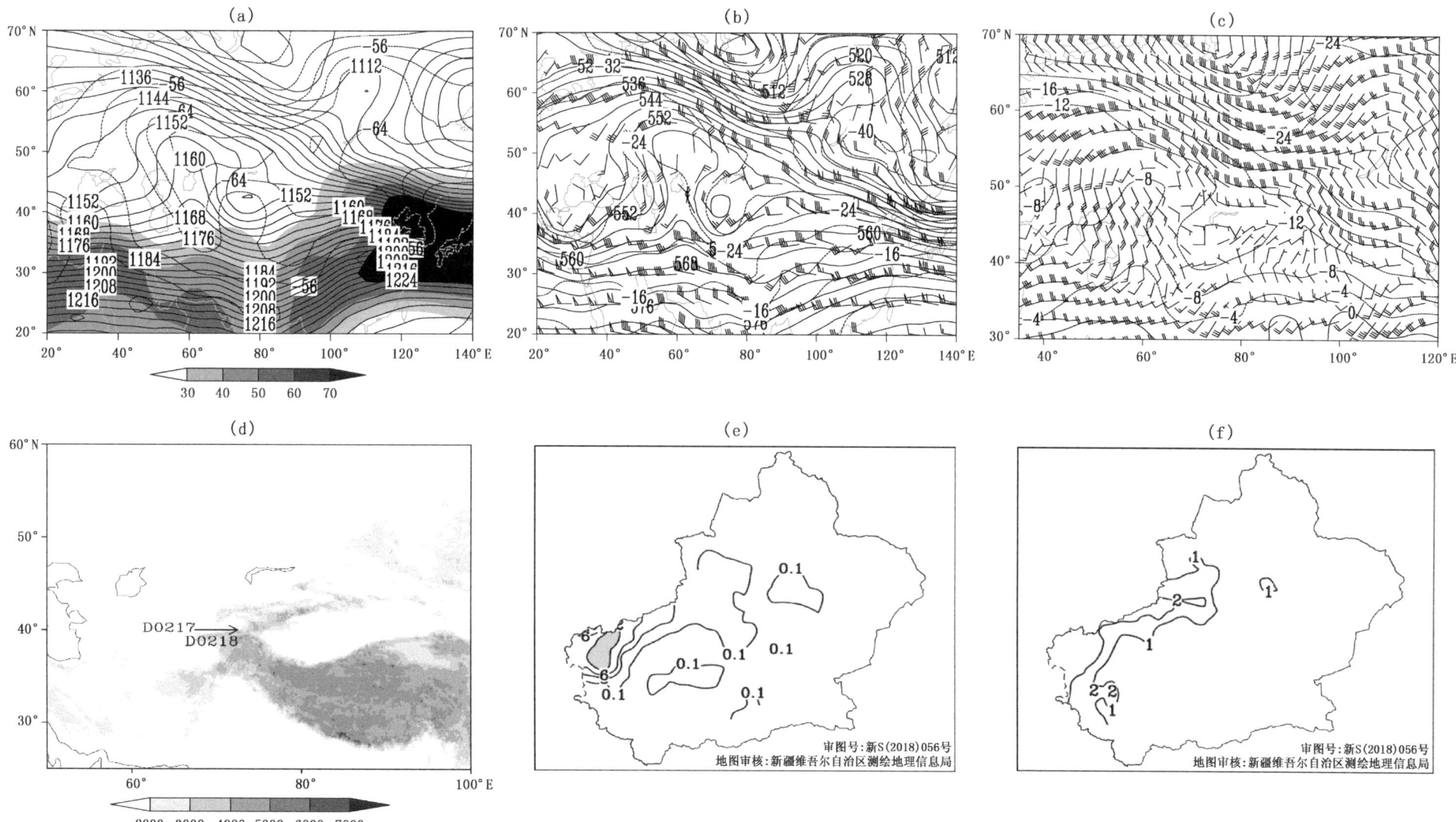

图 4.25 1987年2月18日20时(a)200百帕位势高度场(实线，单位：位势什米)，温度场(虚线，单位：℃)，阴影表示风速大于或等于30米/秒急流区；(b)500百帕位势高度场(实线，单位：位势什米)，温度场(虚线，单位：℃)，风场(单位：米/秒)；(c)700百帕温度场(实线，单位：℃)，风场(单位：米/秒)；(d)低涡中心移动路径(阴影表示地形海拔高度，单位：米)；(e)过程累计降水量(单位：毫米，阴影表示暴雨或暴雪及以上量级区域)；(f)总降水日数(单位：天)

中亚低涡年鉴 (1971—2017)
ZHONGYA DIWO NIANJIAN

过程编号：D19870610

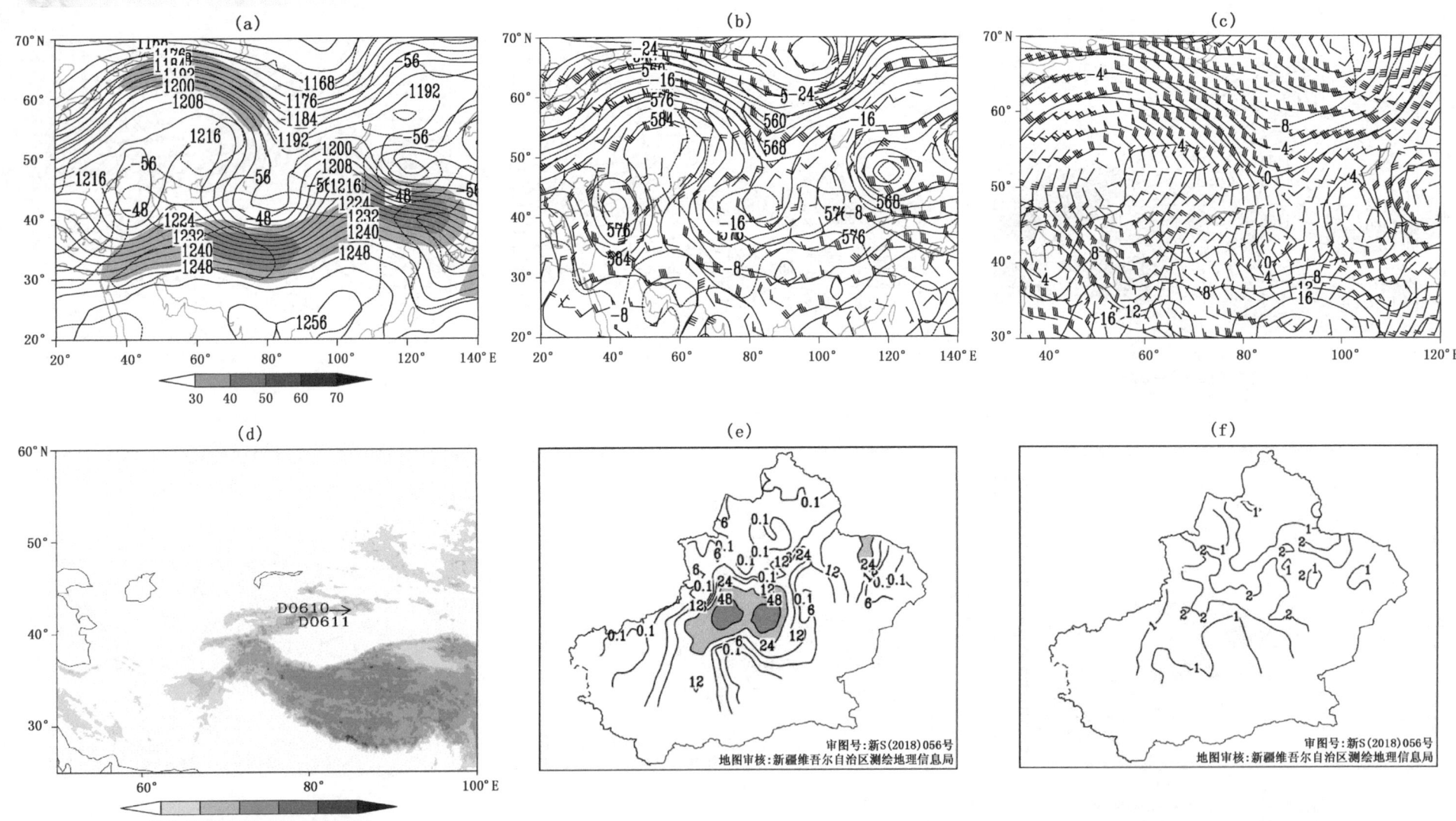

图 4.26　1987 年 6 月 11 日 20 时 (a) 200 百帕位势高度场 (实线，单位：位势什米)，温度场 (虚线，单位：℃)，阴影表示风速大于或等于 30 米/秒急流区；(b) 500 百帕位势高度场 (实线，单位：位势什米)，温度场 (虚线，单位：℃)，风场 (单位：米/秒)；(c) 700 百帕温度场 (实线，单位：℃)，风场 (单位：米/秒)；(d) 低涡中心移动路径 (阴影表示地形海拔高度，单位：米)；(e) 过程累计降水量 (单位：毫米，阴影表示暴雨或暴雪及以上量级区域)；(f) 总降水日数 (单位：天)

第4章 浅薄型中亚低涡湿涡降水过程

过程编号:D19870612

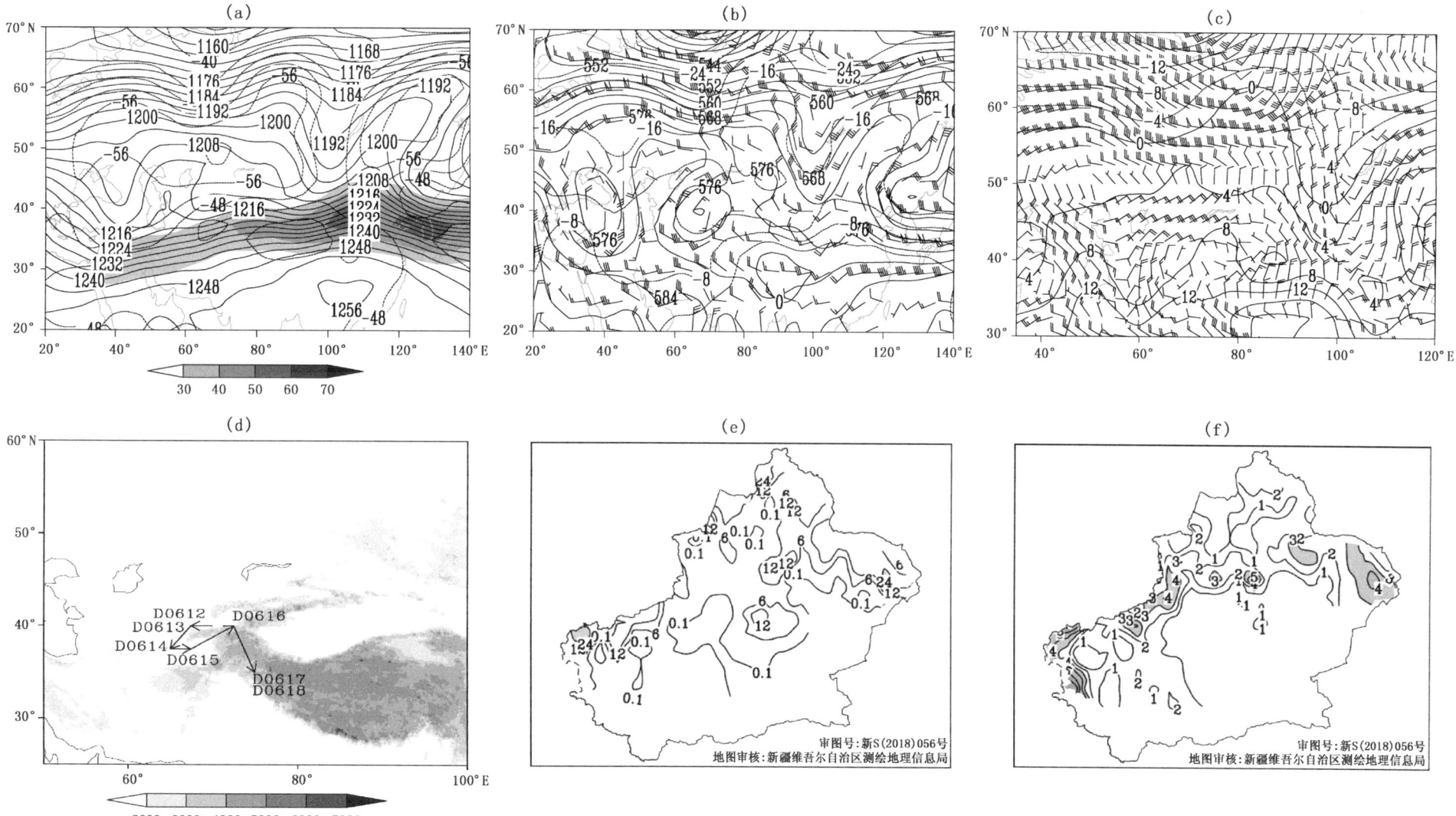

图 4.27 1987年6月13日20时(a)200百帕位势高度场(实线,单位:位势什米),温度场(虚线,单位:℃),阴影表示风速大于或等于30米/秒急流区;(b)500百帕位势高度场(实线,单位:位势什米),温度场(虚线,单位:℃),风场(单位:米/秒);(c)700百帕温度场(实线,单位:℃),风场(单位:米/秒);(d)低涡中心移动路径(阴影表示地形海拔高度,单位:米);(e)过程累计降水量(单位:毫米,阴影表示暴雨或暴雪及以上量级区域);(f)总降水日数(单位:天,阴影表示大于或等于3天区域)

中亚低涡年鉴 (1971—2017)
ZHONGYA DIWO NIANJIAN

过程编号：D19870712

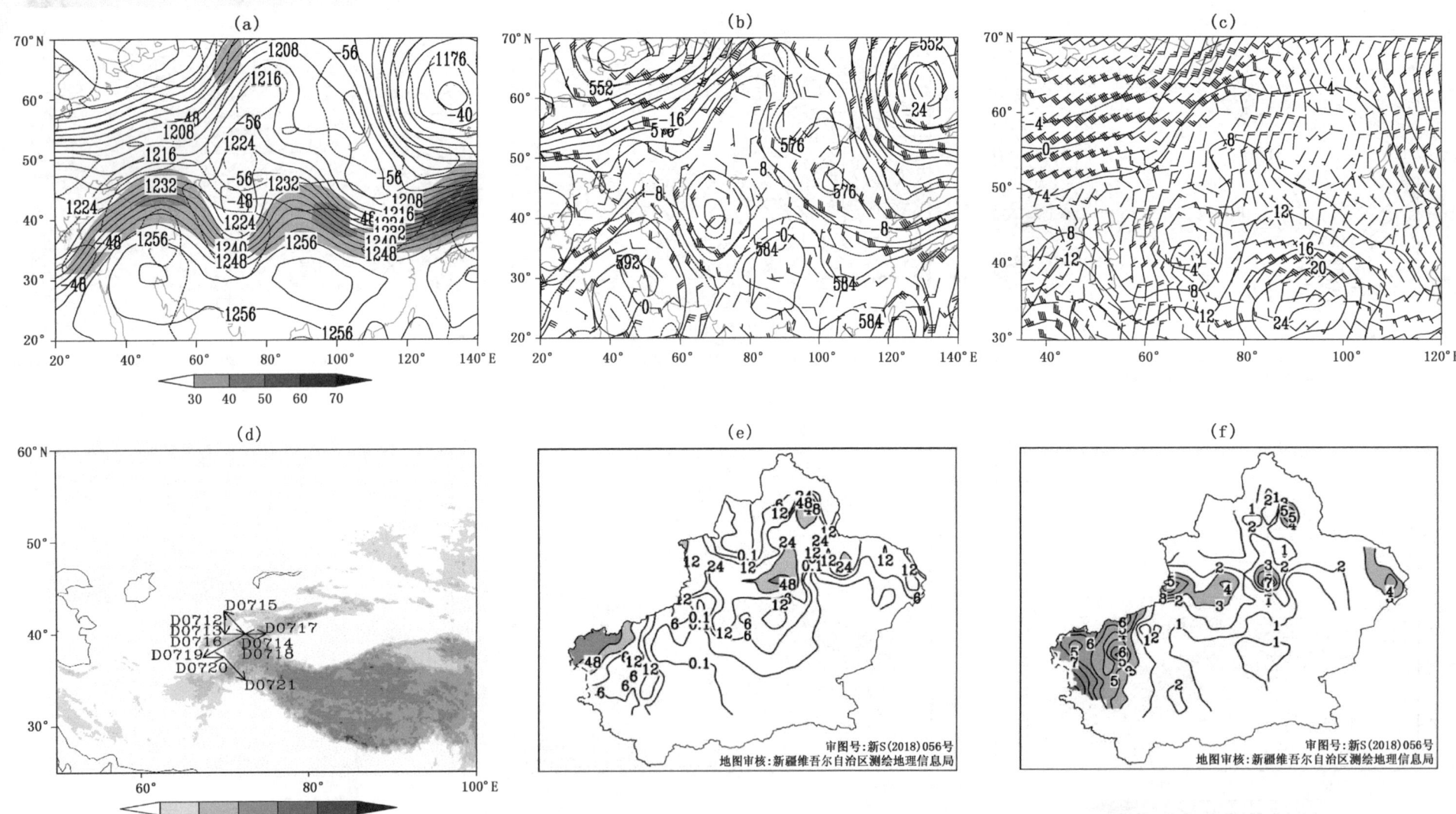

图 4.28　1987 年 7 月 13 日 20 时 (a) 200 百帕位势高度场（实线,单位:位势什米），温度场（虚线,单位:℃），阴影表示风速大于或等于 30 米/秒急流区；(b) 500 百帕位势高度场（实线,单位:位势什米），温度场（虚线,单位:℃），风场（单位:米/秒）；(c) 700 百帕温度场（实线,单位:℃），风场（单位:米/秒）；(d) 低涡中心移动路径（阴影表示地形海拔高度,单位:米）；(e) 过程累计降水量（单位:毫米,阴影表示暴雨或暴雪及以上量级区域）；(f) 总降水日数（单位:天,阴影表示大于或等于 3 天区域）

210

过程编号:D19880602

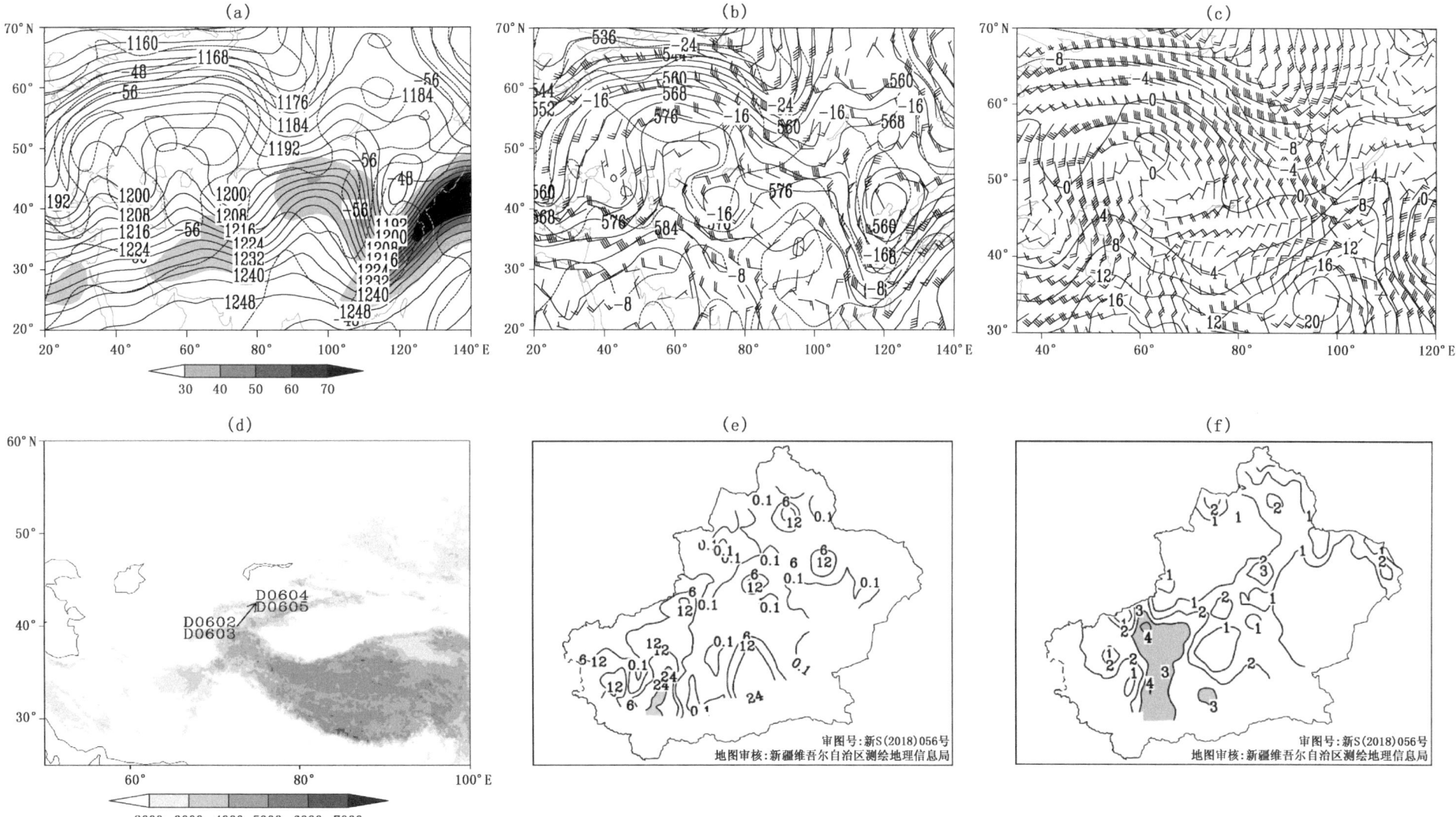

图 4.29 1988年6月2日20时(a)200百帕位势高度场(实线,单位:位势什米),温度场(虚线,单位:℃),阴影表示风速大于或等于30米/秒急流区;(b)500百帕位势高度场(实线,单位:位势什米),温度场(虚线,单位:℃),风场(单位:米/秒);(c)700百帕温度场(实线,单位:℃),风场(单位:米/秒);(d)低涡中心移动路径(阴影表示地形海拔高度,单位:米);(e)过程累计降水量(单位:毫米,阴影表示暴雨或暴雪及以上量级区域);(f)总降水日数(单位:天,阴影表示大于或等于3天区域)

过程编号:D19890606

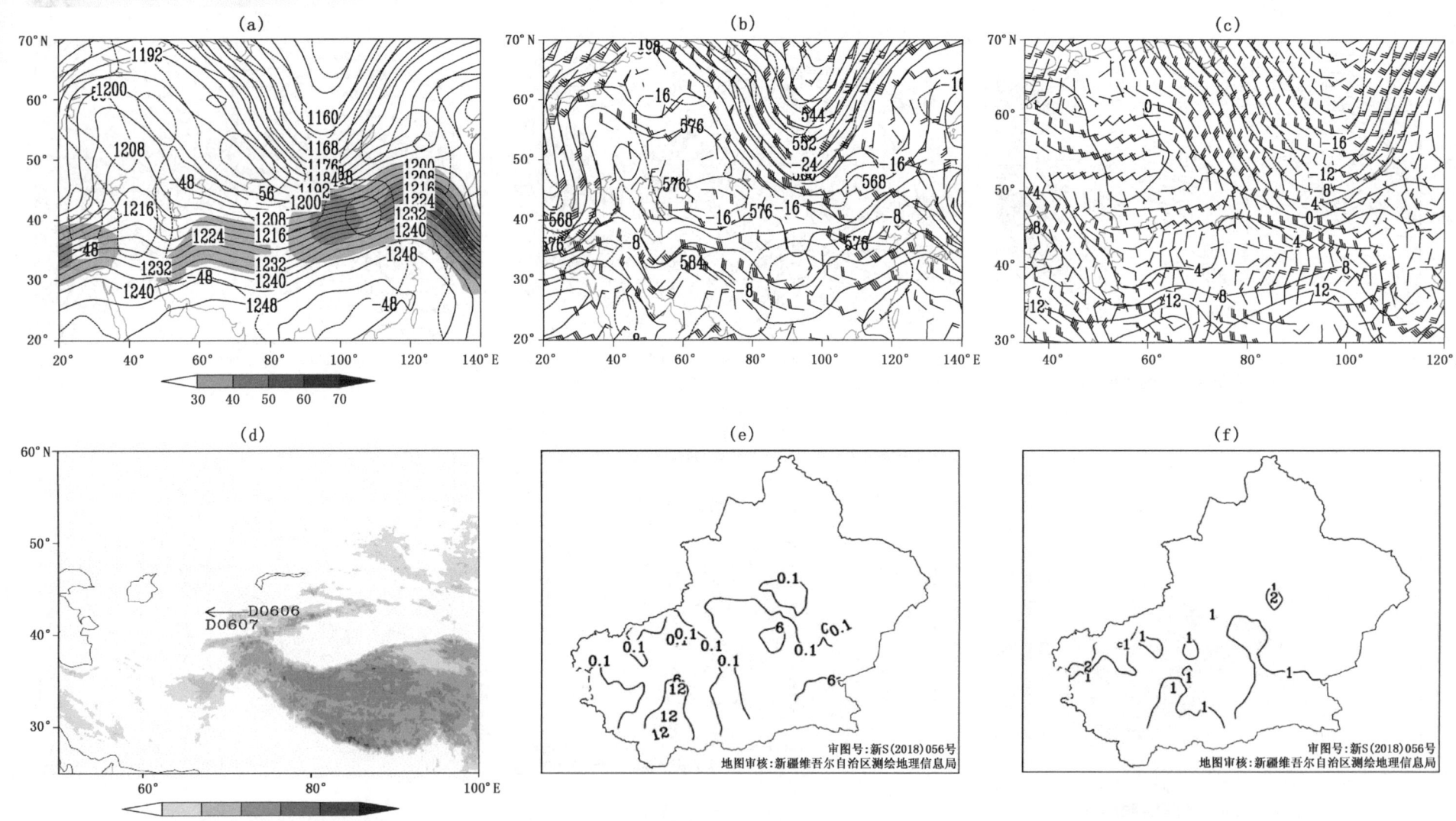

图4.30 1989年6月7日20时(a)200百帕位势高度场(实线,单位:位势什米),温度场(虚线,单位:℃),阴影表示风速大于或等于30米/秒急流区;(b)500百帕位势高度场(实线,单位:位势什米),温度场(虚线,单位:℃),风场(单位:米/秒);(c)700百帕温度场(实线,单位:℃),风场(单位:米/秒);(d)低涡中心移动路径(阴影表示地形海拔高度,单位:米);(e)过程累计降水量(单位:毫米);(f)总降水日数(单位:天)

过程编号:D19900321

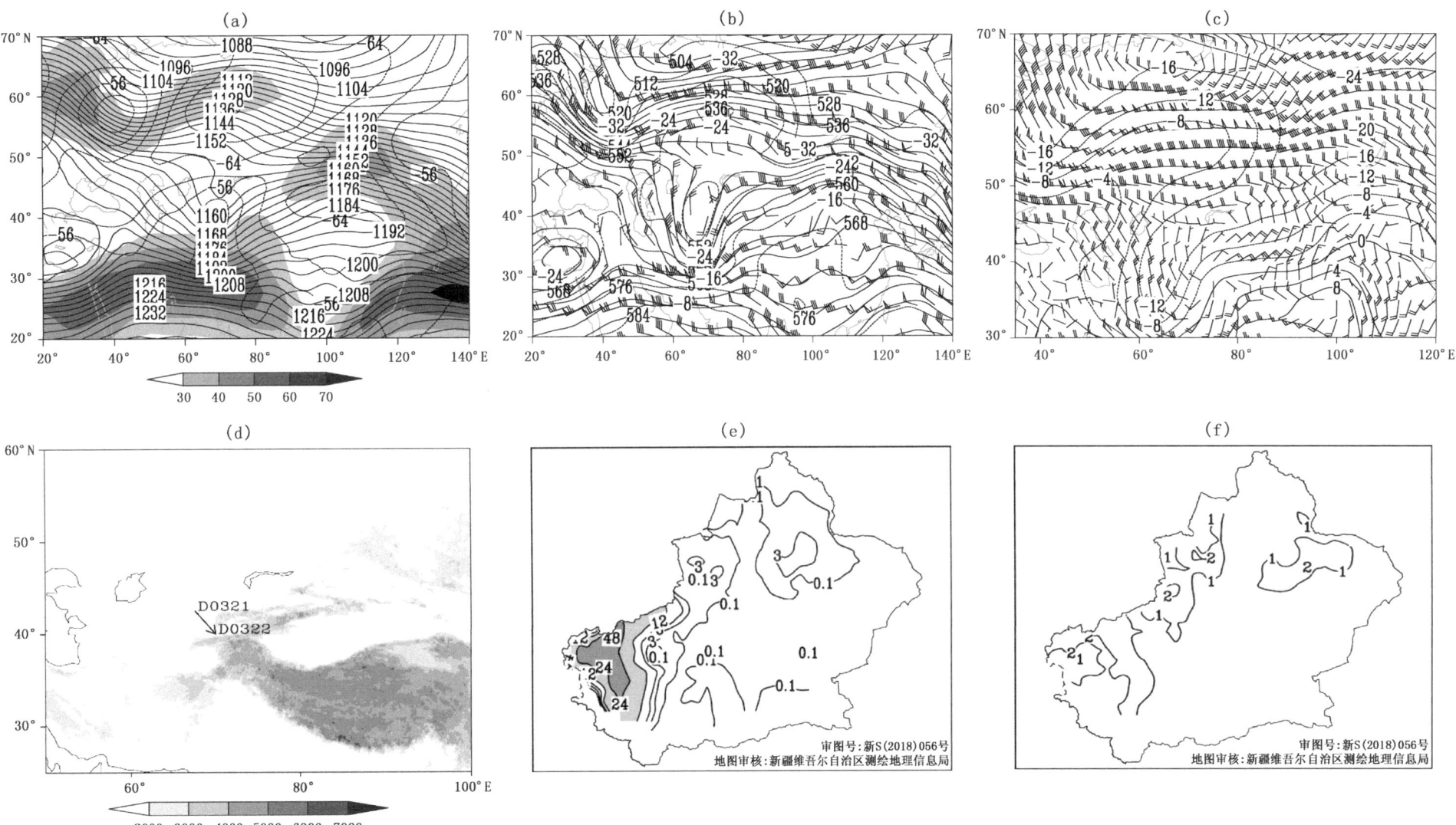

图 4.31 1990年3月21日20时(a)200百帕位势高度场(实线,单位:位势什米),温度场(虚线,单位:℃),阴影表示风速大于或等于30米/秒急流区;(b)500百帕位势高度场(实线,单位:位势什米),温度场(虚线,单位:℃),风场(单位:米/秒);(c)700百帕温度场(实线,单位:℃),风场(单位:米/秒);(d)低涡中心移动路径(阴影表示地形海拔高度,单位:米);(e)过程累计降水量(单位:毫米,阴影表示暴雨或暴雪及以上量级区域);(f)总降水日数(单位:天)

过程编号：D19920624

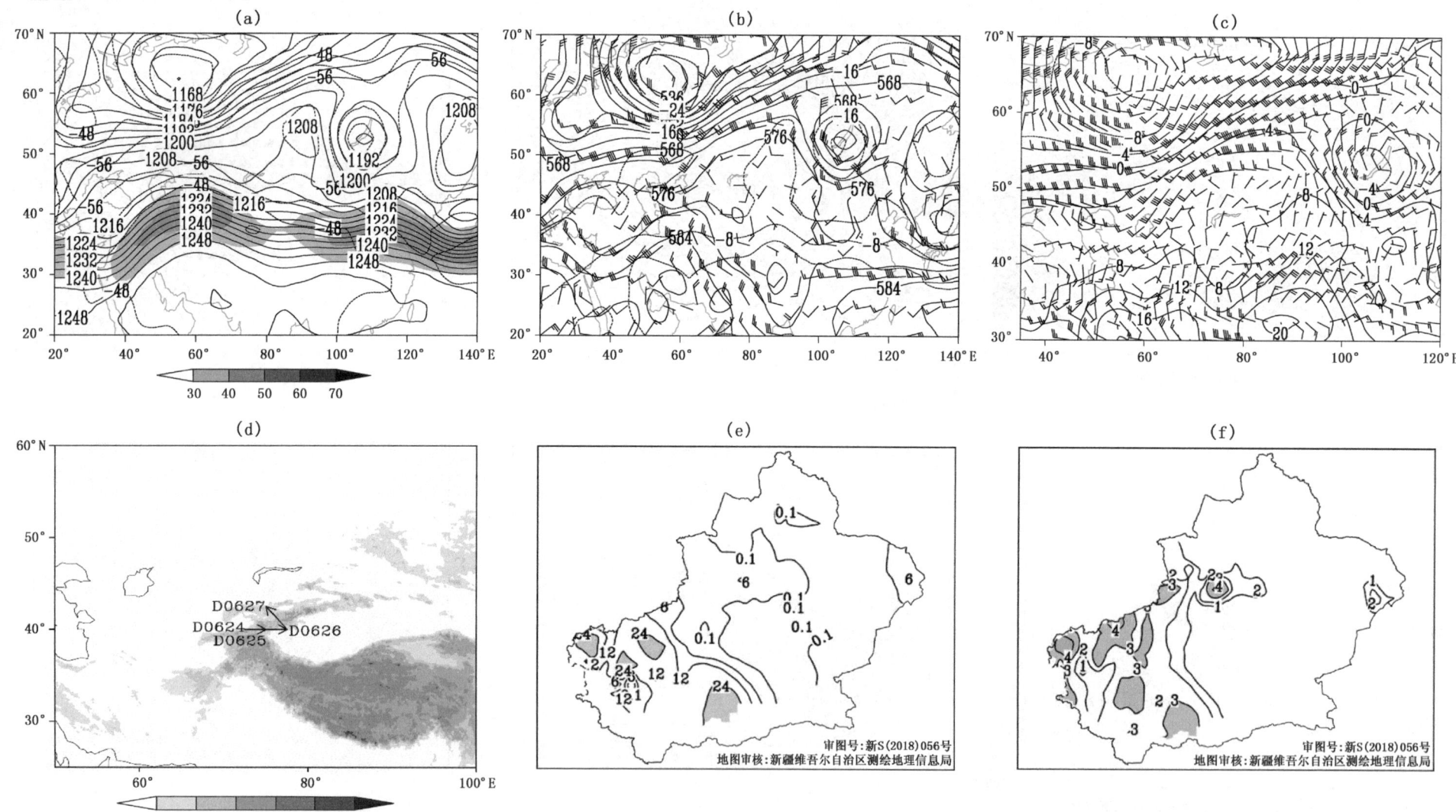

图 4.32　1992年6月25日20时(a)200百帕位势高度场(实线,单位:位势什米),温度场(虚线,单位:℃),阴影表示风速大于或等于30米/秒急流区;(b)500百帕位势高度场(实线,单位:位势什米),温度场(虚线,单位:℃),风场(单位:米/秒);(c)700百帕温度场(实线,单位:℃),风场(单位:米/秒);(d)低涡中心移动路径(阴影表示地形海拔高度,单位:米);(e)过程累计降水量(单位:毫米,阴影表示暴雨或暴雪及以上量级区域);(f)总降水日数(单位:天,阴影表示大于或等于3天区域)

第4章 浅薄型中亚低涡湿涡降水过程

过程编号:D19930810

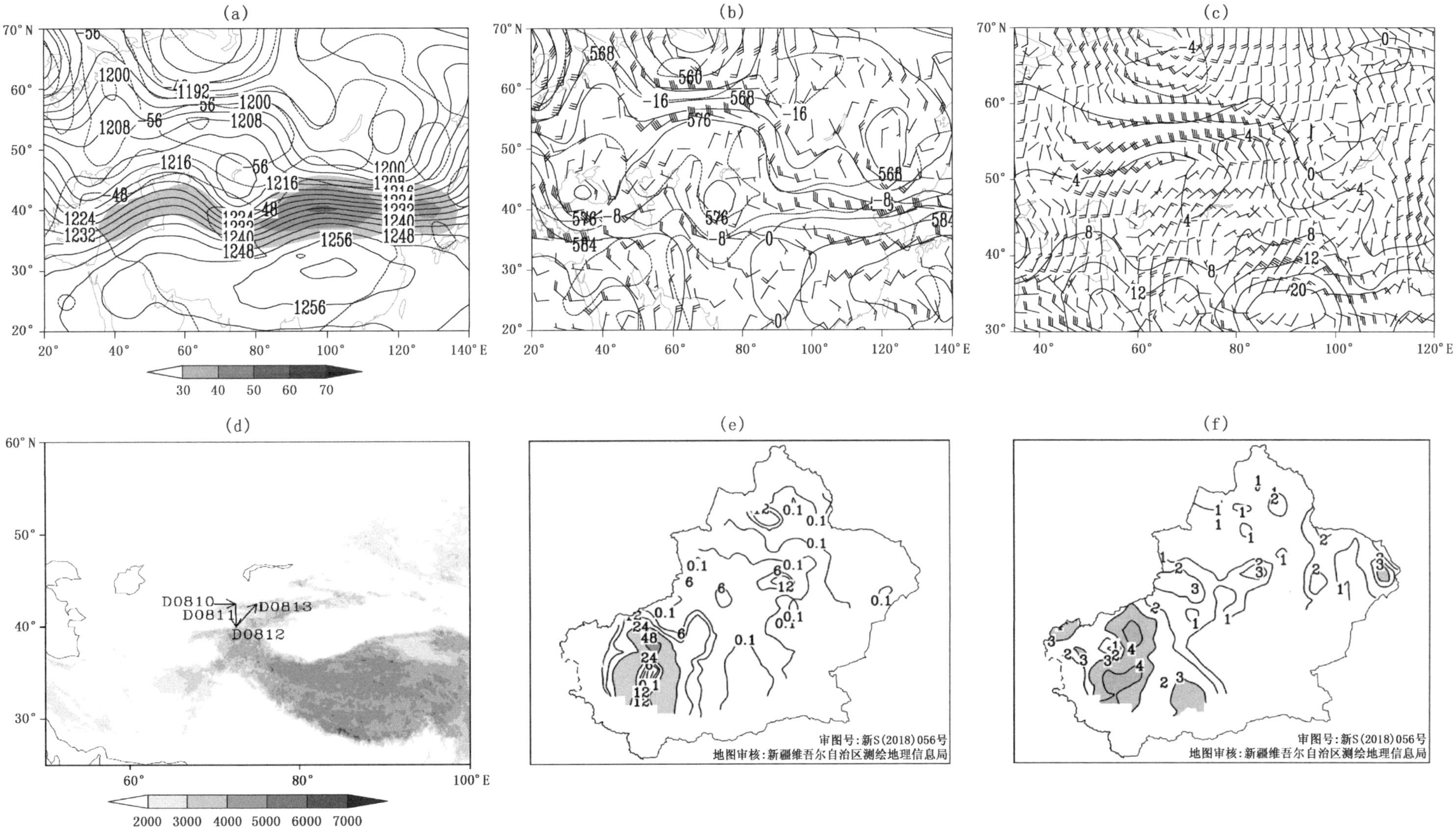

图4.33 1993年8月12日20时(a)200百帕位势高度场(实线,单位:位势什米),温度场(虚线,单位:℃),阴影表示风速大于或等于30米/秒急流区;(b)500百帕位势高度场(实线,单位:位势什米),温度场(虚线,单位:℃),风场(单位:米/秒);(c)700百帕温度场(实线,单位:℃),风场(单位:米/秒);(d)低涡中心移动路径(阴影表示地形海拔高度,单位:米);(e)过程累计降水量(单位:毫米,阴影表示暴雨或暴雪及以上量级区域);(f)总降水日数(单位:天,阴影表示大于或等于3天区域)

中亚低涡年鉴 (1971—2017)

过程编号：D19950219

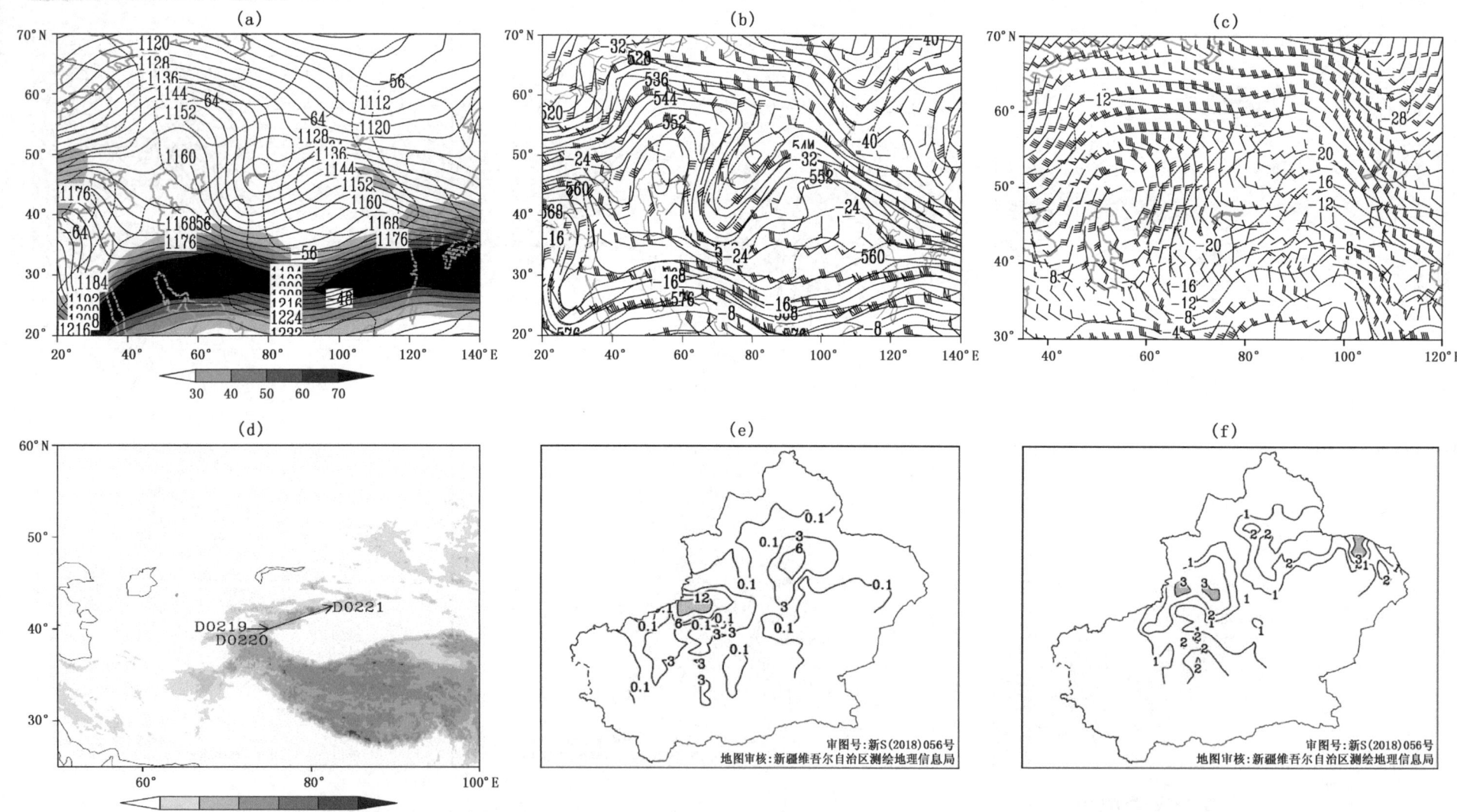

图 4.34　1995 年 2 月 18 日 20 时 (a) 200 百帕位势高度场（实线，单位：位势什米），温度场（虚线，单位：℃），阴影表示风速大于或等于 30 米/秒急流区；(b) 500 百帕位势高度场（实线，单位：位势什米），温度场（虚线，单位：℃），风场（单位：米/秒）；(c) 700 百帕温度场（实线，单位：℃），风场（单位：米/秒）；(d) 低涡中心移动路径（阴影表示地形海拔高度，单位：米）；(e) 过程累计降水量（单位：毫米，阴影表示暴雨或暴雪及以上量级区域）；(f) 总降水日数（单位：天，阴影表示大于或等于 3 天区域）

过程编号:D19950405

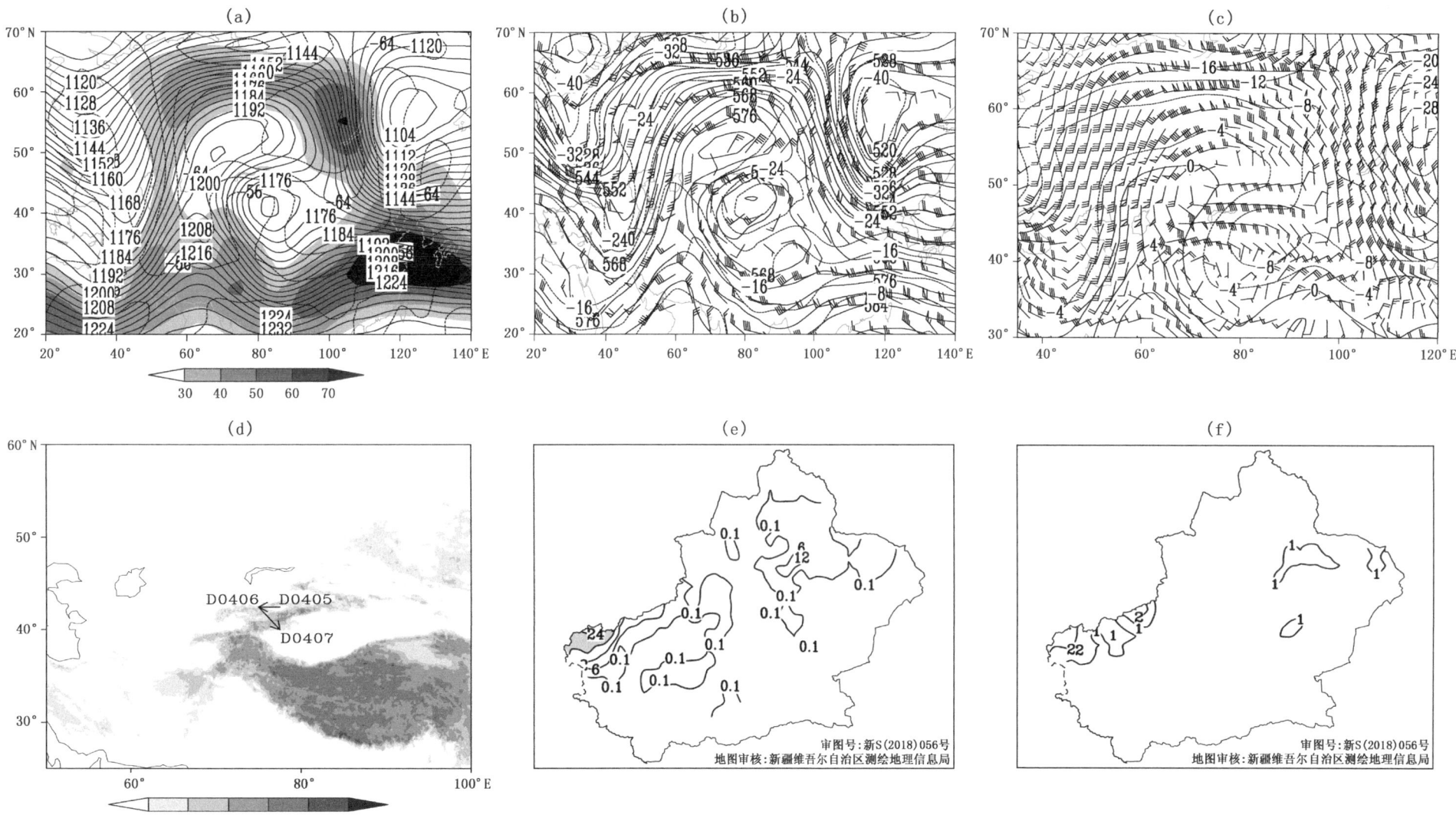

图 4.35　1995年4月5日20时(a)200百帕位势高度场(实线,单位:位势什米),温度场(虚线,单位:℃),阴影表示风速大于或等于30米/秒急流区;(b)500百帕位势高度场(实线,单位:位势什米),温度场(虚线,单位:℃),风场(单位:米/秒);(c)700百帕温度场(实线,单位:℃),风场(单位:米/秒);(d)低涡中心移动路径(阴影表示地形海拔高度,单位:米);(e)过程累计降水量(单位:毫米,阴影表示暴雨或暴雪及以上量级区域);(f)总降水日数(单位:天)

中亚低涡年鉴 (1971—2017)
ZHONGYA DIWO NIANJIAN

过程编号：D19950621

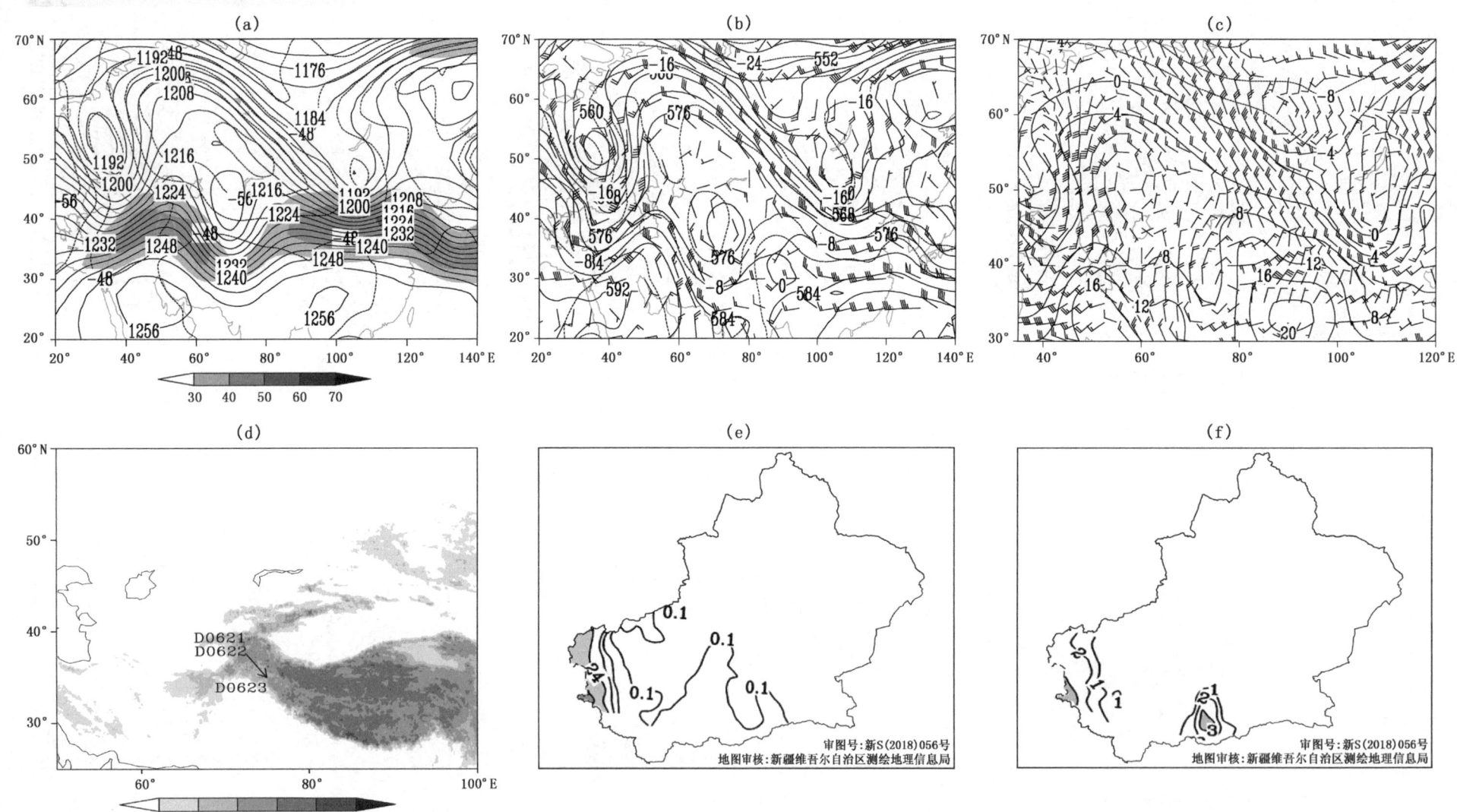

图4.36 1995年6月21日20时(a)200百帕位势高度场(实线,单位:位势什米),温度场(虚线,单位:℃),阴影表示风速大于或等于30米/秒急流区;(b)500百帕位势高度场(实线,单位:位势什米),温度场(虚线,单位:℃),风场(单位:米/秒);(c)700百帕温度场(实线,单位:℃),风场(单位:米/秒);(d)低涡中心移动路径(阴影表示地形海拔高度,单位:米);(e)过程累计降水量(单位:毫米,阴影表示暴雨或暴雪及以上量级区域);(f)总降水日数(单位:天)

218

第4章 浅薄型中亚低涡湿涡降水过程

过程编号:D19950907

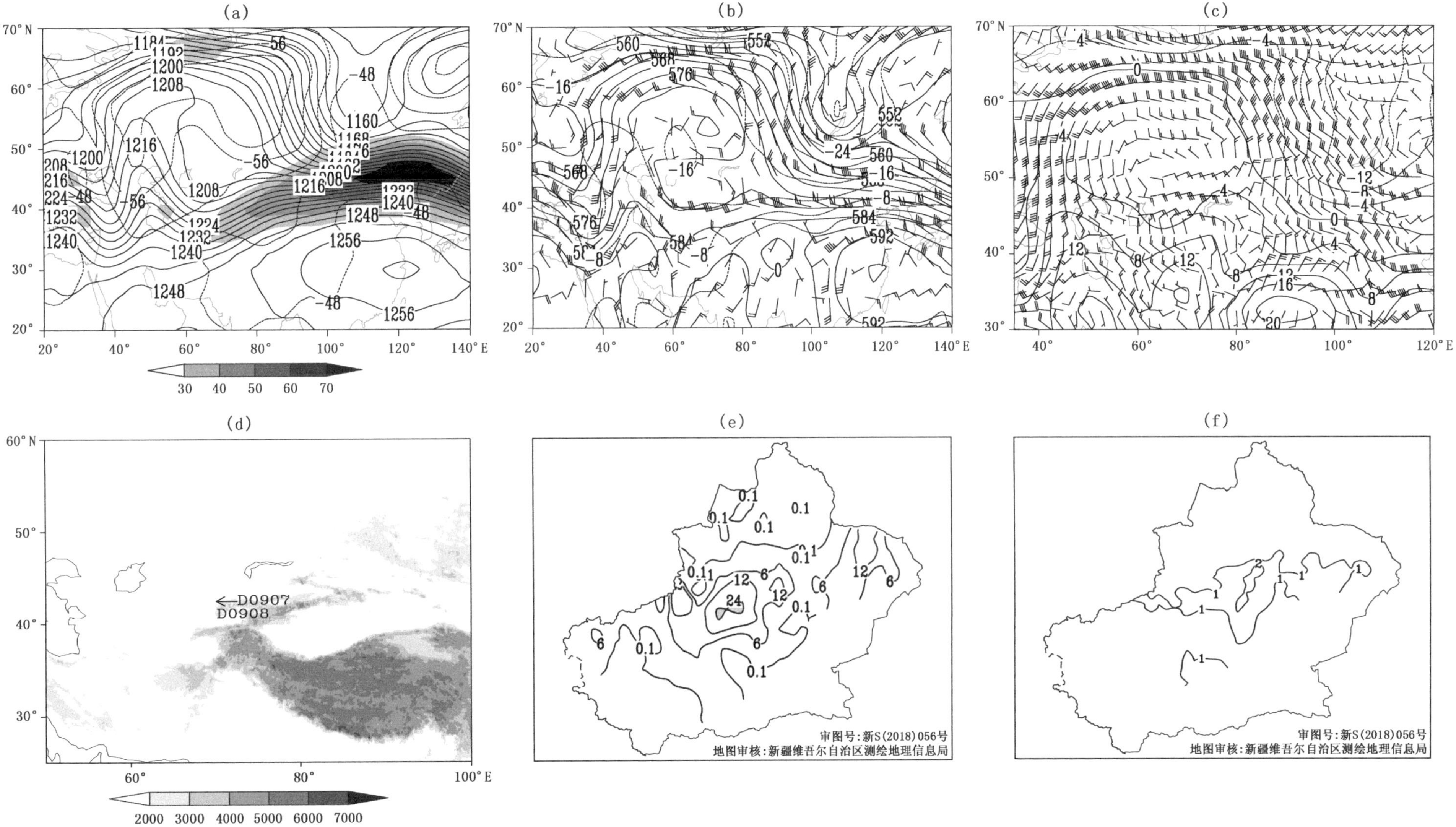

图4.37 1995年9月8日20时(a)200百帕位势高度场(实线,单位:位势什米),温度场(虚线,单位:℃),阴影表示风速大于或等于30米/秒急流区;(b)500百帕位势高度场(实线,单位:位势什米),温度场(虚线,单位:℃),风场(单位:米/秒);(c)700百帕温度场(实线,单位:℃),风场(单位:米/秒);(d)低涡中心移动路径(阴影表示地形海拔高度,单位:米);(e)过程累计降水量(单位:毫米,阴影表示暴雨或暴雪及以上量级区域);(f)总降水日数(单位:天)

中亚低涡年鉴 (1971—2017)
ZHONGYA DIWO NIANJIAN

过程编号：D19960214

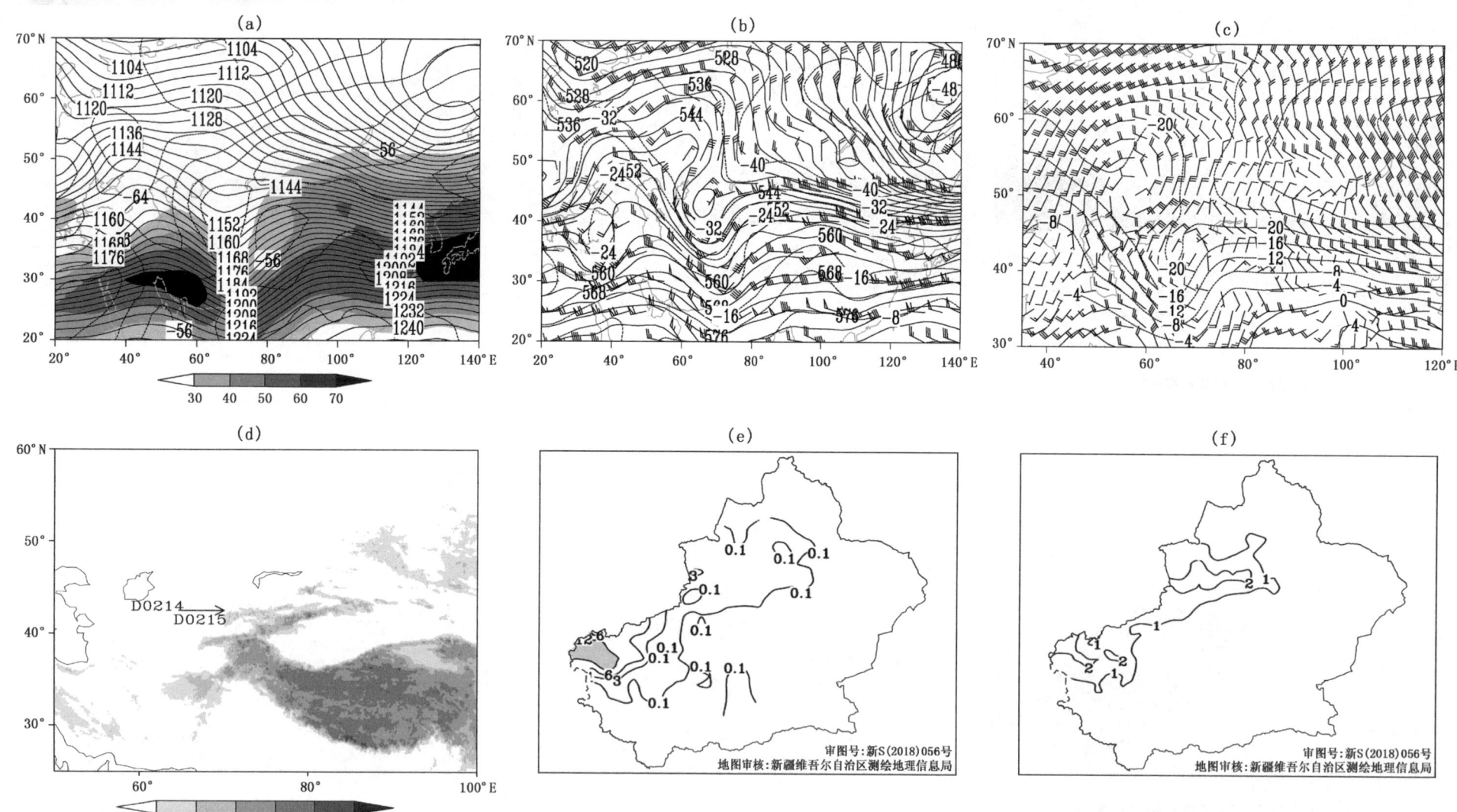

图4.38 1996年2月14日20时(a)200百帕位势高度场(实线,单位:位势什米),温度场(虚线,单位:℃),阴影表示风速大于或等于30米/秒急流区;(b)500百帕位势高度场(实线,单位:位势什米),温度场(虚线,单位:℃),风场(单位:米/秒);(c)700百帕温度场(实线,单位:℃),风场(单位:米/秒);(d)低涡中心移动路径(阴影表示地形海拔高度,单位:米);(e)过程累计降水量(单位:毫米,阴影表示暴雨或暴雪及以上量级区域);(f)总降水日数(单位:天)

第4章 浅薄型中亚低涡湿涡降水过程

过程编号:D19960510

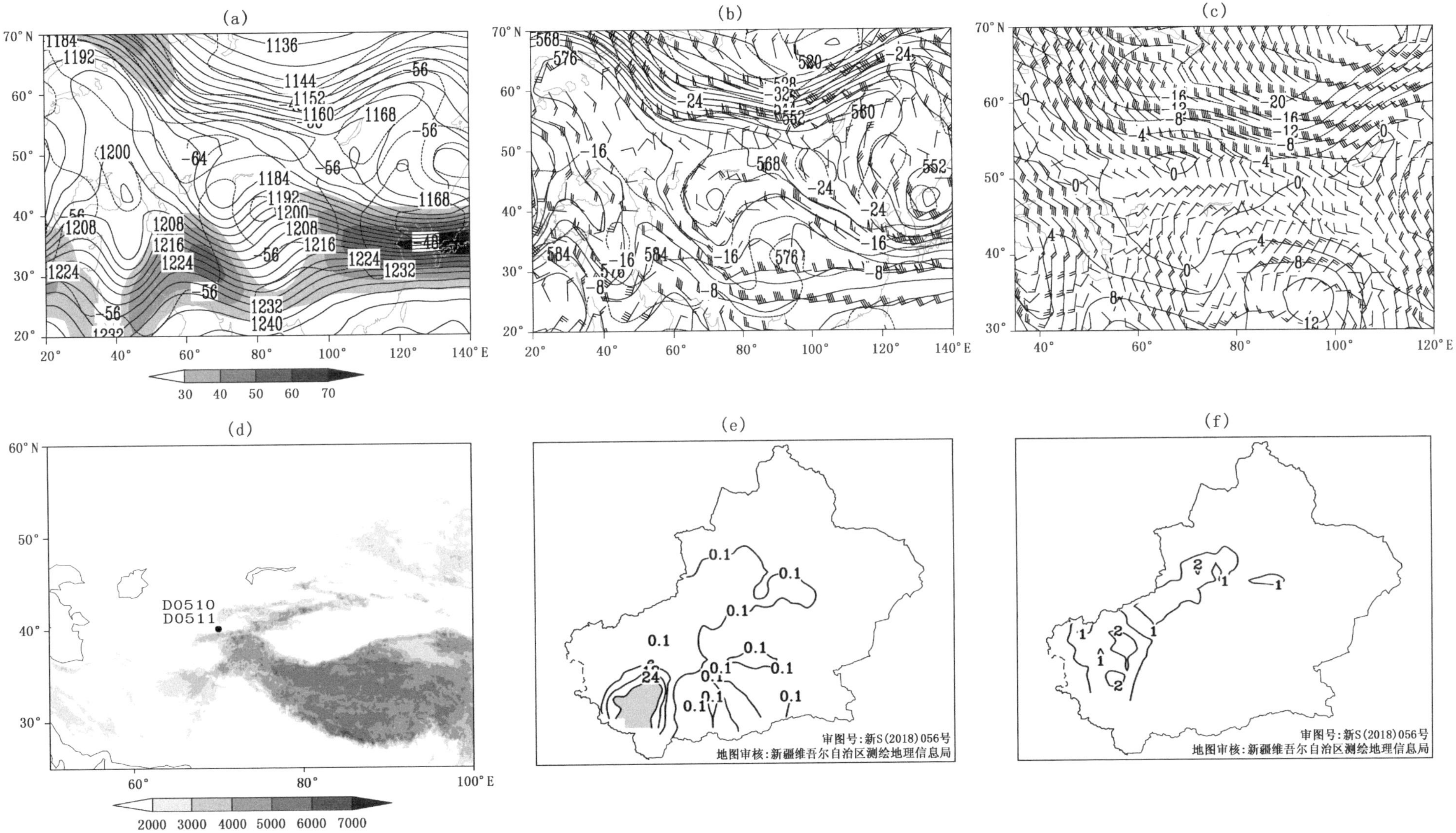

图4.39 1996年5月11日20时(a)200百帕位势高度场(实线,单位:位势什米),温度场(虚线,单位:℃),阴影表示风速大于或等于30米/秒急流区;(b)500百帕位势高度场(实线,单位:位势什米),温度场(虚线,单位:℃),风场(单位:米/秒);(c)700百帕温度场(实线,单位:℃),风场(单位:米/秒);(d)低涡中心移动路径(阴影表示地形海拔高度,单位:米);(e)过程累计降水量(单位:毫米,阴影表示暴雨或暴雪及以上量级区域);(f)总降水日数(单位:天)

中亚低涡年鉴 (1971—2017)

过程编号：D19960516

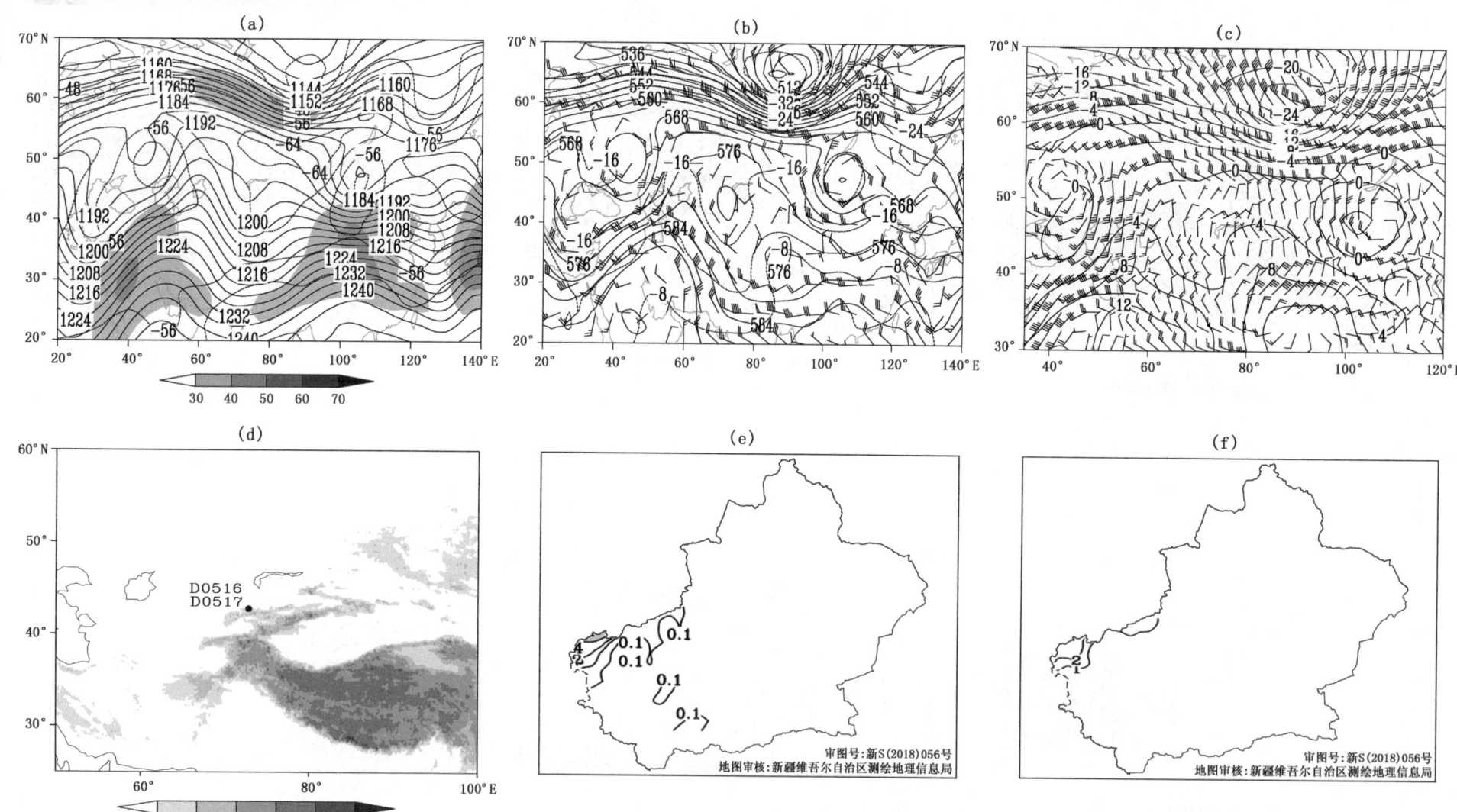

图4.40 1996年5月17日20时(a)200百帕位势高度场(实线，单位：位势什米)，温度场(虚线，单位：℃)，阴影表示风速大于或等于30米/秒急流区；(b)500百帕位势高度场(实线，单位：位势什米)，温度场(虚线，单位：℃)，风场(单位：米/秒)；(c)700百帕温度场(实线，单位：℃)，风场(单位：米/秒)；(d)低涡中心移动路径(阴影表示地形海拔高度，单位：米)；(e)过程累计降水量(单位：毫米，阴影表示暴雨或暴雪及以上量级区域)；(f)总降水日数(单位：天)

第4章 浅薄型中亚低涡湿涡降水过程

过程编号:D19970508

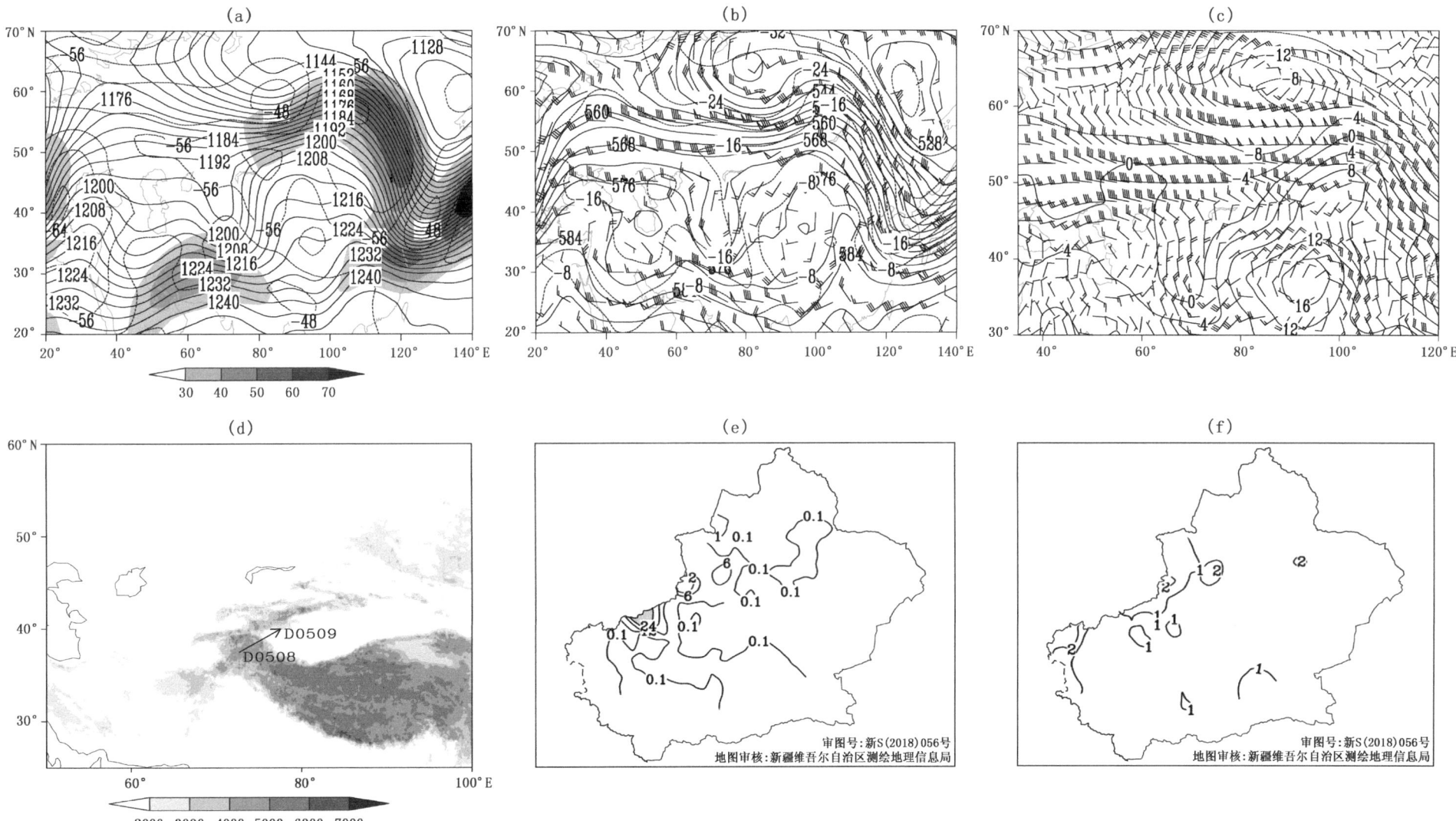

图 4.41 1997 年 5 月 8 日 20 时 (a) 200 百帕位势高度场(实线,单位:位势什米),温度场(虚线,单位:℃),阴影表示风速大于或等于 30 米/秒急流区;(b) 500 百帕位势高度场(实线,单位:位势什米),温度场(虚线,单位:℃),风场(单位:米/秒);(c) 700 百帕温度场(实线,单位:℃),风场(单位:米/秒);(d) 低涡中心移动路径(阴影表示地形海拔高度,单位:米);(e) 过程累计降水量(单位:毫米,阴影表示暴雨或暴雪及以上量级区域);(f) 总降水日数(单位:天)

中亚低涡年鉴 (1971—2017)

过程编号：D19980528

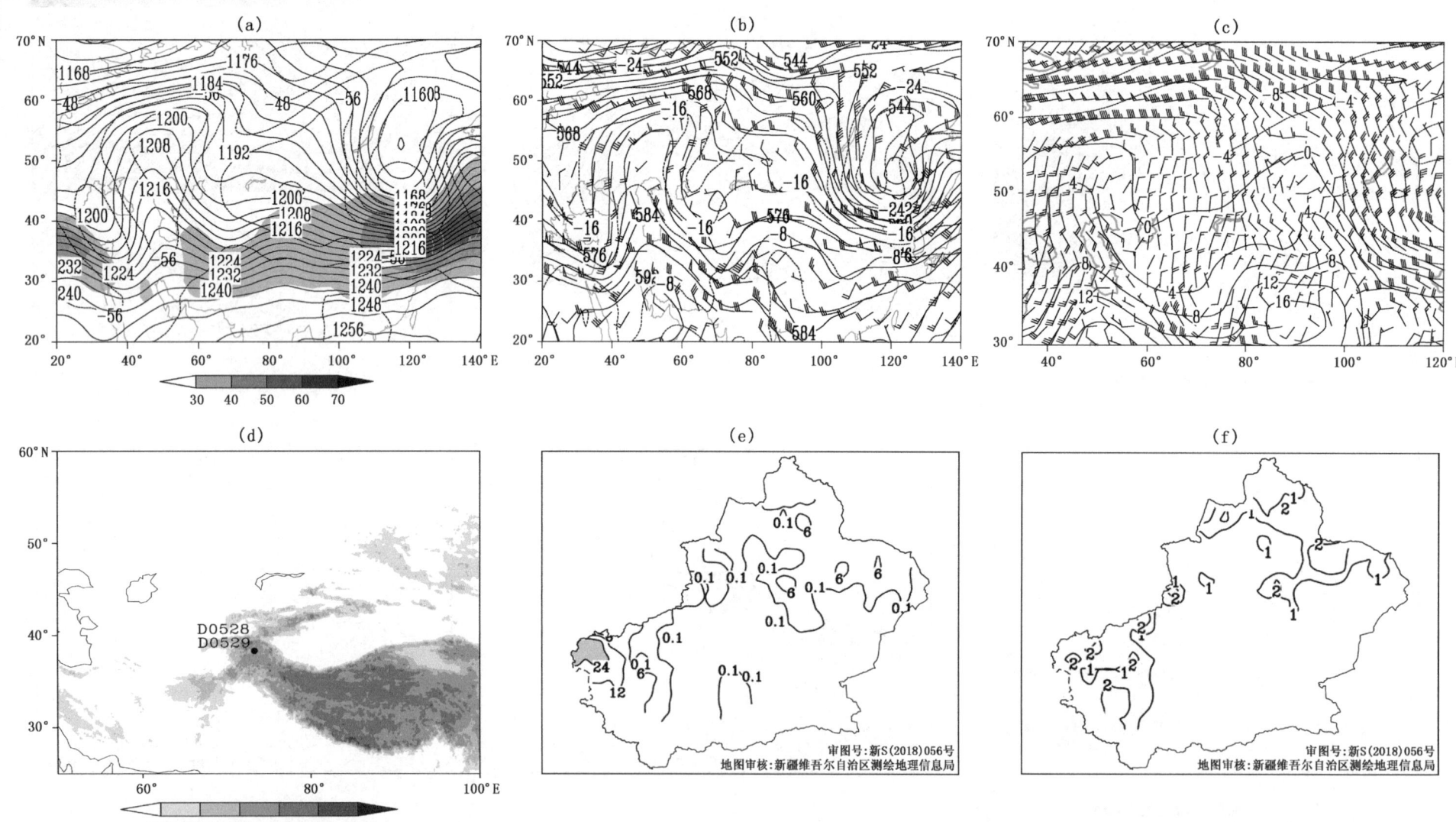

图 4.42　1998 年 5 月 28 日 20 时(a)200 百帕位势高度场(实线,单位:位势什米),温度场(虚线,单位:℃),阴影表示风速大于或等于 30 米/秒急流区;(b)500 百帕位势高度场(实线,单位:位势什米),温度场(虚线,单位:℃),风场(单位:米/秒);(c)700 百帕温度场(实线,单位:℃),风场(单位:米/秒);(d)低涡中心移动路径(阴影表示地形海拔高度,单位:米);(e)过程累计降水量(单位:毫米,阴影表示暴雨或暴雪及以上量级区域);(f)总降水日数(单位:天)

第4章 浅薄型中亚低涡湿涡降水过程

过程编号:D19980830

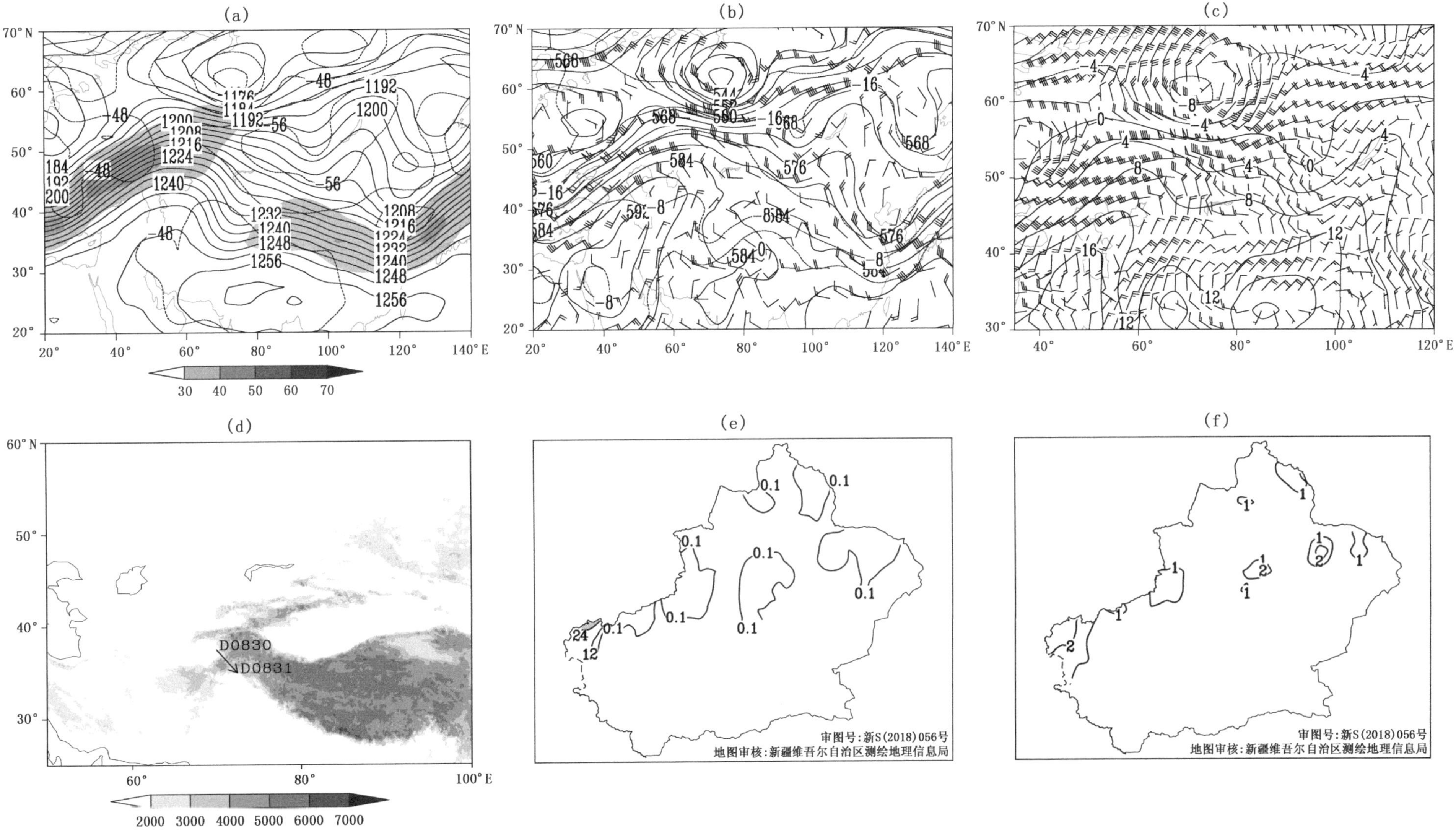

图4.43 1998年8月31日20时(a)200百帕位势高度场(实线,单位:位势什米),温度场(虚线,单位:℃),阴影表示风速大于或等于30米/秒急流区;(b)500百帕位势高度场(实线,单位:位势什米),温度场(虚线,单位:℃),风场(单位:米/秒);(c)700百帕温度场(实线,单位:℃),风场(单位:米/秒);(d)低涡中心移动路径(阴影表示地形海拔高度,单位:米);(e)过程累计降水量(单位:毫米,阴影表示暴雨或暴雪及以上量级区域);(f)总降水日数(单位:天)

中亚低涡年鉴 (1971—2017)
ZHONGYA DIWO NIANJIAN

过程编号:D20000403

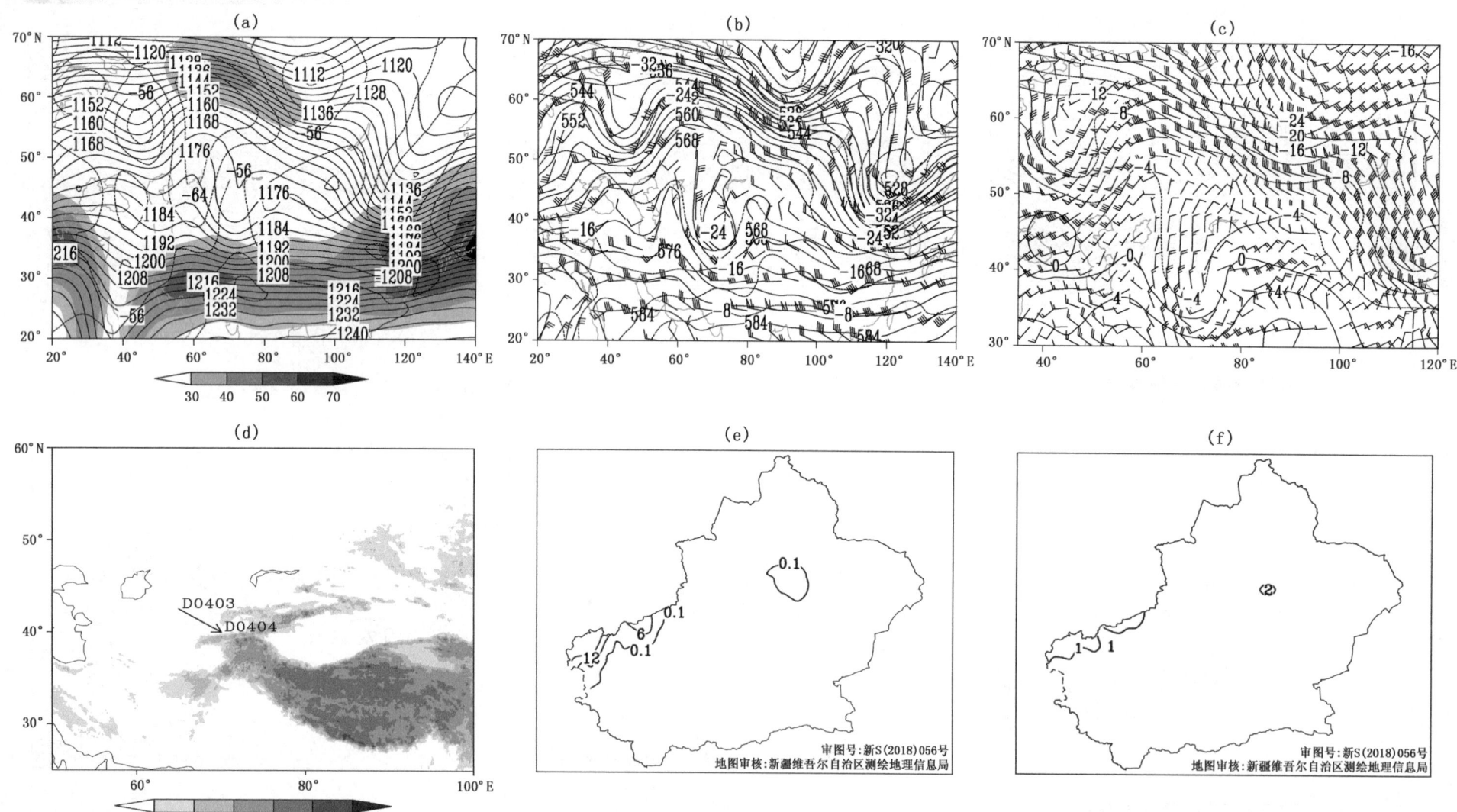

图 4.44　2000 年 4 月 4 日 20 时(a)200 百帕位势高度场(实线,单位:位势什米),温度场(虚线,单位:℃),阴影表示风速大于或等于 30 米/秒急流区;(b)500 百帕位势高度场(实线,单位:位势什米),温度场(虚线,单位:℃),风场(单位:米/秒);(c)700 百帕温度场(实线,单位:℃),风场(单位:米/秒);(d)低涡中心移动路径(阴影表示地形海拔高度,单位:米);(e)过程累计降水量(单位:毫米);(f)总降水日数(单位:天)

第4章 浅薄型中亚低涡湿涡降水过程

过程编号:D20000726

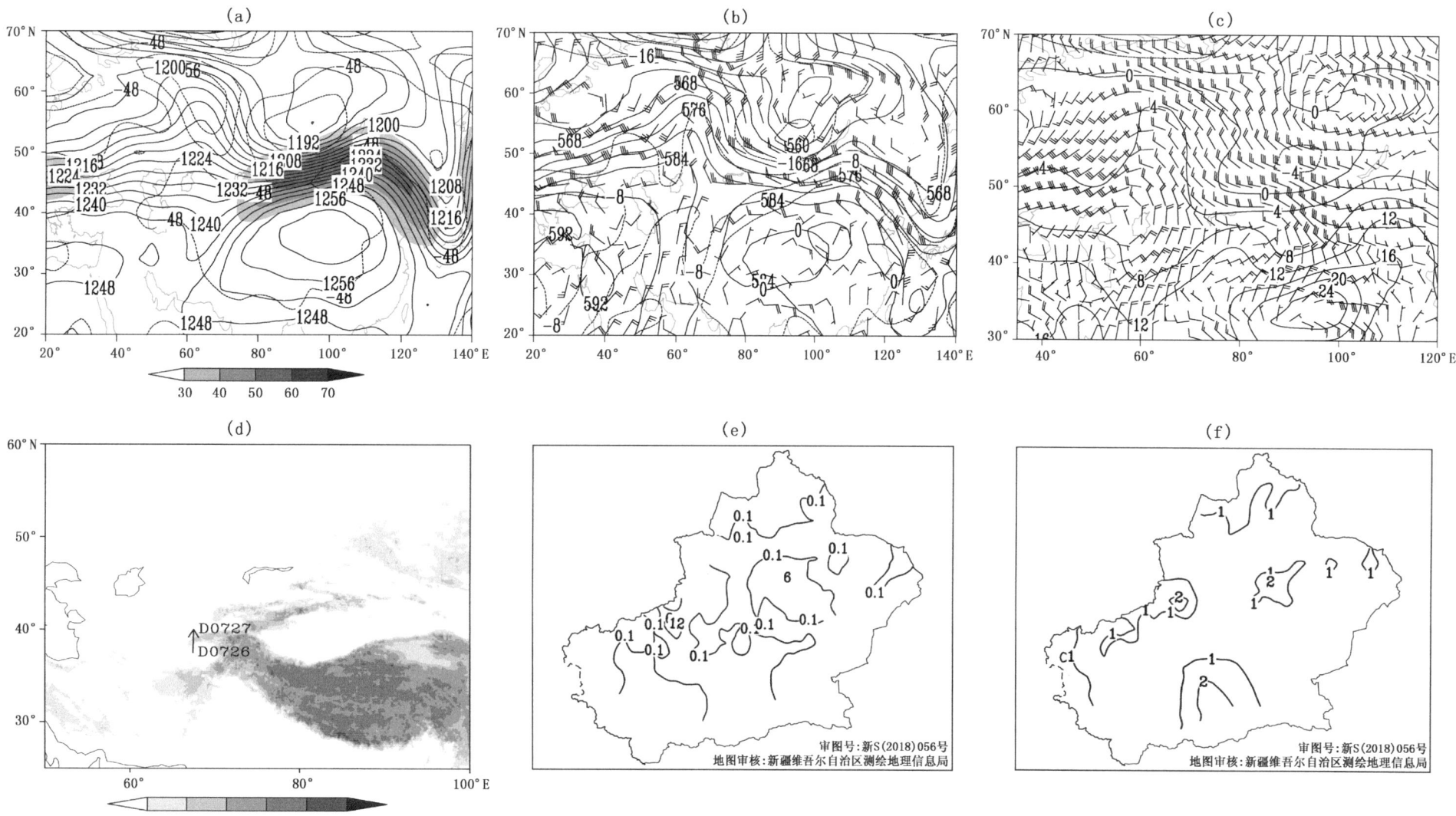

图4.45 2000年7月26日20时(a)200百帕位势高度场(实线,单位:位势什米),温度场(虚线,单位:℃),阴影表示风速大于或等于30米/秒急流区;(b)500百帕位势高度场(实线,单位:位势什米),温度场(虚线,单位:℃),风场(单位:米/秒);(c)700百帕温度场(实线,单位:℃),风场(单位:米/秒);(d)低涡中心移动路径(阴影表示地形海拔高度,单位:米);(e)过程累计降水量(单位:毫米);(f)总降水日数(单位:天)

过程编号:D20000908

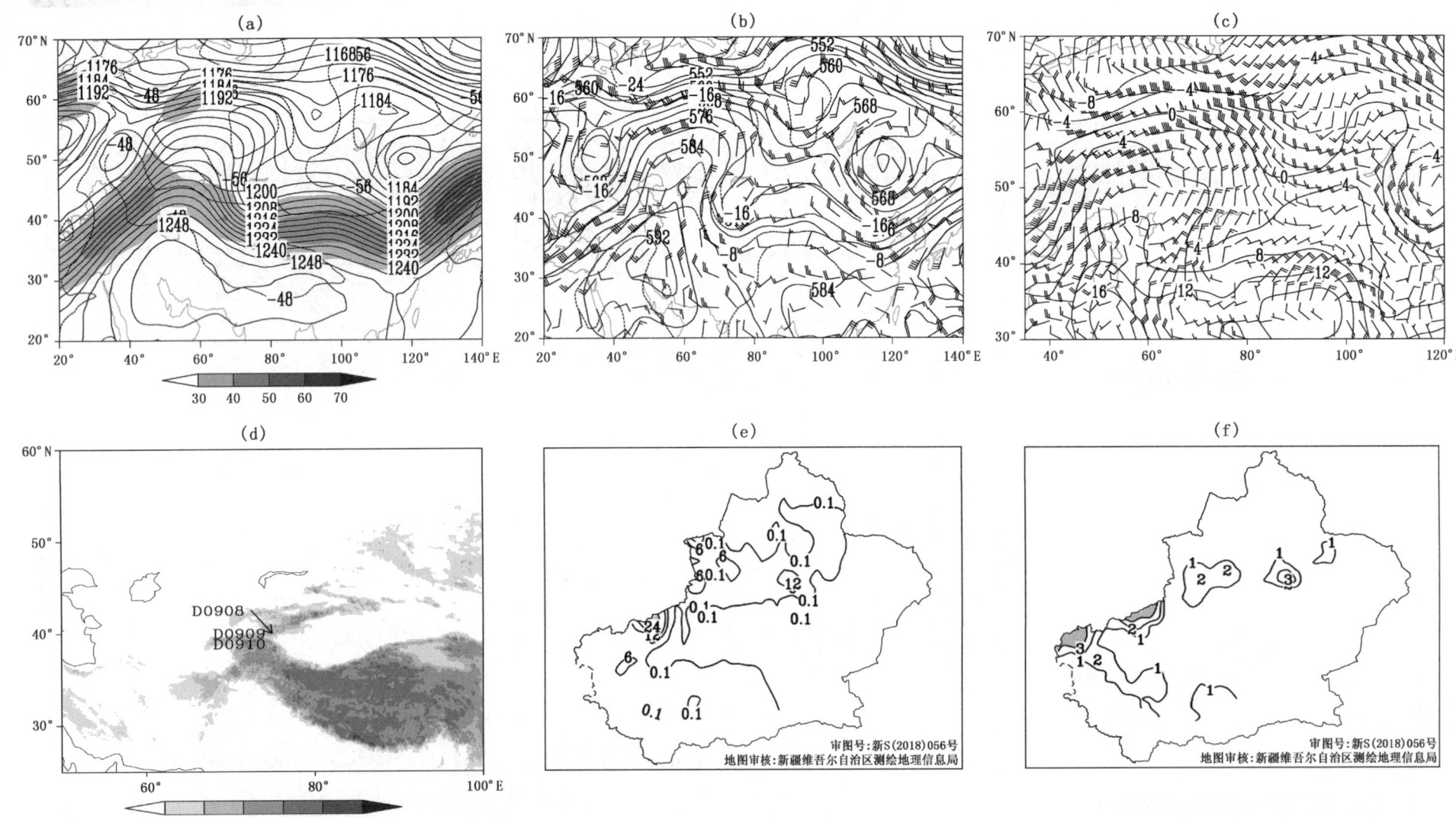

图4.46 2000年9月8日20时(a)200百帕位势高度场(实线,单位:位势什米),温度场(虚线,单位:℃),阴影表示风速大于或等于30米/秒急流区;(b)500百帕位势高度场(实线,单位:位势什米),温度场(虚线,单位:℃),风场(单位:米/秒);(c)700百帕温度场(实线,单位:℃),风场(单位:米/秒);(d)低涡中心移动路径(阴影表示地形海拔高度,单位:米);(e)过程累计降水量(单位:毫米,阴影表示暴雨或暴雪及以上量级区域);(f)总降水日数(单位:天,阴影表示大于或等于3d区域)

过程编号:D20010521

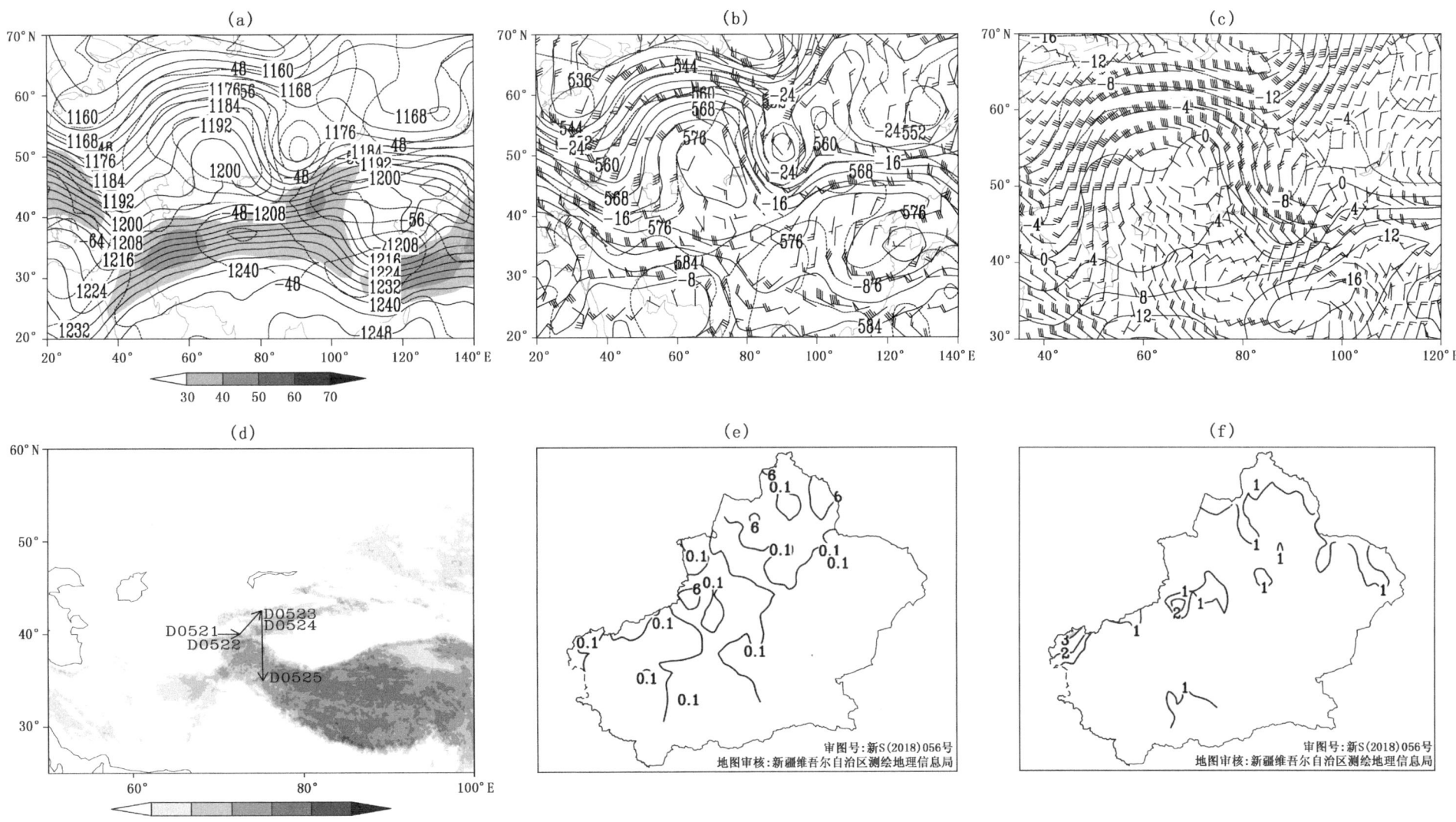

图4.47 2001年5月21日20时(a)200百帕位势高度场(实线,单位:位势什米),温度场(虚线,单位:℃),阴影表示风速大于或等于30米/秒急流区;(b)500百帕位势高度场(实线,单位:位势什米),温度场(虚线,单位:℃),风场(单位:米/秒);(c)700百帕温度场(实线,单位:℃),风场(单位:米/秒);(d)低涡中心移动路径(阴影表示地形海拔高度,单位:米);(e)过程累计降水量(单位:毫米);(f)总降水日数(单位:天,阴影表示大于或等于3d区域)

中亚低涡年鉴 (1971—2017)
ZHONGYA DIWO NIANJIAN

过程编号:D20010617

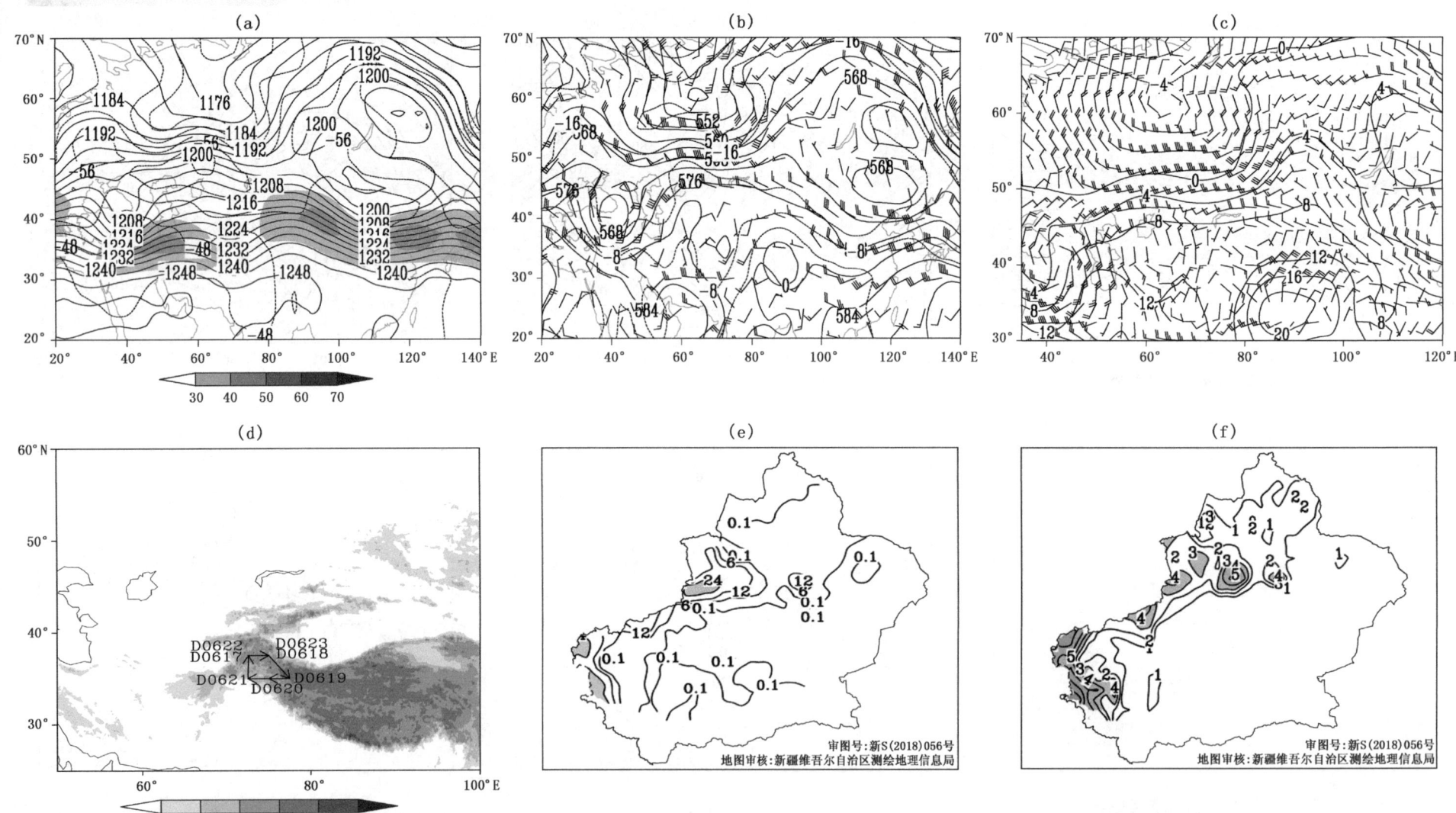

图 4.48　2001 年 6 月 17 日 20 时 (a) 200 百帕位势高度场 (实线,单位:位势什米),温度场 (虚线,单位:℃),阴影表示风速大于或等于 30 米/秒急流区;(b) 500 百帕位势高度场 (实线,单位:位势什米),温度场 (虚线,单位:℃),风场 (单位:米/秒);(c) 700 百帕温度场 (实线,单位:℃),风场 (单位:米/秒);(d) 低涡中心移动路径 (阴影表示地形海拔高度,单位:米);(e) 过程累计降水量 (单位:毫米,阴影表示暴雨或暴雪及以上量级区域);(f) 总降水日数 (单位:天,阴影表示大于或等于 3d 区域)

第4章　浅薄型中亚低涡湿涡降水过程

过程编号：D20010729

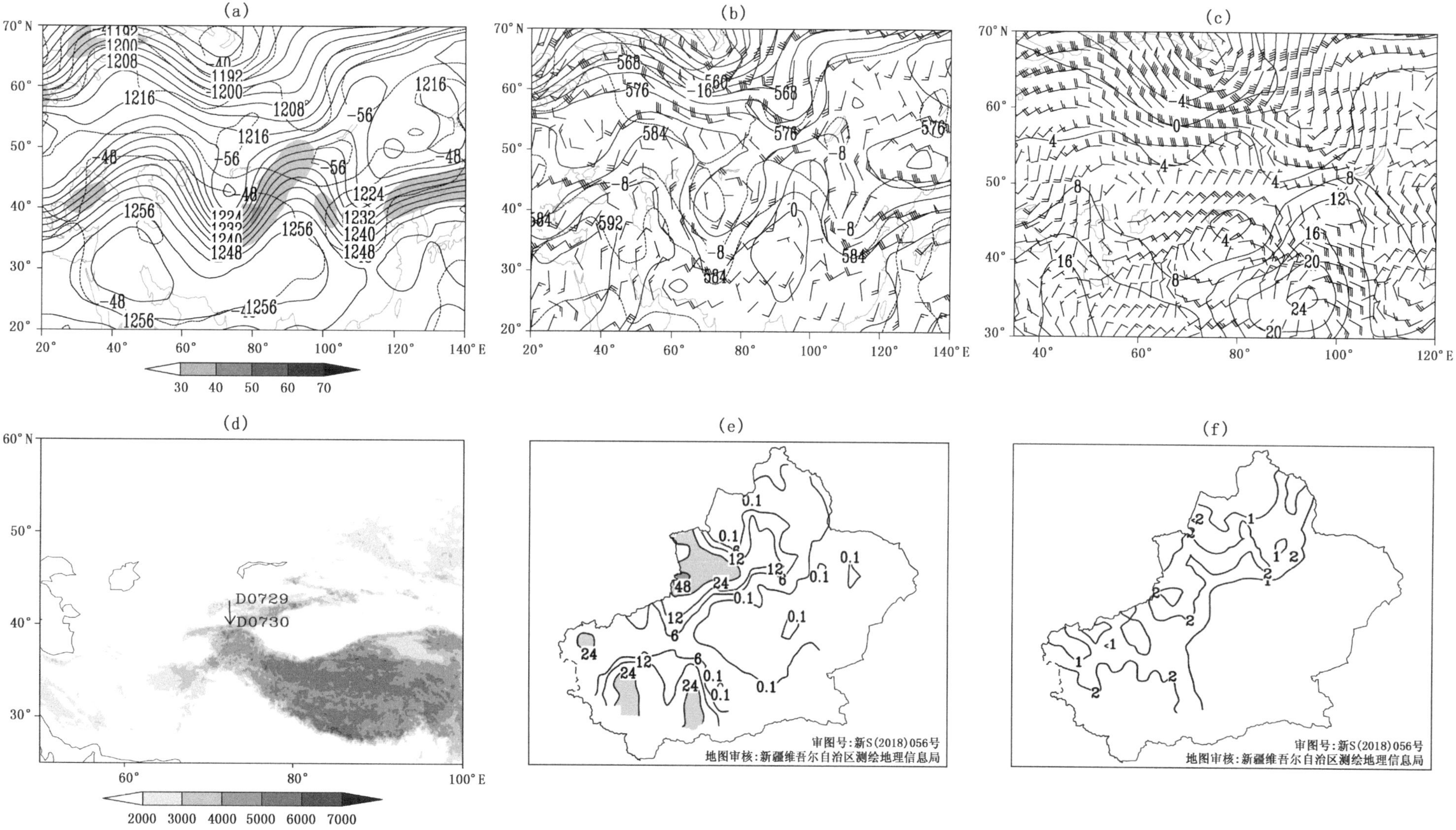

图4.49　2001年7月30日20时(a)200百帕位势高度场(实线,单位:位势什米),温度场(虚线,单位:℃),阴影表示风速大于或等于30米/秒急流区;(b)500百帕位势高度场(实线,单位:位势什米),温度场(虚线,单位:℃),风场(单位:米/秒);(c)700百帕温度场(实线,单位:℃),风场(单位:米/秒);(d)低涡中心移动路径(阴影表示地形海拔高度,单位:米);(e)过程累计降水量(单位:毫米,阴影表示暴雨或暴雪及以上量级区域);(f)总降水日数(单位:天)

231

过程编号:D20010814

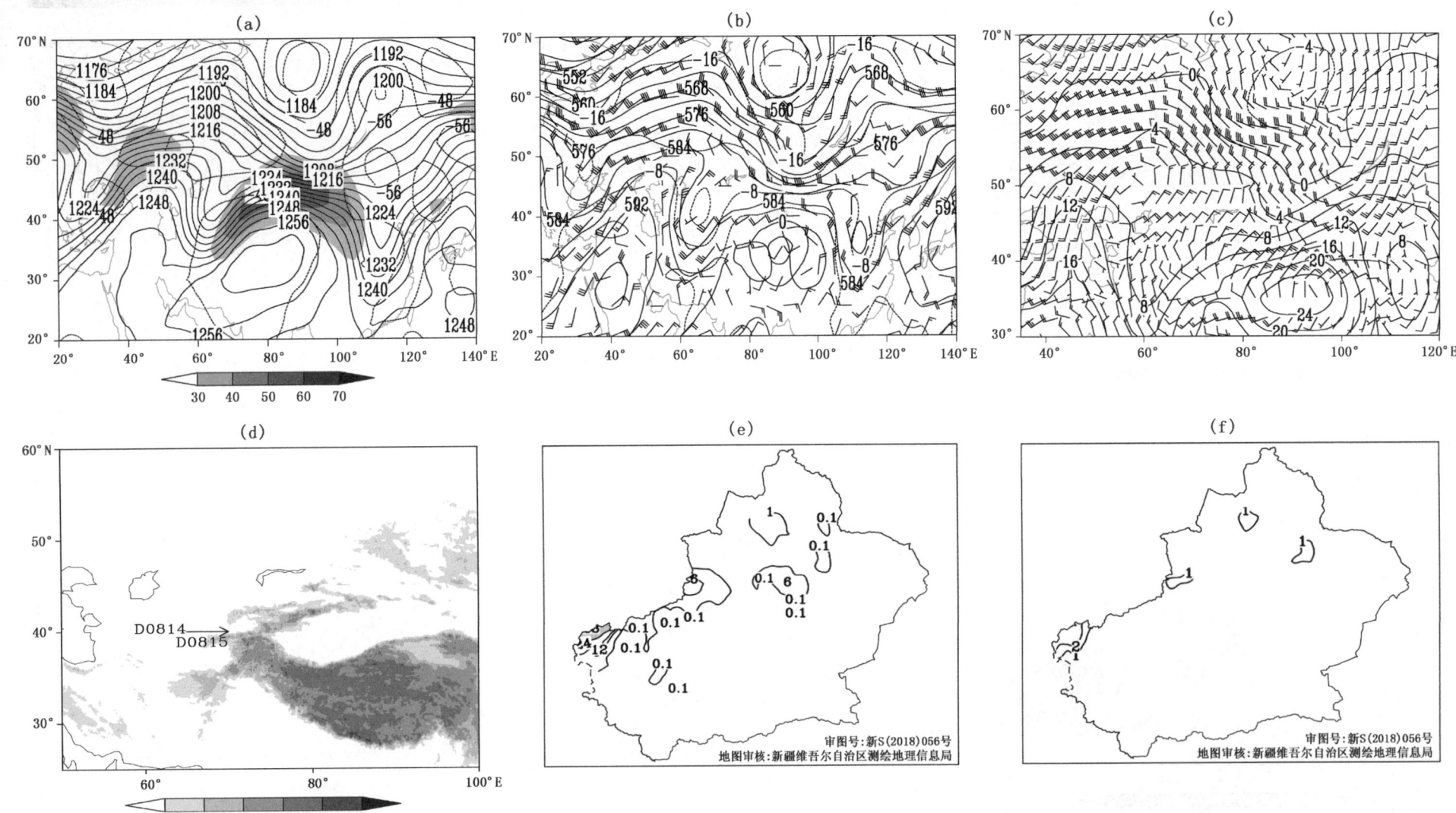

图4.50 2001年8月14日20时(a)200百帕位势高度场(实线,单位:位势什米),温度场(虚线,单位:℃),阴影表示风速大于或等于30米/秒急流区;(b)500百帕位势高度场(实线,单位:位势什米),温度场(虚线,单位:℃),风场(单位:米/秒);(c)700百帕温度场(实线,单位:℃),风场(单位:米/秒);(d)低涡中心移动路径(阴影表示地形海拔高度,单位:米);(e)过程累计降水量(单位:毫米,阴影表示暴雨或暴雪及以上量级区域);(f)总降水日数(单位:天)

第4章 浅薄型中亚低涡湿涡降水过程

过程编号:D20011102

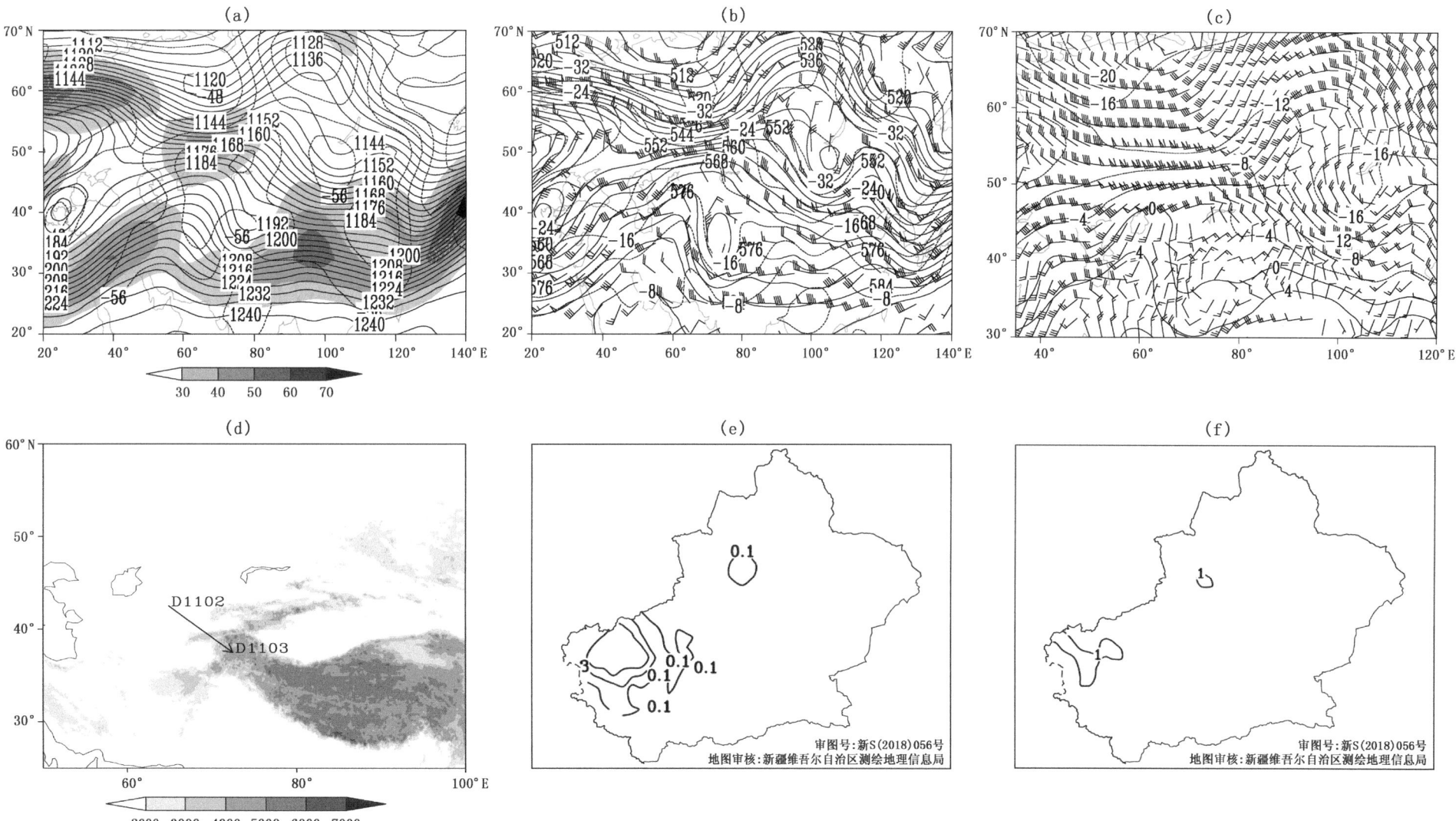

图4.51 2001年11月3日20时(a)200百帕位势高度场(实线,单位:位势什米),温度场(虚线,单位:℃),阴影表示风速大于或等于30米/秒急流区;(b)500百帕位势高度场(实线,单位:位势什米),温度场(虚线,单位:℃),风场(单位:米/秒);(c)700百帕温度场(实线,单位:℃),风场(单位:米/秒);(d)低涡中心移动路径(阴影表示地形海拔高度,单位:米);(e)过程累计降水量(单位:毫米);(f)总降水日数(单位:天)

过程编号:D20020518

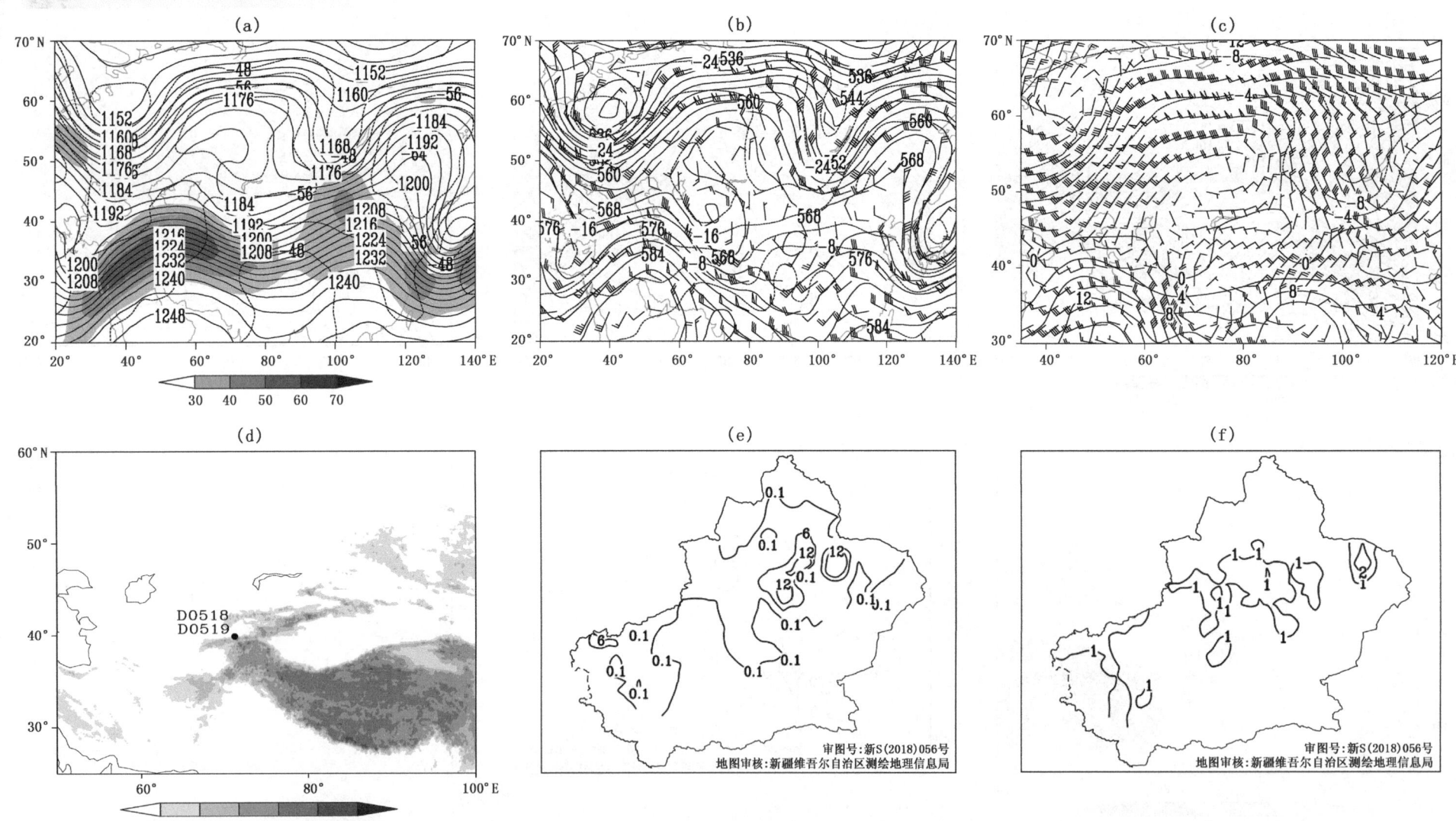

图4.52 2002年5月19日20时(a)200百帕位势高度场(实线,单位:位势什米),温度场(虚线,单位:℃),阴影表示风速大于或等于30米/秒急流区;(b)500百帕位势高度场(实线,单位:位势什米),温度场(虚线,单位:℃),风场(单位:米/秒);(c)700百帕温度场(实线,单位:℃),风场(单位:米/秒);(d)低涡中心移动路径(阴影表示地形海拔高度,单位:米);(e)过程累计降水量(单位:毫米);(f)总降水日数(单位:天)

第4章 浅薄型中亚低涡湿涡降水过程

过程编号:D20020712

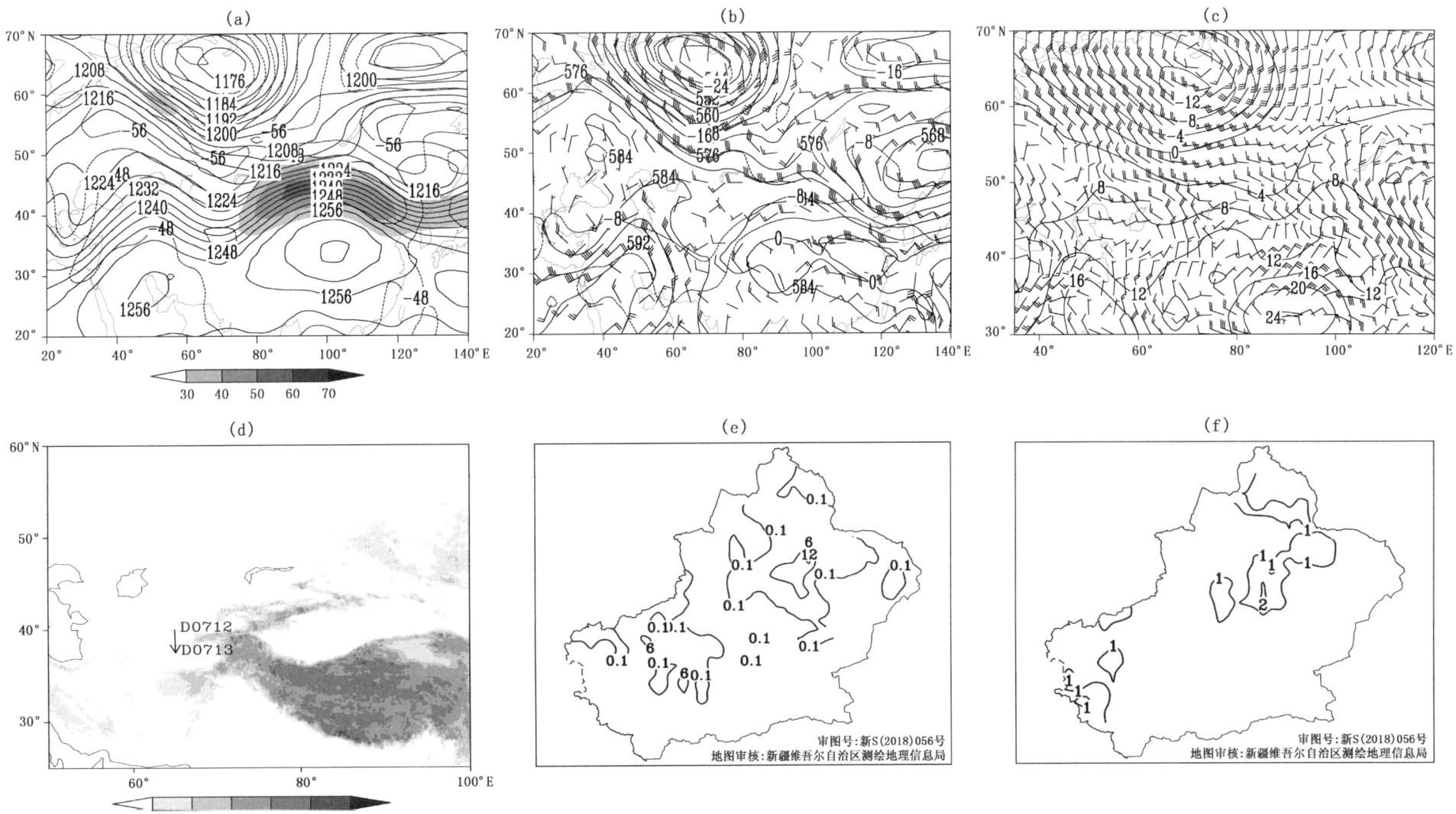

图4.53 2002年7月13日20时(a)200百帕位势高度场(实线,单位:位势什米),温度场(虚线,单位:℃),阴影表示风速大于或等于30米/秒急流区;(b)500百帕位势高度场(实线,单位:位势什米),温度场(虚线,单位:℃),风场(单位:米/秒);(c)700百帕温度场(实线,单位:℃),风场(单位:米/秒);(d)低涡中心移动路径(阴影表示地形海拔高度,单位:米);(e)过程累计降水量(单位:毫米);(f)总降水日数(单位:天)

中亚低涡年鉴 (1971—2017)
ZHONGYA DIWO NIANJIAN

过程编号：D20020917

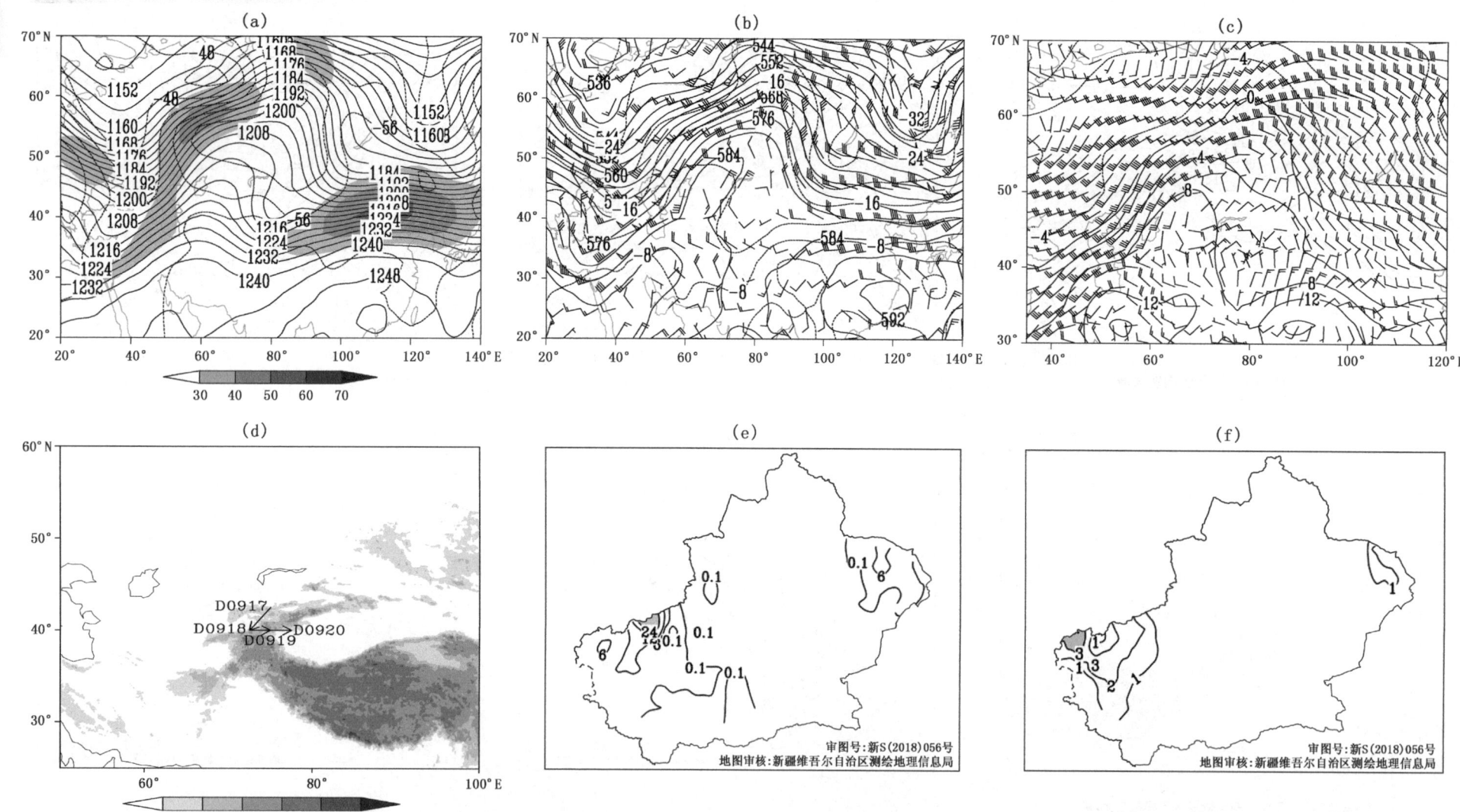

图4.54 2002年9月19日20时(a)200百帕位势高度场(实线,单位:位势什米),温度场(虚线,单位:℃),阴影表示风速大于或等于30米/秒急流区;(b)500百帕位势高度场(实线,单位:位势什米),温度场(虚线,单位:℃),风场(单位:米/秒);(c)700百帕温度场(实线,单位:℃),风场(单位:米/秒);(d)低涡中心移动路径(阴影表示地形海拔高度,单位:米);(e)过程累计降水量(单位:毫米,阴影表示暴雨或暴雪及以上量级区域);(f)总降水日数(单位:天,阴影表示大于或等于3d区域)

过程编号:D20030503

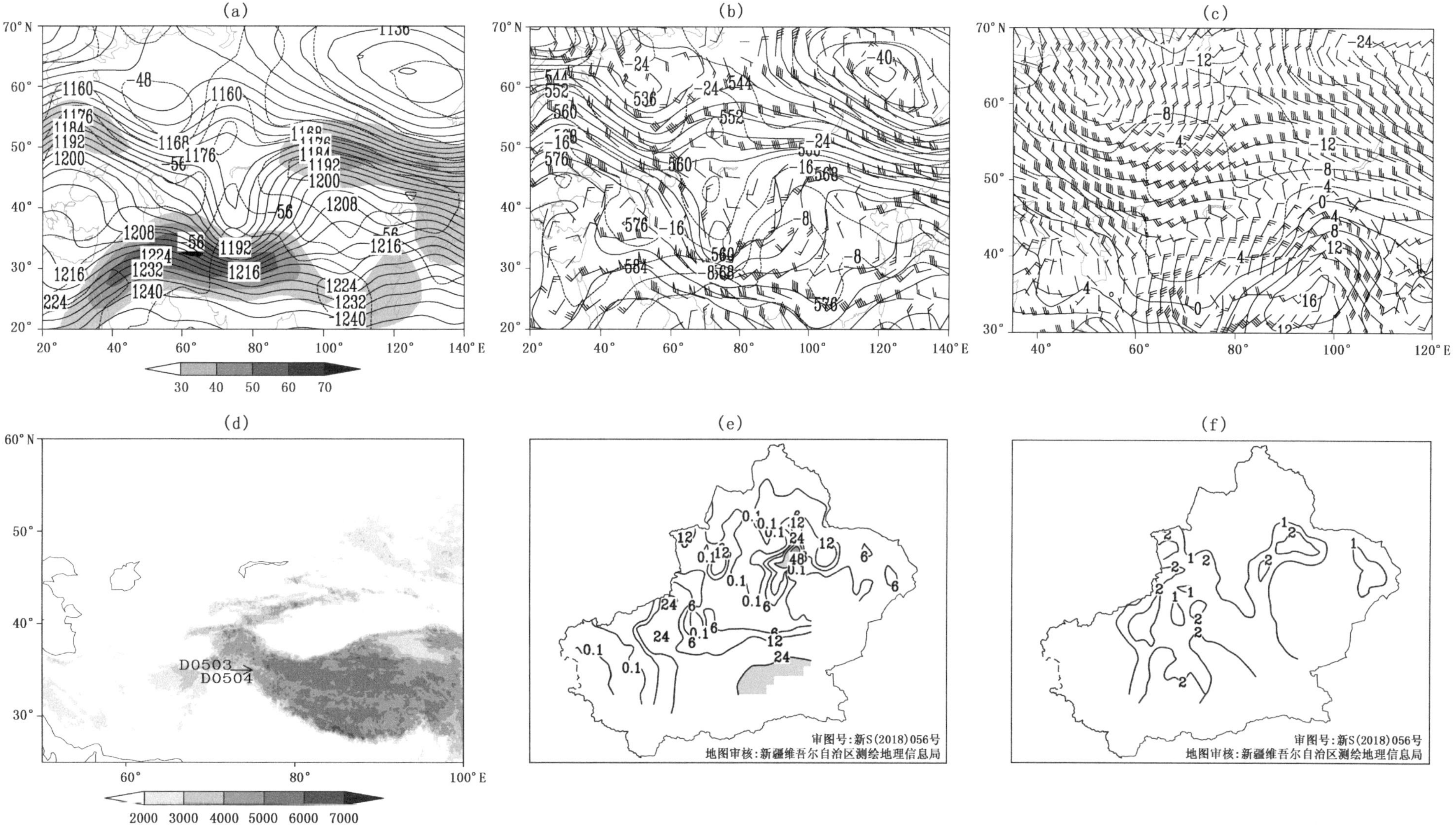

图4.55 2003年5月3日20时(a)200百帕位势高度场(实线,单位:位势什米),温度场(虚线,单位:℃),阴影表示风速大于或等于30米/秒急流区;(b)500百帕位势高度场(实线,单位:位势什米),温度场(虚线,单位:℃),风场(单位:米/秒);(c)700百帕温度场(实线,单位:℃),风场(单位:米/秒);(d)低涡中心移动路径(阴影表示地形海拔高度,单位:米);(e)过程累计降水量(单位:毫米,阴影表示暴雨或暴雪及以上量级区域);(f)总降水日数(单位:天)

中亚低涡年鉴 (1971—2017)

过程编号:D20030807

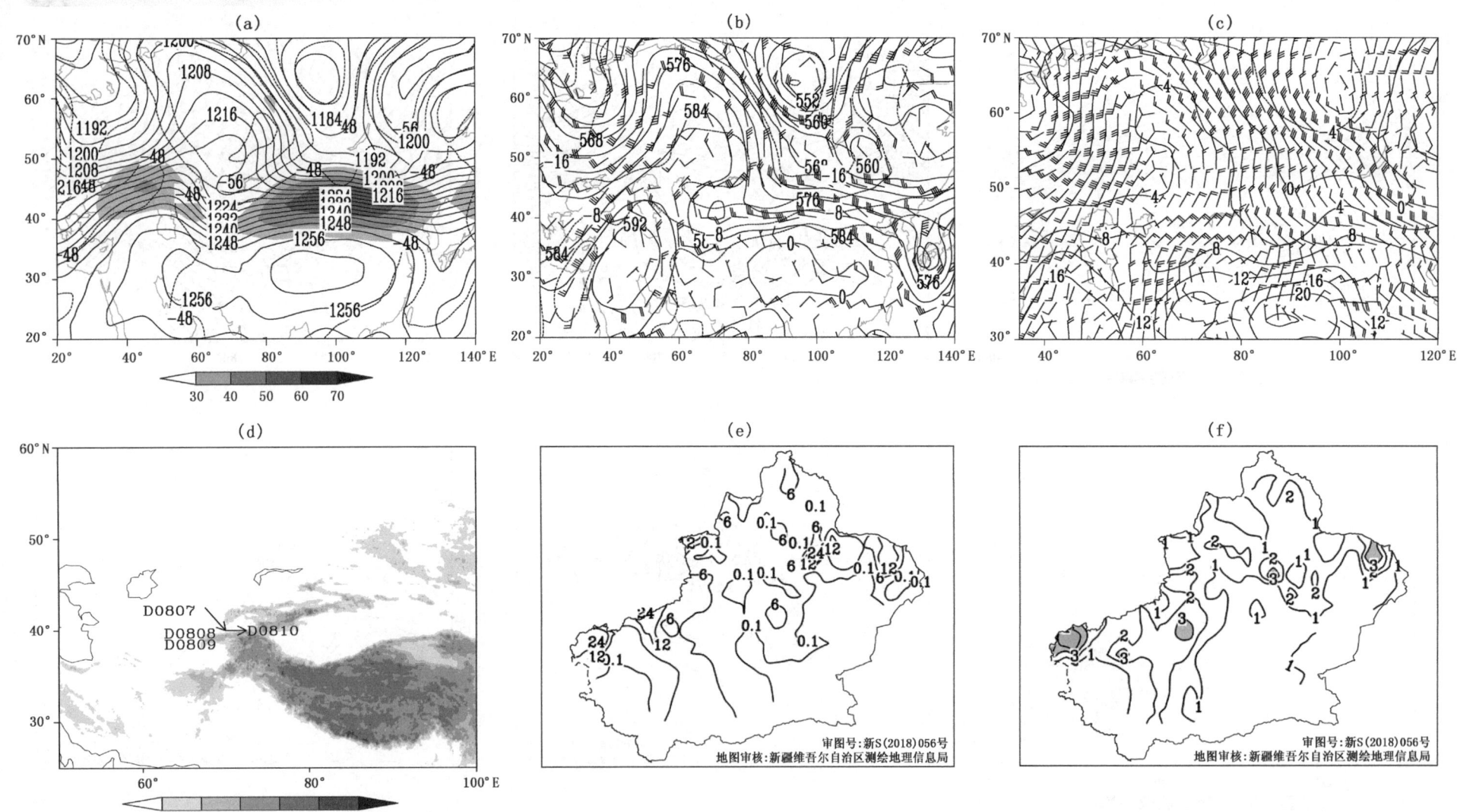

图 4.56 2003年8月8日20时(a)200百帕位势高度场(实线,单位:位势什米),温度场(虚线,单位:℃),阴影表示风速大于或等于30米/秒急流区;(b)500百帕位势高度场(实线,单位:位势什米),温度场(虚线,单位:℃),风场(单位:米/秒);(c)700百帕温度场(实线,单位:℃),风场(单位:米/秒);(d)低涡中心移动路径(阴影表示地形海拔高度,单位:米);(e)过程累计降水量(单位:毫米);(f)总降水日数(单位:天,阴影表示大于或等于3d区域)

第4章 浅薄型中亚低涡湿涡降水过程

过程编号:D20031105

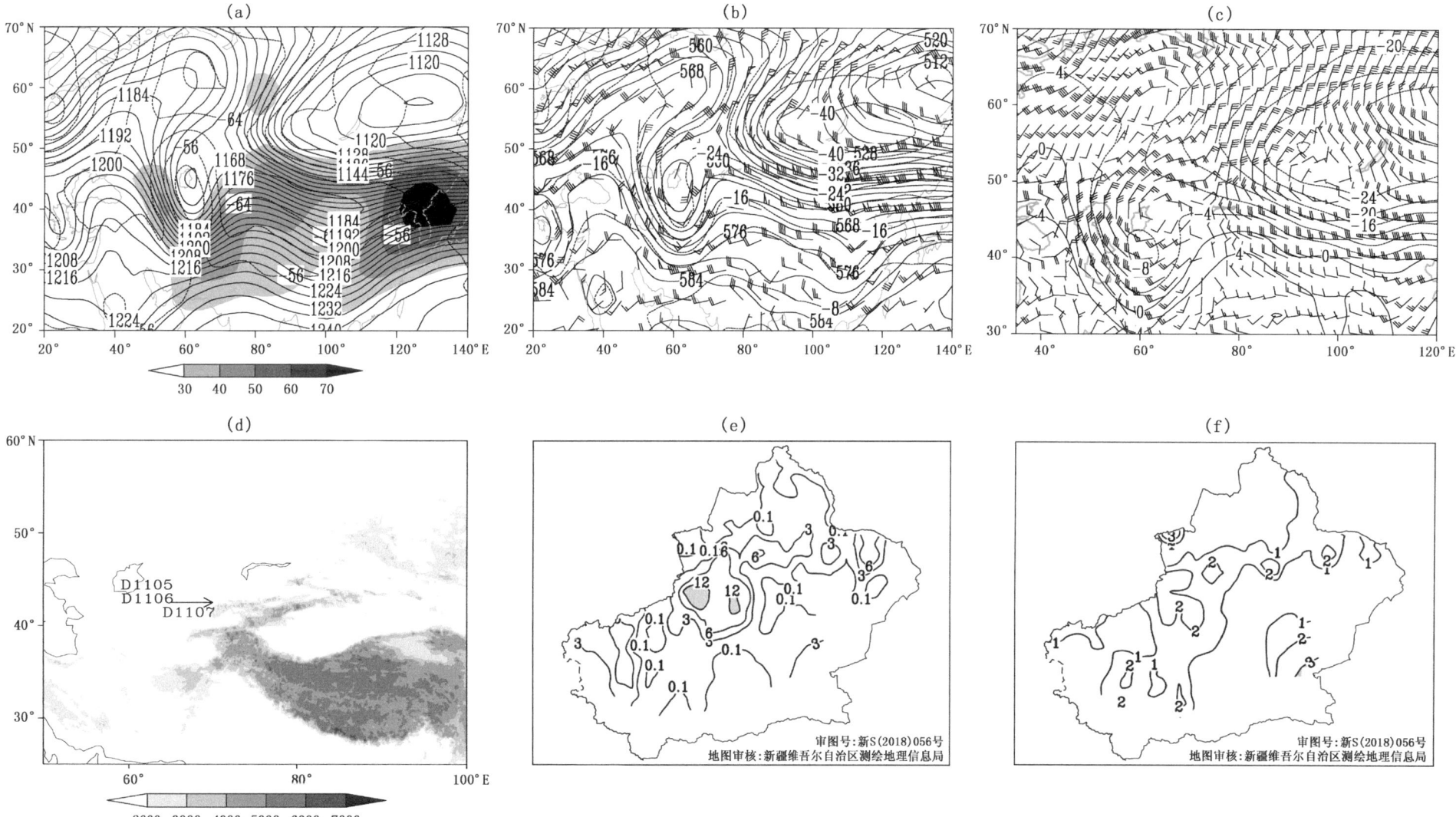

图4.57 2003年11月4日20时(a)200百帕位势高度场(实线,单位:位势什米),温度场(虚线,单位:℃),阴影表示风速大于或等于30米/秒急流区;(b)500百帕位势高度场(实线,单位:位势什米),温度场(虚线,单位:℃),风场(单位:米/秒);(c)700百帕温度场(实线,单位:℃),风场(单位:米/秒);(d)低涡中心移动路径(阴影表示地形海拔高度,单位:米);(e)过程累计降水量(单位:毫米,阴影表示暴雨或暴雪及以上量级区域);(f)总降水日数(单位:天,阴影表示大于或等于3d区域)

中亚低涡年鉴 (1971—2017)
ZHONGYA DIWO NIANJIAN

过程编号：D20040430

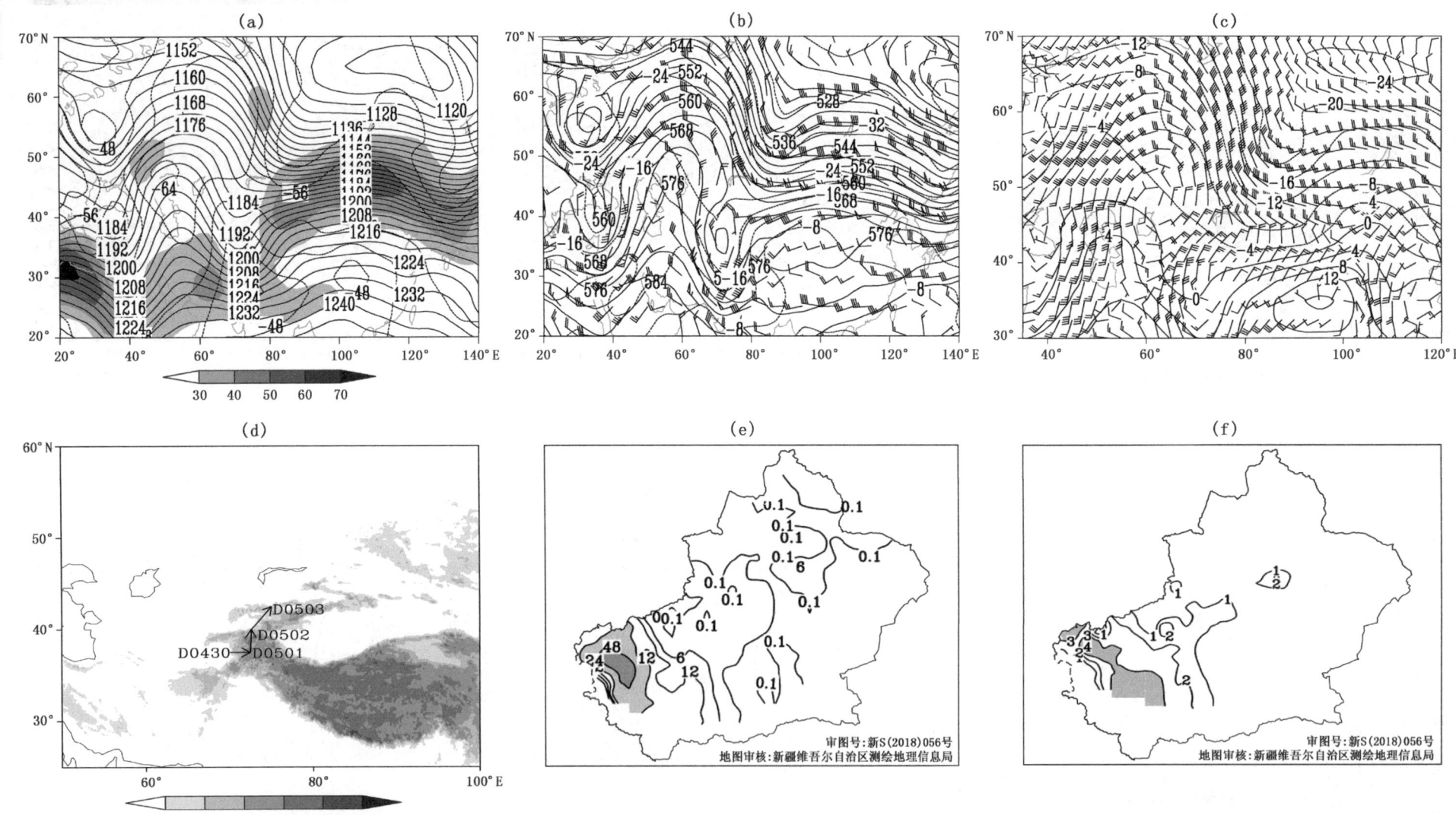

图4.58　2004年4月30日20时(a)200百帕位势高度场(实线,单位:位势什米),温度场(虚线,单位:℃),阴影表示风速大于或等于30米/秒急流区；(b)500百帕位势高度场(实线,单位:位势什米),温度场(虚线,单位:℃),风场(单位:米/秒)；(c)700百帕温度场(实线,单位:℃),风场(单位:米/秒)；(d)低涡中心移动路径(阴影表示地形海拔高度,单位:米)；(e)过程累计降水量(单位:毫米,阴影表示暴雨或暴雪及以上量级区域)；(f)总降水日数(单位:天,阴影表示大于或等于3d区域)

过程编号:D20050407

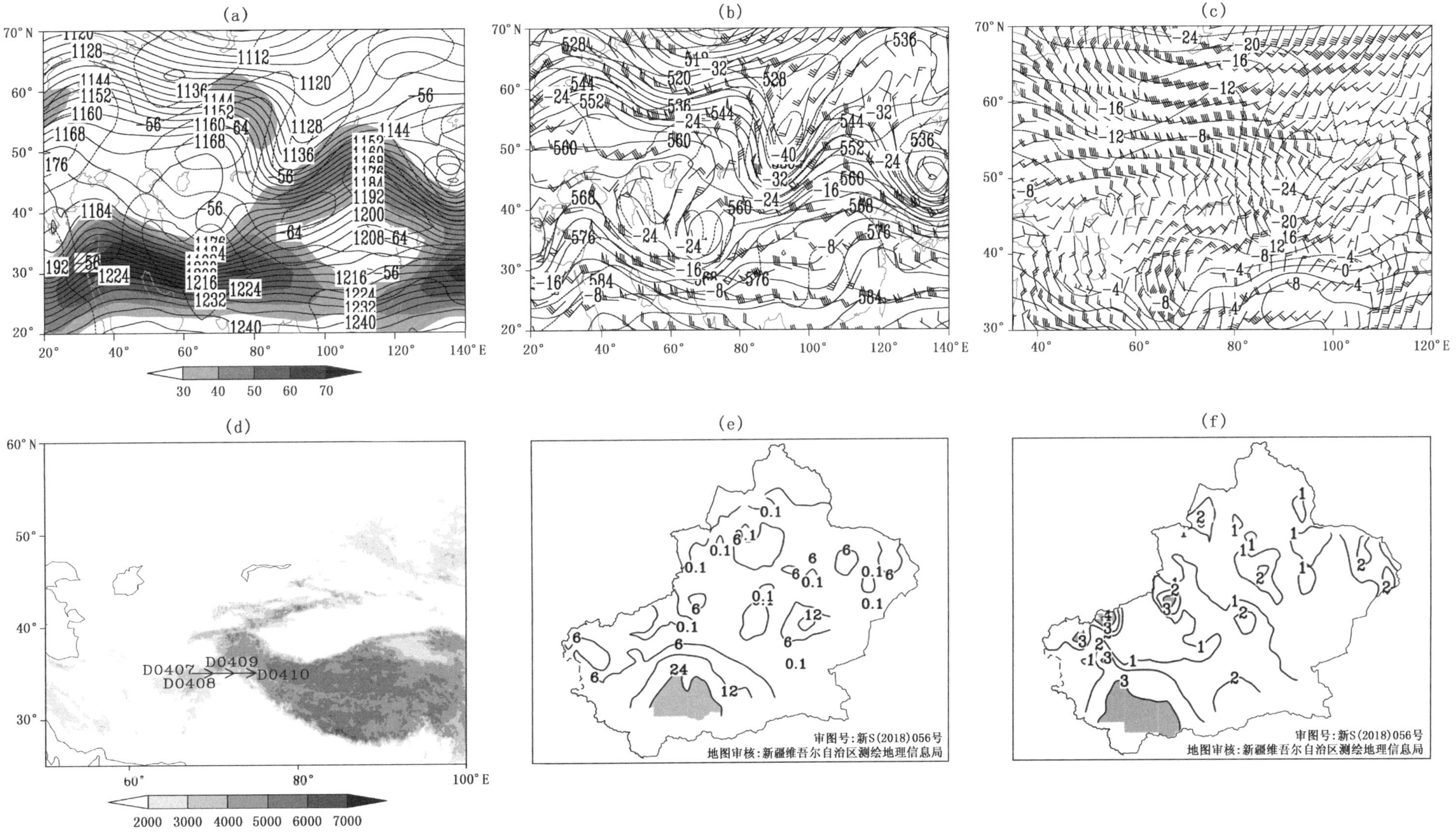

图4.59 2005年4月7日20时(a)200百帕位势高度场(实线,单位:位势什米),温度场(虚线,单位:℃),阴影表示风速大于或等于30米/秒急流区;(b)500百帕位势高度场(实线,单位:位势什米),温度场(虚线,单位:℃),风场(单位:米/秒);(c)700百帕温度场(实线,单位:℃),风场(单位:米/秒);(d)低涡中心移动路径(阴影表示地形海拔高度,单位:米);(e)过程累计降水量(单位:毫米,阴影表示暴雨或暴雪及以上量级区域);(f)总降水日数(单位:天,阴影表示大于或等于3天区域)

过程编号：D20050610

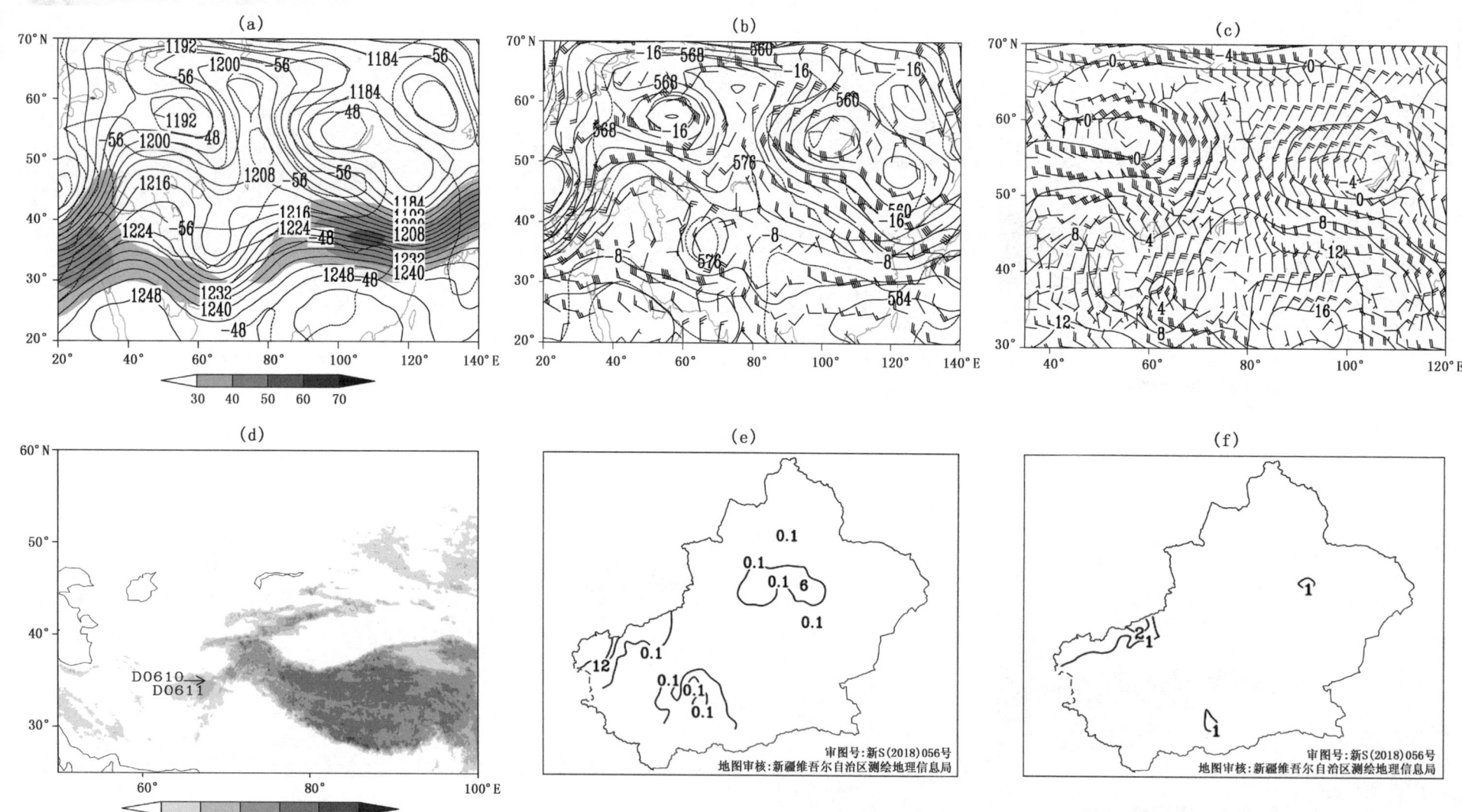

图 4.60　2005年6月10日20时(a)200百帕位势高度场(实线,单位:位势什米),温度场(虚线,单位:℃),阴影表示风速大于或等于30米/秒急流区;(b)500百帕位势高度场(实线,单位:位势什米),温度场(虚线,单位:℃),风场(单位:米/秒);(c)700百帕温度场(实线,单位:℃),风场(单位:米/秒);(d)低涡中心移动路径(阴影表示地形海拔高度,单位:米);(e)过程累计降水量(单位:毫米);(f)总降水日数(单位:天)

第4章 浅薄型中亚低涡湿涡降水过程

过程编号:D20060410

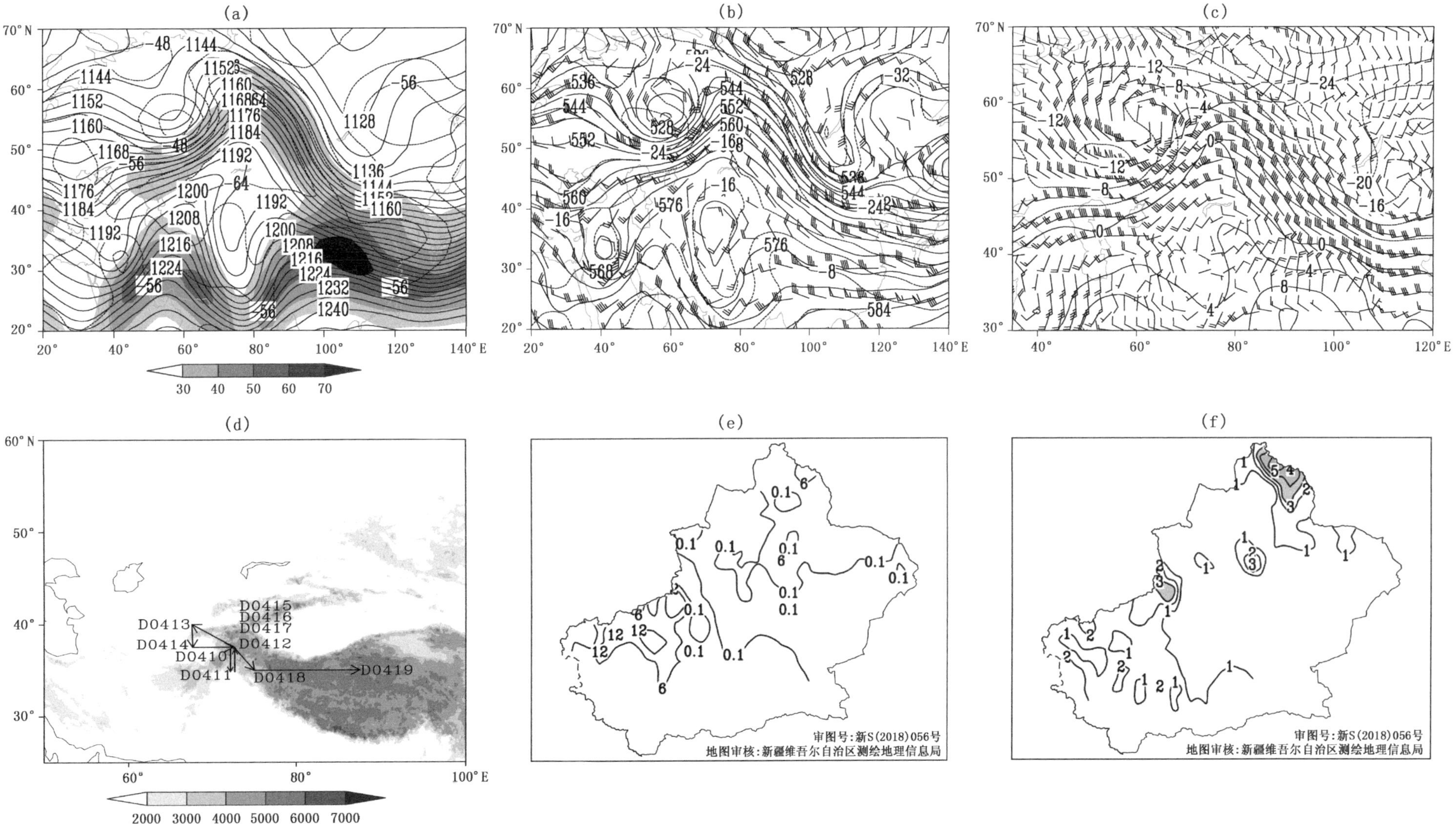

图 4.61 2006年4月17日20时(a)200百帕位势高度场(实线,单位:位势什米),温度场(虚线,单位:℃),阴影表示风速大于或等于30米/秒急流区;(b)500百帕位势高度场(实线,单位:位势什米),温度场(虚线,单位:℃),风场(单位:米/秒);(c)700百帕温度场(实线,单位:℃),风场(单位:米/秒);(d)低涡中心移动路径(阴影表示地形海拔高度,单位:米);(e)过程累计降水量(单位:毫米);(f)总降水日数(单位:天,阴影表示大于或等于3天区域)

中亚低涡年鉴 (1971—2017)
ZHONGYA DIWO NIANJIAN

过程编号:D20080525

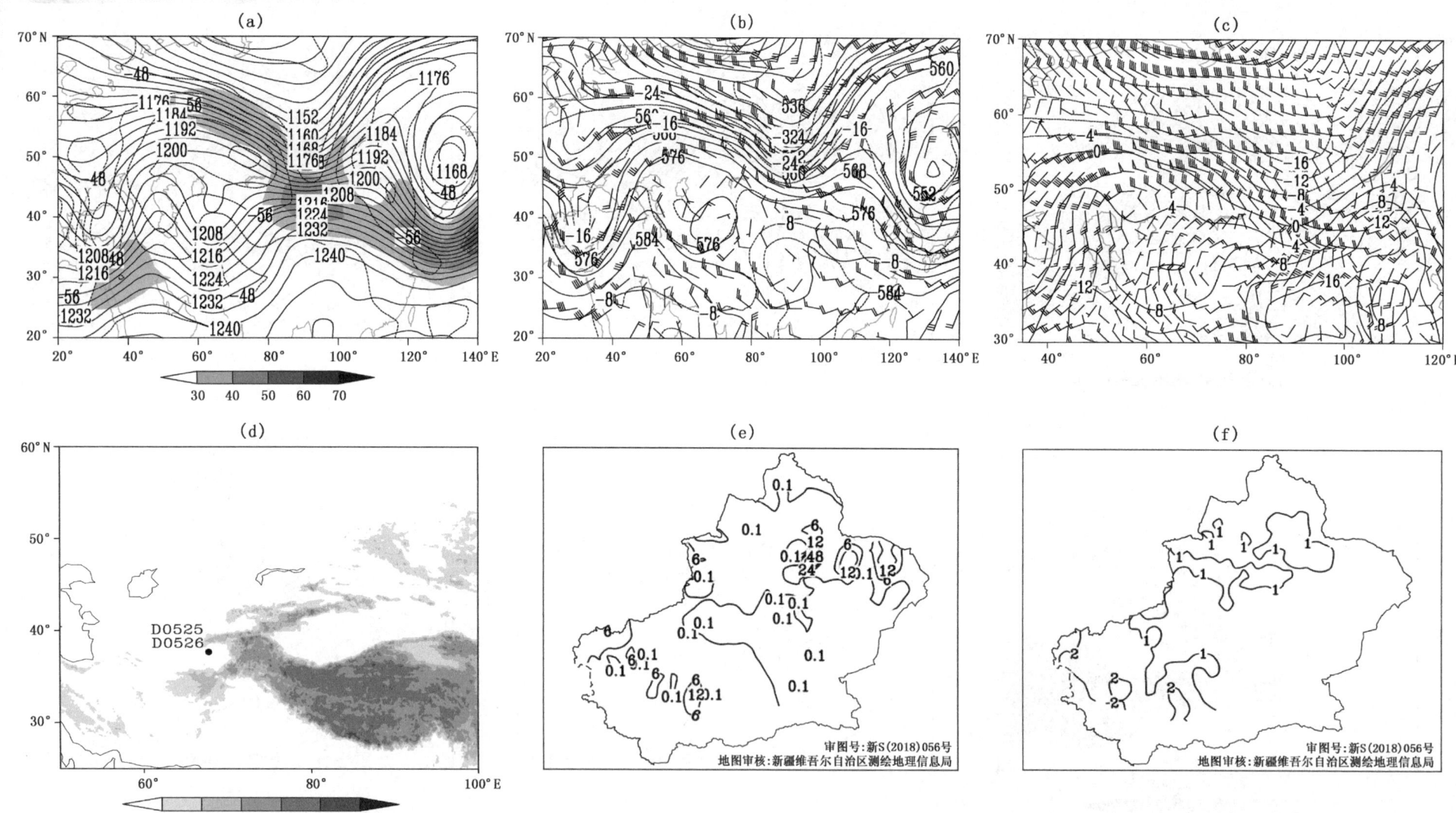

图 4.62 2008年5月25日20时(a)200百帕位势高度场(实线,单位:位势什米),温度场(虚线,单位:℃),阴影表示风速大于或等于30米/秒急流区;(b)500百帕位势高度场(实线,单位:位势什米),温度场(虚线,单位:℃),风场(单位:米/秒);(c)700百帕温度场(实线,单位:℃),风场(单位:米/秒);(d)低涡中心移动路径(阴影表示地形海拔高度,单位:米);(e)过程累计降水量(单位:毫米);(f)总降水日数(单位:天)

第4章 浅薄型中亚低涡湿涡降水过程

过程编号：D20091116

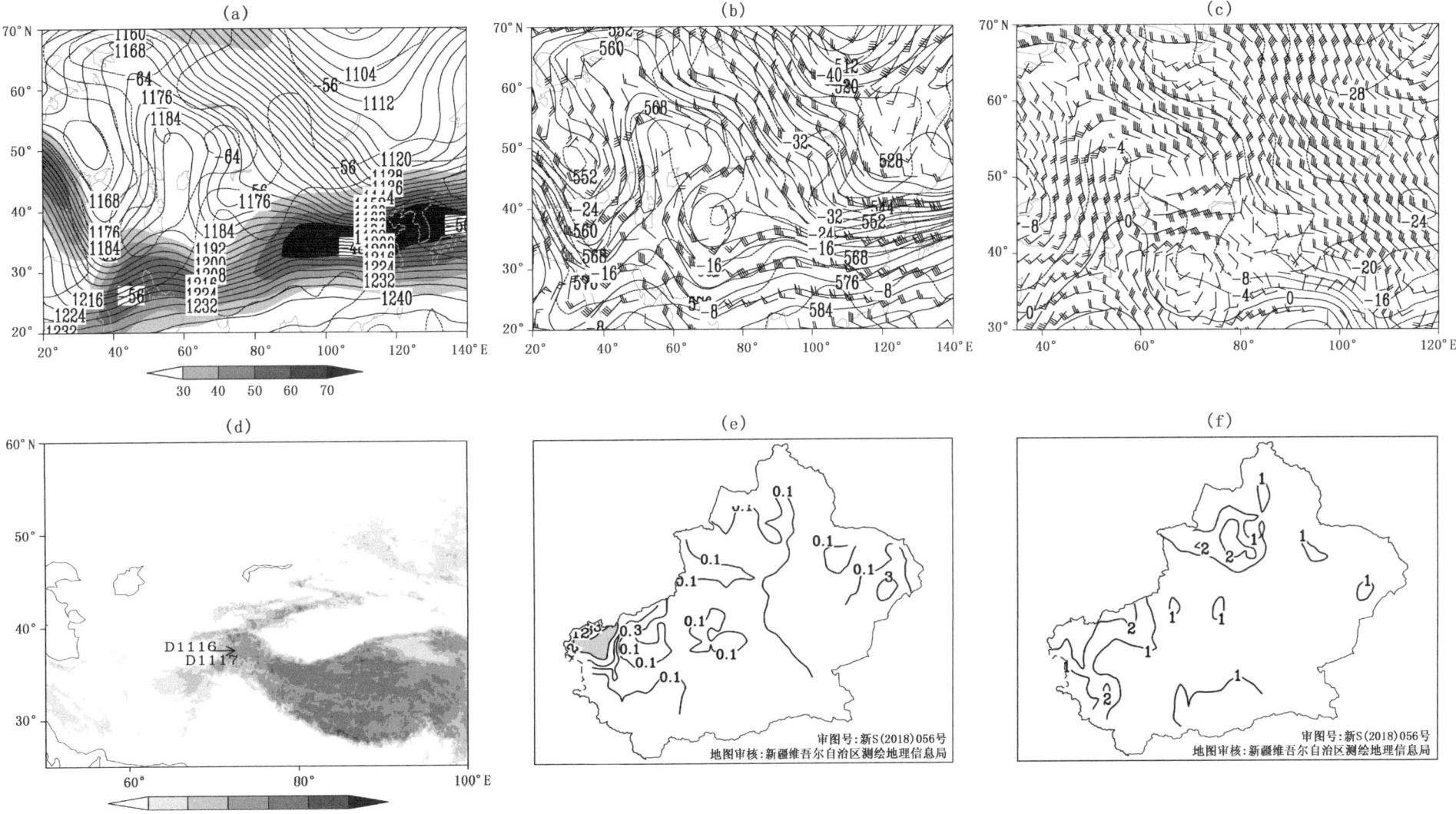

图4.63 2009年11月16日20时(a)200百帕位势高度场(实线,单位:位势什米),温度场(虚线,单位:℃),阴影表示风速大于或等于30米/秒急流区;(b)500百帕位势高度场(实线,单位:位势什米),温度场(虚线,单位:℃),风场(单位:米/秒);(c)700百帕温度场(实线,单位:℃),风场(单位:米/秒);(d)低涡中心移动路径(阴影表示地形海拔高度,单位:米);(e)过程累计降水量(单位:毫米,阴影表示暴雨或暴雪及以上量级区域);(f)总降水日数(单位:天)

过程编号:D20100213

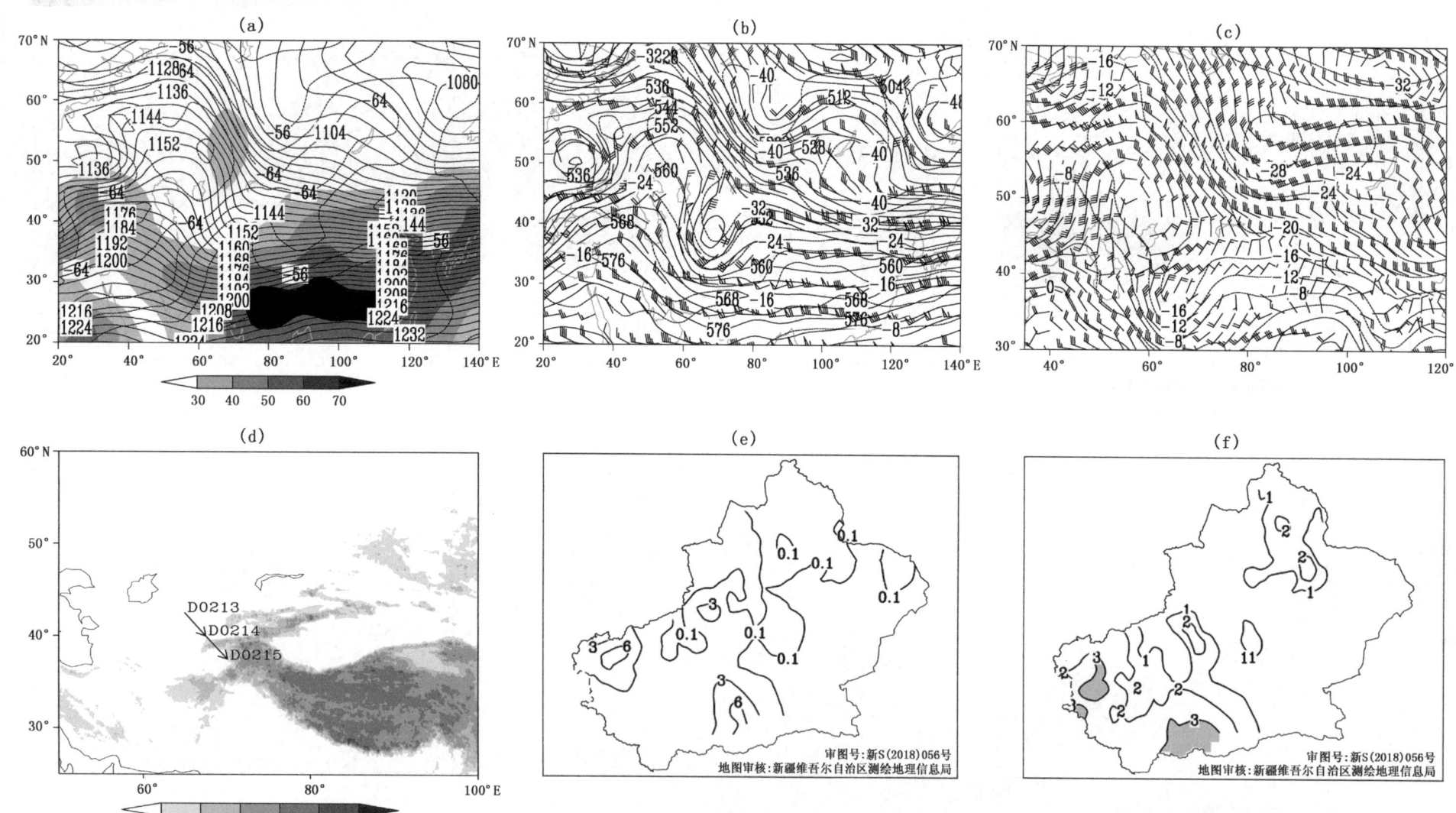

图 4.64 2010年2月14日20时(a)200百帕位势高度场(实线,单位:位势什米),温度场(虚线,单位:℃),阴影表示风速大于或等于30米/秒急流区;(b)500百帕位势高度场(实线,单位:位势什米),温度场(虚线,单位:℃),风场(单位:米/秒);(c)700百帕温度场(实线,单位:℃),风场(单位:米/秒);(d)低涡中心移动路径(阴影表示地形海拔高度,单位:米);(e)过程累计降水量(单位:毫米);(f)总降水日数(单位:天,阴影表示大于或等于3天区域)

第4章 浅薄型中亚低涡湿涡降水过程

过程编号:D20100603

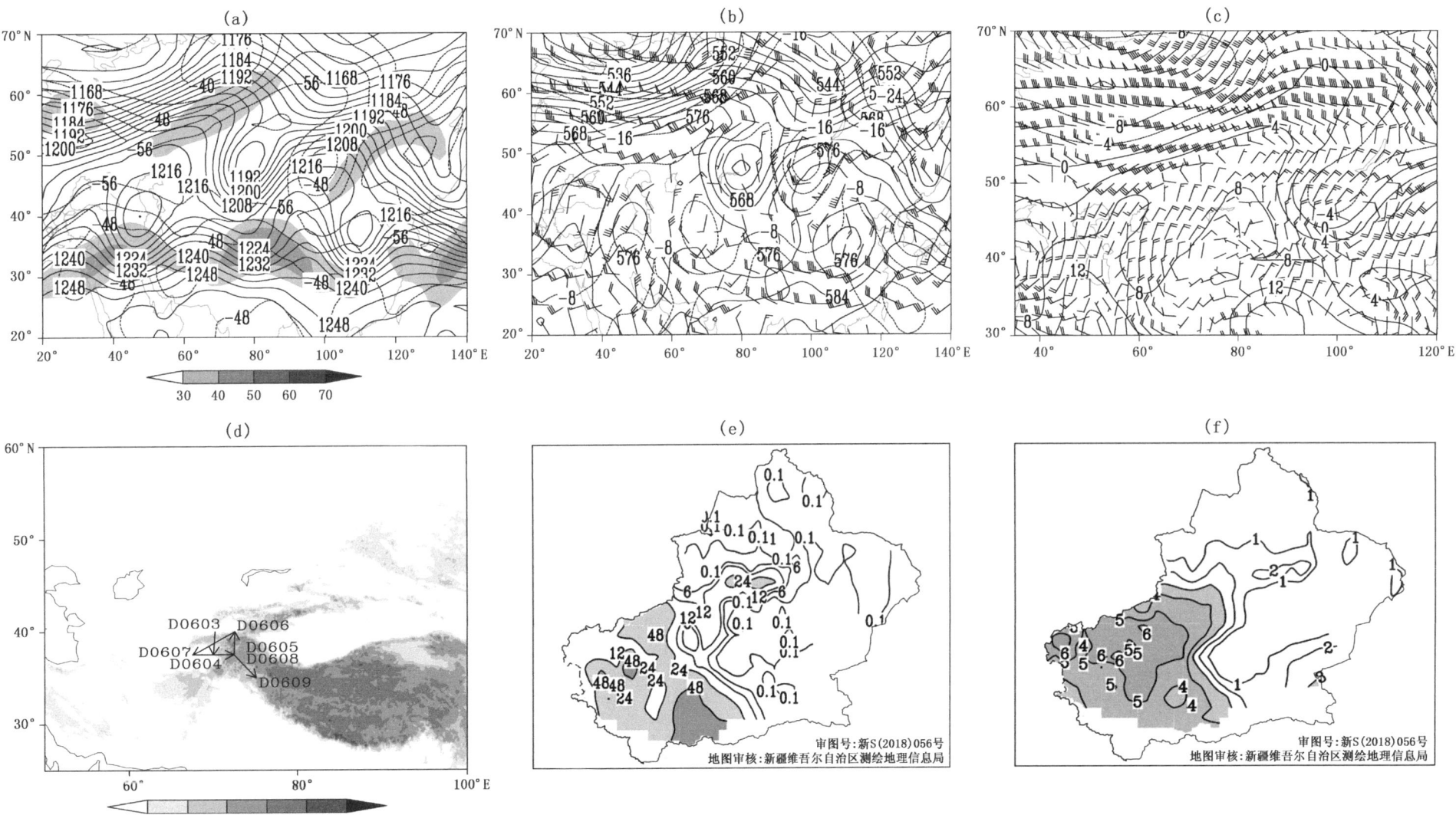

图4.65 2010年6月7日20时(a)200百帕位势高度场(实线,单位:位势什米),温度场(虚线,单位:℃),阴影表示风速大于或等于30米/秒急流区;(b)500百帕位势高度场(实线,单位:位势什米),温度场(虚线,单位:℃),风场(单位:米/秒);(c)700百帕温度场(实线,单位:℃),风场(单位:米/秒);(d)低涡中心移动路径(阴影表示地形海拔高度,单位:米);(e)过程累计降水量(单位:毫米,阴影表示暴雨或暴雪及以上量级区域);(f)总降水日数(单位:天,阴影表示大于或等于3天区域)

247

中亚低涡年鉴 (1971—2017)

过程编号：D20100613

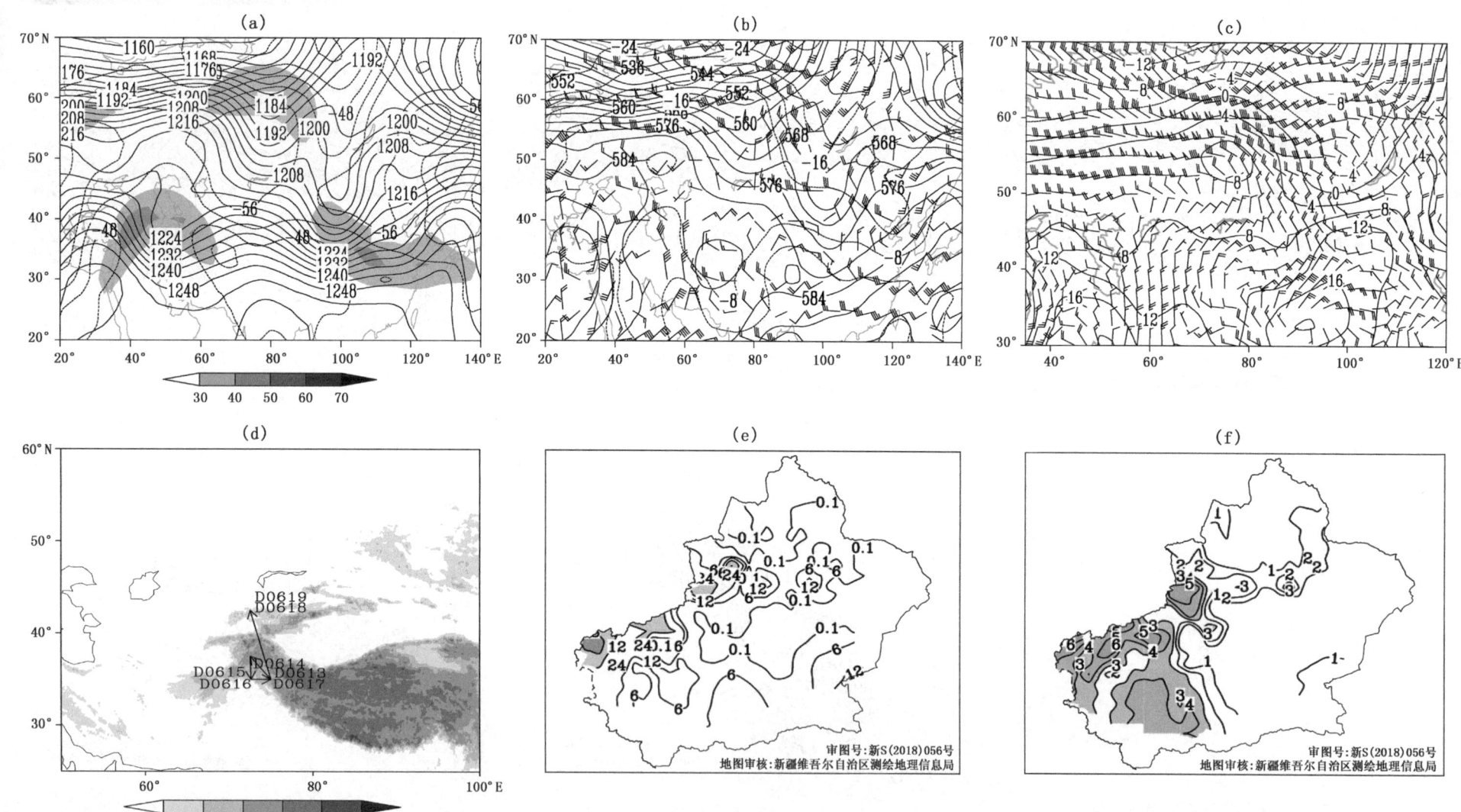

图 4.66 2010 年 6 月 14 日 20 时 (a)200 百帕位势高度场（实线，单位：位势什米），温度场（虚线，单位：℃），阴影表示风速大于或等于 30 米/秒急流区；(b)500 百帕位势高度场（实线，单位：位势什米），温度场（虚线，单位：℃），风场（单位：米/秒）；(c)700 百帕温度场（实线，单位：℃），风场（单位：米/秒）；(d)低涡中心移动路径（阴影表示地形海拔高度，单位：米）；(e)过程累计降水量（单位：毫米，阴影表示暴雨或暴雪及以上量级区域）；(f)总降水日数（单位：天，阴影表示大于或等于 3 天区域）

第4章 浅薄型中亚低涡湿涡降水过程

过程编号：D20100922

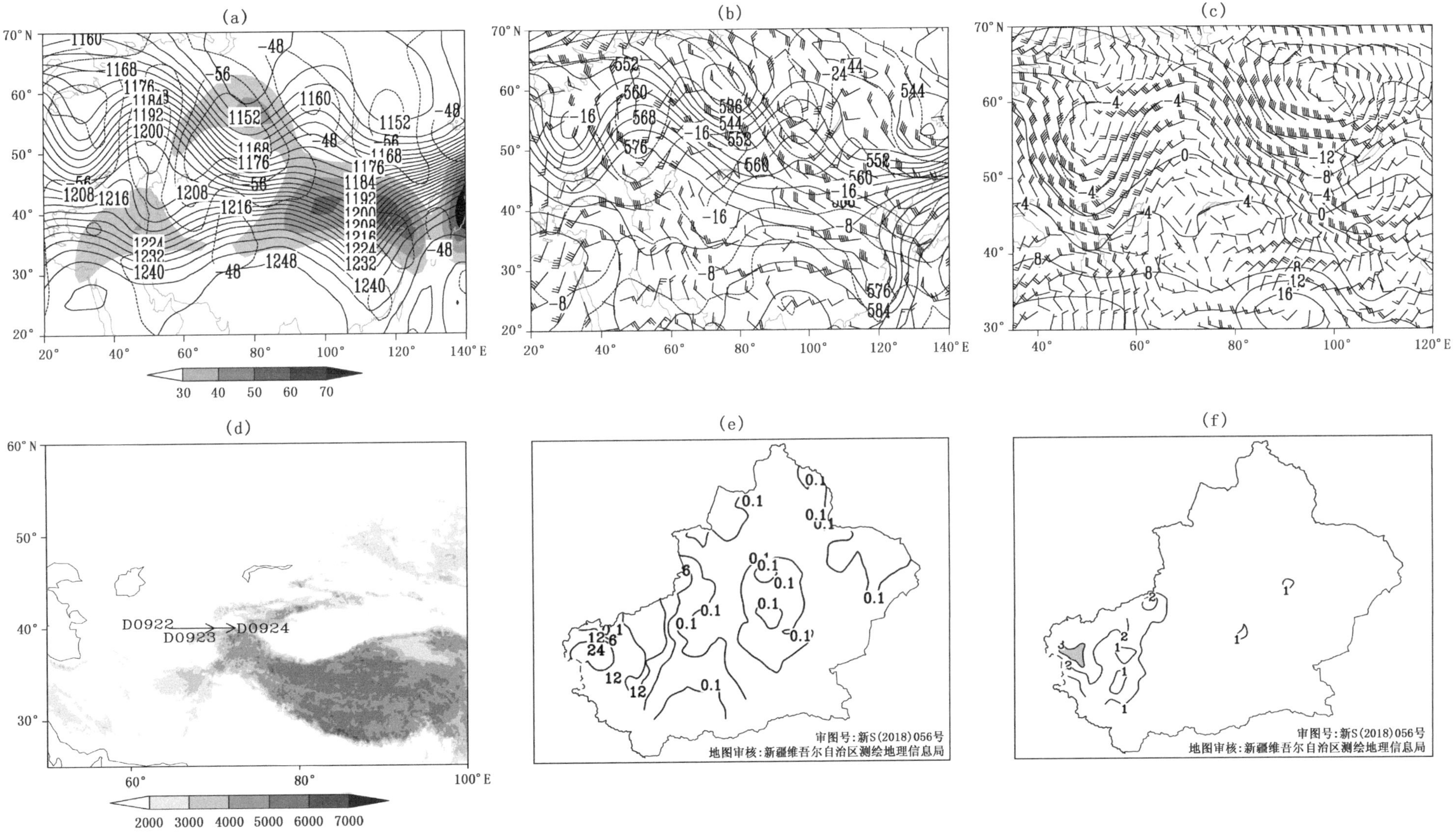

图4.67 2010年9月24日20时(a)200百帕位势高度场(实线,单位:位势什米),温度场(虚线,单位:℃),阴影表示风速大于或等于30米/秒急流区;(b)500百帕位势高度场(实线,单位:位势什米),温度场(虚线,单位:℃),风场(单位:米/秒);(c)700百帕温度场(实线,单位:℃),风场(单位:米/秒);(d)低涡中心移动路径(阴影表示地形海拔高度,单位:米);(e)过程累计降水量(单位:毫米);(f)总降水日数(单位:天,阴影表示大于或等于3天区域)

249

中亚低涡年鉴 (1971—2017)

过程编号:D20100929

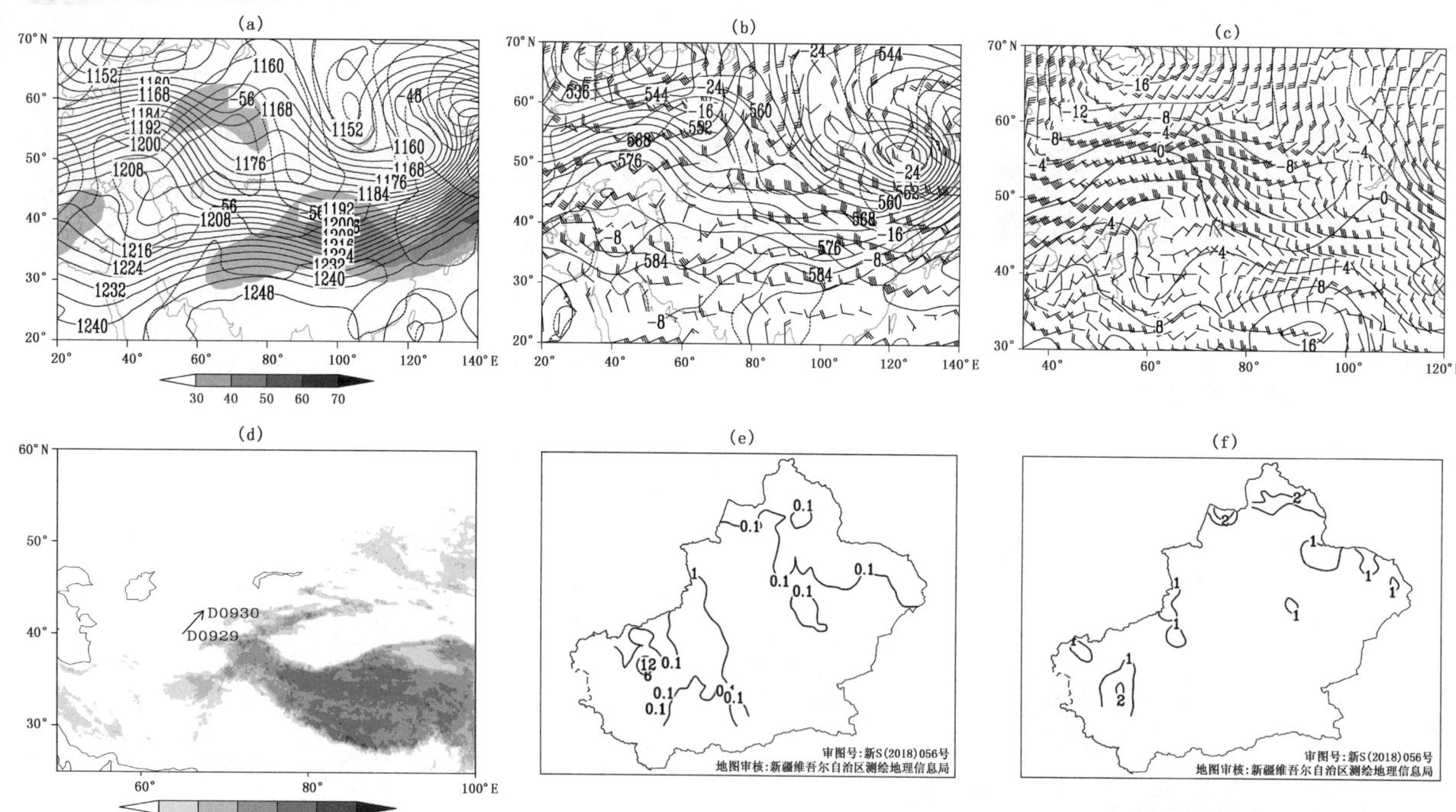

图4.68 2010年9月29日20时(a)200百帕位势高度场(实线,单位:位势什米),温度场(虚线,单位:℃),阴影表示风速大于或等于30米/秒急流区;(b)500百帕位势高度场(实线,单位:位势什米),温度场(虚线,单位:℃),风场(单位:米/秒);(c)700百帕温度场(实线,单位:℃),风场(单位:米/秒);(d)低涡中心移动路径(阴影表示地形海拔高度,单位:米);(e)过程累计降水量(单位:毫米);(f)总降水日数(单位:天)

第4章 浅薄型中亚低涡湿涡降水过程

过程编号:D20101021

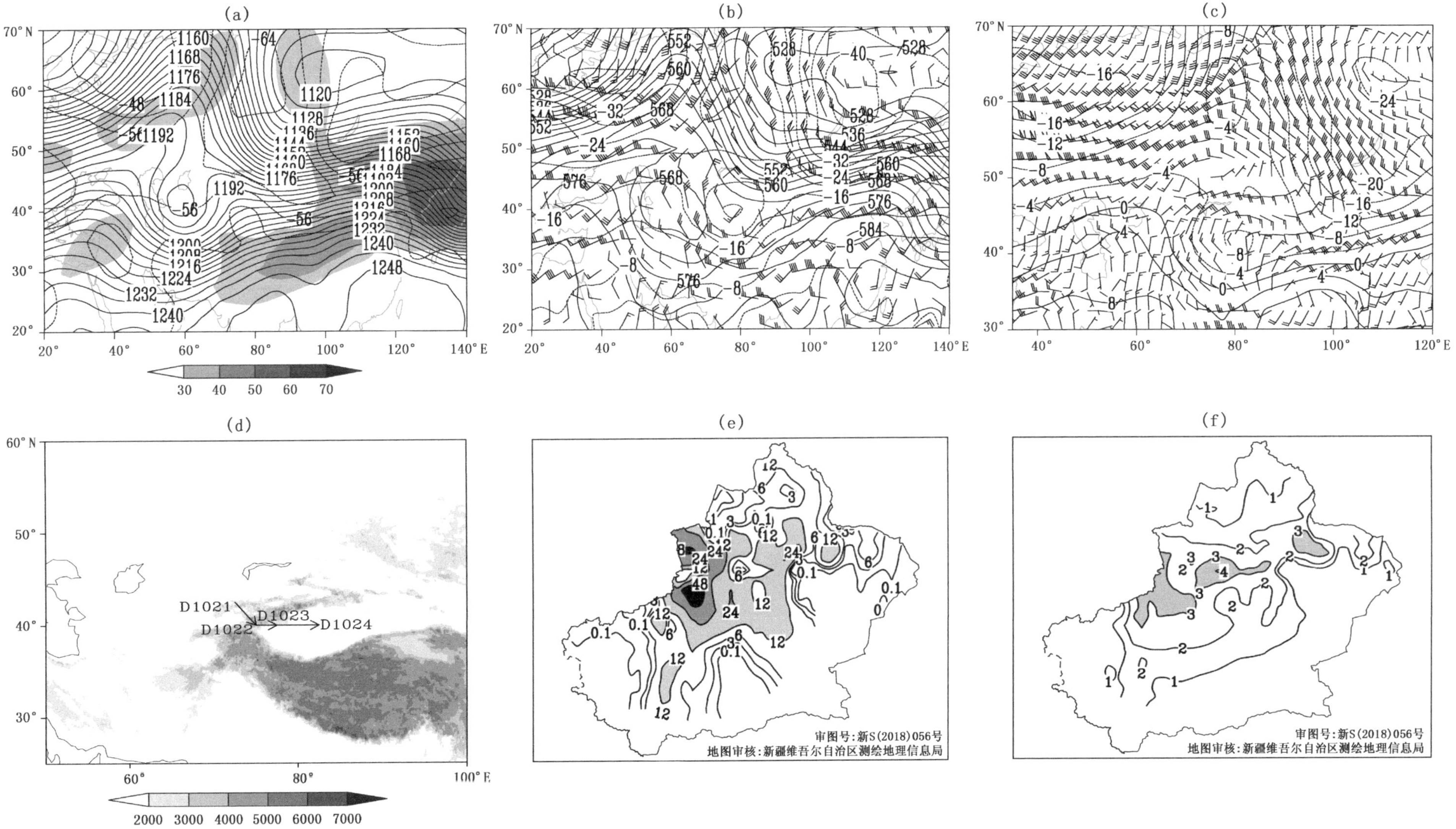

图4.69 2010年10月23日20时(a)200百帕位势高度场(实线,单位:位势什米),温度场(虚线,单位:℃),阴影表示风速大于或等于30米/秒急流区;(b)500百帕位势高度场(实线,单位:位势什米),温度场(虚线,单位:℃),风场(单位:米/秒);(c)700百帕温度场(实线,单位:℃),风场(单位:米/秒);(d)低涡中心移动路径(阴影表示地形海拔高度,单位:米);(e)过程累计降水量(单位:毫米,阴影表示暴雨或暴雪及以上量级区域);(f)总降水日数(单位:天,阴影表示大于或等于3天区域)

中亚低涡年鉴 (1971—2017)
ZHONGYA DIWO NIANJIAN

过程编号：D20111231

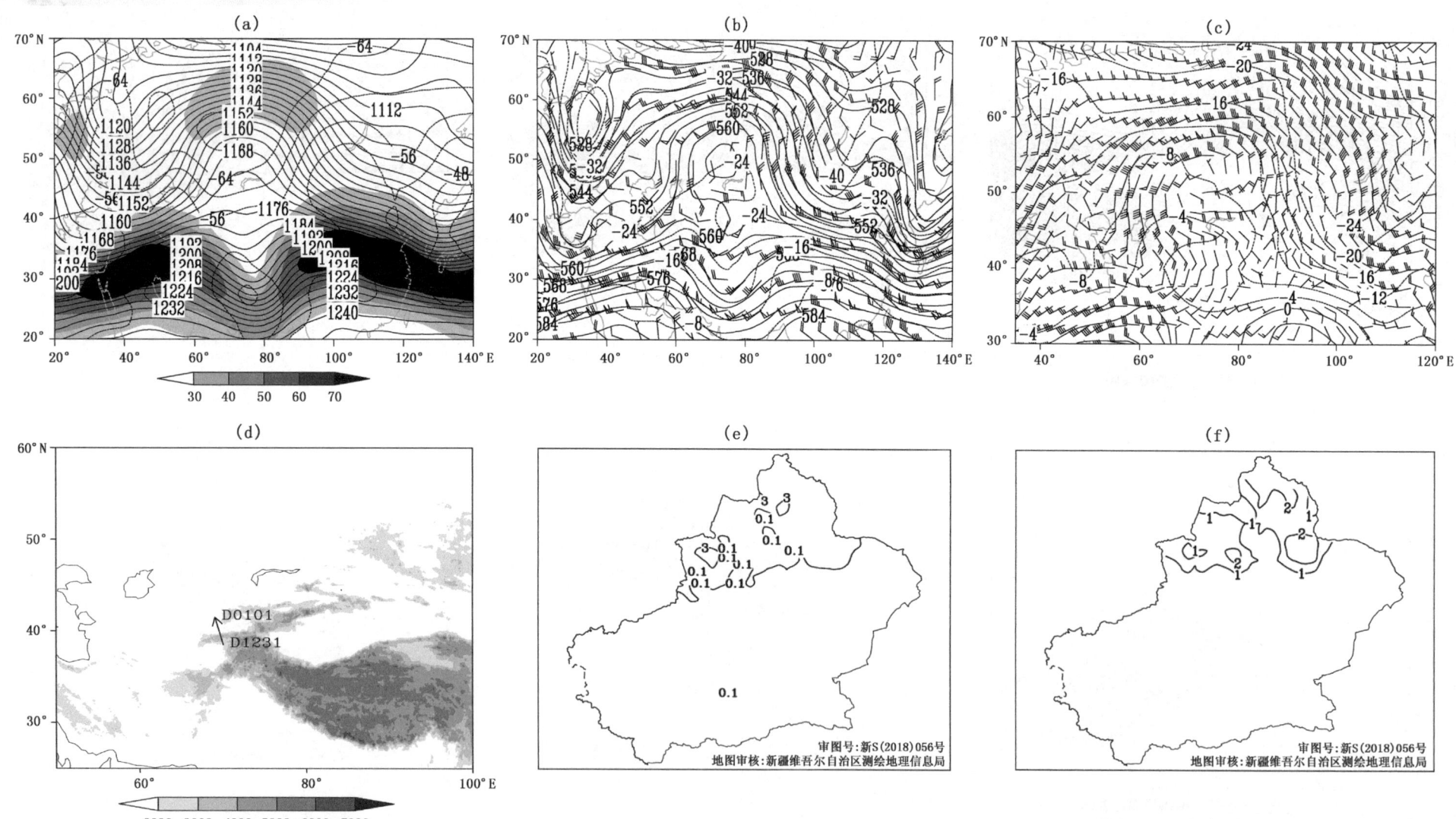

图4.70 2012年1月1日20时(a)200百帕位势高度场(实线,单位:位势什米),温度场(虚线,单位:℃),阴影表示风速大于或等于30米/秒急流区;(b)500百帕位势高度场(实线,单位:位势什米),温度场(虚线,单位:℃),风场(单位:米/秒);(c)700百帕温度场(实线,单位:℃),风场(单位:米/秒);(d)低涡中心移动路径(阴影表示地形海拔高度,单位:米);(e)过程累计降水量(单位:毫米);(f)总降水日数(单位:天)

过程编号:D20120320

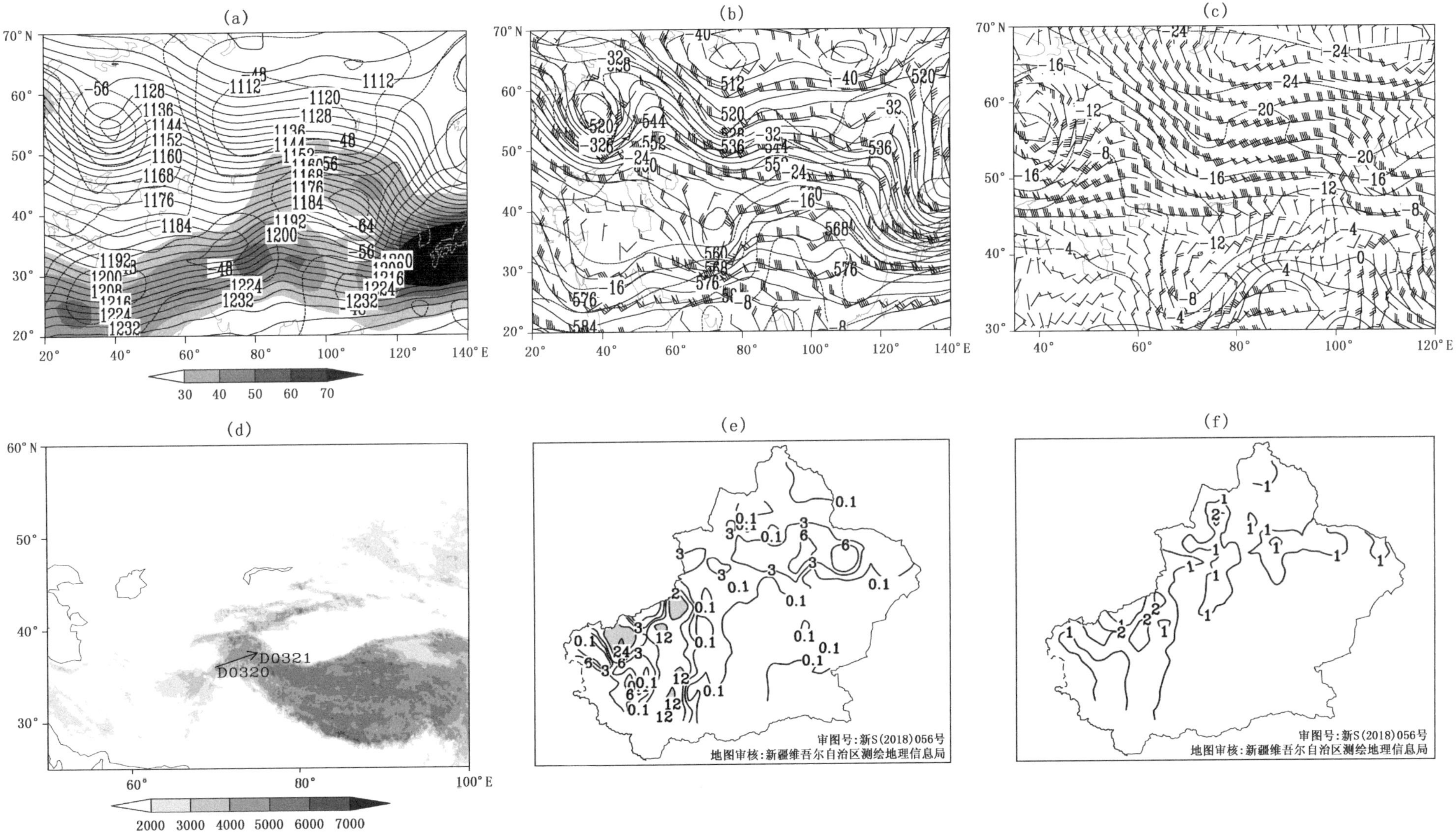

图4.71 2012年3月20日20时(a)200百帕位势高度场(实线,单位:位势什米),温度场(虚线,单位:℃),阴影表示风速大于或等于30米/秒急流区;(b)500百帕位势高度场(实线,单位:位势什米),温度场(虚线,单位:℃),风场(单位:米/秒);(c)700百帕温度场(实线,单位:℃),风场(单位:米/秒);(d)低涡中心移动路径(阴影表示地形海拔高度,单位:米);(e)过程累计降水量(单位:毫米,阴影表示暴雨或暴雪及以上量级区域);(f)总降水日数(单位:天)

中亚低涡年鉴 (1971—2017)
ZHONGYA DIWO NIANJIAN

过程编号：D20120605

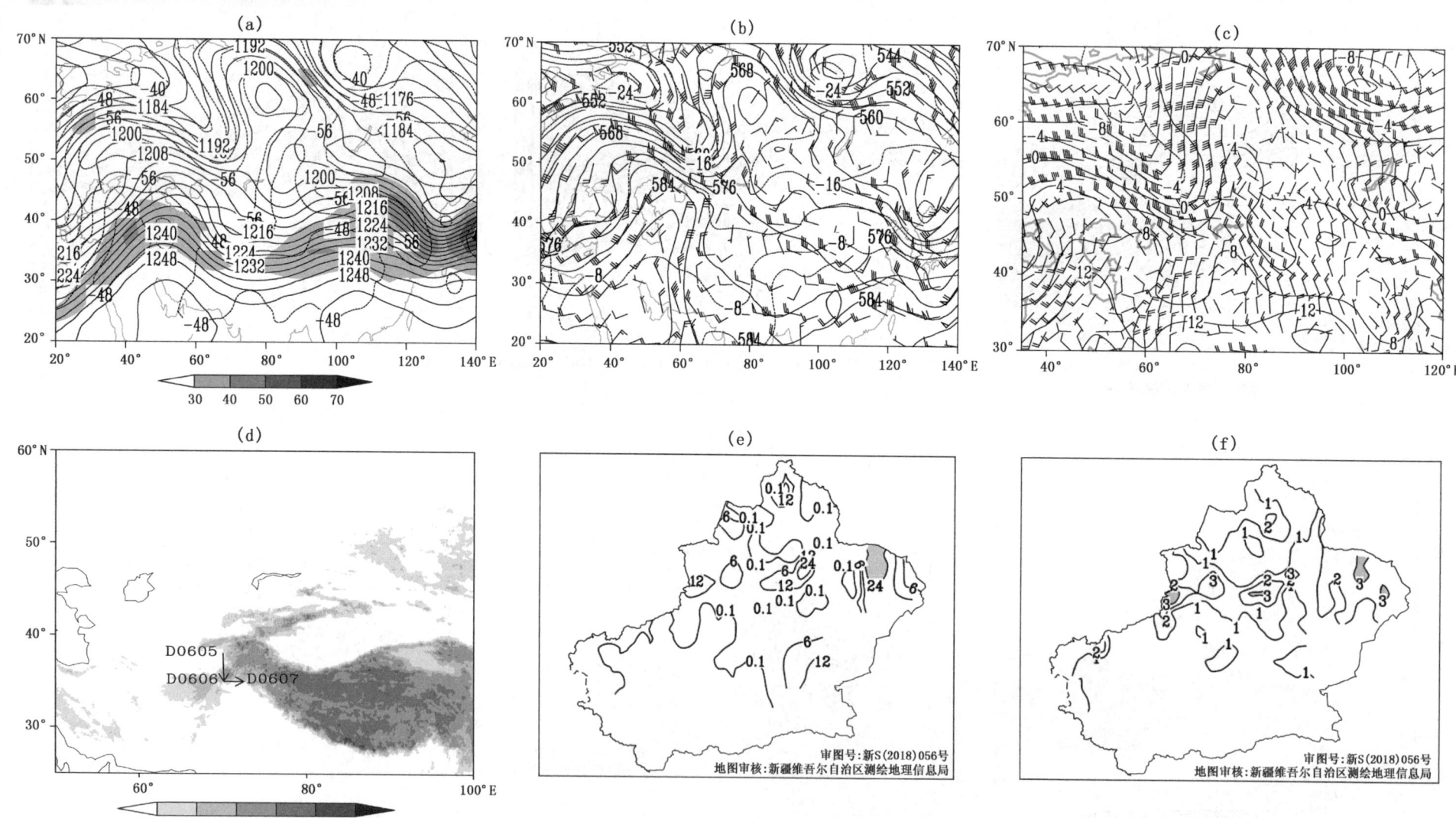

图 4.72　2012 年 6 月 5 日 20 时 (a) 200 百帕位势高度场（实线，单位：位势什米），温度场（虚线，单位：℃），阴影表示风速大于或等于 30 米/秒急流区；(b) 500 百帕位势高度场（实线，单位：位势什米），温度场（虚线，单位：℃），风场（单位：米/秒）；(c) 700 百帕温度场（实线，单位：℃），风场（单位：米/秒）；(d) 低涡中心移动路径（阴影表示地形海拔高度，单位：米）；(e) 过程累计降水量（单位：毫米，阴影表示暴雨或暴雪及以上量级区域）；(f) 总降水日数（单位：天，阴影表示大于或等于 3 天区域）

过程编号:D20120804

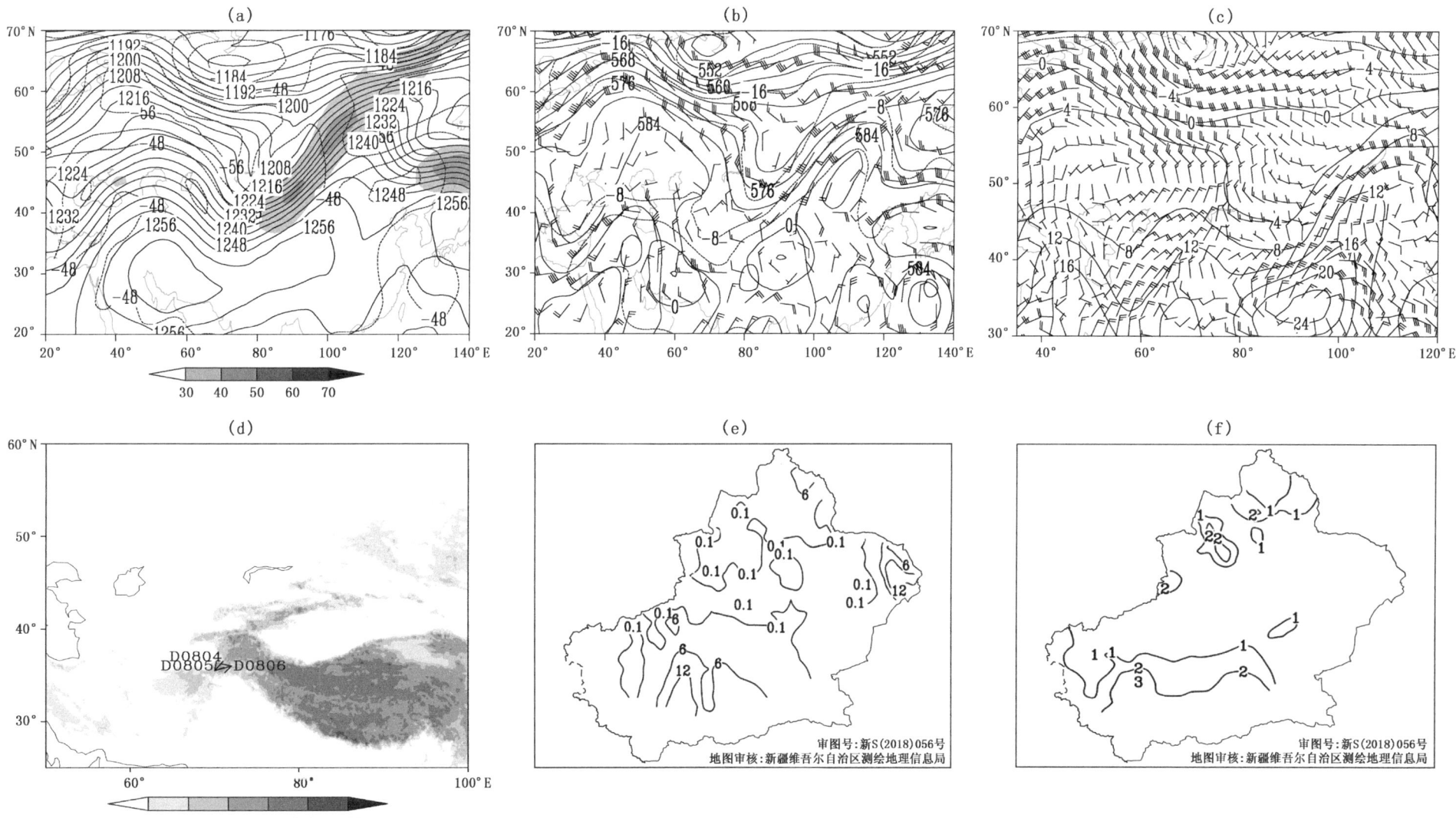

图 4.73 2012 年 8 月 4 日 20 时(a)200 百帕位势高度场(实线,单位:位势什米),温度场(虚线,单位:℃),阴影表示风速大于或等于 30 米/秒急流区;(b)500 百帕位势高度场(实线,单位:位势什米),温度场(虚线,单位:℃),风场(单位:米/秒);(c)700 百帕温度场(实线,单位:℃),风场(单位:米/秒);(d)低涡中心移动路径(阴影表示地形海拔高度,单位:米);(e)过程累计降水量(单位:毫米);(f)总降水日数(单位:天)

中亚低涡年鉴 (1971—2017)
ZHONGYA DIWO NIANJIAN

过程编号：D20121020

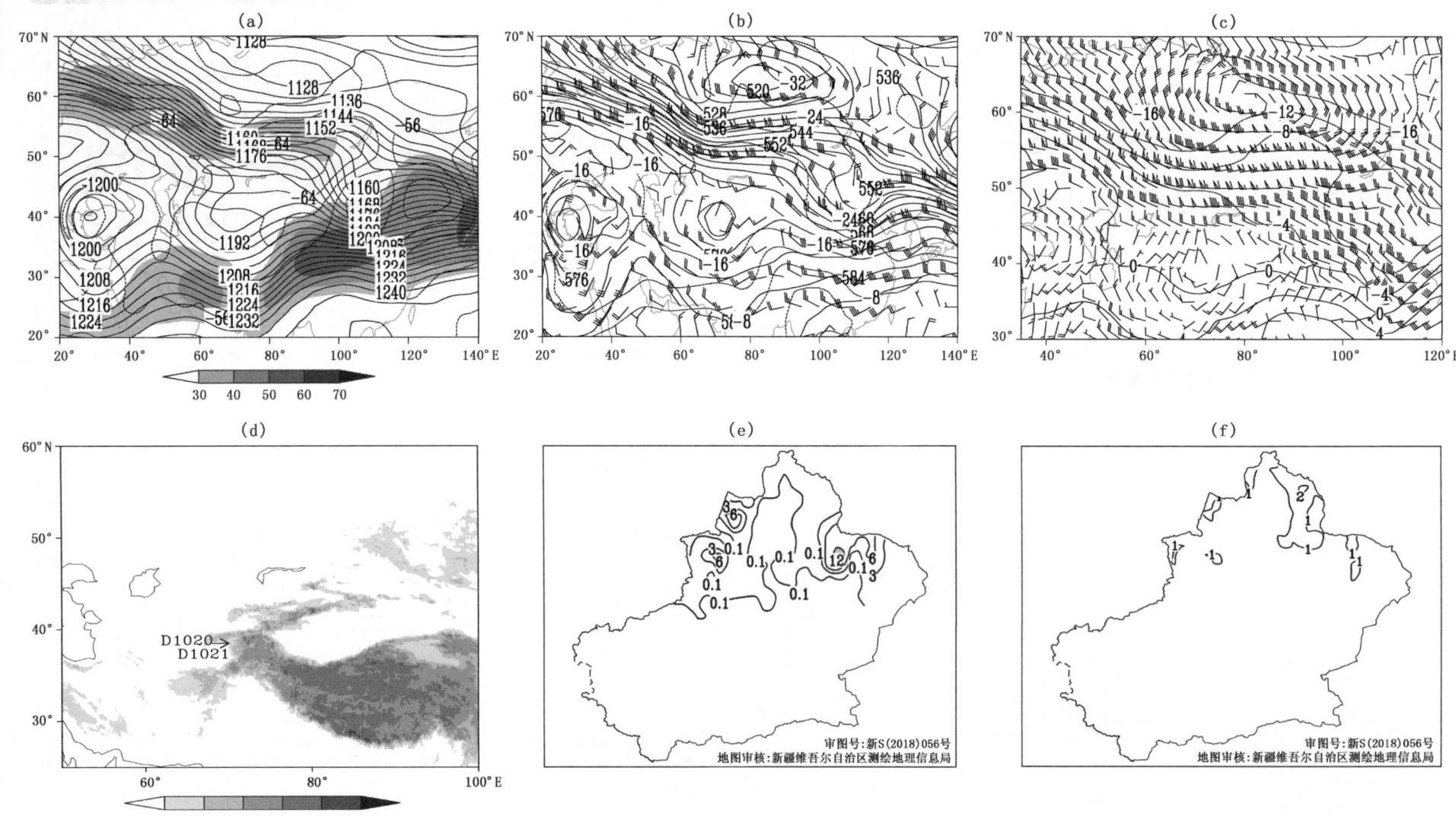

图 4.74　2012 年 10 月 21 日 20 时 (a) 200 百帕位势高度场(实线，单位：位势什米)，温度场(虚线，单位：℃)，阴影表示风速大于或等于 30 米/秒急流区；(b) 500 百帕位势高度场(实线，单位：位势什米)，温度场(虚线，单位：℃)，风场(单位：米/秒)；(c) 700 百帕温度场(实线，单位：℃)，风场(单位：米/秒)；(d) 低涡中心移动路径(阴影表示地形海拔高度，单位：米)；(e) 过程累计降水量(单位：毫米)；(f) 总降水日数(单位：天)

第4章 浅薄型中亚低涡湿涡降水过程

过程编号:D20130429

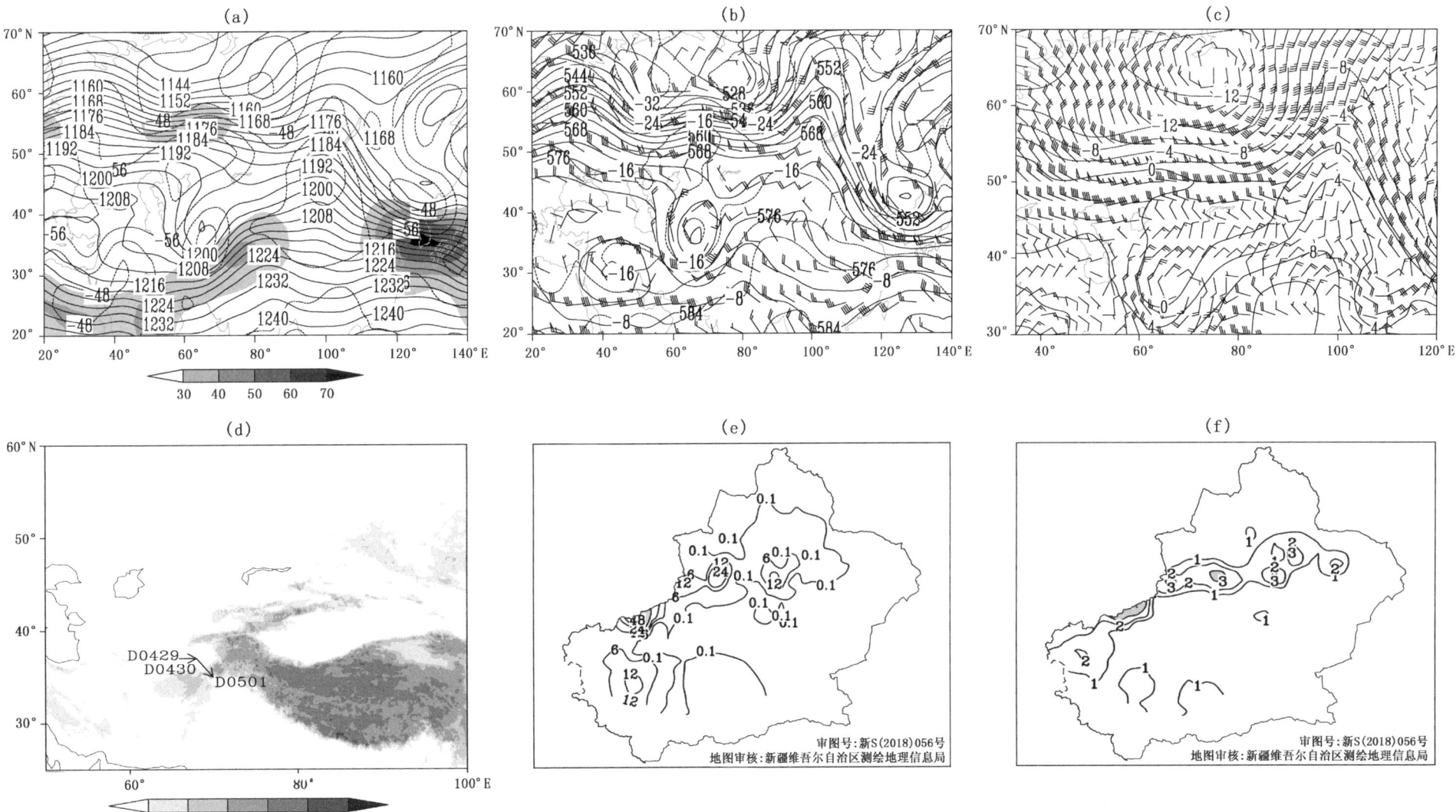

图4.75 2013年4月29日20时(a)200百帕位势高度场(实线,单位:位势什米),温度场(虚线,单位:℃),阴影表示风速大于或等于30米/秒急流区;(b)500百帕位势高度场(实线,单位:位势什米),温度场(虚线,单位:℃),风场(单位:米/秒);(c)700百帕温度场(实线,单位:℃),风场(单位:米/秒);(d)低涡中心移动路径(阴影表示地形海拔高度,单位:米);(e)过程累计降水量(单位:毫米,阴影表示暴雨或暴雪及以上量级区域);(f)总降水日数(单位:天,阴影表示大于或等于3天区域)

中亚低涡年鉴 (1971—2017)
ZHONGYA DIWO NIANJIAN

过程编号：D20130526

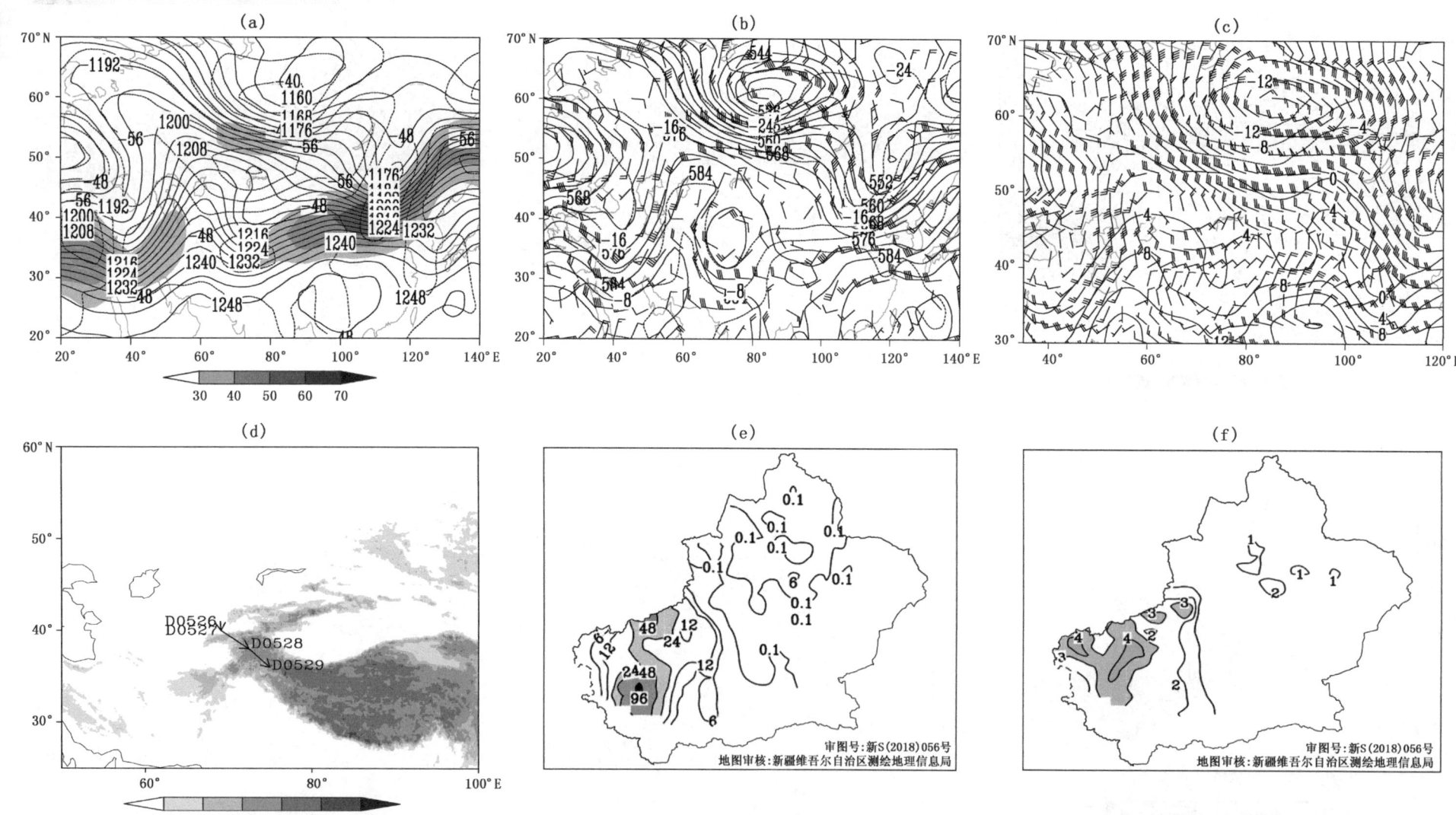

图 4.76　2013 年 5 月 28 日 20 时 (a) 200 百帕位势高度场（实线，单位：位势什米），温度场（虚线，单位：℃），阴影表示风速大于或等于 30 米/秒急流区；(b) 500 百帕位势高度场（实线，单位：位势什米），温度场（虚线，单位：℃），风场（单位：米/秒）；(c) 700 百帕温度场（实线，单位：℃），风场（单位：米/秒）；(d) 低涡中心移动路径（阴影表示地形海拔高度，单位：米）；(e) 过程累计降水量（单位：毫米，阴影表示暴雨或暴雪及以上量级区域）；(f) 总降水日数（单位：天，阴影表示大于或等于 3 天区域）

过程编号:D20131112

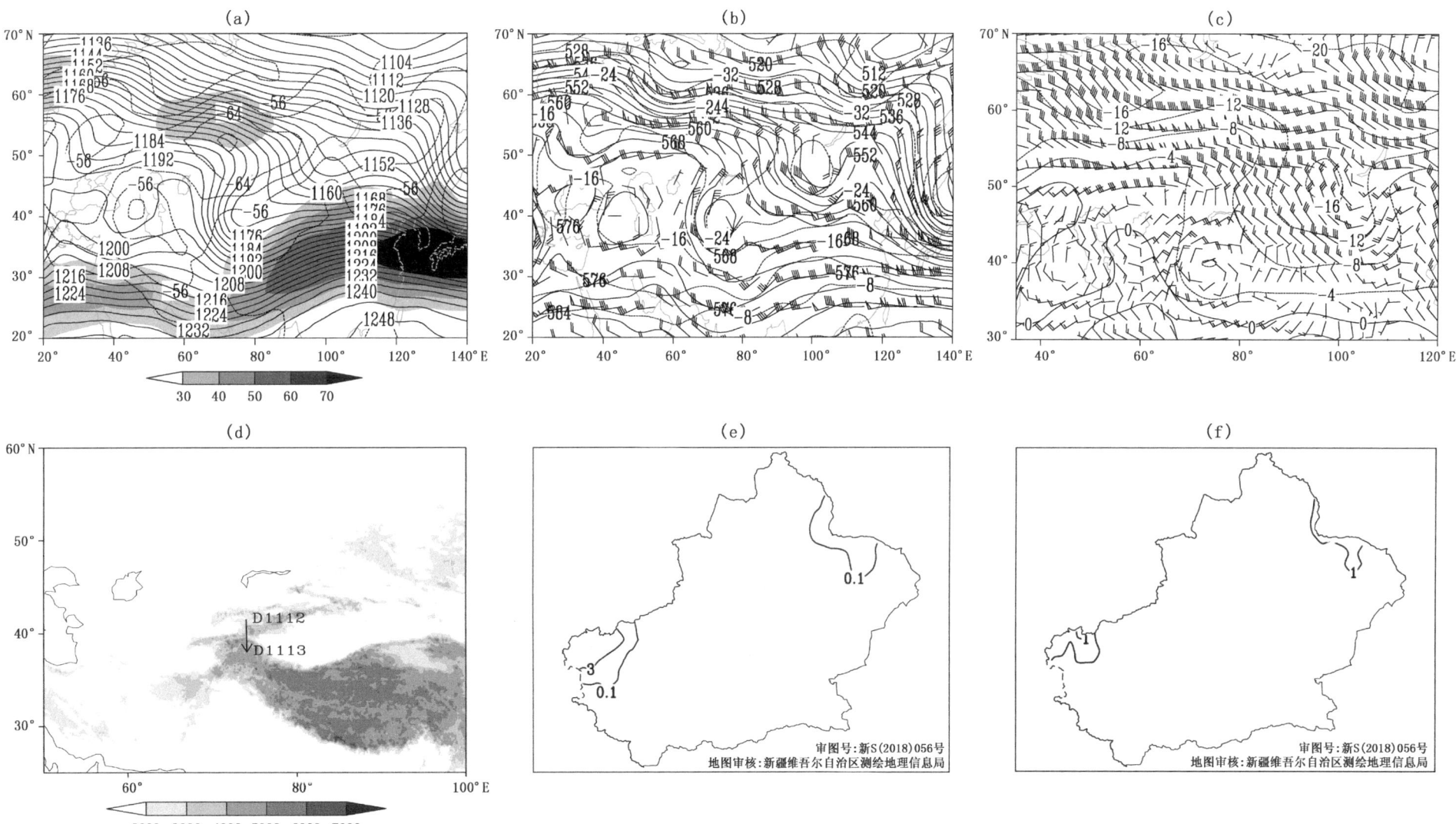

图4.77 2013年11月12日20时(a)200百帕位势高度场(实线,单位:位势什米),温度场(虚线,单位:℃),阴影表示风速大于或等于30米/秒急流区;(b)500百帕位势高度场(实线,单位:位势什米),温度场(虚线,单位:℃),风场(单位:米/秒);(c)700百帕温度场(实线,单位:℃),风场(单位:米/秒);(d)低涡中心移动路径(阴影表示地形海拔高度,单位:米);(e)过程累计降水量(单位:毫米);(f)总降水日数(单位:天)

过程编号:D20150408

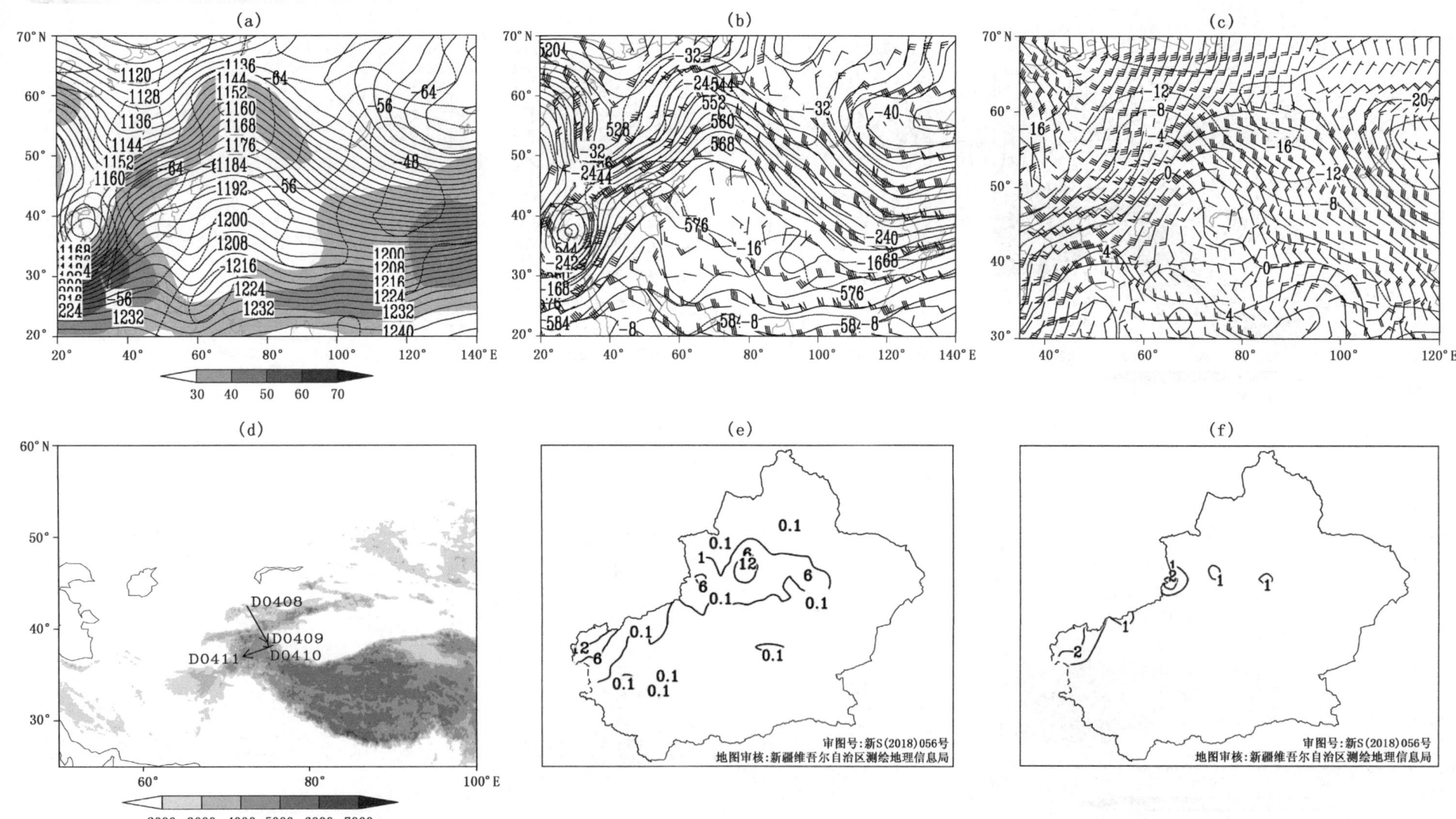

图 4.78　2015 年 4 月 9 日 20 时(a)200 百帕位势高度场(实线,单位:位势什米),温度场(虚线,单位:℃),阴影表示风速大于或等于 30 米/秒急流区;(b)500 百帕位势高度场(实线,单位:位势什米),温度场(虚线,单位:℃),风场(单位:米/秒);(c)700 百帕温度场(实线,单位:℃),风场(单位:米/秒);(d)低涡中心移动路径(阴影表示地形海拔高度,单位:米);(e)过程累计降水量(单位:毫米);(f)总降水日数(单位:天)

过程编号:D20170106

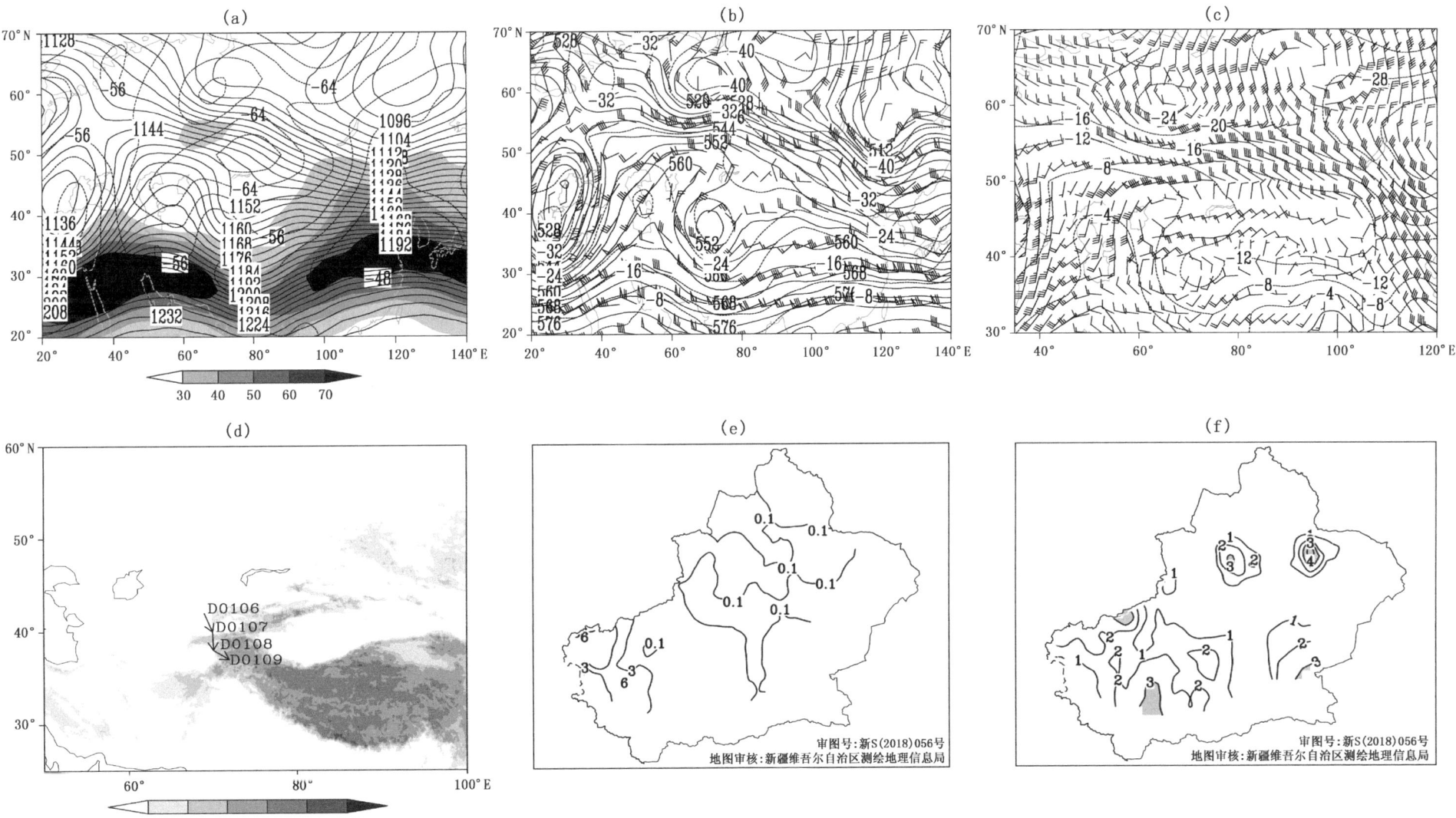

图4.79 2017年1月8日20时(a)200百帕位势高度场(实线,单位:位势什米),温度场(虚线,单位:℃),阴影表示风速大于或等于30米/秒急流区;(b)500百帕位势高度场(实线,单位:位势什米),温度场(虚线,单位:℃),风场(单位:米/秒);(c)700百帕温度场(实线,单位:℃),风场(单位:米/秒);(d)低涡中心移动路径(阴影表示地形海拔高度,单位:米);(e)过程累计降水量(单位:毫米);(f)总降水日数(单位:天,阴影表示大于或等于3天区域)

中亚低涡年鉴 (1971—2017)

ZHONGYA DIWO NIANJIAN

过程编号：D20170303

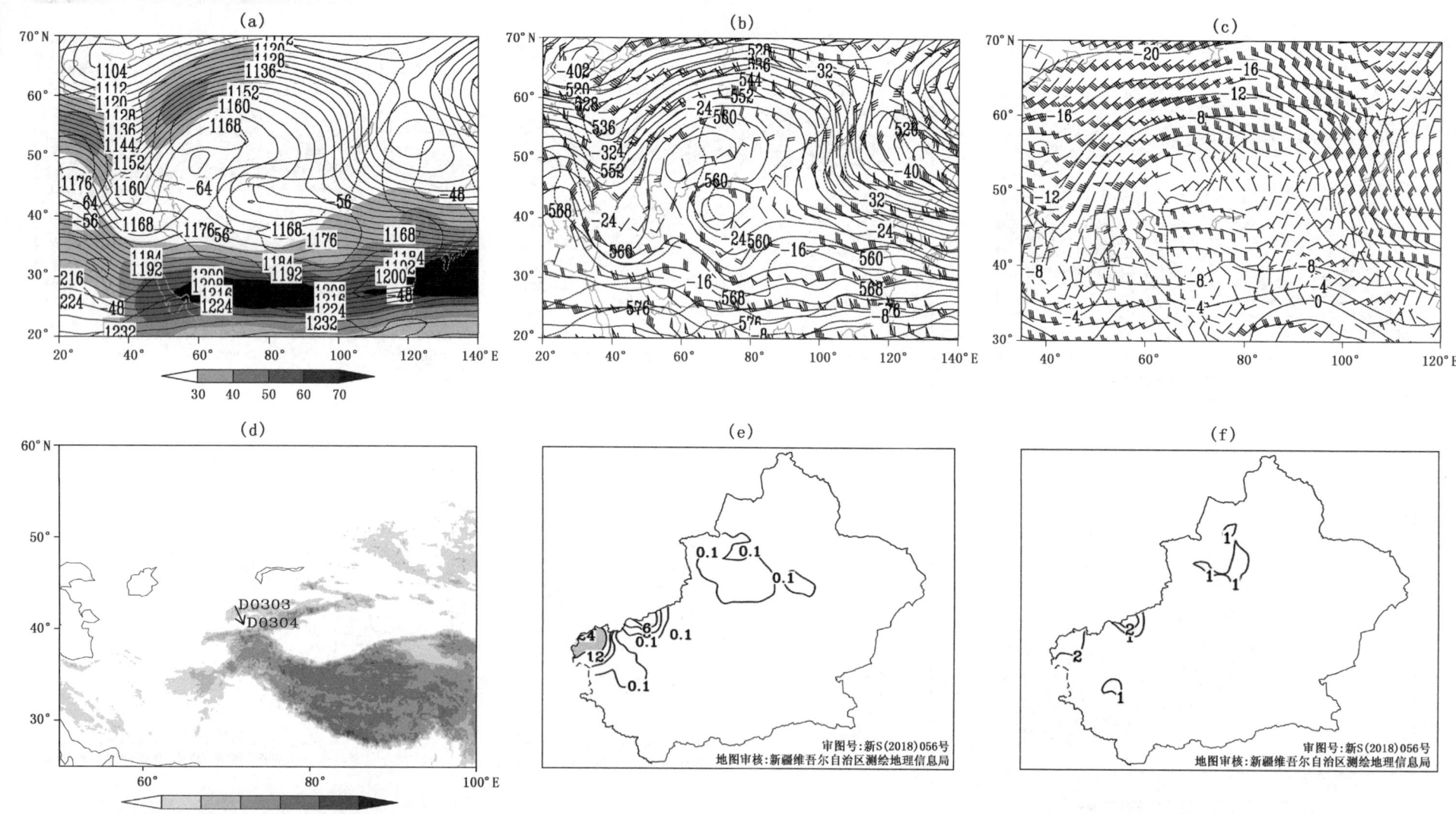

图 4.80　2017 年 3 月 4 日 20 时 (a) 200 百帕位势高度场 (实线，单位：位势什米)，温度场 (虚线，单位：℃)，阴影表示风速大于或等于 30 米/秒急流区；(b) 500 百帕位势高度场 (实线，单位：位势什米)，温度场 (虚线，单位：℃)，风场 (单位：米/秒)；(c) 700 百帕温度场 (实线，单位：℃)，风场 (单位：米/秒)；(d) 低涡中心移动路径 (阴影表示地形海拔高度，单位：米)；(e) 过程累计降水量 (单位：毫米，阴影表示暴雨或暴雪及以上量级区域)；(f) 总降水日数 (单位：天)

第4章 浅薄型中亚低涡湿涡降水过程

过程编号：D20170702

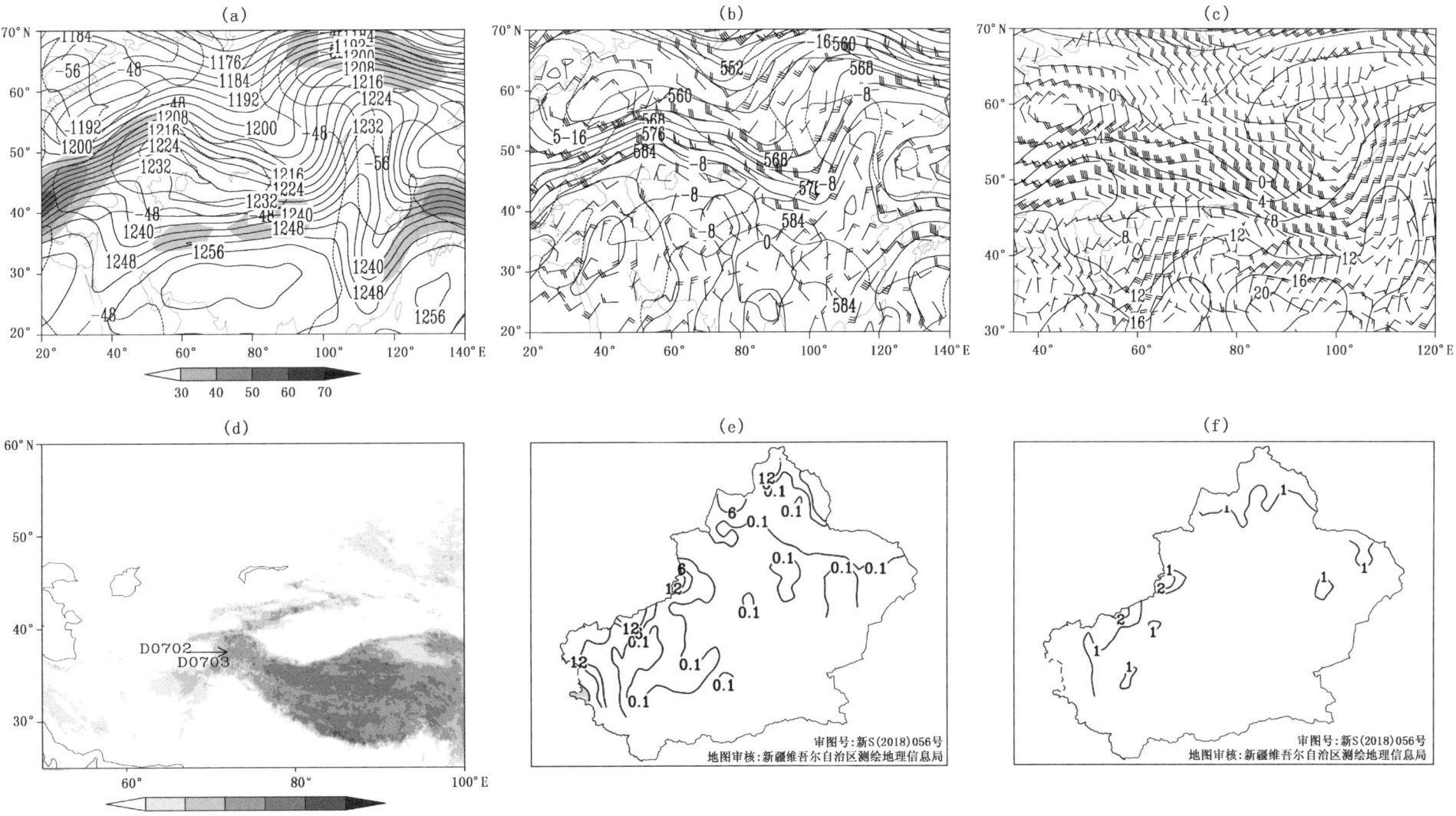

图4.81 2017年7月2日20时(a)200百帕位势高度场(实线，单位：位势什米)，温度场(虚线，单位：℃)，阴影表示风速大于或等于30米/秒急流区；(b)500百帕位势高度场(实线，单位：位势什米)，温度场(虚线，单位：℃)，风场(单位：米/秒)；(c)700百帕温度场(实线，单位：℃)，风场(单位：米/秒)；(d)低涡中心移动路径(阴影表示地形海拔高度，单位：米)；(e)过程累计降水量(单位：毫米，阴影表示暴雨或暴雪及以上量级区域)；(f)总降水日数(单位：天)

参考文献

阿衣夏木,孔期,杨贵名,2007.2005年11月哈密暴雪天气过程的诊断分析[J].气象,33(6):67-74.

巴哈古力·买买提,2013.2011年春季新疆巴州地区局地暴雪过程的分析[J].沙漠与绿洲气象,7(1):28-32.

陈春艳,孔期,李如琦,2012.天山北坡一次特大暴雨过程诊断分析[J].气象,38(11):90-98.

陈春艳,秦贺,唐冶,等,2014.2012年3月新疆大范围暴雨雪天气诊断[J].沙漠与绿洲气象,8(2):12-18.

陈涛,崔彩霞,2012."2010.1.6"新疆北部特大暴雪过程中的锋面结构及降水机制[J].气象,38(8):921-931.

陈颖,江远安,毛炜峄,等,2011.气候变化背景下新疆北部2009/2010年冬季雪灾[J].气候变化研究进展,7(2):104-109.

戴新刚,李维京,马柱国,2006.近十几年新疆水汽源地变化特征[J].自然科学进展,16(12):1651-1656.

道然·加帕依,车罡,李如琦,2007.新疆东部地区夏季暴雨的分析[J].气象,33(2):62-69.

郭城,李博渊,杨森,等,2012.新疆阿勒泰大到暴雪天气气候特征[J].干旱气象,30(4):604-608.

胡钰玲,王遂缠,王成功,等,2015.2012年初夏西北干旱区罕见区域性大暴雨天气过程分析[J].干旱气象,33(1):128-137.

黄海波,徐海容,2007.新疆一次秋季暴雪天气的诊断分析[J].高原气象,26(3):624-629.

黄艳,刘涛,张云惠,2012.2010年盛夏南疆西部一次区域性暴雨天气特征[J].干旱气象,30(4):615-622.

纪立人,布和朝鲁,施宁,等,2008.2008年初我国南方雨雪低温天气的中期过程分析Ⅲ:青藏高原—孟加拉湾气压槽[J].气候与环境研究,13(4):446-458.

江远安,包斌,王旭,2001.南疆西部大降水天气过程的统计分析[J].新疆气象,24(5):19-20.

蒋军,谭艳梅,李如琦,2005.2004年7月新疆特大暴雨过程的诊断分析[J].新疆气象,28(4):4-6.

孔期,郑永光,陈春艳,2011.乌鲁木齐"7·17"暴雨的天气尺度与中尺度特征[J].应用气象学报,22(1):12-22.

李国平,罗喜平,陈婷,等,2011.高原低涡中涡旋波动特征的初步分析[J].高原气象,30(3):553-558.

李建刚,马玉英,姜彩莲,等,2014.天山山区中部一次局地暴雨成因分析[J].干旱气象,32(6):972-979.

李如琦,唐冶,路光辉,等,2013.北疆暴雪过程的湿位涡诊断[J].沙漠与绿洲气象,7(5):1-6.

李如琦,唐冶,肉孜·阿基,2015.2010年新疆北部暴雪异常的环流和水汽特征分析[J].高原气象,34(1):155-162.

李圆圆,肖开提·多莱特,杨莲梅,等,2014.一次中亚低涡造成的新疆暴雪天气过程分析[J].气象科学,34(3):299-304.

廖菲,洪延超,郑国光,2007.地形对降水的影响研究概述[J].气象科技,35(3):309-316.

刘惠云,崔彩霞,李如琦,2011.新疆北部一次持续暴雪天气过程分析[J].干旱区研究,28(2):282-286.

陆帼英,1997.96·7新疆特大暴雨洪水预报服务总结[J].新疆气象,20(1):31-33.

秦贺,杨莲梅,张云惠,2013.近40年来塔什干低涡活动特征的统计分析[J].高原气象,32(4):1042-1049.

秦贺,张云惠,黄秉光,等,2014.塔什干低涡天气系统自动识别方法和探讨[J].沙漠与绿洲气象,8(4):15-17.

史玉光,孙照渤,2008a.新疆水汽输送的气候特征及其变化[J].高原气象,27(2):310-319.

史玉光,孙照渤,杨青,2008b.新疆区域面雨量分布特征及其变化规律[J].应用气象学报,19(3):326-332.

万瑜,窦新英,2013.新疆中天山一次城市暴雪过程诊断分析[J].气象与环境学报,29(6):08-14.

万瑜,曹兴,窦新英,等,2014.中天山北坡一次区域暴雪气候背景分析[J].干旱区研究,31(5):1-5.

王娇,任宜勇,2005.新疆降水与环流演变研究[J].干旱区研究,22(3):326-331.

杨贵名,孔期,毛冬艳,等,2008.2008年初"低温雨雪冰冻"灾害天气的持续性原因分析[J].气象学报,66(5):836-849.

杨莲梅,2003.南亚高压突变引起的一次新疆暴雨天气研究[J].气象,29(8):21-25.

杨莲梅,2003.新疆极端降水的气候变化[J].地理学报,**58**(4):577-583.

杨莲梅,李曼,2015."96·7"中亚低涡持续活动能量转换和频散特征[J].气象科技进展,**5**(3):40-48.

杨莲梅,李霞,张广兴,2011.新疆夏季强降水研究若干进展及问题[J].气候与环境研究,**16**(2):188-198.

杨莲梅,刘雯,2016.新疆北部持续性暴雪过程成因分析[J].高原气象,**35**(2):507-519.

杨莲梅,史玉光,汤浩,2010.新疆北部冬季降水异常成因分析[J].应用气象学报,**21**(4):491-499.

杨莲梅,杨涛,贾丽红,等,2005.新疆大～暴雪气候特征及其水汽分析[J].冰川冻土,**27**(3):389-396.

杨莲梅,张庆云,2007.新疆北部汛期降水年际和年代际异常的环流特征[J].地球物理学报,**50**(2):412-419.

杨莲梅,张庆云,2014.一次中亚低涡中期过程的能量学特征[J].气象学报,**72**(1):182-190.

杨莲梅,张云惠,秦贺,2015.中亚低涡研究若干进展及问题[J].沙漠与绿洲气象,**9**(5):1-8.

杨莲梅,张云惠,汤浩,2012.2007年7月新疆三次暴雨过程水汽特征研究[J].高原气象,**31**(4):963-973.

杨霞,崔彩霞,阿不力米提江·阿布力克木,2013.新疆暖区暴雪天气研究概述[J].沙漠与绿洲气象,**7**(4):21-25.

于碧馨,张云惠,宋雅婷,2016.2012年前冬伊犁河谷持续性大暴雪成因分析[J].沙漠与绿洲气象,**10**(5):44-51.

张家宝,邓子风,1987.新疆降水概论[M].北京:气象出版社:400.

张家宝,苏起元,孙沈清,等,1986.新疆短期天气预报指导手册[M].乌鲁木齐:新疆人民出版社:456.

张俊兰,崔彩霞,陈春艳,2013.北疆典型暴雪天气的水汽特征研究[J].高原气象,**32**(4):1115-1125.

张俊兰,刘勇达,杨柳,等,2009.2008年初南疆持续性降雪天气过程水汽条件分析[J].气象,**35**(11):56-63.

张书萍,祝从文,2011.2009年冬季新疆北部持续性暴雪环流特征及其成因分析[J].大气科学,**35**(5):833-846.

张云惠,王勇,2004.哈密南部暴雨成因分析[J].气象,**30**(7):41-44.

张云惠,陈春艳,杨莲梅,2013.南疆西部一次罕见暴雨过程的成因分析[J].高原气象,**32**(1):191-200.

张云惠,杨莲梅,肖开提·多莱特,等,2012.1971—2010年中亚低涡活动特征[J].应用气象学报,**23**(3):312-321.

张云惠,于碧馨,谭艳梅,等,2016.2011年两次中亚低涡影响南疆西部降雪机制分析[J].高原气象,**35**(5):1307-1316.

赵俊荣,郭金强,2010.天山北坡中部一次罕见特大暴雪天气成因[J].干旱气象,**28**(4):438-442.

庄晓翠,覃家秀,李博渊,2016.2014年新疆西部一次暴雪天气的中尺度特征[J].干旱气象,**34**(2):326-334.

Ding Y H, Wang Z Y, Song Y F, et al, 2008. The unprecedented freezing disaster in January 2008 in Southern China and its possible association with the global warming [J]. Acta Meteorologica Sinica,**22**(4):538-558.